“十二五”职业教育国家规划教材
经全国职业教育教材审定委员会审定

Mastercam X5数控编程案例教程

主编 杨志义
参编 刘大维 李晓东

机械工业出版社
CHINA MACHINE PRESS

本书是“十二五”职业教育国家规划教材，是根据《教育部关于“十二五”职业教育教材建设的若干意见》及教育部新颁布的《高等职业学校专业教学标准（试行）》，同时参考数控铣床操作工职业资格标准编写的。本书是在原有《Mastercam X3 数控编程案例教程》的基础上修订成书的，以 Mastercam X5 的版本展开介绍。

本书以突出实践应用为主，在 Mastercam X5 版本的基础上结合实例，主要介绍 Mastercam 3 轴编程加工刀具路径的应用。全书精选实例包括过渡板、盒子下盖凸模、三角凸台、烟灰缸、筒管零件、装饰品、双心模型、座机盖、双面加工、凸凹模配合，所选实例都在机床上进行过验证加工，而且在对实例编程时很好地结合了 Mastercam 数控编程中常用的刀具路径，重点突出数控加工的实用性和技巧性，对关键点进行了技术指导与实践经验的讲解，可间接丰富读者的加工经验并提高读者独立编程的能力。

本书配有配套资源光盘，其中包含书中实例的源文件、实例完成过程的视频文件，及相应的练习文件，可方便读者学习。

本书可作为高等职业院校数控技术等专业的教材，也可作为数控加工等岗位的培训教材。

图书在版编目(CIP)数据

Mastercam X5 数控编程案例教程/杨志义主编. —北京：机械工业出版社，2014.8（2018.1 重印）
“十二五”职业教育国家规划教材
ISBN 978－7－111－48273－4

Ⅰ. ①M… Ⅱ. ①杨… Ⅲ. ①数控机床－计算机辅助设计－应用软件－高等职业教育－教材 Ⅳ. ①TG659

中国版本图书馆 CIP 数据核字（2014）第 237541 号

机械工业出版社(北京市百万庄大街 22 号　邮政编码 100037)
策划编辑：王佳玮　　责任编辑：王佳玮
责任校对：刘雅娜　　封面设计：张　静
责任印制：常天培
北京圣夫亚美印刷有限公司印刷
2018 年 1 月第 1 版第 3 次印刷
184mm×260mm · 18.5 印张 · 445 千字
标准书号：ISBN 978－7－111－48273－4
　　　　　ISBN 978－7－89405－453－1（光盘）
定价：48.00 元（含 1CD）

凡购本书，如有缺页、倒页、脱页，由本社发行部调换

电话服务
服务咨询热线：010－88379833
读者购书热线：010－88379649

网络服务
机工官网：www.cmpbook.com
机工官博：weibo.com/cmp1952
教育服务网：www.cmpedu.com
金书网：www.golden－book.com

前　言

本书是按照教育部《关于开展“十二五”职业教育国家规划教材选题立项工作的通知》，由教育部专家组评审确定的“十二五”职业教育国家规划教材，是根据《教育部关于“十二五”职业教育教材建设的若干意见》及教育部新颁布的《高等职业学校专业教学标准（试行）》，同时参考数控操作工职业资格标准编写而成。

本书是在《Mastercam X3 数控编程案例教程》一书的基础上修订而成的，以 Mastercam X5 版本展开介绍。本书主要介绍 Mastercam X5 数控编程技术，考虑到职业教育的特点，以及数控技术的应用性，本书以实践应用为主，所介绍的实例都在数控铣床上经过验证加工，并可取得理想的加工效果。本书编写过程中力求体现“以实际工作过程中岗位所需的职业技能和职业素养为导向”的工学结合教学改革思路。本书编写模式新颖，以任务驱动式模式进行介绍，内容详尽，通过适时增加“技术指导”和“实战经验”等，对技术参数进行深入浅出的说明与推断，极大地降低了学习难度，丰富了实践经验，能明显提高读者解决实际问题的能力。

本书在内容处理上主要有以下特点：

1）在内容的编排设计上，本书力图体现“以就业为导向，以学生为本位”的教学理念，把能力的培养放在首位，将 Mastercam X5 常用的数控编程技术与实际应用相结合，注重实践技能的培养，反映了数控自动编程应掌握的最新技术；采用任务驱动式编写模式，案例选材上充分考虑了机械行业职业考核标准的相关要求；注重学生技能的培养，通过“任务”精心整合应学内容，合理安排知识点、技能点，注重实践应用，突出学生实际操作能力和解决问题能力的培养，强化岗前培训。

2）在教学实施中，建议贯彻理论实践一体化的教学思想，通过将完成“任务”贯穿于教学的始终，培养学生观察、协作、思考和解决问题的能力。建议将本课程安排在实习教学环节或数控铣、加工中心操作工的考前培训，有条件的学校尽量在专业教室或实验室、实训室开设，将会收到更好的教学效果。

本书配有配套资源光盘，其中包含书中实例的源文件、实例完成的视频文件，及相应的练习文件，可方便读者学习。

本书由广东省云浮市高级技工学校的杨志义主编，参加编写的还有广东技术师范学院的刘大维，深圳旺深华塑胶模具有限公司的李晓东。

编写过程中，编者参阅了国内外出版的有关教材和资料，得到了广东技术师范学院李玉忠教授的有益指导；本书经全国职业教育教材审定委员会审定，教育部专家在评审过程中对本书提出了宝贵的意见，在此一并表示衷心感谢！

由于编者水平有限，书中不妥之处在所难免，恳请读者批评指正。

编　者

目　录

CONTENTS

第一章 概 述

1.1 Mastercam 简介

Mastercam 是美国 CNC Software 公司开发的集 CAD/CAM 技术于一体的软件。它具有二维绘图、三维实体造型、曲面设计、数控编程和刀具路径模拟等功能。其方便直观的几何造型功能为用户提供了设计零件外形所需的理想环境，其强大而稳定的造型功能可设计出复杂的零件。Mastercam 具有强大的二维造型和三维造型粗、精加工功能，提供了多种先进的粗加工技术和丰富的曲面精加工技术，可为用户提供最好的加工方法，以加工复杂零件。另外，Mastercam 的多轴加工功能为零件加工提供了更多的灵活性。Mastercam 相比其他同类软件具有非常高的性价比，广泛应用于工业界及学校。

1.2 Mastercam 编程特点

1）简单易学。Mastercam 编程界面简练，随着版本的升级，操作显得越来越人性化，只要有使用软件经验的人，基本上都能根据其提示完成全部操作。其刀具路径的生成方法操作简便，特别是二维刀具路径的生成方法，其自带的刀具路径与实体模拟功能使初学者理解刀路功能时更加容易、生动、深刻。而且，CAD/CAM 软件功能已经相当成熟，使编程工作得到了大大的简化，降低了学习的难度，降低了对编程人员的要求，使其普及率大为提高。

2）方便、快捷。这是 Mastercam 软件编程的最大特点，是很多同类软件无法比拟的，如 2D 刀路的生成。UG 在这方面的编程就不如 Mastercam。Mastercam 中，轮廓线的选取是非常方便的，除了直接串连选取外，还可以采用窗选，而且串连选取时只要注意一下选取的起始点就很容易将刀具的切入点确定下来。当下一步刀路的生成方式和前面的相同时，只要在前面的基础上进行复制并粘贴加工刀路后再作一些加工参数的修改，即可轻松完成下一步刀路的生成。

3）相关性好。图素和刀具路径的相关联性使得对图素或加工参数进行修改时，可立即获得一个精确的更新过的刀具路径，极大地提高了效率。Mastercam 系统储存了一个常用的操作数据库，可用于自动加工。用户只要把常用的加工方法和加工参数存储于数据库中，使用时将其调出来并作适当的修改即可完成当前任务。

4）不可小看的 2D 功能。通过 2D 刀具路径方法可以加工很简单的 2D、2.5D 零件，也可以加工很复杂的 2D、2.5D 零件。它提供了数控加工中所需的工具，可迅速编制出优质可靠的数控加工程序，极大地提高编程者的工作效率。

5）强大的曲面加工功能。曲面加工功能非常灵活，而且加工方法丰富。粗加工功能强大，能对曲面、实体或两者的混合进行加工，能识别需用小刀加工的残料区域，能自动调整所有粗加工的切入点。精加工方法多样，能加工复杂零件。清角加工时，Mastercam 系统自动对剩余材质进行识别，并清除零件表面的剩余材料进行加工，以获得好的表面质量。

6）高效的高速加工和多轴加工功能。高速加工和多轴加工提升了零件加工的灵活性，结合高速加工和多轴加工的特点，可方便、快速地编制出高质量的加工程序。

1.3 刀具路径说明及注意事项

在铣床编程中，Mastercam X5 支持 2 轴、3 轴和多轴加工，所提供的供选择的生成刀具路径有二维加工、曲面粗加工、曲面精加工、线框加工和多轴加工五大类加工模组。在加工模块中，Mastercam 通过对所提供的加工对象（零件造型）设置刀具参数和加工方法（即刀具路径加工模组）来生成刀具路径文件（即 NCI 文件）。这里只介绍目前数控铣床常用的刀具路径功能及注意事项。

1.3.1 二维加工

基于特征的铣削加工：根据 3D 实体模型特征自动进行工艺规划和铣削的编程加工。该功能简单易学，只需提供 3D 实体模型特征。使用时，操作者可以根据需要进行相关参数的设置或直接由 Mastercam 根据零件的特征信息自动给出最适合的加工策略。

外形铣削：生成沿二维或三维曲线移动的刀具路径，通常用于工件的外形加工，可实现在料外进刀，切入点应避开曲线的拐角处。该刀路可以加工简单的工件，也可以加工很复杂的工件，可实现粗/精加工。

钻孔加工：主要用于钻孔和攻螺纹等，以点确定加工位置。

挖槽加工：对开放或封闭曲线边界所包围的材料进行加工，从而获得所需的形状，可实现粗/精加工，操作方便简单。对封闭凹槽粗加工时，要注意设置好刀具在坯料上进刀，切入时选用螺旋或斜线切入，其进给方式首先选择双向铣削。

面铣削：在同一深度内生成铣削加工的刀具路径，常用于平面精加工。用外形铣削和二维挖槽加工可达到相同的效果。

二维高速加工：生成二维高速加工刀具路径，相比外形轮廓铣，具有高速、高效的特点。

雕刻加工：用于生成文字雕刻加工的刀具路径，可以说是挖槽加工的一种特殊形式。

1.3.2 三维曲面粗加工

平行粗加工：生成分层平行铣削的粗加工刀具路径，加工后工件表面纹路呈平行条纹状。由于其刀路生成时间长，提刀较多，粗加工效率低，故较少采用。

放射状粗加工：生成以定点为中心的放射状粗加工刀具路径，加工后工件表面纹路呈放射状。生成的刀具路径在靠近中心位置重叠多，但是离中心位置越远，刀路间的间距越大，往往使余量过多，而且提刀次数多，刀路生成时间长，效率低，较少采用。

投影粗加工：将几何图素或已有的刀路数据投影到曲面上，形成新的加工刀具路径。

曲面流线粗加工：刀具依据构成曲面的横向或纵向结构线方向进行加工。

等高外形粗加工：刀具沿曲面进行等高曲线加工，对复杂曲面的加工效果显著，加工后的工件表面呈梯田状。

残料清除粗加工：对已加工或用较大刀具加工所残留的材料作进一步修整加工，达到清除残料的目的，但其刀路生成时间长，故较少采用。

曲面挖槽粗加工：根据曲面形态在 Z 方向分层，生成位于曲面与加工边界之间的所有材料，加工后的工件表面呈梯田状。其设置操作简单，刀路生成时间短，刀具切削负荷均匀，几乎能将曲面需要去除的材料都清除完毕。相比于其他粗加工刀路，其加工效率是最高的，常作为粗加工第一首选方案，其进给方式首先选择双向铣削。

插削式粗加工：在曲面与凹槽边界材料之间生成类似于钻孔方式的刀具路径，加工效率高，但是对机床和刀具的性能要求高，加工成本高。

1.3.3 三维曲面精加工

平行精加工：与粗加工类型相似，无深度方向的分层控制。加工较平坦的曲面时能取得较好的效果，但加工有陡斜面的零件时效果较不明显，此时需注意加工角度的控制。精加工时应用广泛，粗加工时也可使用。

平行陡斜面精加工：生成清除曲面斜坡上残留材料的精加工刀具路径。一般作为加工陡斜面效果不佳时的补充方案，与其他加工方法配合使用，可达到良好的效果。

放射状精加工：与粗加工类型相似，适用于球类特征的曲面精加工。当加工范围不大时，能取得较好的加工效果。

投影精加工：与粗加工类型相似，将几何图素或已有的刀路数据投影到曲面上形成新的加工刀具路径，一般作为补充加工方案用。

曲面流线精加工：与粗加工类型相似，刀具依据构成曲面的横向或纵向结构线方向进行加工。

等高外形精加工：与粗加工类型相似，广泛应用于直壁或陡峭面的精加工，应用广泛。

浅平面精加工：与等高外形加工相似，适合于加工小坡度的曲面，加工范围由角度限制，加工效果好，可作为等高外形加工效果不佳时的补充方案。

交线清角精加工：在曲面相交处生成刀具路径以清除残料，是比较实用的清角方法，作为补加工用。

残料清除精加工：用于生成因使用较大直径刀具加工所残留的材料的精加工刀具路径，刀路生成时间长。

环绕等距精加工：生成以等步距环绕工件曲面加工的刀具路径，加工坡度不大的曲面时可取得良好效果，适用范围较广。

以上介绍了一些刀具路径的特点和适用范围，在真正编程时，并不是生搬硬套一种方法就能达到全部加工效果的。在实践中，往往要针对零件不同的特征信息采用不同的刀路，并对零件进行分区域，有时甚至需要二次细分区域加工。从生成刀具路径的角度来说，对零件进行自动编程，其实就是使用 CAM 软件提供的刀具路径进行刀路建模。建模结果就是所生成的刀具路径，以及刀具回转体本身所占有的空间共同构成的空间集合，也就是所要加工的零件外形，甚至可以说它是零件建模的一个逆过程，这就好像是凸模与凹模的关系。在实际工作中，一般应掌握的刀路有：外形铣削、钻孔加工、挖槽加工、曲面挖槽粗加工、曲面平行精加工、曲面等高外形精加工和环绕等距精加工。这 7 种刀路足可完成 90% 以上的加工任务，其他曲面加工刀路一般作为补充加工用。

1.4 编程策略

在进行数控编程时，有两项工作是必须做好的：其一是分析加工对象和划分加工区域，其二是规划加工路线。

1.4.1 分析加工对象和划分加工区域

只有结合工件特点去考虑刀路的适用特点，做好刀路分工（即针对不同的形状特点需采用不同的刀路）才能获得好的加工效果。需要进行分区域加工的情况有如下几种。

尺寸差异较大：如出现一处转角半径为 *R*10mm，而另一处却为 *R*3mm 的拐角；或有的加工表面比较宽，而有的加工表面却很狭窄，特别是拐角处或较小的型腔等。这些区域的尺寸变化大，需针对不同的地方采用不同的刀具进行加工。为了提高加工效率，一般先尽可能采用大尺寸刀具进行粗加工，对于小的加工表面再采用小尺寸刀具进行加工，使加工具有完整性。

形状差异较大：特别是同时出现平整面与自由曲面时，有的加工表面很平坦，有的加工表面形状变化大，如陡然变化的凸、凹曲面等。平整面尽可能采用二维加工，一些较平坦的自由曲面可采用平行铣，陡然变化的曲面一般采用等高外形加工，这些都需要针对不同的形状特点采用不同的加工方式，以获得好的加工品质。

精度和表面质量要求差异较大：因工件的使用特点，不同的地方会有不同的精度和表面粗糙度的要求。采用球头立铣刀精加工自由曲面时，表面质量要求高的加工表面，需采用较小的步距进行加工，表面质量要求不高的加工表面，可采用较大的步距进行加工，真正做到有的放矢，提高加工效率。

1.4.2 规划加工路线

一般的加工过程都是由粗加工、半精加工、精加工和清角加工构成的。

粗加工：粗加工的目的是以最快的速度去除加工余量，其效率取决于切削速度（进给量和吃刀量），以及所采用的刀具路径。曲面粗加工以“傻瓜式”的曲面挖槽加工刀路为主，基本上能实现 80% 以上的加工任务，而且效果显著。对于一些陡斜曲面的残留部分，采用小尺寸刀具进行等高外形刀路加工或环绕等距刀路加工。结合工件形状特点适当采用一些二维刀路会更简便、快捷。粗加工时，尽可能采用大尺寸刀具，再用小尺寸刀具清除残料，保证余量一致之后再进行精加工，以取得好的加工品质。要结合实际情况仔细分析好残料的多少，特别是采用小尺寸刀具加工时，如果对残料的估算不准确或对余量把握不好，都会造成刀具损坏和过切、弹刀乃至精加工余量大和切削不到的情况。在采用大的切削速度加工大型零件时，要合理安排好工序。粗加工后，为防止变形，应在保证零件已冷却的情况下，再进行下一工序的加工。

精加工：精加工的目的是达到所要求的加工精度和表面质量，根据曲面形状特点选用相应的刀路。平行精加工刀路适用范围广，使用率最高，但是较陡峭的一边会不好铣削，需要控制好加工角度和高度。凸台顶部的窄平面可用外形加工刀路沿直线铣削，刀路简单快捷。完全平整的曲面采用挖槽加工刀路比二维刀路效率高，且表面质量好，如模具分型面的加工。陡斜曲面与平整曲面连接优先选用小尺寸刀具和等高外形刀路，需同时控制加工高度。平面中间有较多凸起部位时，可用曲面挖槽加工刀路，限制加工高度，只对平面所在高度进行加工。当控制加工深度不便于确定出单纯适合于平行精加工或等高外形加工的曲面时，可用平行陡斜面加工或浅平面加工。加工大型零件或零件曲面造型复杂时，需要合理分布刀路，做到成区域或成类型分开加工。

清角加工：清角加工的目的是去除精加工时剩余的残料，根据曲面交线处的特性选择不同的刀路。平面与曲面交线处的清角一般用立铣刀按等高外形刀路进给较为合适，需控制加工高度。对于一些垂直面的加工，采用立铣刀按外形铣刀路，不但计算速度快，而且可进行分层铣削。曲面造型复杂时，可用交线清角加工。残料清除加工刀路可用于计算清角刀路，但其计算时间较长，较少采用。针对曲面特点适当地加工一些简单的二维刀路或利用曲面边界生成曲线，又或者通过曲面修整以辅助刀路的生成，往往在起到优化刀路效果的同时还可以获得好的加工品质。

最后，所有加工过程中都要避免刀路中有直角或尖角，突然拐角和急刹容易引起过切和弹刀，对机床的损坏也很大。刀路尽量走圆弧，这也是高速加工中的刀路都是自动转圆角的原因。

1.5　CAM 软件数控编程的一般步骤

熟练掌握 CAM 软件数控编程的流程是对每个使用 CAM 软件编程人员的基本要求，可以有效减少加工过程中的出错率，提高加工效率。一般 CAM 软件的数控编程流程如下：

1.5.1　获得 CAD 模型

CAD 模型是 CAM 进行 NC 编程的前提和基础，任何 CAM 的程序编制必须有 CAD 模型作为加工对象才能进行编程。CAD 模型可以由 CAM 软件自带的 CAD 功能直接造型获得，或是通过与其他软件进行数控转换获得。目前，很多 CAM 软件都集中有这两种功能，如 Mastercam、UG、Catia、Cinmatron 和 Pro/E 等。Mastercam 可以直接读取其他 CAD 软件所做的造型，如 PRT、DWG 等文件。通过 Mastercam 的标准转换接口可以转换并读取如 IGES、STEP 等文件。

1.5.2　分析 CAD 模型和确定加工工艺

1. 分析 CAD 模型

对 CAD 模型进行分析是确定加工工艺的首要工作，要细致地做好模型的几何特点、形状与位置的公差要求、表面粗糙度要求、毛坯形状、材料性能要求、生产批量大小等分析。其中，进行几何分析时应根据方便编程加工的原则确定好工件坐标系，为使生成的刀具路径规范化，应考虑对一些特殊的曲面部分是不是要进行曲面修补或其他编辑，要不要作一些辅助线作为加工轨迹用或限定加工边界等。

2. 确定加工工艺

选择加工设备：根据模型的几何特点，选择并确定好数控加工的部位及各工序内容，以充分发挥数控设备的功用。因为并不是所有的部位都可以采用数控铣床或加工中心去完成加工任务的，如有些方的或细小尖角部位应使用线切割或电火花才能完成加工。

选择夹具：采用什么样的装夹工具与方法。装夹时，应考虑在加工过程中防止工件与夹具发生干涉。

划分加工区域：针对不同的区域进行规划加工，往往可以起到事半功倍的效果。

加工顺序和走刀方式：根据粗、精加工的顺序及加工余量的分配确定加工顺序和走刀方式，缩短加工路线，减少空走刀，分清什么时候采用顺铣、什么时候采用逆铣。

确定刀具参数：选好刀具的种类和大小，设置合理的进给速度、主轴转速和背吃刀量，同时考虑采用什么样的冷却方式，以充分发挥刀具的性能。

根据以上内容编写好数控加工工序单，将其作为数控编程的技术指导文件。

1.5.3 自动编程

结合加工工艺确定的内容，设置相关参数后，CAM 系统将根据设置结果进行刀具路径的生成。

1.5.4 程序检验

编制好的刀具路径必须进行检验，以免因个别程序出错影响加工效果或造成事故，主要检查是否过切、欠切或夹具与工件之间是否干涉。可通过刀具路径重绘查看刀路有无明显的不正常现象，如有些圆弧或直线形状不正常，显得杂乱等，也可利用实体模拟加工观察切削效果。

1.5.5 后处理

将生成的刀具路径文件转化为 NC 程序代码并导出，对 NC 文件进行一定的编辑后传输到数控机床进行实际加工。

其中，分析 CAD 模型和确定加工工艺是关键，也是编程的难点，它决定了加工程序的编制、刀具路径的质量和加工效益。

1.6 小结

本章介绍了 Mastercam 的基本知识、Mastercam 编程特点、刀具路径说明和编程策略，以及 CAM 软件数控编程的一般步骤，可使读者对 Mastercam X5 的数控编程模块有一定的认识。

第二章　数控编程基础及编程注意事项

数控编程人员必须掌握一定的数控加工基础知识，如编程指令的使用、刀具的选用、加工参数的设置、走刀方式的选择，以及加工时应注意的事项等。只有真正掌握了数控指令，才能更好地深入理解数控自动编程，同时使用好 CAM 软件进行自动编程，控制刀路时才能做到游刃有余。刀具的选用、加工参数的设置，以及走刀方式的选择等作为数控加工工艺的内容将直接影响数控加工的质量和效率，因此作为一名合格的编程人员，应熟悉数控加工工艺。

2.1　数控程序的结构

数控程序的结构如图 2-1 所示。

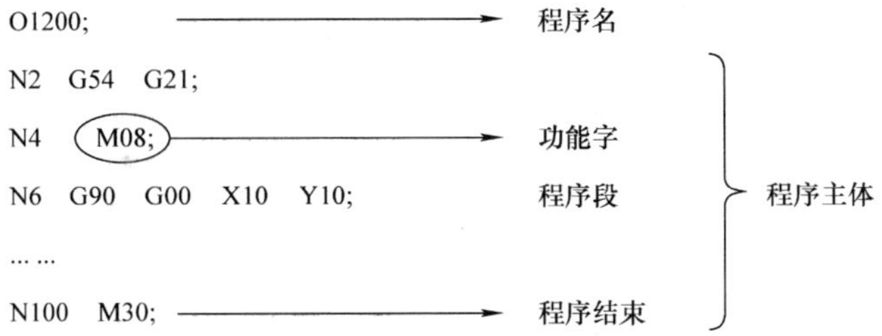

图 2-1　数控程序的结构

其中，程序结构中的程序段顺序号由地址 N 表示，该顺序号可省略，特别是采用手工编程时，可提高编程效率。N 只表示程序段标号，主要用于查找或修改程序（如对加工过程中的某一段错误程序提供查找信息），在加工过程中不起任何作用。顺序号可递增或递减，且不要求数值具有连续性，但在使用某些循环指令、宏指令、调用子程序及镜像指令时不可省略。

2.2　常用数控指令介绍

数控编程指令有模态指令与非模态指令之分。模态指令具有延续性，在同组的其他指令出现之前一直有效，不受程序段多少的限制，而非模态指令只在当前程序段有效，不具有延续性。

下面简单介绍常用的 G、M 指令。

2.2.1　单位设定（G20、G21、G22）

G20 指令用于指定英制输入制式，G21 指令用于指定米制输入制式，G22 指令用于指定脉冲当量输入制式。

2.2.2　坐标系指令

1. 绝对坐标和增量坐标指令（G90、G91）

数控编程中可以采用绝对值编程也可以采用增量值编程，或者采用绝对值与增量值混合编程。G90 与 G91 指令的功能是设定编程时坐标值为绝对值或增量值。G90 指令用于设定绝对值编程，每个编程坐标轴上的编程值是相对于程序原点的，G90 为默认值。如图 2-2 所示，*A*（10，10）、*B*（30，50）、*C*（80，50）都是绝对值坐标。G91 指令用于设定增量值编程，每个编程坐标轴上的编程值是相对于前一个点的位置而言的，该值等于沿轴移动的距离。如图 2-2 所示，*B* 相对于 *A* 的增量坐标为 $B_{相A}$（20，40），*C* 相对于 *B* 的增量坐标为 $C_{相B}$（50，0）。

注意：G90、G91 是一对模态指令，在同一程序段中只能用一种，不能混合使用。在编程过程中，如果前面用了增量值编程，后面没有采用 G90 指令进行取消，则后面会一直都是 G91 模式（即增量值编程），这样很容易发生撞刀现象，应特别引起注意。应分清楚什么时候采用 G91 指令，什么时候要用 G90 指令取消 G91 指令。

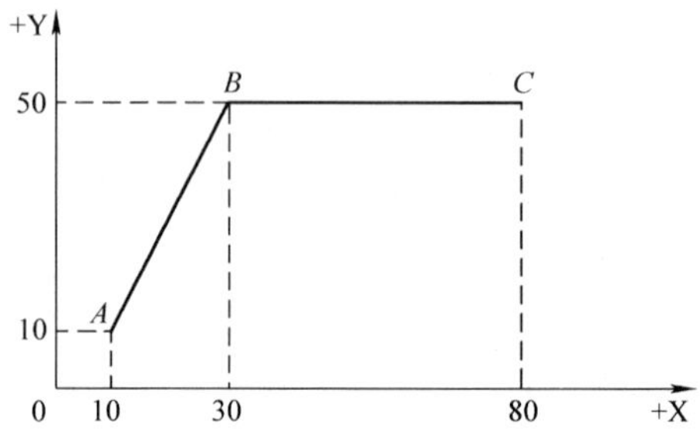

图 2-2　刀具轨迹示例

例：已知刀具中心轨迹为“*A*→*B*→*C*”，如图 2-2 所示，以 *A* 为起点，则：

用 G90 指令绝对值编程时，程序为：

```
G90  G00  X30  Y50
          X80
```

用 G91 指令增量值编程时，程序为：

```
G91  G00  X20  Y40
          X50
```

2. 建立工件坐标系指令

1）工件坐标设置预置寄存指令（G92）的格式及说明如下。

格式：G92 X__　Y__　Z__

G92 指令应位于程序的第一句，执行后刀具并不运动，只是将刀具当前点置为 X、Y、Z 的设定值。通常将坐标原点设于主轴轴线上，以便于编程。G92 要求坐标值 X、Y、Z 必须齐全，不可默认，并且不能使用 U、V、W 编程。

如图 2-3a 所示，建立工件坐标系的程序为：G92　X40　Y20　Z10；其含义为：刀具并不产生任何动作，只是将刀具所在的位置设为 X40　Y20　Z10，即相当于确定了工件坐标系。

2）坐标系选择指令（G54～G59）。G54 坐标系的确定：首先回参考点，移动刀具至某一点，例如移到工件上表面中心点 *A*，如图 2-3b 所示。将此时屏幕上显示的机床坐标值：X100　Y100　Z－150 输入到数控系统对应的 G54 参数表中，即完成 G54 工件坐标系的确定。G55～G59 确定坐标系的方法与 G54 相同。

G54～G59 是系统预定的 6 个工件坐标系，可根据需要任意选用。加工前，将测得的工件编程原点坐标值通过手动数据输入（MDI）方式预存入数控系统对应的 G54～G59 中，编程时，在指令行里写入相对应的 G54～G59 即可。此方法比 G92 稍麻烦些，但不易出错。零点偏置是指在编程过程中进行编程坐标系（工件坐标系）的平移变换，使编程坐标系零点偏移到新的位置。G54～G59 为模态指令，可相互注销，G54 为默认值。

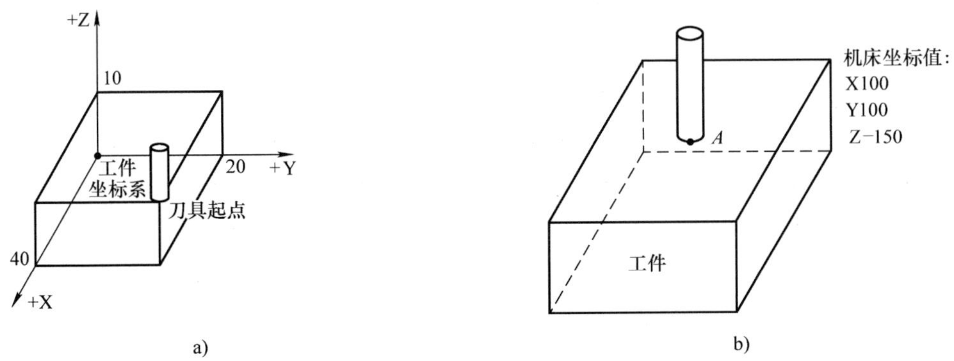

图 2-3　工件坐标系的确定

a）G92 确定工件坐标系　b）G54 确定工件坐标系

3）G92 与 G54 ~ G59 的区别：G92 是在程序中设定的坐标系，使用 G92 指令的程序结束后，若机床没有回到 G92 指令设定的工件坐标原点位置，再次启动此程序必须重新设置新的工件坐标原点，不然机床会把当前所在位置设为新的工件坐标原点，易发生事故。所以，一定要慎用 G92 指令。

G54 ~ G59 是调用加工前已设定好的坐标系。使用 G54 ~ G59 指令就没有必要再使用 G92 指令，否则 G54 ~ G59 指令会被替换而不起作用。手工编程时，常会用到宏指令、镜像指令或旋转指令等，根据零件特点再结合数控系统提供的 G54 ~ G59 指令进行工件坐标系的建立，往往可以起到事半功倍的效果。

2.2.3　与运动相关的指令

1. 快速点定位指令（G00）

应用 G00 指令使刀具在非切削状态下快速移动，执行指令时，F 功能对 G00 指令无效，机床以自身设定的最大移动速度移向指令位置。G00 指令在两点间移动的轨迹与数控系统有关，一般以直线方式移动到指定位置，也有的沿折线一根轴一根轴依次移动到位。由于使用时机床移动的速度往往很快，为避免撞刀事故的发生，一般在快速移动刀具位置前，先将 Z 轴提到安全高度后，再快速移动刀具位置。

格式：G00 X __ Y __ Z __

例：如图 2-4 所示，刀具从 *A* 点移动到 *B* 点。

用 G90 指令绝对值编程时，程序为：

G90 G00 X30 Y15

用 G91 指令增量值编程时，程序为：

G91 G00 X15 Y－15

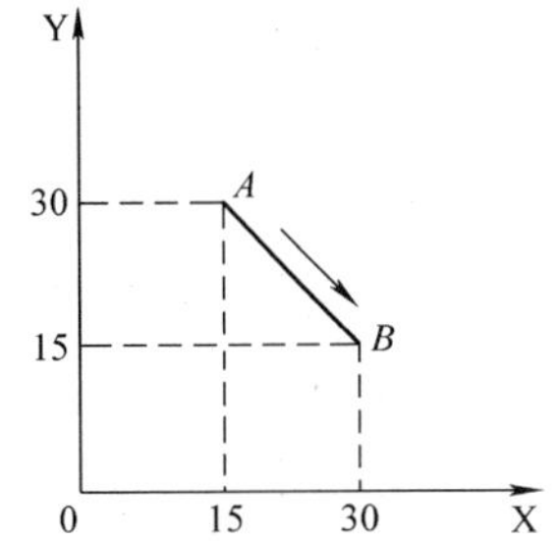

图 2-4　快速定位

2. 直线插补指令（G01）

应用 G01 指令操纵刀具由当前位置，以 F __所指定的切削速度，沿直线进给到 G01 指令中指定的位置，为模态指令。

格式：G01 X __ Y __ Z __ F __

例：如图 2-4 所示，刀具从 *A* 点移动到 *B* 点。

用 G90 指令绝对编程时，程序为：

G90 G01 X30 Y15 F100

用 G91 指令增量编程时，程序为：

G91 G01 X15 Y－15 F100

3. 圆弧插补指令（G02、G03）

G02 指令为顺时针圆弧插补指令，G03 指令为逆时针圆弧插补指令。

顺、逆方向的判别规则：沿垂直于圆弧所在平面坐标轴的正方向向负方向看，如在 XY 平面内，从 Z 轴的正方向向原点看，顺时针方向的圆弧为顺时针圆弧，反之为逆时针圆弧，如图 2-5 所示。

格式：

$$G17\left\{\begin{matrix}G02\\G03\end{matrix}\right\}X\_\ Y\_\left\{\begin{matrix}R\\I\_\ J\_\end{matrix}\right.$$

$$G18\left\{\begin{matrix}G02\\G03\end{matrix}\right\}X\_\ Z\_\left\{\begin{matrix}R\_\\I\_\ K\_\end{matrix}\right.$$

$$G19\left\{\begin{matrix}G02\\G03\end{matrix}\right\}Y\_\ Z\_\left\{\begin{matrix}R\_\\J\_\ K\_\end{matrix}\right.$$

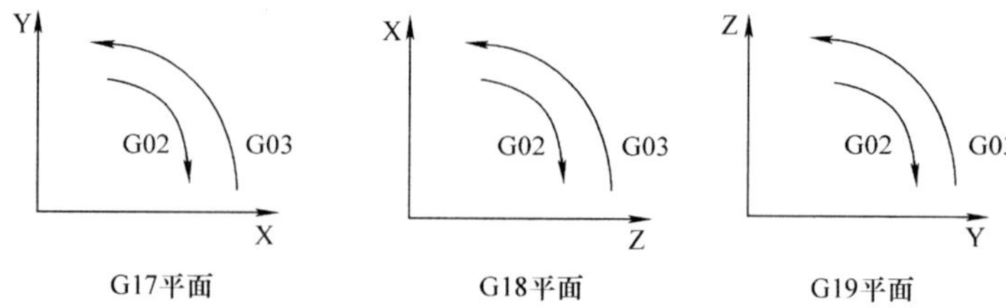

图 2-5　各平面下的圆弧方向

说明：X、Y、Z 分别表示 X 轴、Y 轴、Z 轴的终点坐标。

I、J、K 分别表示圆弧圆心点相对于起点在 X、Y、Z 轴向的增量值。

R 为圆弧半径。

F 为进给速率。

终点坐标可以用绝对坐标 G90 或增量坐标 G91 表示，但是 I、J、K 的值总是以增量方式表示。当圆弧夹角小于 180°时，R 为正值；当圆弧夹角大于 180°时，R 为负值；当圆弧夹角等于 180°时，R 值可正可负。整圆编程时，不能用 R，只能用 I、J、K 表示。

4. 刀具补偿指令

1）刀具半径补偿指令为 G40、G41、G42，其格式及说明如下。

格式：

$$G00/G01\left\{\begin{matrix}G41\\G42\end{matrix}\right\}X\_\ Y\_\ D\_$$

G00/G01 G40 X＿ Y＿

说明：

G40：刀具半径补偿/刀具偏置注消，如图 2-6 所示。

G41：刀具半径左补偿，沿着刀具前进方向观察，刀具偏在工件的左边（假定工件不动），如图 2-6 所示。

G42：刀具半径右补偿，沿着刀具前进方向观察，刀具偏在工件的右边（假定工件不动)，如图 2-6 所示。

D __：刀具偏置号，通过 MDI 方式将偏置数值输入到机床中。通过设置偏置数值的大小，可用同一程序实现粗、精加工。

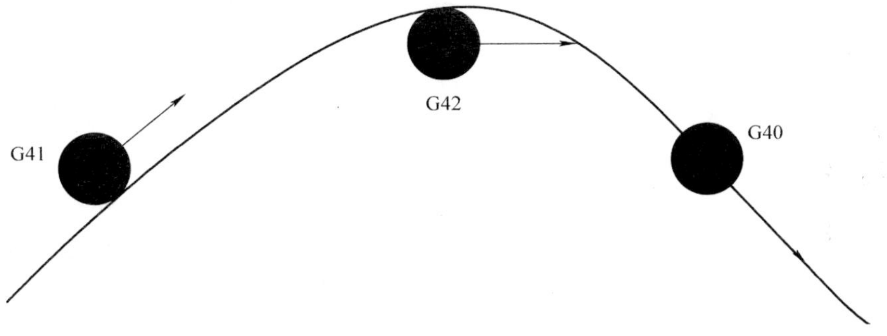

图 2-6 刀具半径补偿的判断

注意：在建立刀具半径补偿段时，必须采用 G00 或 G01 指令，不能使用 G02 或 G03 指令，且 X、Y 轴至少有一轴必须移动一定的距离。为提高安全性，一般在远离工件的地方建立、取消刀补，且应与选定好的切入点和进给方式相协调，保证刀具半径补偿的有效性；G40 与 G41 或 G42 必须成对使用，不然容易误切或撞刀。

2）刀具长度补偿指令为 G43、G44、G49，其格式及说明如下。

格式：

$$G00/G01 \begin{Bmatrix} G43 \\ G44 \end{Bmatrix} Z\_\_\ H\_\_$$

G49 或 H0

说明：

G43：刀具长度正向偏置。

G44：刀具长度负向偏置。

G49：刀具长度补偿取消。

注意：在建立刀具长度补偿时，Z 轴一定要移动位置。实际应用中，当分不清应选用正补偿还是负补偿时，可只用 G43 指令，即以第一把刀作为基准，在进行其他刀具对刀时，将所得的数值大小（该值为对同一基准面对刀时，机床所显示的值，有正负之分，该值为正时则输入正值，为负时则输入负值），通过 MDI 方式输入机床系统中。加工中心较常采用刀具长度补偿指令。

5. 循环指令

数控加工中，将钻孔、镗孔、攻螺纹等加工动作预先编好程序，存储在内存中，并由一个 G 代码程序段进行调用，起到简化编程的作用。常用的孔加工固定循环指令有 G73、G74、G76、G80 和 G81 ~ G89 等。由于钻孔循环的动作基本相同，这里只选比较有代表性的指令作简单说明。

钻孔加工通常由以下 6 个动作完成，如图 2-7 所示。

1）X、Y 轴定位。

2）快速移动到 R 点。

3）孔加工。

4）在孔底的动作。

5）退回到 R 点（参考点）。

6）快速退回到初始点。

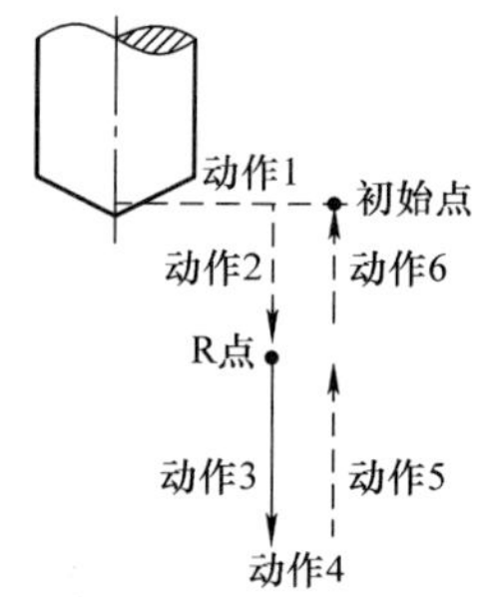

实线：切削进给 虚线：快速进给

图 2-7 钻孔动作

其中初始点是为了安全下刀而设置的一个点。R 平面是刀具下刀时从快速自动转为工作切削速度（即钻孔时的切削速度 F）的平面高度。

固定循环格式如下：

$\left\{\begin{matrix}G98\\G99\end{matrix}\right\}$ G __ X __ Y __ Z __ R __ Q __ P __ F __

说明：

G98：退回初始平面。

G99：退回 R 点平面。

G __：固定循环指令，如 G73、G74、G76 和 G81 ~ G89 之一等。

X、Y：加工孔的位置，可用绝对值（G90）或增量值（G91）指定。

R：初始点到 R 点的距离，不宜太大，一般为 2 ~ 10mm。

Q：每次进给深度。

P：刀具在孔底停留的时间和 G04 相同。

F：切削进给速度。

1）钻孔循环（G81）的格式及说明如下：

格式：

$\left\{\begin{matrix}G98\\G99\end{matrix}\right\}$ G81 X __ Y __ Z __ R __ F __

G81 指令一般用于钻中心孔，为后续加工孔的钻头作定位用，加工深度一般为 2 ~ 5mm。有时可用 G01 指令代替 G81 指令使用，动作过程如图 2-8 所示。

2）深孔加工循环（G83）的格式及说明如下：

格式：

$\left\{\begin{matrix}G98\\G99\end{matrix}\right\}$ G83 X __ Y __ Z __ R __ Q __ P __ F __

G83 指令适用于加工深孔。机械加工中通常把孔的深度与孔的直径之比大于 6 的孔称为深孔。该功能与 Mastercam 的啄式钻孔功能相同。其动作过程如图 2-9 所示。

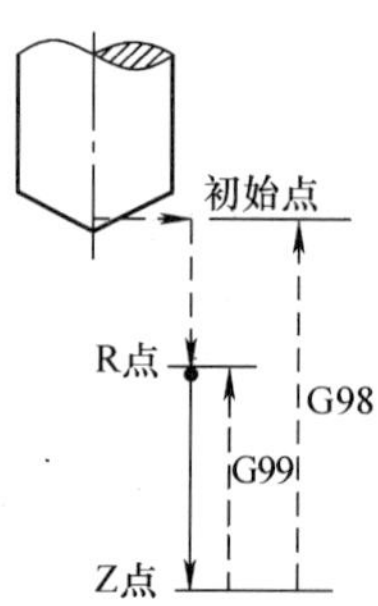

图 2-8 G81 钻孔轨迹

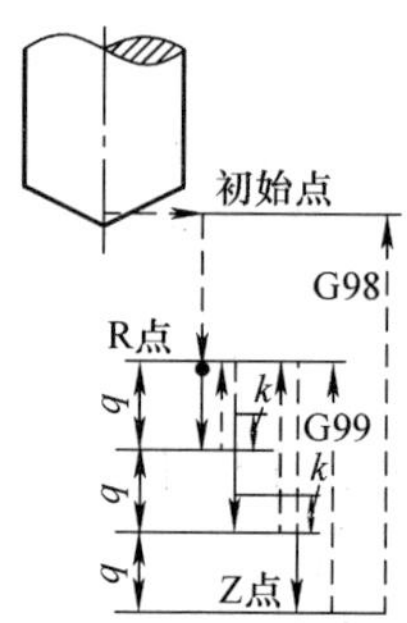

图 2-9 G83 钻孔轨迹

2.2.4 辅助功能 M 指令

辅助功能以地址符 M 后接两位数字组成，包括 M00 ~ M99 共 100 个。辅助功能 M 指令主要控制机床主轴的启动、旋转、停止和切削液启停等开关量。辅助功能指令也分为模态和非模态，且应定义其在一个程序段中起作用的时间，有些在程序段运动指令完成后开始起作用，例如，与程序有关的指令 M00、M01、M02 和 M30 等；有些与程序段运动指令同时开始起作用，例如，主轴转向指令 M03、M04 和切削液开启指令 M08 等。

常用的 M 指令有以下几个。

M00——程序暂停。执行到此时，机床进给停止、主轴停转，只有按【循环启动】按钮后，才能继续执行后面的程序段。M00 指令主要用于操作人员想在加工中使机床暂停，用于检验工件、调整加工参数、排屑等。

M01——程序选择性暂停。只有当控制面板上的【选择停止】键处于“ON”状态时，此功能才有效，否则该指令无效，执行后效果与 M00 相同。

M02——程序结束。执行到此指令时，机床进给停止，主轴停止，切削液关闭，但程序光标仍停在程序末端。M02 指令写在最后一个程序段中，是非模态指令。

M03——主轴正转，模态指令。

M04——主轴反转，模态指令。

M05——主轴停止，模态指令。

M06——换刀。手动或自动换刀指令，不包括刀具选择，也可以自动关闭切削液和主轴，为非模态指令。

M08——1#切削液（如液体）开，是模态指令。

M09——切削液关。注销 M07、M08、M50、M51，是模态指令。

M30——程序结束，与 M02 功能相似，但 M30 表示工件加工已完成，执行后结束程序并返回至程序头，停止主轴、切削液和进给。M30 指令写在最后一个程序段中，是非模态指令。

2.2.5 主轴功能 S 指令

S 指令指定主轴转速，是续效代码，由地址符 S 和后面的数字组成。对不同档次的数控机床，S 指令的含义不同，有的表示主轴转速，单位为 r/min，有的表示转速挡位代号。例如，S1000 表示主轴转速为 1000r/min，S2 表示主轴第 2 挡转速。

2.2.6 进给功能 F 指令

在 G01、G02、G03 和循环指令程序段中，用以指定刀具的进给速度，为续效代码，由地址符 F 和后面的数字组成。通常单位为 mm/min，例如，F100 表示进给速度为 100mm/min。

2.2.7 刀具功能 T 指令

刀具功能包括刀具选择功能和刀具补偿功能。在有自动换刀功能的数控机床上，用地址符 T 和后面的数字来指定刀具号和刀具补偿号。T 后面的数字的位数和定义由不同的机床厂商自行确定，通常为两位或四位，例如，T0101 表示用 1 号刀并调用 1 号刀补值。该指令在加工中心中使用。

2.3 数控手工编程实例

手工编程是指从零件图样分析、规划工艺过程、规划刀具路径、数值计算、编写零件加工程序到程序校验都由人工完成的过程。在加工一些形状简单、计算量不大的零件，尤其只是加工孔时，采用手工编程省去了软件建模的过程，从而更加方便、快捷。但是手工编程不适合加工形状复杂的零件，特别是曲线、曲面加工，采用手工编程就有一定困难，计算复杂、容易出错，有时甚至无法编出程序，必须用自动编程的方法编制程序。

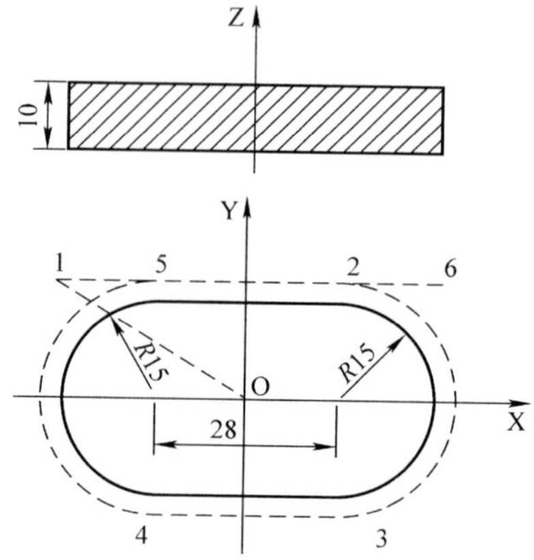

图 2-10　手工编程实例图

下面结合实例介绍如何进行数控手工编程。如图 2-10 所示的零件，按图形所标尺寸编写该零件外轮廓的精加工程序（表 2-1）。

表 2-1　程序及说明

程　　序	说　　明
O1200	程序名
N10 G54 G21	建立工件坐标系
N20 G90 G40 G49 G80	绝对坐标编程，注销刀补和循环加工
N30 G00 X0 Y0 M03 S2500	刀具快速移动到工件坐标原点上方，主轴以 2500r/min 正转
N40 M08	切削液开
N50 G41 D01 G00 X-30 Y15	刀具左补启用至 1 点（注意是在工件上表面建立刀补）
N60 G00 Z10	刀具快速移动到距离工件上表面 10mm 处
N70 G01 Z-10 F100	刀具以 100mm/min 的速度下降到 -10mm 处
N80 G01 X14 Y15 F300	刀具以 300mm/min 的速度进给至 2 点处
N90 G02 R15 X14 Y-15	刀具进给至 3 点处
N100 G01 X-14 Y-15	刀具进给至 4 点处
N110 G02 R15 X-14 Y15	刀具进给至 5 点处
N120 G01 X30 Y15	刀具进给至 6 点处
N130 G00 Z60	刀具快速抬刀到距离工件上表面 60mm 处
N140 G40 G00 X0 Y0	刀具取消刀补并回到原点
N150 M05	主轴停止
N160 M09	切削液关
N170 M30	程序结束并返回

实战经验：采用手工编程时，程序应尽可能地简单，有时甚至加工一个圆就是一个程

序。更不要将不同加工区域的内容都放在同一程序中，这样容易出错，特别是当程序很长的时候，容易输入错误，出错时修改困难。同时，编写的程序段多时，在加工完一区域后紧接着加工下一区域时，容易因没有提刀而导致撞刀。

建立工件坐标系时，一般不推荐采用 G92 指令。当零件的一些规则形状分布不一时，可根据形状特点采用 G54 ~ G59 指令建立多个坐标系，这样可以减少计算量，而且不容易出错，特别是使用宏程序时经常采用。

当刀具路径是循环路径时，如面铣加工或深度分层加工，经常在同一程序中混合使用 G90 与 G91 指令，但是必须清楚如何区分。因为如果使用 G91 指令后没有用 G90 指令去取消，往往容易发生撞刀。

在工件上表面建立或取消刀具半径补偿是一种比较安全的做法，如上例，而且比在指定的加工深度平面内再建立或取消刀具半径补偿往往更便捷一些，手工编程时经常采用。

2.4 常用刀具的选择与参数设置

在数控加工中，使用的刀具种类很多，这里只对常用的刀具种类性能与选用进行介绍。

2.4.1 数控加工常用刀具

数控加工中常用的刀具有以下三种。

1）平刀（平头锣刀、面铣刀）：主要用于粗加工、平面精加工、外形精加工和清角清根。

2）圆角铣刀（牛鼻刀、牛头刀、飞刀）：主要用于粗加工硬度较高的材料和平面精加工，常用圆角铣刀的圆角半径为 $R(0.2\sim6)\text{mm}$。

3）球头立铣刀（球头锣刀、R 刀）：主要用于曲面精加工，对平面粗加工及精加工时表面粗糙度数值大、效率低。

2.4.2 刀具材料的选用

常用的刀具材料有高速钢和硬质合金。

高速钢刀（俗称白钢刀）：易磨损，价格便宜，一般用于直壁加工，普通高速钢刀的转速不宜太高，否则容易烧刀，进给速度小。此类刀具常用于加工比较软的材料，如铜、铝合金可采用普通的高速钢刀或进口的高速钢刀，粗加工时，如果不方便螺旋进给，则可采用垂直下刀（吃刀量 <0.5mm），刀具一般不会断裂。

硬质合金刀（俗称合金刀、钨钢刀）：具有高密度、高硬度、耐高温、耐磨的特点，加工效果好，价格昂贵。此类刀具常用于加工硬度比较高的材料，如钢材或经过淬火、焊接的模具材料，采用硬质合金刀进行加工可取得良好的加工效果。

刀具的寿命和精度与刀具价格关系极大。必须引起注意的是，在大多数情况下，选择好的刀具虽然增加了刀具成本，但是却提高了加工质量和加工效率，可大大降低整个加工成本。

2.4.3 切削用量的选择

切削用量包括主轴转速（切削速度）、背吃刀量和进给量。对于不同的加工方法，需要选择不同的切削用量，并编入程序单内。粗加工时，一般以提高生产率为主，但也应考虑经济性和加工成本；半精加工和精加工时，应在保证加工质量的前提下，兼顾切削效率、经济性和加工成本。其具体数值应根据机床说明书和切削用量手册，并结合经验而定。

1）背吃刀量（a_p）：为有效地提高加工效率，在机床、工件和刀具刚度都允许的情况下，a_p 可直接等于加工余量。适当地留一定的余量进行精加工，可保证零件的加工精度和表面质量。

2）侧吃刀量（a_e）：一般情况下，a_e 与刀具直径 d 成正比，与背吃刀量成反比。其取值范围为 $a_e=(0.6\sim0.9)d$，粗加工时，为提高加工效率可取大值，如 $a_e=0.8d$；精加工时，为获得好的表面质量可取小值，如 $a_e=0.5d$。

3）切削速度（v_c）：当工件的质量要求能够得到保证时，为提高生产率，可选择较高的切削速度。在机床和刀具的刚度都允许的条件下，可采用较大的切削速度，特别是工件材料切削性能比较好时，一般在 100～200mm/min 范围内选取；加工深孔或用高速钢刀具加工时，宜选择较低的切削速度，一般在 20～50mm/min 范围内选取；精加工时，为获得好的加工质量，一般在 0～50mm/min 范围内选取；刀具空走刀时，一般直接采用机床数控系统设定的最高切削速度。

4）主轴转速（n）：应根据允许的切削速度和工件（或刀具）直径来选择。

其计算公式为

$$n=\frac{1000v_c}{\pi d_w}$$

式中　n——主轴转速，单位为 r/min；

v_c——切削速度，单位为 m/min，由刀具的寿命决定；

d_w——工件直径或刀具直径，单位为 mm。

依据计算所得的主轴转速 n，选取机床有的或较接近的转速。一般情况下粗加工、采用大尺寸刀具或钻孔时，转速可慢一些；采用小尺寸刀具或精加工时，转速应高一些。

在设置主轴转速与切削速度时要注意，搭配粗加工时主轴转速可小一些，进给倍率大一些，精加工反之。如果主轴转速太快而切削速度太慢时，刀具往往会因为切不到余量而出现打磨现象，一旦刀具与工件表面发生打磨，就会发出“吱、吱、吱”的尖叫声。此时热量骤升，对刀具和工件都不利，容易发生“烧刀”与“粘刀”现象。从安全角度出发，一般优先考虑对主轴转速进行调整，接着再考虑对进给速度进行调整。例如，可先通过机床控制面板上的【主轴修调】按钮降低主轴转速，如果不行可调高切削速度，直到这种现象不再发生为止。当然，除了从主轴转速和切削速度角度考虑外，还应考虑到其他的因素，如切削液、刀具材料和加工余量等。

2.5　刀路的选择

数控加工中，不同的刀路往往可以取得不同的加工效果，包括的内容有进、退刀路线，加工时的运动路线，顺铣与逆铣等。为保证零件加工精度和达到表面质量的要求，简化计算，使刀路最短，提高加工效率，在 Mastercam 中针对不同的加工形式可选择不同的刀路。合理选择刀路，可以在同样加工时间的条件下，获得更好的加工品质。

1）顺铣与逆铣：铣刀的旋转方向与工件进给方向相同称为顺铣，反之为逆铣，如图 2-11所示。由图 2-11a 可知，逆铣时，铣刀的切削厚度从零增加到最大，与工件之间产生强烈摩擦，刀具易磨损，并使加工表面质量变差，同时，逆铣时有一个上抬工件的分力，容易使工件振动和夹具松动。顺铣时，铣刀的切削厚度从最大值减小到零，切入前铣刀不与零件产生摩擦，有利于提高刀具寿命、降低表面粗糙度值，铣削时向下压的分力有利于增加工件夹持的稳定性。但如果进给丝杠与螺母之间有间隙，顺铣时，工作台会窜动而引起打刀。数控机床采用了间隙补偿结构，窜刀现象可以克服，因此顺铣法铣削应用较多。

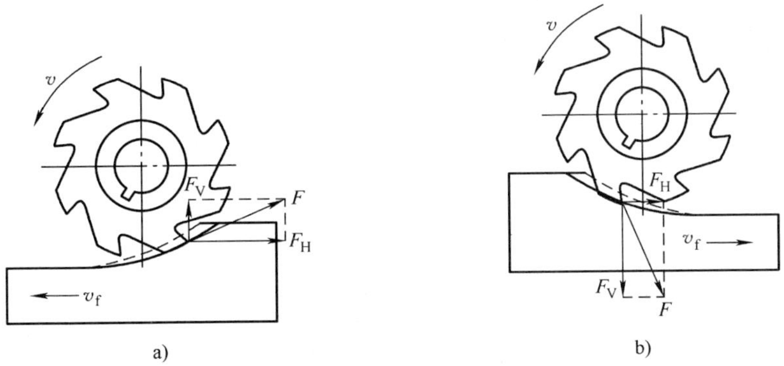

图 2-11　顺铣与逆铣

a）逆铣　b）顺铣

一般情况下，采用顺铣有利于防止切削刃损坏，可提高刀具寿命。加工铝镁合金、钛合金和耐热合金等硬度较低的材料以及精加工时，建议采用顺铣加工，这对于降低表面粗糙度值和提高刀具寿命都有利。加工零件毛坯为钢铁材料的锻件或铸件等硬度高的材料时，由于表皮硬而且余量一般较大，这时采用逆铣较为有利，可获得好的加工质量。另外，采用顺铣法铣削铸件或表面有氧化皮的零件毛坯时，会使切削刃加速磨损甚至崩裂。

2）进、退刀路线：刀具进刀时，应避免沿零件外轮廓的法向切入，而应沿外轮廓曲线延长线的切向切入，以避免在切入处由于法向力过大，产生刀痕，影响表面质量，退刀时也一样。铣削封闭的内轮廓零件时，若内轮廓曲线允许外延，则应沿切线方向切入、切出。若内轮廓曲线不允许外延，此时刀具的切入、切出点应尽量选在内轮廓曲线两几何图素的交点处。一般情况下，在进行轮廓加工时都要避免在轮廓的转角处进、退刀，而且一般采用相切的圆弧或直线进行进、退刀。

3）平行切削：在 Mastercam 中，平行切削分为单向切削和双向切削，并且可以根据零件特点指定加工角度。当表面质量要求高时，可采用单向切削。加工时，刀具始终沿一个方向切削加工到终点后快速提刀到安全高度，至下一行的起点位置，再切削加工到该行的终点位置。因此，加工时只存在顺铣或逆铣方式加工工件，但提刀多，效率低。双向切削时，刀具是来回切削的，它是以顺逆铣混合方式加工工件，相比单向切削少了提刀时间，效率高。这种方式用得比较多，适合加工一些比较平坦的曲面。由于平行切削时步距值是水平方向的间距，故加工斜面时，刀路水平步距不变的情况下，刀路的垂直步距会随着坡度的增加而变大。此时，影响最大的就是加工角度的控制。当加工角度为 0°时，会出现两个面都较粗糙的现象，如图 2-12a 所示；当加工角度为 45°时，陡斜面处会出现表面质量差的情况，如图 2-12b 所示，而且往往会产生其中一边加工质量好而另一边加工质量不好的情况。为获得好的加工质量，一般的解决方法是修改加工角度，如在采用 45°加工角度的基础上再采用 135°

进行加工。

a)　　b)

图 2-12　加工角度
a）加工角度为 0°　b）加工角度为 45°

4）环绕切削：这种切削方式是围绕轮廓的外形以等距的环绕方式进行加工，可指定向内或向外环绕加工方式，这种刀路在同一层内不提刀。相比平行切削，环绕切削除了能加工平坦面外，其最大的优势是加工具有一定坡度的曲面时仍可获得好的加工质量。Mastercam 刀路中的等高外形和等距环切就采用这种方式，粗、精加工时都较常使用。

2.6　数控编程中常见问题及解决方法

在数控编程中，常遇到的问题有撞刀、过切、弹刀、漏加工、多余的加工、空刀过多、提刀过多和刀路凌乱等。这些问题轻则撞坏刀具或工件，重则撞坏机床，甚至带来巨大的经济损失，这也是编程初学者急需解决的重要问题。

1）撞刀：加工时不但刀具的切削刃撞到工件，而且连刀杆也撞到工件的现象称为撞刀。撞刀会直接损坏刀具和工件，严重时甚至撞坏机床主轴。在编程时，如果工件坐标系设置不恰当（操作者所设坐标系与编程时所设坐标系不一致），将容易造成加工刀具切削量过大，特别是第一刀刚开始加工的吃刀量比较大而引起撞刀。编写刀路时，应养成将零件图的中心移到系统坐标原点（X0，Y0）、最高点移到 Z 轴零点，再进行下一步刀路编制的习惯。刚开始运行程序时，要把倍率调到低（如进给倍率调到 15%），手不离开【进给保持】或【急停】按钮，一发现问题立即按下，看清程序和刀具的位置后，再慢慢提高进给倍率，养成先看后走、专心的好习惯，以减少事故的发生。当因吃刀量过大引起弹刀时，应减少吃刀量。刀具直径减小，吃刀量就应相应减小。一般情况下，钢件等硬度较高的材料粗加工时，每次吃刀量不大于 1mm，半精加工和精加工吃刀量应设置得更小。

2）过切：加工时，刀具把不能切削的部位也切削了的现象称为过切。过切会使工件受损坏或直接报废。编程时，要注意设定加工范围或定义干涉面。在设置退刀高度和安全高度时，一般采用绝对方式而不采用相对方式，同时可将数值设得大一些，这一点对于初学者来说尤其要注意。编程时，一定要认真细致地做好编制程序的各项设置工作，完成后还需要详细检查，以防万一。

3）弹刀：加工时，刀具因受力过大而产生幅度相对较大的振动称为弹刀。弹刀往往会造成工件过切和损坏刀具。当刀具直径小且刀杆过长、加工深度又大时，会产生弹刀现象。选用刀具的时候要注意刀具的刚性与强度，刀杆过长则其刚度一般比较差，这时可选用大尺寸的刀具或减少吃刀量。刀具没有设置好也会产生这种现象，如在对封闭区域采用螺旋下刀进行挖槽加工时，若螺旋下刀失败，往往会出现刀具直插的现象，此时也会出现弹刀，这一点在编程时应该引起注意。

4）漏加工：加工时，因编程人员考虑不周出现一些刀具能加工到的地方却没有加工的现象称为漏加工。漏加工是比较普遍也是最容易忽略的问题之一。编程者在编程时，思路一定要清晰，每一步都应在程序单上做好记录，不能因为零件复杂或所分区域过多而造成顾此失彼，对所分区域应做到“穷追猛打”，做好转角处与微小区域的补加工刀路。

5）多余的加工：加工时，由于没有控制好加工范围，对已加工的部位仍进行加工，或对于刀具加工不到的地方（如需采用电火花加工的部位）仍进行加工的现象称为多余的加工。这是初学者容易出现的问题，多发生在半精加工或精加工过程中。编程时，应结合前面加工的情况设置刀路，有些模具的细小部位或者普通数控加工不能加工的部位都需要进行电火花加工，没有必要因为进行了多余的加工而造成时间的浪费或过切。

6）空刀过多：加工时，刀具没有切削到工件的现象称为空刀。空刀过多时，会浪费时间。产生空刀的原因多半是加工方式选择不当和加工参数设置不当等，多余加工过多时也会产生这种现象。编程时不能大面积地采用同一种加工方式，应做好区域划分并针对区域形状特点选用适用的刀路。如较平坦的区域采用平行切削或等距环切，陡峭的区域用等高轮廓铣刀路等。

7）提刀过多和刀路凌乱：提刀在编程加工中是不可避免的，但提刀过多就会浪费时间，大大地降低加工效率并提高加工成本。同时，提刀过多也会造成刀路凌乱、不美观，会给检查刀路的正确与否带来困难。造成提刀过多和刀路凌乱的原因和空刀过多相似，应根据零件形状特点设置好加工参数，细化刀路。

另外，在采用 CAM 软件编程的过程中，如果不能很好地控制刀具轨迹，一般情况下不要对刀路进行修剪，编好程序后应做好模拟检查工作。编程人员应多到加工一线去收集相关经验并做好记录，重视加工经验的积累，在工作上培养严谨、细致的工作作风。

2.7 小结

本章主要介绍数控编程与加工的基础知识，包括常用的 G 指令、M 指令的运用以及一些注意事项，让读者对数控编程与加工有一定的了解，同时具有分析和解决一些常见问题的能力。

第三章　过渡板编程实例

3.1　任务目标

➢ 提高二维编程能力。
➢ 掌握二维编程的一些注意事项。

3.2　任务导入

打开随书光盘“源文件/cha03/过渡板.mcx－5”，图形如图3-1所示。

图3-1　过渡板

3.3　任务分析

3.3.1　图形分析

该零件图形构成简单，外形尺寸为120mm×80mm×20mm，中间是两个高为5mm的凸台，前端由一阶梯及不封闭的半圆剪切构成，后端由一个不封闭的三角形剪切构成，4角有4个ϕ10mm通孔。

3.3.2　工艺分析

该零件图形简单，没有复杂曲面，各特征分布明显。针对各特征特点可直接进行单独加工。加工4个通孔时，垫块要注意避开通孔位置。

3.3.3　刀路规划

步骤1：ϕ5mm中心钻钻中心孔，加工深度为5.0mm。

步骤2：ϕ10mm钻头进行通孔加工。

步骤3：ϕ12mm立铣刀对零件两凸台采用标准挖槽粗加工，加工余量为0.25mm。

步骤 4：ϕ12mm 立铣刀对零件两凸台采用标准挖槽精加工，加工余量为 0. 0mm。
步骤 5：ϕ12mm 立铣刀对三角形凹槽采用开放式挖槽粗加工，加工余量为 0. 25mm。
步骤 6：ϕ12mm 立铣刀对三角形凹槽采用开放式挖槽精加工，加工余量为 0. 0mm。
步骤 7：ϕ12mm 立铣刀对零件左侧采用外形铣削粗加工，加工余量为 0. 25mm。
步骤 8：ϕ12mm 立铣刀对零件左侧采用外形铣削精加工，加工余量为 0. 0mm。
步骤 9：ϕ12mm 立铣刀对零件半圆凹槽采用标准挖槽粗加工，加工余量为 0. 25mm。
步骤 10：ϕ12mm 立铣刀对零件半圆凹槽采用标准挖槽精加工，加工余量为 0. 0mm。
步骤 11：ϕ12mm 立铣刀对零件轮廓采用外形铣削精加工，加工余量为 0. 25mm。
步骤 12：ϕ12mm 立铣刀对零件上表面采用面铣削精加工，加工余量为 0. 0mm。

3. 4 准备工作

3. 4. 1 确定编程坐标系

按【F9】键打开系统坐标系，如图 3-2 所示，发现零件图形偏离了系统坐标系原点一定的距离。为方便编程，必须移动零件图形上表面中心点到系统坐标系的中心，完成工件坐标系（编程坐标系）的设定。

同时按下【Alt】+【Z】键，系统弹出【层别管理】对话框，新建第 4 图层，输入【层别号码】为 4，并设置【名称】为 BOX，设置第 4 图层为当前层，只打开第 2 图层（SOLID 层），如图 3-3 所示，单击确定按钮 ✓。

图 3-2 打开系统坐标系

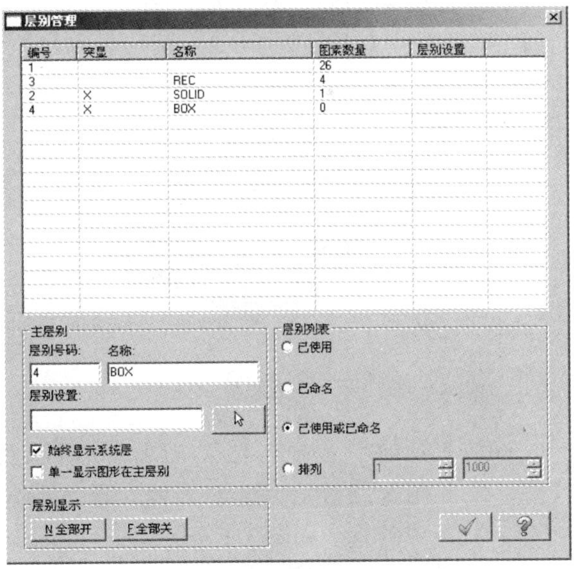

图 3-3 【层别管理】对话框

技术指导：将所有图层的图素都显示出来是为了在移动的时候能将所有的图素选上并一起移动。否则，由于相关图素的位置发生了变化，容易给将来对零件图形再编辑带来不必要的麻烦，特别是当零件图形比较复杂时。因此，移动图素时应通过【层别管理】对话框将所有图素都显示出来，并一起移动到目的位置。

选择【绘图】/【画边界盒】命令，如图 3-4 所示。

系统弹出【边界盒选项】对话框，如图 3-5 所示。

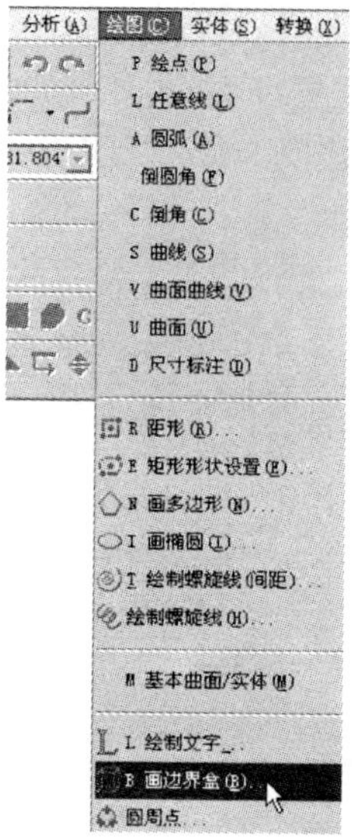

图 3-4　选择【画边界盒】命令

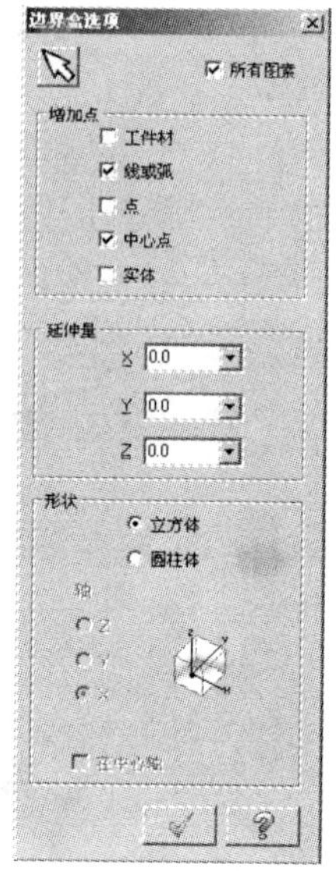

图 3-5　【边界盒选项】对话框

系统自动选取实体，单击应用按钮，系统弹出【边界盒选项】对话框，单击确定按钮，生成边界盒，如图 3-6 所示。

选择【绘图】/【任意线】/【绘制任意线】命令，如图 3-7 所示。

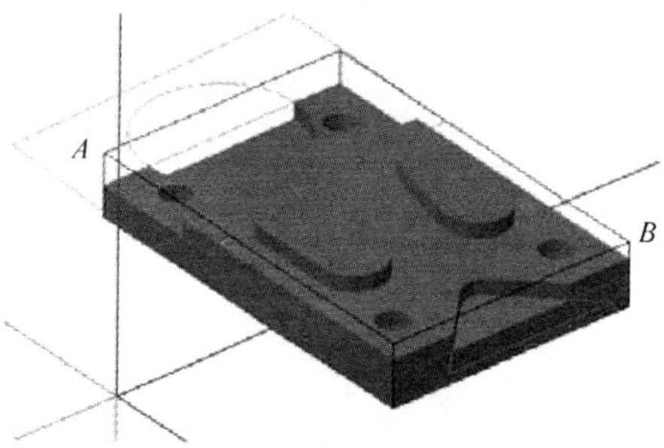

图 3-6　生成边界盒

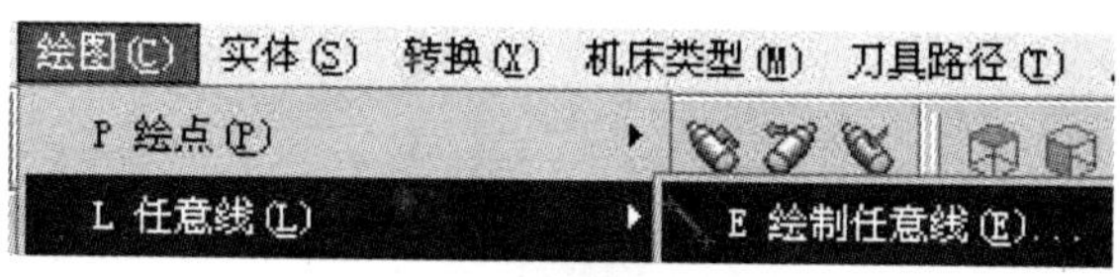

图 3-7　选择【绘制任意线】命令

在边界盒的左上方角选取如图 3-6 所示的 *A* 点，接着在 *A* 点对角点选取 *B* 点，单击确定按钮，生成的直线如图 3-8 所示。

调出【层别管理】对话框，打开所有的图层。

技术指导：这里建立边界盒和生成一直线的目的是为了找出将要确定的工件坐标系原点，从而便于移动。读者还可以尝试其他的方法寻找出便于确定工件坐标系原点的点。

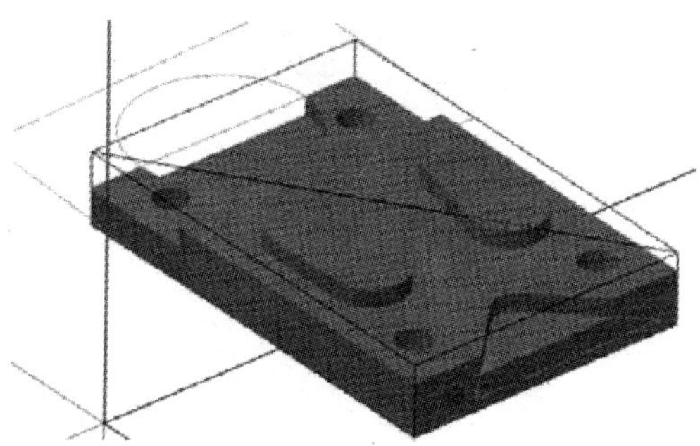

图 3-8　生成直线

选择【转换】/【移动到原点】命令，如图 3-9 所示。

多学一招：除了采用【移动到原点】命令外，还可以采用【转换】/【平移】命令进行平移。

在【自动抓取点】工具栏处选择【中点】，选取上一步刚生成的直线，系统自动将所有图素移至系统坐标系的原点 Z0 下方处，结果如图 3-10 所示。

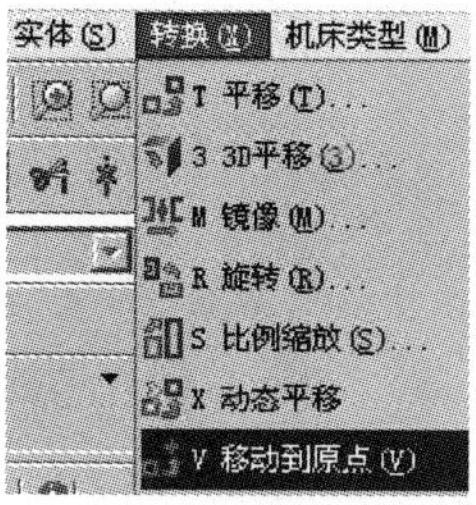

图 3-9 选择【移动到原点】命令

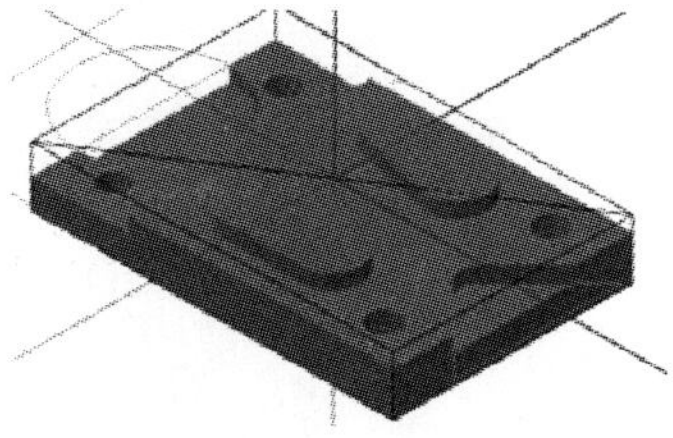

图 3-10 完成坐标系的设定

技术指导：采用数控自动编程时，首先需确定工件坐标系（即编程坐标系）。当发现 CAM 软件所调出来的零件图形的工件坐标系的原点不在当前系统坐标系的原点上时，应对零件进行移动，使工件坐标系原点与系统坐标系原点重合。如果不将工件坐标系原点和系统坐标原点进行重合处理，直接进行数控编程，在加工时，往往会因为两坐标系原点不统一而出现问题，轻则出现空走刀，重则撞机床。移动位置的选择和工件坐标系的建立有很大的联系，一般情况下是将零件图形上表面 XY 坐标的中心处作为工件坐标系的 X0Y0 坐标点，而工件坐标系的 Z0 点一般是工件的上表面，也就是系统坐标轴 Z0 处，Z 轴方向一般不设置在系统坐标 Z0 的正上方，除非有特殊要求（如便于测量）。

同时按下【Alt】+【Z】键，系统弹出【层别管理】对话框，关闭第 4 图层，打开其他图层，如图 3-11 所示。单击确定按钮 ✓，按【F9】键关闭系统坐标轴的显示。

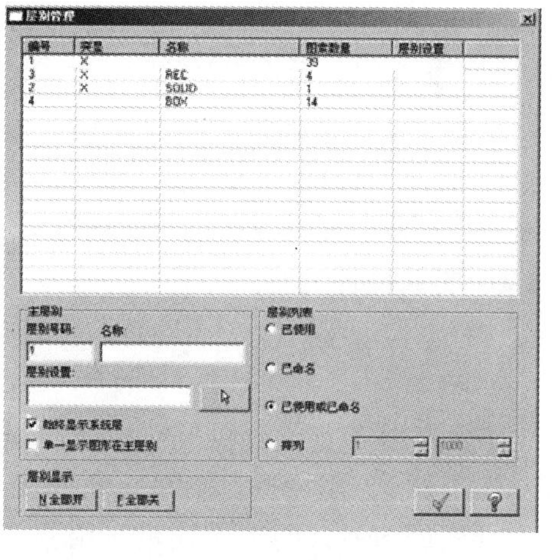

图 3-11 关闭第 4 图层

3.4.2 选择机床

选择【机床类型】/【铣床】/【默认】命令，如图 3-12 所示。

3.4.3 模拟设置

在【Machine Group－1】中单击【材料设置】选项卡，系统弹出【机器群组属性】对话框。设置【素材原点视角坐标在】为 X0.0mm，Y0.0mm，Z0.2mm，材料大小为 X121mm，Y81mm，Z20mm，如图 3-13 所示，单击确定按钮 ✓。

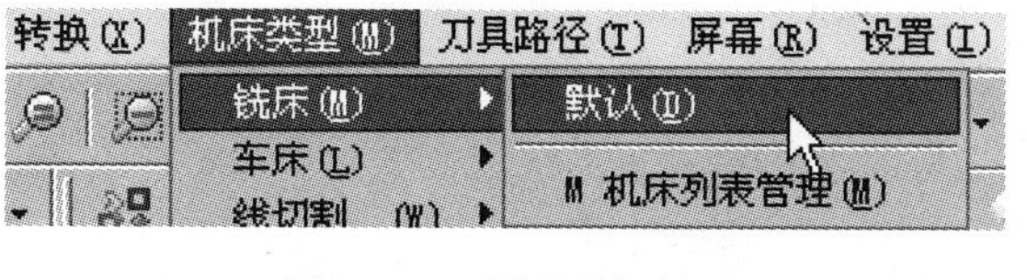

图 3-12 选择机床类型

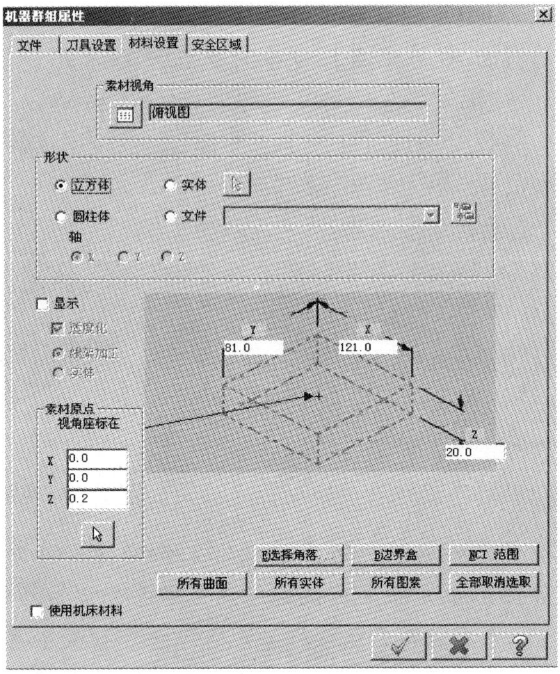

图 3-13　模拟设置

技术指导： 生成刀具路径后，一般需对刀具路径进行实体模拟，以检查所编程刀具路径有没有发生过切或欠切。初学者需注意这里设置毛坯尺寸大小并不影响真正的加工，只是起到一个模拟参考作用而已。为使实体加工模拟起来更加真实，材料大小与加工时所提供的毛坯尺寸最好一致，这里的加工毛坯大小为 120mm × 80mm × 30mm，因此设置 X120mm，Y80mm，Z30mm。

设置【素材原点视角坐标在】时应与编程坐标系原点一致，这里设置 Z0.2mm 是因为编程时由于对零件深度 Z0mm 采用了平面铣削加工。如果设置成 Z0mm，则实体模拟面铣削加工的效果不能在零件 Z0mm 上表面反映，因此设置成 Z0.2mm。

3.4.4　刀具设置

选择【刀具路径】/【刀具管理器】命令，如图 3-14 所示。

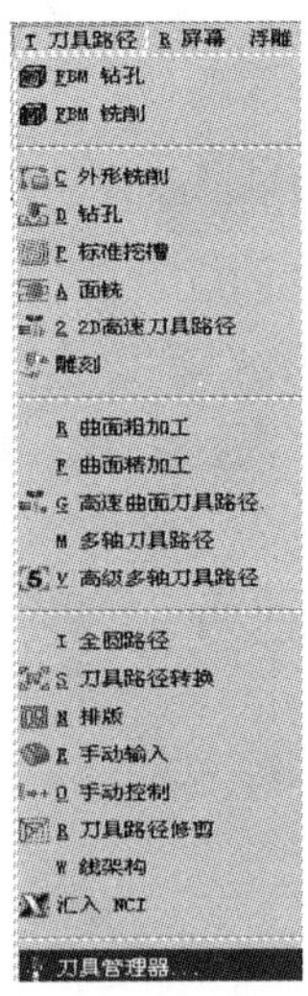

图 3-14　选择【刀具管理器】命令

系统弹出【刀具管理】对话框，如图 3-15 所示。在当前刀库中找到刀具直径为 5mm 的中心钻，单击上移按钮 ⬆，即完成该刀具的选择设定。用相同的方法设置直径为 10mm 的钻头和直径为 12mm 的平底立铣刀，最终结果如图 3-16 所示，完成后单击确定按钮 ✔。

3.4.5　新建刀具路径群组

在【刀具路径管理器】选项卡下拉菜单的【Toolpath Group－1】处单击右键，选择【群组】/【重新命名】命令，如图 3-17 所示，将“刀具路径群组 1”改为“DRILL5R2.5”，如图 3-18 所示。

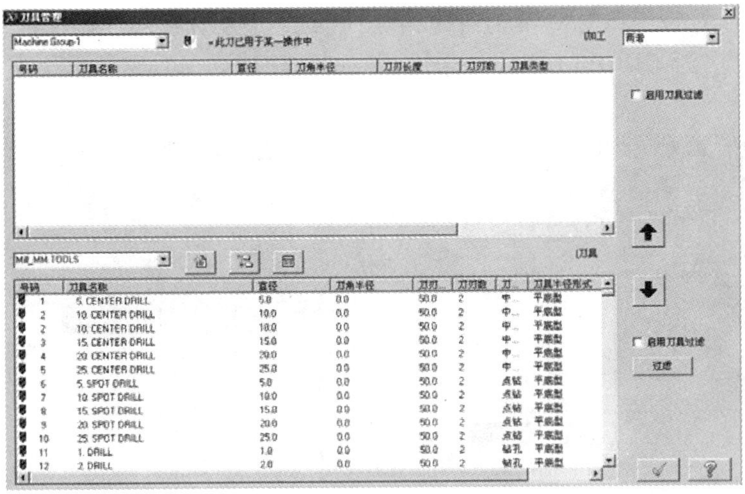

图 3-15 【刀具管理】对话框

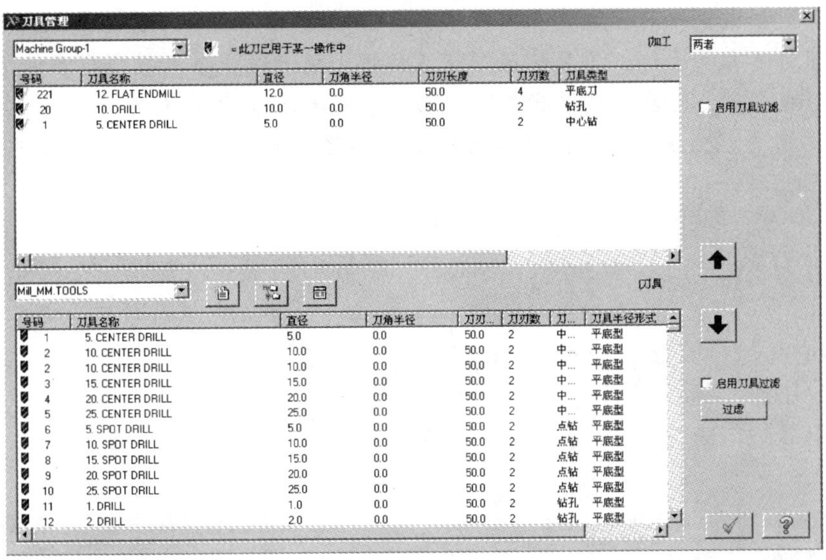

图 3-16 完成刀具设置

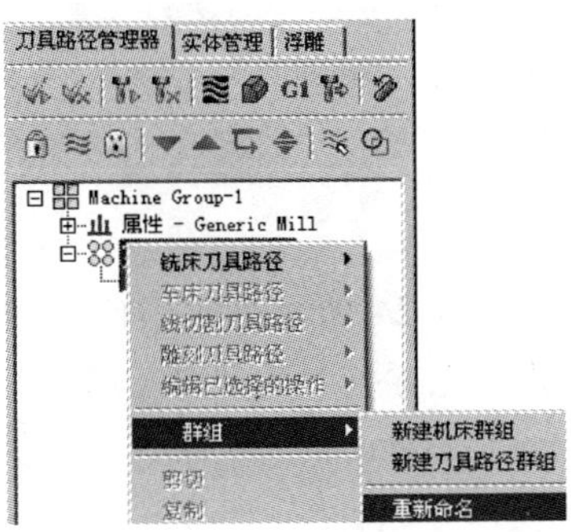

图 3-17 选择【重新命名】命令

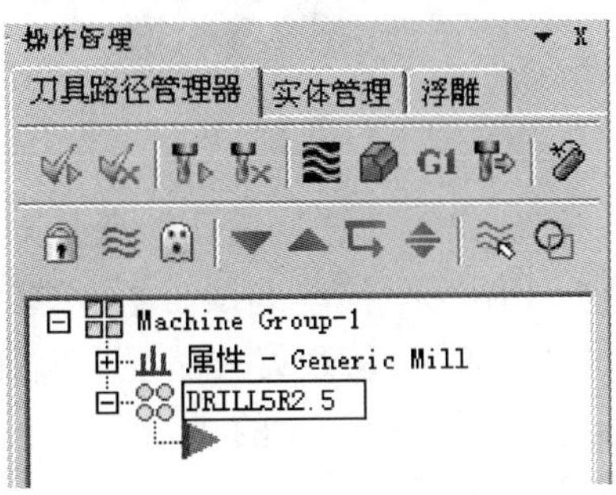

图 3-18 重命名结果

在【Machine Group-1】处单击右键，选择【群组】/【新建刀具路径群组】命令，如图3-19所示，重命名为“DRILL10R5”。采用相同的方法建立刀具路径群组“12R0”，结果如图3-20所示。

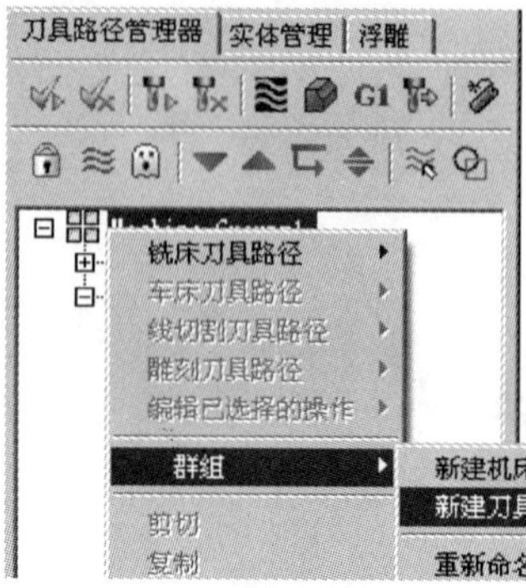

图3-19　选择【新建刀具路径群组】命令

图3-20　建立刀具路径群组

技术指导：养成编程前分组建立刀具路径群组的习惯有利于刀具路径的管理与后处理，特别是后处理时不容易出错。刀具路径群组名称可由读者结合个人习惯命名，个人习惯可根据所用刀具形式分类，R前的数值代表刀具直径，R后的数值代表刀具圆角半径。如12R1中，12代表刀具直径为12mm，R1代表刀具圆角半径为1mm，对于钻头则在前面加DRILL，以示区别。

3.5　编制刀路

3.5.1　钻中心孔

1）选择【刀具路径】/【钻孔】命令，如图3-21所示。

系统弹出【输入新NC名称】对话框，输入“过渡板”，如图3-22所示，单击确定按钮。

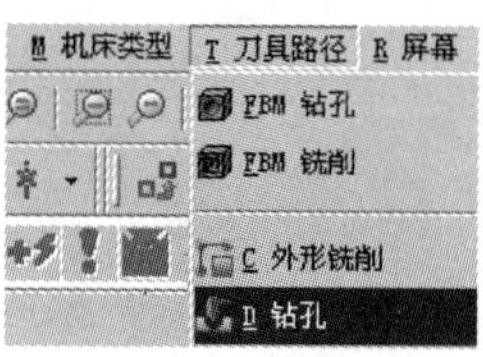

图3-21　选择【钻孔】命令

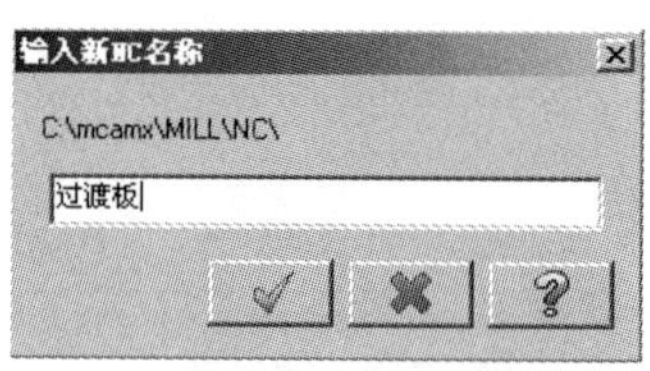

图3-22　输入“过渡板”NC名称

2）系统弹出【选取钻孔的点】对话框，如图3-23所示。

单击【俯视图】单选按钮，选择4个通孔圆心，如图3-24所示，单击确定按钮。

3）系统弹出【2D刀具路径-钻孔/全圆铣削 深孔钻-无啄孔】对话框，单击【刀具】选项，选取直径为5mm的中心钻，设置【进给率】为50mm/min，【主轴转速】为1000r/min，如图3-25所示。

实战经验：钻孔加工时，主轴转速不宜太大，否则容易因为排屑问题而造成钻头弯曲或断刀。

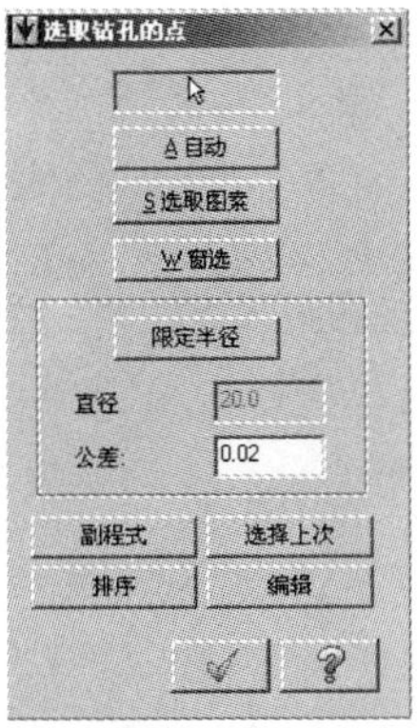

图 3-23 【选取钻孔的点】对话框

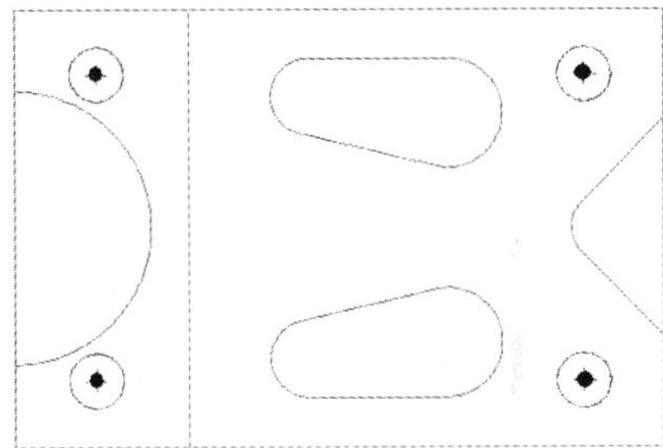

图 3-24 选中 4 个通孔圆心

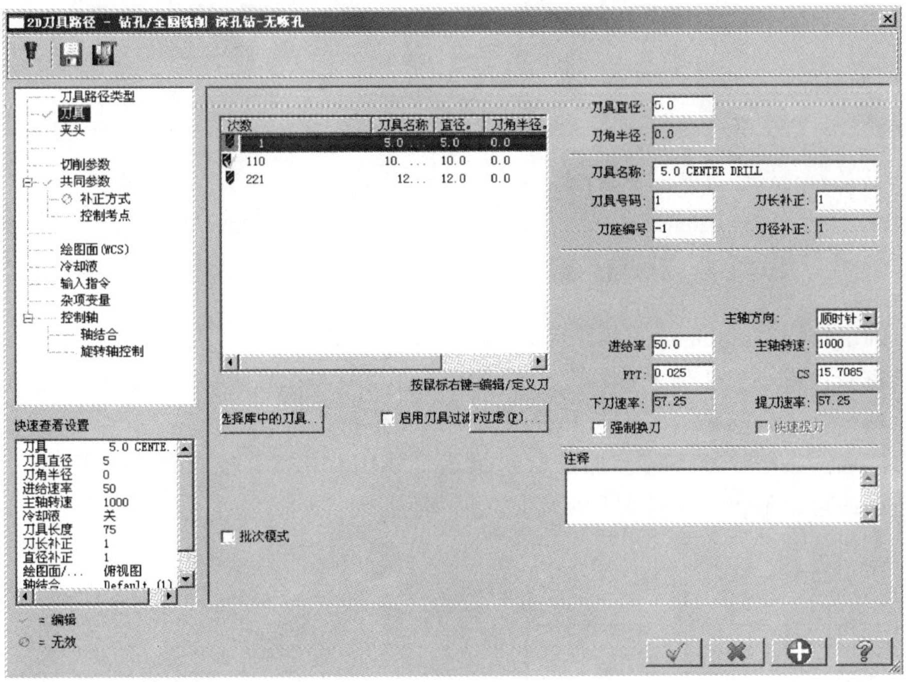

图 3-25 刀具的选择与参数设置

4）打开【共同参数】选项卡，勾选【参考高度】选项并设置为 10.0mm，设置【工件表面】为 2.0mm，【深度】为 -5.0mm，点选所有【绝对坐标】复选项，如图 3-26 所示。

技术指导：在设置安全高度、参考高度、工件表面和加工深度时，宜采用绝对方式。采用相对方式容易产生撞刀与过切现象。虽然采用绝对方式时，刀具的退刀高度相比相对方式有所升高，可却是一种安全的方法，初学者更应该注意这两种不同方式的设置效果。采用绝对方式时，所有的坐标都是根据工件坐标系进行计算；而采用相对方式时，是相对于当前位置进行计算。如当加工深度 Z 都为 -20mm 时，如图 3-27 所示，*A* 点为采用绝对方式刀具的退刀高度（10mm），*B* 点为采用相对方式刀具的退刀高度（10mm），很明显，两者设置的数值一样，但是退刀高度却相差甚远。此时，当刀具向 *C* 侧横过时，采用绝对方式的退刀高度 *A* 属安全高度，而采用相对方式的退刀高度 *B* 属不安全高度，将发生过切。

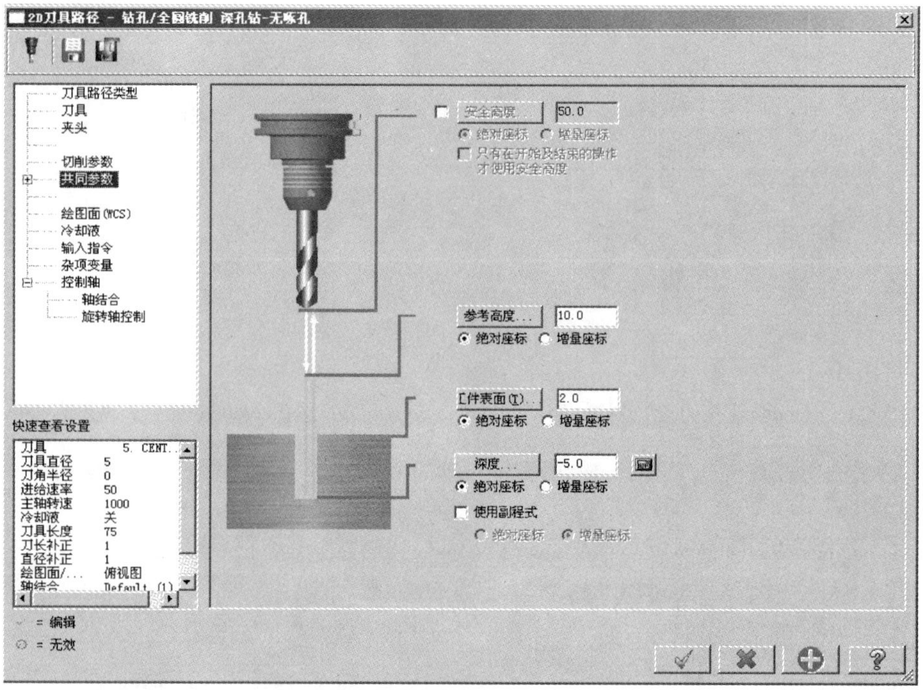

图 3-26　深孔钻 - 无啄孔参数设置

单击确定按钮，生成刀具路径，如图 3-28 所示。

实战经验： 这一步是钻中心孔，主要是为了后续加工孔的需要。钻孔时，先钻中心孔有助于引导钻头加工时不偏心，从而取得较高的孔定位精度。

单击插入箭头按钮下移至加工群组名为【DRILL10R5】的目录下，使接下来生成的刀具路径在该目录下，方便管理和识别加工程序。

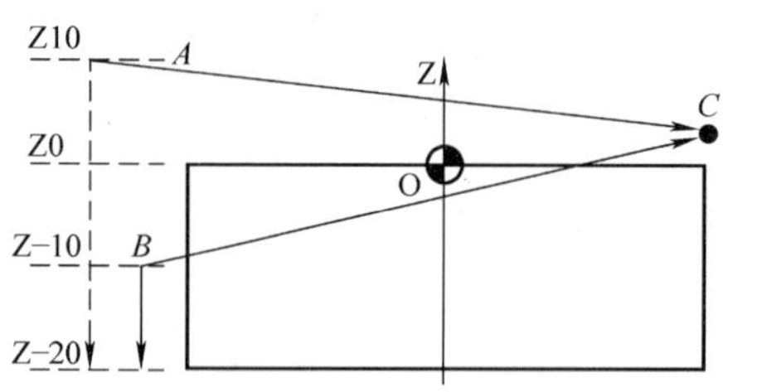

图 3-27　绝对与相对的区别

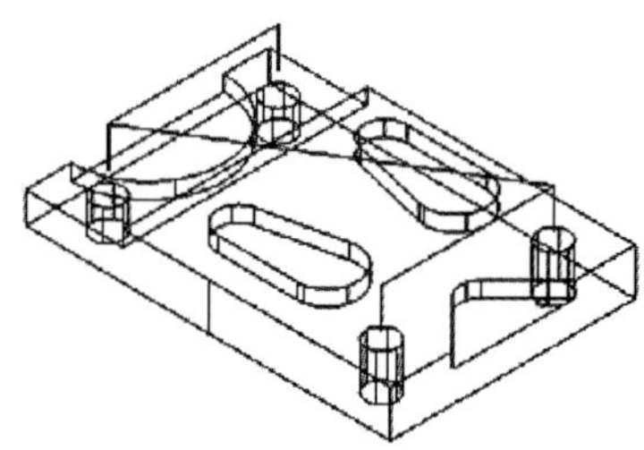

图 3-28　钻孔刀路

3.5.2　钻通孔

1）采用上一步的【刀具路径】/【钻孔】命令，选中与上一步一样的 4 个通孔圆心，并执行确定操作。

2）系统弹出【2D 刀具路径 - 钻孔/全圆铣削　深孔钻 - 无啄孔】对话框，单击【刀具】选项，选取直径为 10mm 的钻头，设置【进给率】为 80mm/min，【主轴转速】为 850r/min，其他参数默认。

3）在【2D 刀具路径 - 钻孔/全圆铣削　深孔钻 - 无啄孔】对话框上单击【切削参数】选项，在【循环】选项的下拉列表中选择【深孔啄钻（G83）】选项，设置【Peck】

为 3.0mm。

4）打开【共同参数】选项卡，设置【参考高度】为 10.0mm，【工件表面】为 0.0mm，【深度】为 -22.0mm，勾选所有【绝对坐标】选项，如图 3-29 所示。

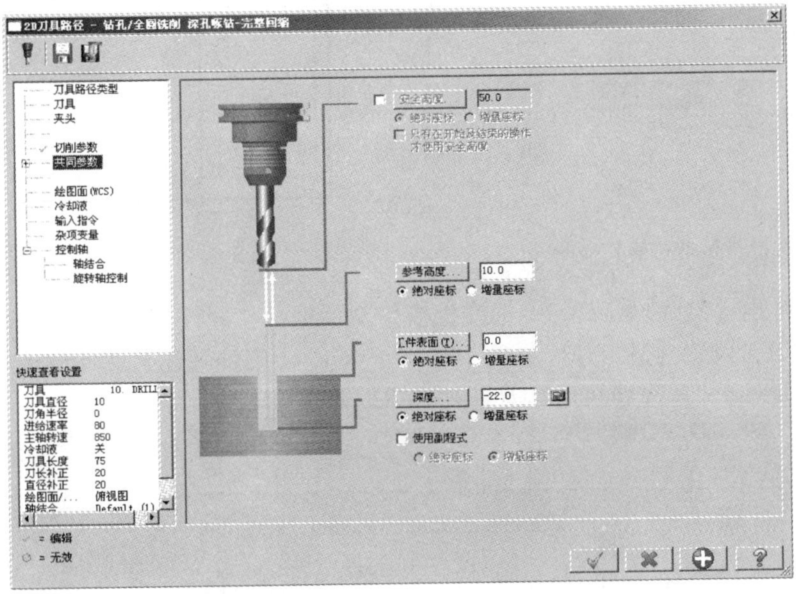

图 3-29 深孔啄钻 - 完整回缩参数设置

单击确定按钮，生成刀具路径，如图 3-30 所示。

单击插入箭头按钮下移至加工群组名为【12R0】的目录下。

3.5.3 标准挖槽粗加工（两凸台）

同时按下【Alt】+【Z】键，调出【层别管理】，打开第 3 图层（REC 层）。

技术指导：所调用的矩形是标准挖槽加工边界，读者可以自行创建。创建时需要注意其大小，并考虑加工时所用毛坯的大小和所用刀具的大小，不宜设得太大，否则将影响加工效率，太小则在生成刀具路径时易发生无法进刀的现象，造成欠切。加工时，所用毛坯的大小比零件稍大一些（如大 2mm）为宜，可将此加工边界大小设置为在原来零件大小的基础上再加两倍刀具直径。总的设计原则必须满足两个条件：①不小于毛坯尺寸；②加工时，刀具不能因空间问题导致欠切。

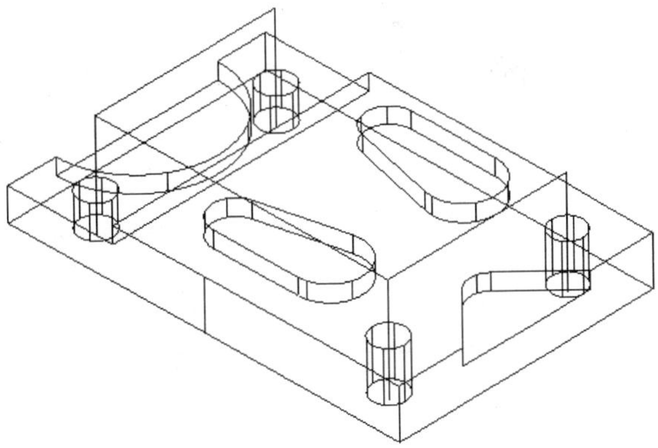

图 3-30 钻孔刀路

1）选择【刀具路径】/【标准挖槽】命令，如图 3-31 所示。

系统弹出【串连选项】对话框，单击串连按钮，选中【俯视图】单选按钮，在绘图区选取刚调出来的矩形和两个小封闭轮廓，如图 3-32 所示，单击确定按钮。

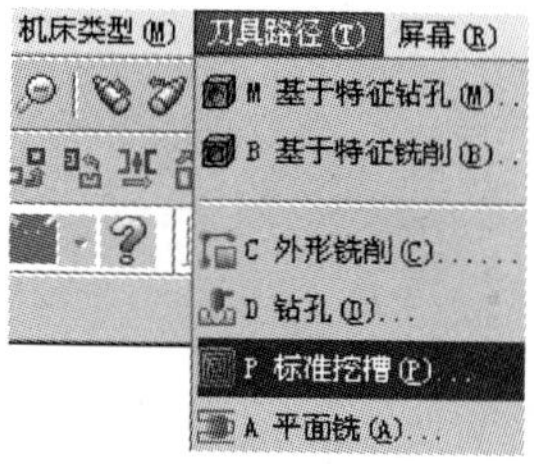

图 3-31　选择【标准挖槽】命令

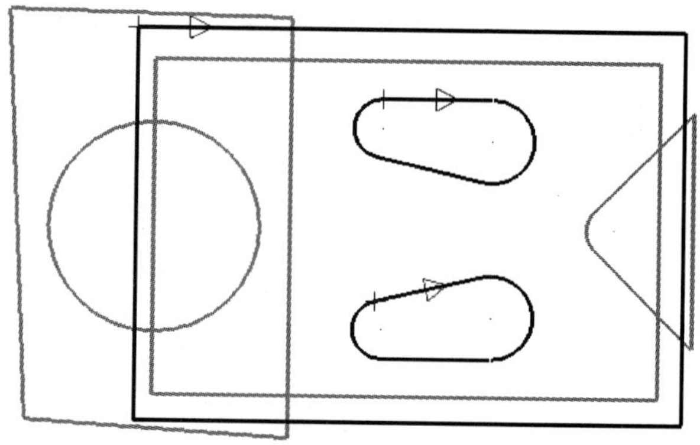

图 3-32　选择加工边界

2）系统弹出【2D 刀具路径 - 标准挖槽】对话框，打开【刀具】选项卡，选择直径为 12mm 的立铣刀，设置【进给速率】为 1000mm/min，【主轴转速】为 1600r/min，【下刀速率】为 100mm/min，勾选【快速提刀】复选项，如图 3-33 所示。

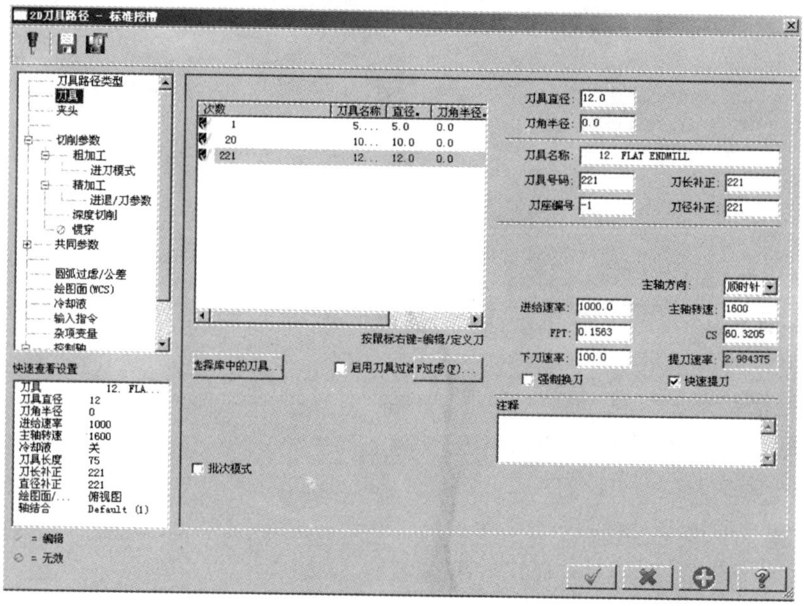

图 3-33　刀具选择与参数设置

技术指导：*在设置参数的过程中养成从上到下、从左到右的检查习惯，能有效地提高编程效率。*

3）打开【切削参数】选项卡，在【类型】选项的下拉列表中选择【标准】选项，设置【壁边预留量】与【底面预留量】为 0.25mm，其他参数默认，如图 3-34 所示。

4）打开【粗加工】选项卡，勾选【粗加工】选项，选择【切削方式】为【双向】，设置【切削间距（直径%）】为 80.0，其他参数默认，如图 3-35 所示。

5）打开【进刀模式】选项卡，点选【螺旋形】选项，接受默认参数，如图 3-36 所示。

6）打开【精加工】选项卡，勾选【精加工】选项，设置【次数】为 1，【间距】为 0.25mm，【修光次数】为 0，其他参数默认，如图 3-37 所示。

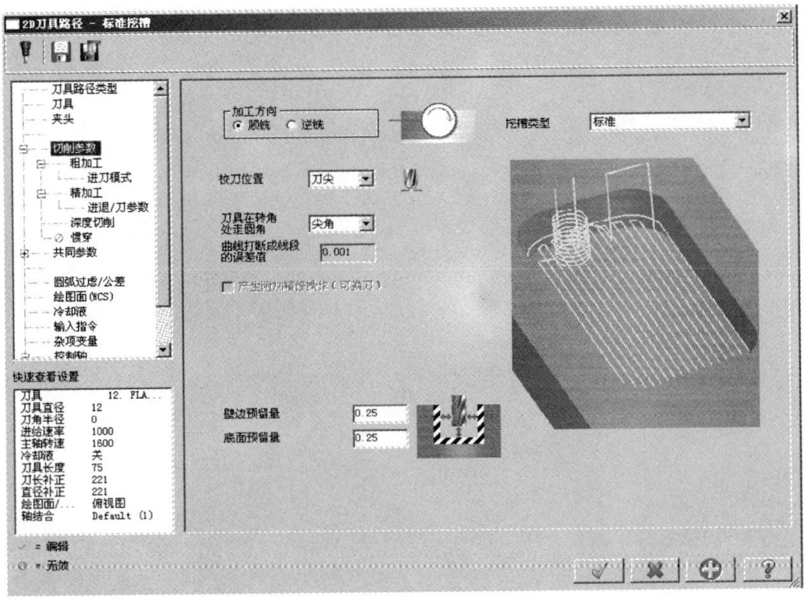

图 3-34　切削参数选项卡

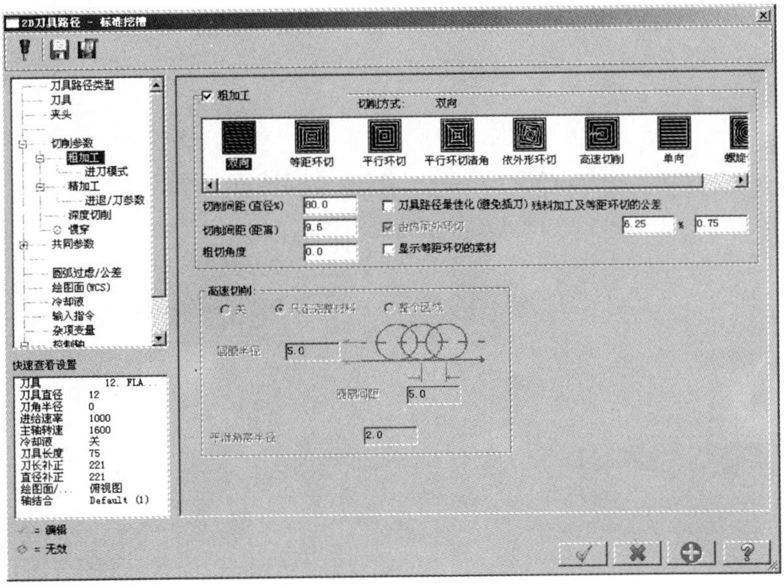

图 3-35　粗加工选项卡

7）打开【深度切削】选项卡，勾选【深度切削】选项，相关参数设置如图 3-38 所示。

8）单击【共同参数】选项，勾选【参考高度】并设置为 10.0mm，【进给下刀位置】为 5.0mm，【深度】为 −5.0mm，点选所有【绝对坐标】选项，其他参数默认。

单击确定按钮☑，生成刀具路径，如图 3-39 所示。

3.5.4　标准挖槽精加工（两凸台）

1）采用上一步的【刀具路径】/【标准挖槽】命令，选取和上一步一样的矩形和两个小封闭轮廓，并执行确定操作。

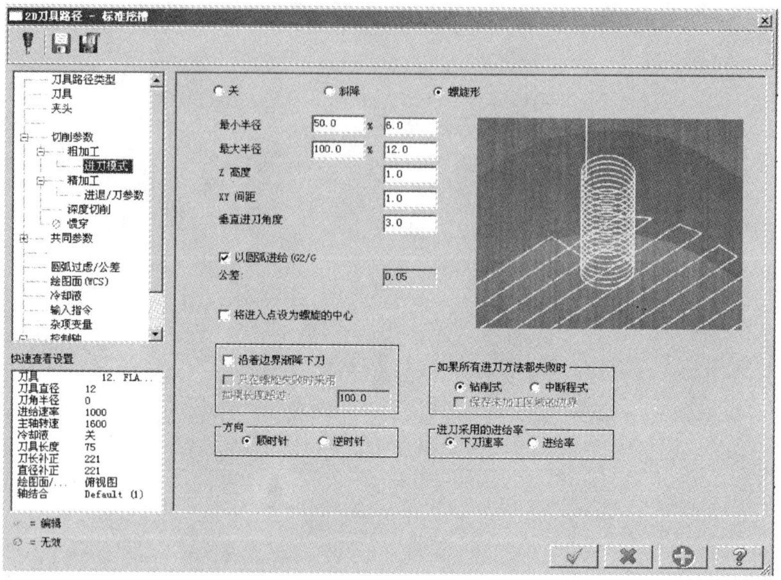

图 3-36　设置进刀方式

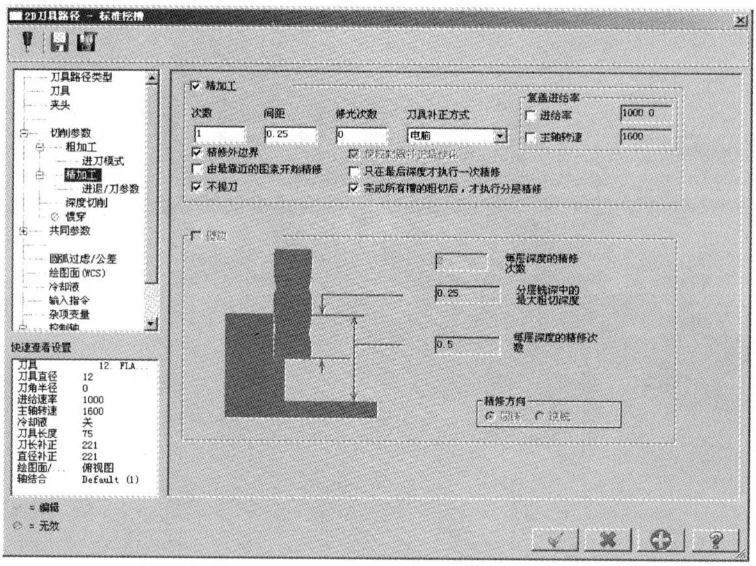

图 3-37　设置精加工参数

2）系统弹出【2D 刀具路径 - 标准挖槽】对话框，打开【刀具】选项卡，选择直径为 12mm 的立铣刀，设置【进给率】为 300mm/min，【主轴转速】为 3500r/min，【下刀速率】为 100mm/min，勾选【快速提刀】复选项。

3）打开【切削参数】选项卡，在【类型】选项的下拉列表中选择【标准】选项，设置【壁边预留量】与【底面预留量】为 0.0mm，其他参数默认。

4）打开【粗加工】选项卡，勾选【粗加工】选项，选择【切削方式】为【等距环切】，设置【切削间距（直径%）】为 50.0，勾选【由内而外环切】选项，其他参数默认。

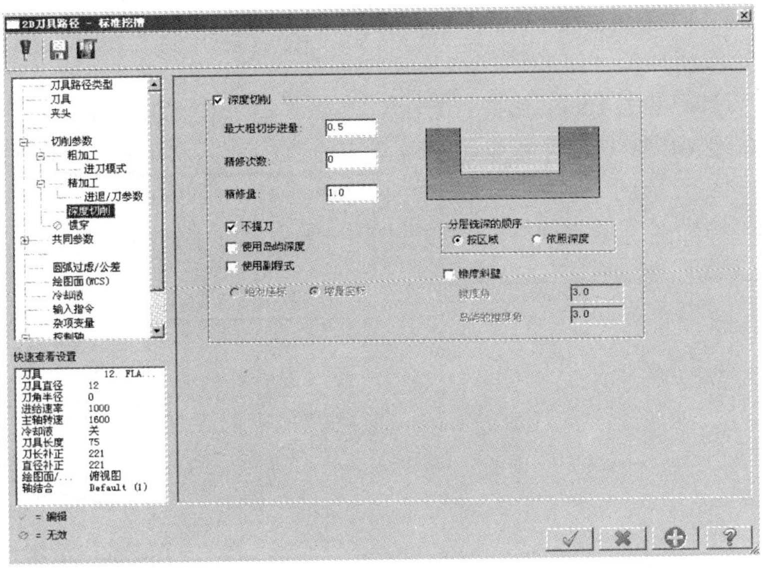

图 3-38　设置深度切削参数

实战经验：【双向】走刀方式加工效率高，粗加工时常采用。【等距环切】是沿着轮廓切削，可干净清除所有毛坯余量，这种走刀方式的加工纹路比较好，精加工时较常用。采用【平行环切】或【平行环切并清角】的走刀方式时，所生成的刀具路径可能会出现不能干净清除所有毛坯余量的现象。

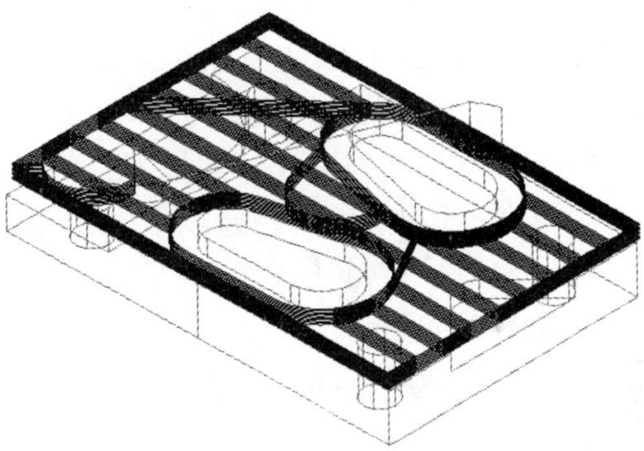

图 3-39　挖槽粗加工刀路

5）打开【进刀模式】选项卡，点选【关】选项，接受默认参数。

6）打开【精加工】选项卡，不勾选【精加工】选项，其他参数默认。

技术指导：因为这里是精加工，为提高加工效率，可不再设置刀具采用精修。可能有些读者会问：能不能不采用粗切选项的设置而换成是只采用修精选项的设置？这两个选项所生成的刀具路径效果差别较大，读者可自行尝试操作，对比不同选项的设置效果。

7）打开【共同参数】选项，勾选【参考高度】并设置为 10.0mm，【进给下刀位置】为 5.0mm，【工件表面】为 0，【深度】为 −5.0mm，点选所有【绝对坐标】选项，其他参数默认。

多学一招：控制刀具只在同一个加工深度内加工的设置方法有三种：①将【工件表面】和【深度】设为相同深度，如这里同设为 −5.0mm；②只设置【深度】为所要加工的深度，不设置【深度切削】选项卡；③设置【深度】为所加工的深度，并设置【深度切削】选项卡。在【深度切削】选项卡中，将【最大粗切量】的数值设置为大于所需加工的深度即可。当采用这种方法时，这里可设置最大加工深度为 6.0mm。这三种方法读者可自行尝试。

单击按钮 ✓，生成刀具路径，如图 3-40 所示。

多学一招：在系统进行刀具路径轨迹计算时，将鼠标的光标移动至绘图区外，可有效提高系统的计算速度。

3.5.5 开放式挖槽粗加工（三角形凹槽）

1）选择【刀具路径】/【标准挖槽】命令，系统弹出【串连选项】对话框，单击部分串连按钮，在绘图区选取零件右边轮廓线其中一直线作为部分串连的第一图素（注意箭头方向应与图3-41所示的*A*点处一样。如果发现不对，则可通过反向按钮进行调整），接着直接选择如图3-41所示的*B*点处的直线作为部分串连线的终止点，结果如图3-41所示，完成后单击确定按钮。

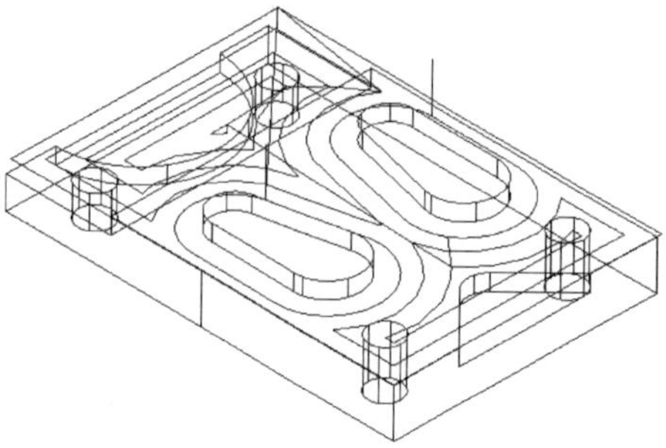

图3-40　挖槽精加工刀路

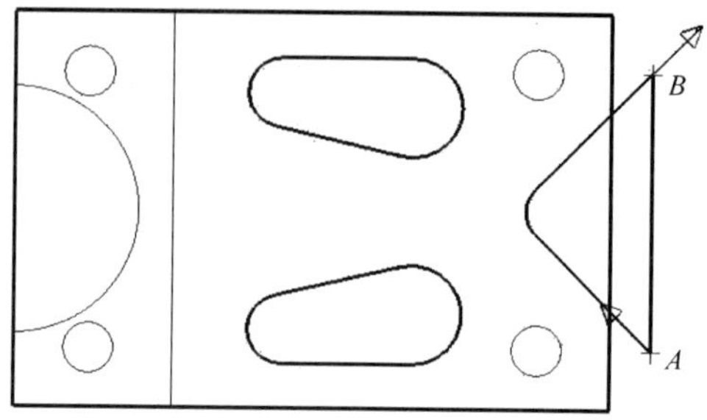

图3-41　选择加工边界

2）系统弹出【2D刀具路径－标准挖槽】对话框，打开【刀具】选项卡，选择直径为12mm的立铣刀，设置【进给率】为1000mm/min，【主轴转速】为1600r/min，【下刀速率】为100mm/min，并勾选【快速提刀】复选项，其他参数默认。

3）打开【切削参数】选项卡，在【类型】选项的下拉列表中选择【打开】选项，设置【壁边预留量】与【底面预留量】为0.25mm，设置【重叠距离】为12.0mm，其他参数默认，如图3-42所示。

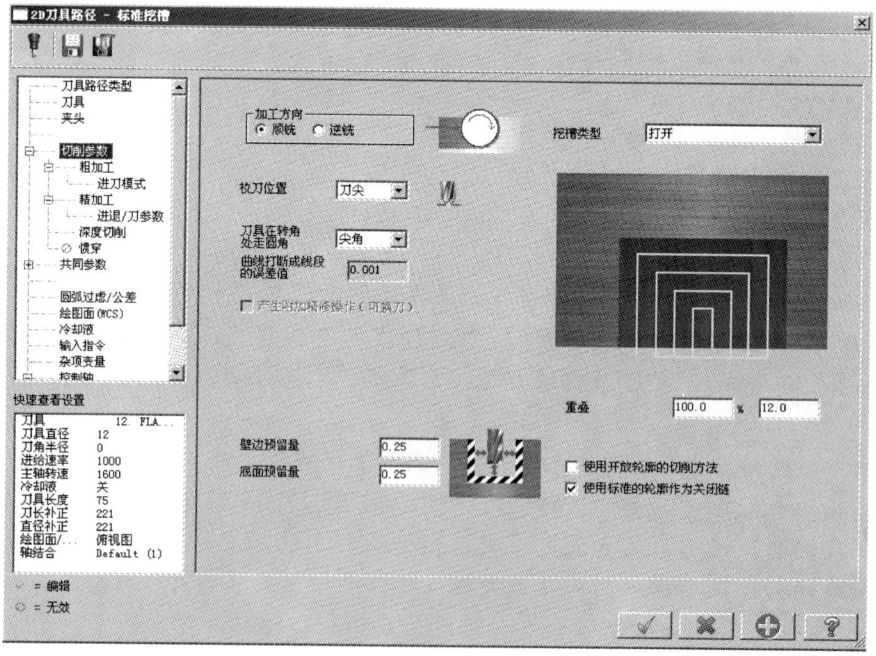

图3-42　切削参数选项卡

多学一招：如果想扩大加工范围，只要通过加大重叠距离即可，这里也可采用标准的挖槽方式。

4）打开【粗加工】选项卡，勾选【粗加工】选项，选择【切削方式】为【等距环切】，设置【切削间距（直径%）】为50.0，其他参数默认，如图3-43所示。

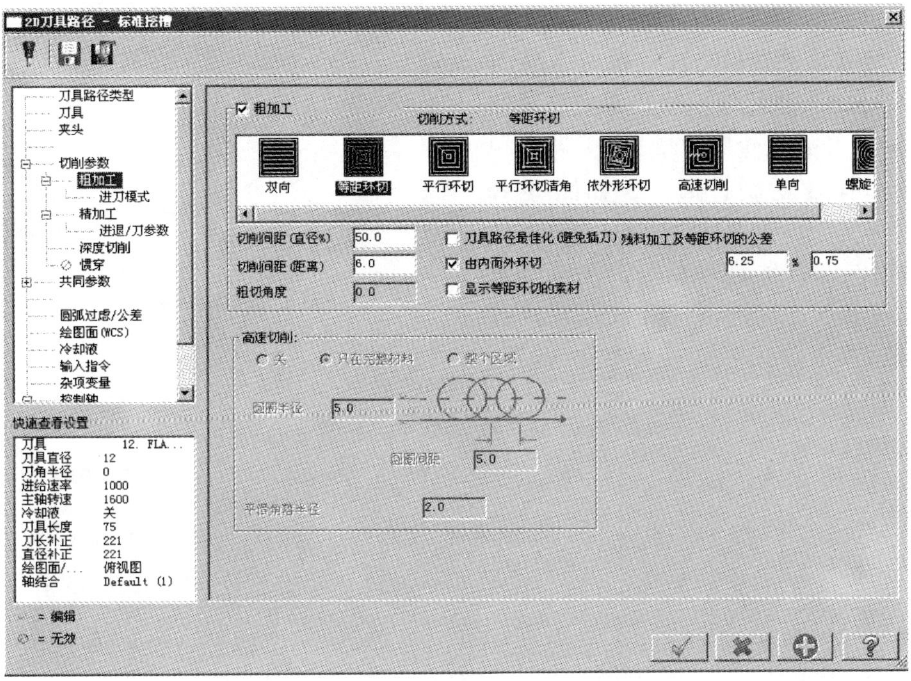

图3-43　粗加工选项卡

5）不设置【进刀模式】选项卡和【精加工】选项卡。

6）打开【深度切削】选项卡，勾选【深度切削】选项，相关参数设置如图3-44所示。

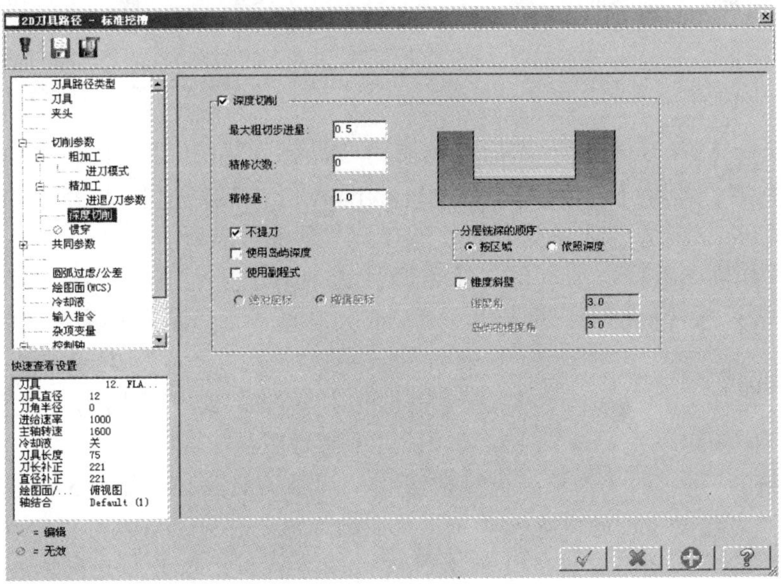

图3-44　设置深度切削参数

7）单击【共同参数】选项，勾选【参考高度】并设置为 10.0mm，【进给下刀位置】为 5.0mm，【工件表面】为 -5.0mm，【深度】为 -10.0mm，点选所有【绝对坐标】选项，其他参数默认。

单击确定按钮，生成刀具路径，如图 3-45 所示。

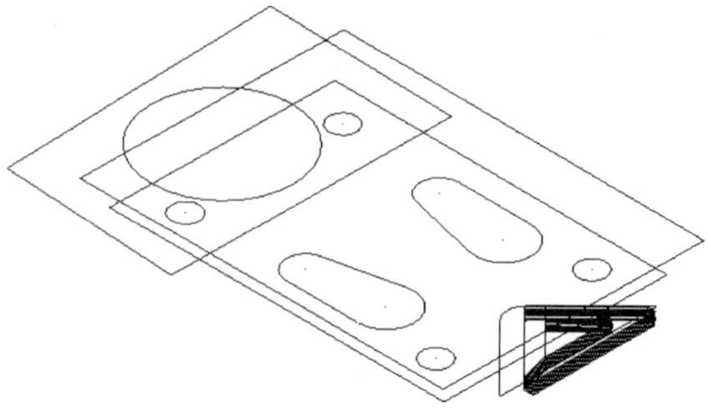

图 3-45　挖槽粗加工刀路

3.5.6　开放式挖槽精加工（三角形凹槽）

1）在【刀具路径管理器】中找到“第 5 步：挖槽（开放式轮廓挖槽）”刀路并单击右键，选择【复制】命令，如图 3-46 所示。

采用相同的方法进行粘贴，在刚刚复制生成的“第 6 步：挖槽（开放式轮廓挖槽）”刀路的目录下单击【参数】选项，如图 3-47 所示。

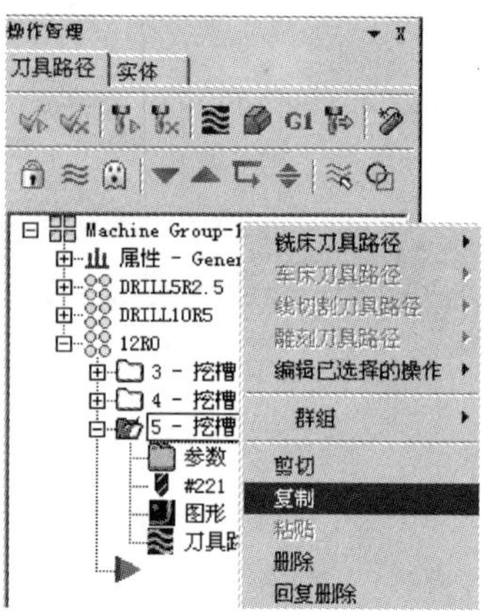

图 3-46　选择【复制】命令

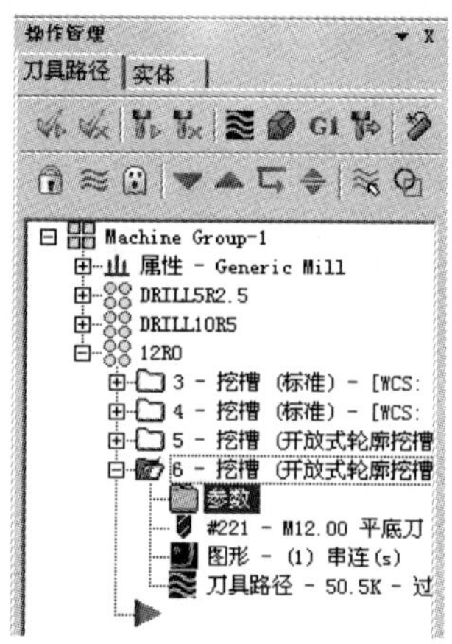

图 3-47　选择【参数】命令

2）系统弹出【2D 刀具路径 - 标准挖槽】对话框，打开【刀具】选项卡，选择直径为 12mm 的立铣刀，设置【进给率】为 300mm/min，【主轴转速】为 3500r/min，【下刀速率】为 100mm/min，勾选【快速提刀】复选项，其他参数默认。

3）打开【切削参数】选项卡，在【类型】选项的下拉列表中选择【打开】选项，设置【壁边预留量】与【底面预留量】为 0.25mm，设置【重叠距离】为 12.0mm，其他参数默认。

4）打开【粗加工】选项卡，勾选【粗加工】选项，选择【切削方式】为【等距环切】，设置【切削间距（直径%）】为 50.0，其他参数默认。

单击确定按钮，再单击重新计算按钮，生成刀具路径，如图 3-48 所示。

多学一招：*当将要生成的刀路和前面已生成的刀路一样时，可以对已存在的刀路进行复制，然后打开相关的参数（可供修改的参数有：相关的加工参数和几何参数，如对加工边界、加工曲面和干涉曲面的修改）并采用修改即可，需要重新设置的参数往往不多，能有*

效地提高编程效率。

3.5.7 外形铣削粗加工（左侧）

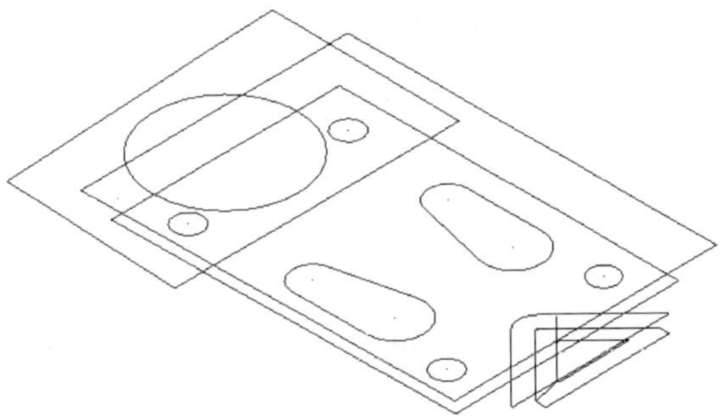

图 3-48 挖槽精加工刀路

1）选择【刀具路径】/【外形铣削】命令，如图 3-49 所示。

系统弹出【串连选项】对话框，单击单一选取按钮，在绘图区选取一长直线，如图 3-50 所示。根据箭头指向判断此时刀具补偿为左补正，单击确定按钮。

技术指导：在采用外形铣削加工时，选择轮廓线要注意箭头的指向，因为它决定了刀具补偿方式。

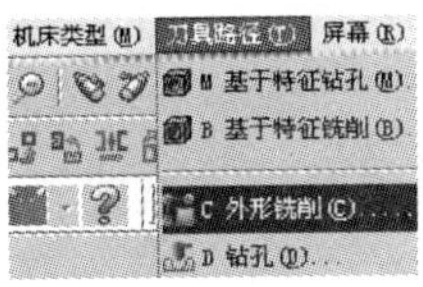

图 3-49 选择【外形铣削】命令

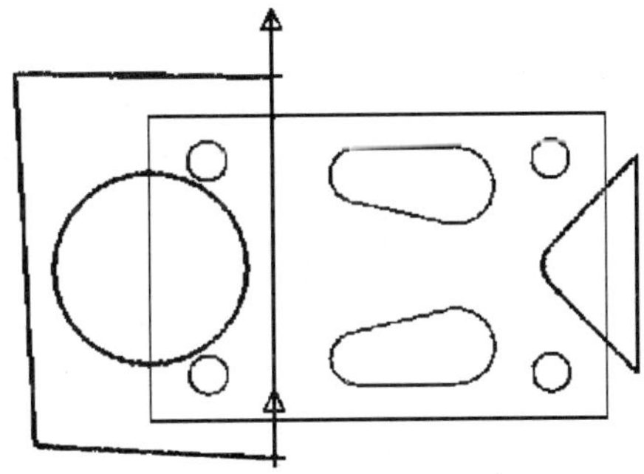

图 3-50 选择加工边界

2）系统弹出【2D 刀具路径 - 等高外形】对话框，打开【刀具】选项卡，选择直径为 12mm 的平底刀，设置【进给速率】为 1000.0mm/min，【下刀速率】为 100.0mm/min，【主轴转速】为 1600.0r/min，勾选【快速提刀】选项，如图 3-51 所示。

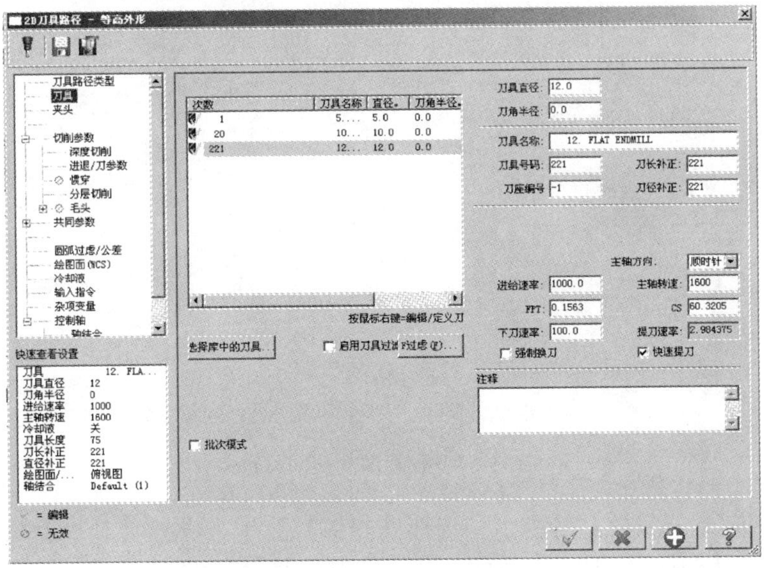

图 3-51 设置刀具参数

3）打开【切削参数】选项卡，设置【补正方向】为【左补偿】，【外形铣类型】为【2D】，【壁边预留量】和【底面预留量】都为0.25mm，其他参数默认，如图3-52所示。

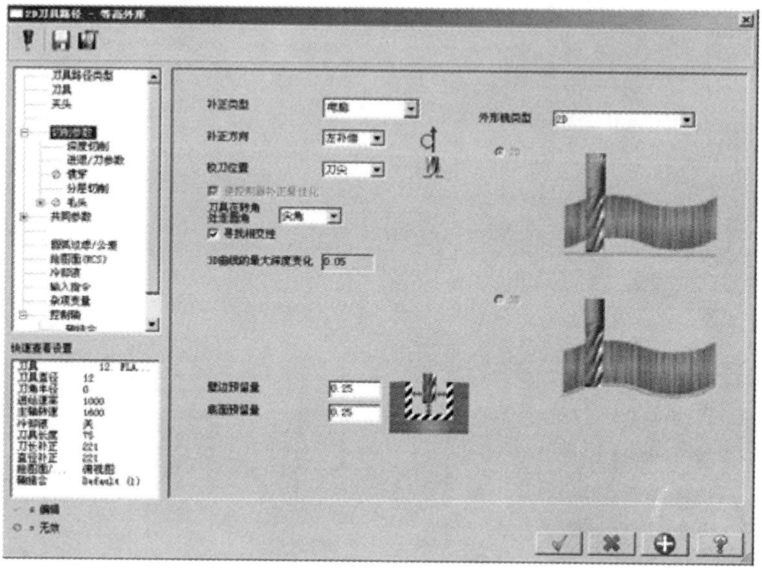

图3-52　设置切削参数

4）打开【深度切削】选项卡，勾选【深度切削】选项，设置【最大粗切步进量】为0.5mm，勾选【不提刀】选项，其他参数默认，如图3-53所示。

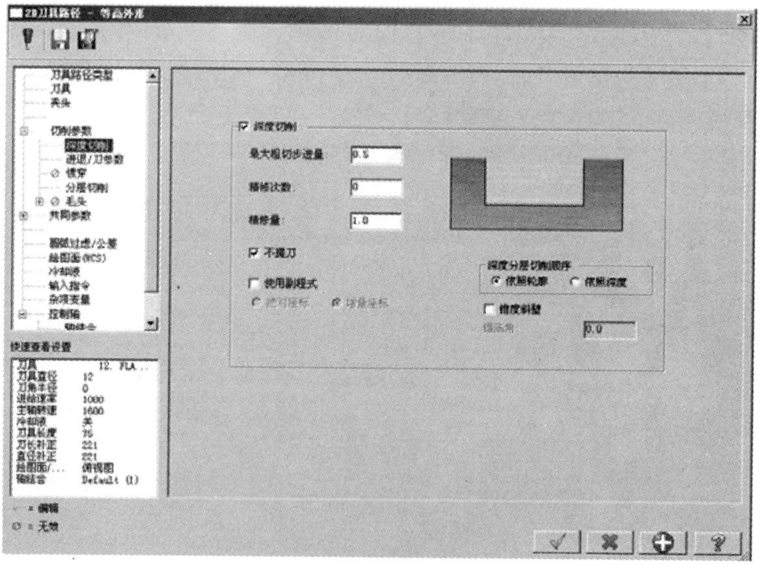

图3-53　设置深度切削参数

5）打开【进/退刀参数】选项卡，选择【相切】选项，设置【长度】为0%，【圆弧】【半径】为30%，【扫描（角度）】为90.0°，单击按钮，即将进退刀参数设为一致，如图3-54所示。

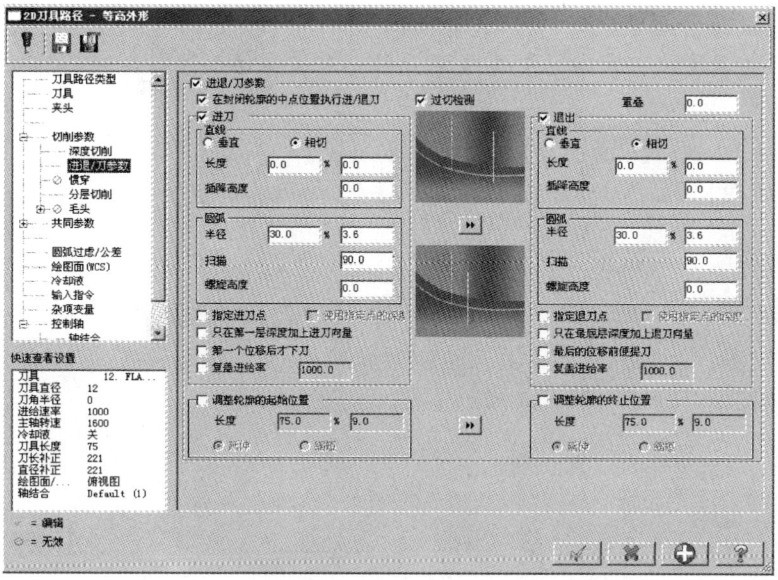

图 3-54　设置进/退刀参数

实战经验：采用外形铣削时，一般情况下都需设置【进/退刀向量】这个选项卡，否则加工时刀具直接接触工件，易造成崩刃或断刀，严重时会撞上机床。进/退刀的方式一般都设置为相切，这样可取得较好的加工效果，设置长度、半径参数时不宜过大，保证能有安全下刀的空间即可，否则空刀会比较多。

多学一招：当所选的加工直线较短而又想增加加工长度时，可通过设置相切直线的长度来达到延长刀路轨迹的效果。

6）打开【分层切削】选项卡，勾选【分层切削】选项，设置【粗加工】/【次数】为4，【间距】为8.0mm，勾选【不提刀】选项，其他参数默认，如图3-55所示。

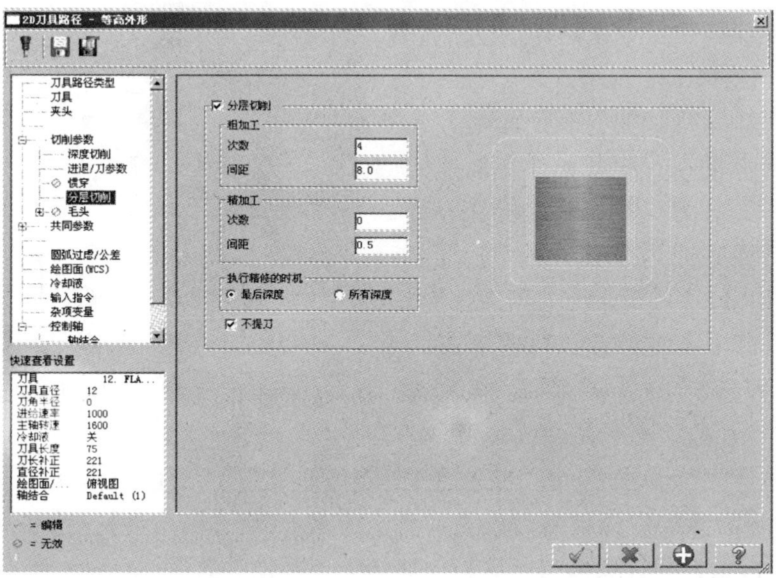

图 3-55　设置分层切削

技术指导：分层切削除了可以起到粗、精加工作用外，还可扩大切削范围。如当材料加工余量比较大且刀具无法一步加工到定义尺寸时，可设置增加外形铣削的层数，达到清除余量的目的。

7）单击【共同参数】选项，设置【参考高度】为 10.0mm，【进给下刀位置】为 5.0mm，【工件表面】为 -5.0mm，【深度】为 -10.0mm，勾选所有【绝对坐标】选项，如图 3-56 所示。

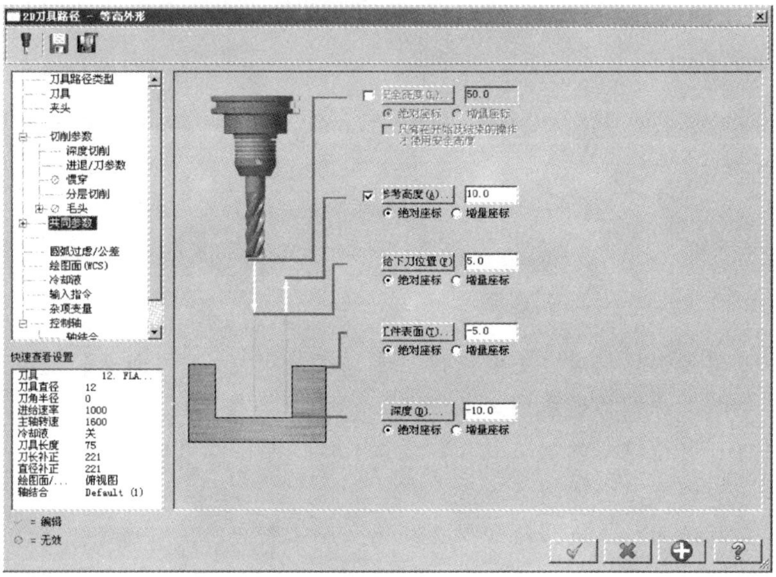

图 3-56　设置共同参数

单击确定按钮 ✓，生成刀具路径，如图 3-57 所示。

3.5.8　外形铣削精加工（左侧）

1）选择【刀具路径】/【外形铣削】命令，选取上步所选的一长直线，注意箭头方向应与上一步一样，刀具补偿为左补正，并执行确定操作。

2）系统弹出【2D 刀具路径 - 等高外形】对话框，打开【刀具】选项卡，选择直径为 12mm 的平底刀，设置【进给速率】为 300.0mm/min，【下刀速率】为 100.0mm/min，【主轴转速】为 3500.0r/min，勾选【快速提刀】选项，其他参数默认。

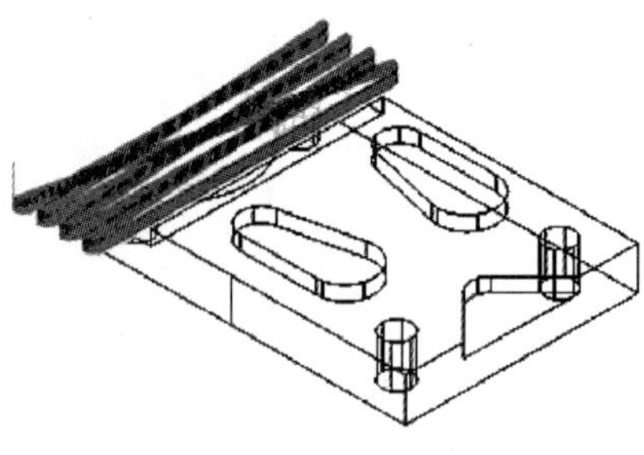

图 3-57　外形铣削粗加工刀路

3）打开【切削参数】选项卡，设置【补正方向】为【左补偿】，【外形铣类型】为【2D】，【壁边预留量】和【底面预留量】为 0.0mm，其他参数默认。

4）打开【进退/刀参数】选项卡，选择【相切】选项，设置【长度】为0%，【圆弧】【半径】为30%，【扫描（角度）】为90.0°，单击按钮，即将进退刀参数设为一致。

5）打开【分层切削】选项卡，勾选【分层切削】选项，设置【粗加工】/【次数】为4，【间距】为8.0mm，勾选【不提刀】选项，其他参数默认，如图3-58所示。

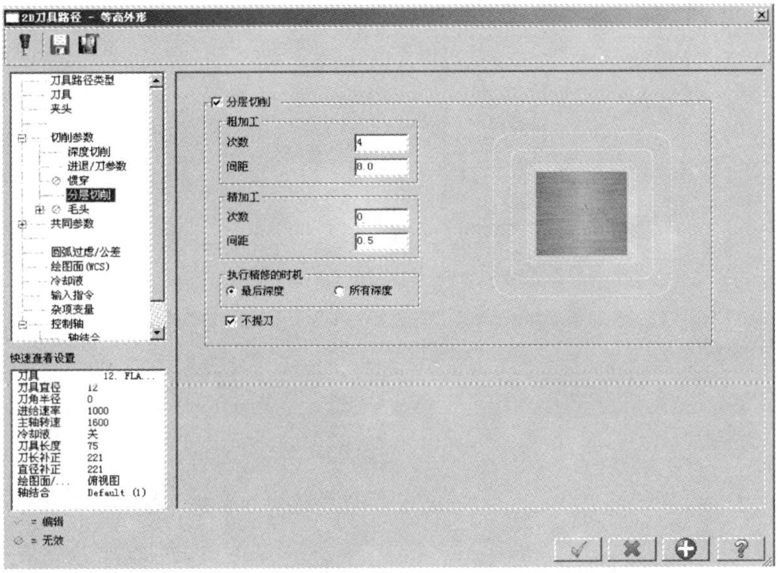

图3-58　设置分层切削

6）单击【共同参数】选项，设置【参考高度】为10.0mm，【进给下刀位置】为5.0mm，【工件表面】为0.0mm，【深度】为-10.0mm，勾选所有【绝对坐标】选项，其他参数默认。

单击确定按钮，生成刀具路径，如图3-59所示。

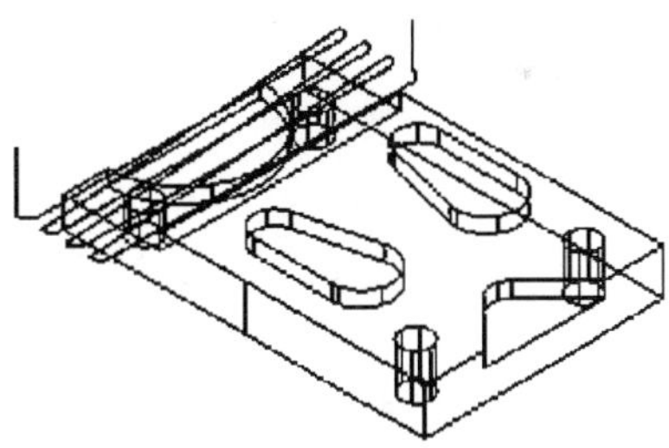

图3-59　外形铣削精加工刀路

3.5.9　标准挖槽粗加工（半圆凹槽）

1）选择【刀具路径】/【标准挖槽】命令，系统弹出【串连选项】对话框，在绘图区选取零件左侧的最大圆，如图3-60所示，单击确定按钮。

2）系统弹出【2D刀具路径 - 标准挖槽】对话框，打开【刀具】选项卡，选择直径为12mm的立铣刀，设置【进给率】为1000mm/min，【主轴转速】为1600r/min，【下刀速率】为100mm/min，勾选【快速提刀】复选项，其他参数默认。

3）打开【切削参数】选项卡，在【类型】选项的下拉列表中选择【标准】选项，设置【壁边预留量】与【底面预留量】为0.25mm，其他参数默认，如图3-61所示。

4）打开【粗加工】选项卡，勾选【粗加工】选项，选择【切削方式】为【等距环切】，设置【切削间距（直径%）】为80.0，其他参数默认，如图3-62所示。

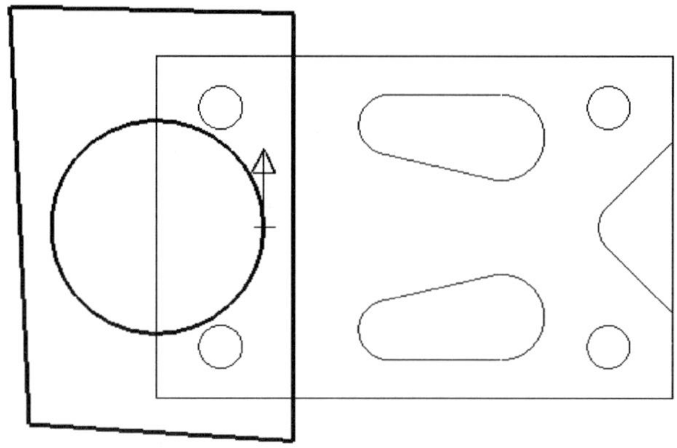

图 3-60　选择加工边界

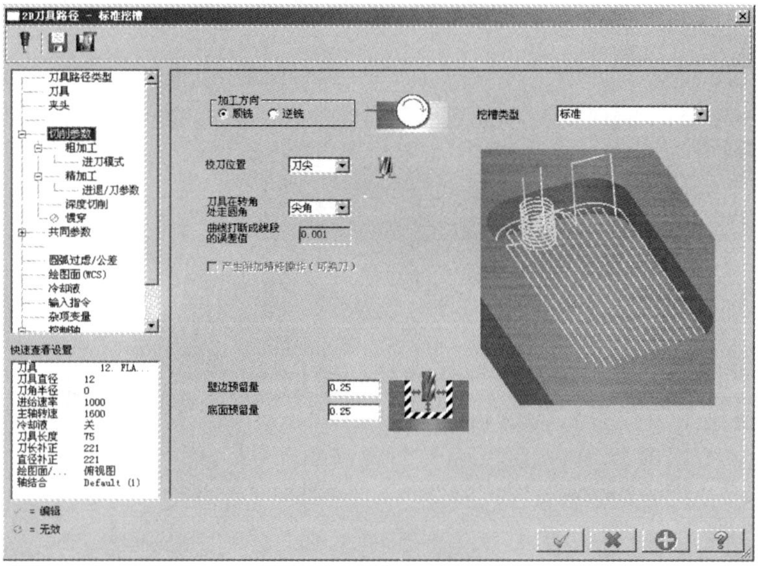

图 3-61　切削参数选项卡

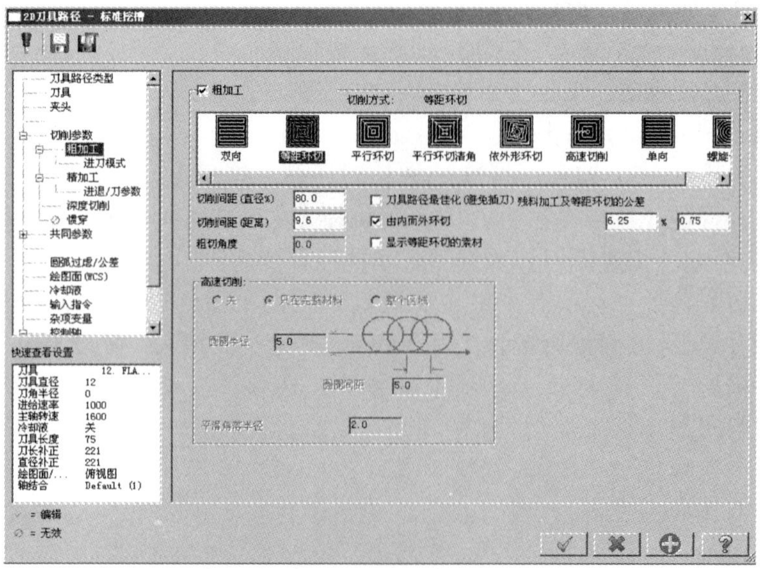

图 3-62　粗加工选项卡

5）打开【进刀模式】选项卡，点选【螺旋形】选项，参数设置如图3-63所示。

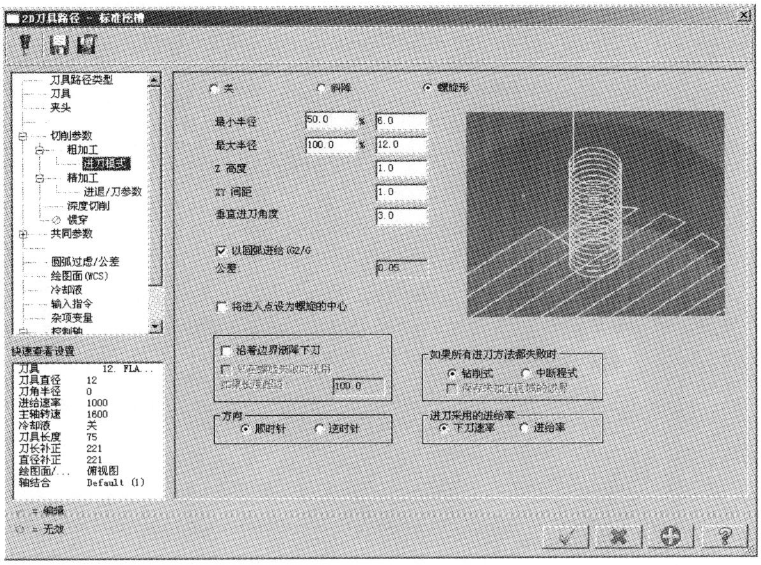

图3-63　设置进刀方式

6）打开【精加工】选项卡，勾选【精加工】选项，设置【次数】为1，【间距】为0.25mm，【修光次数】为0，其他参数默认，如图3-64所示。

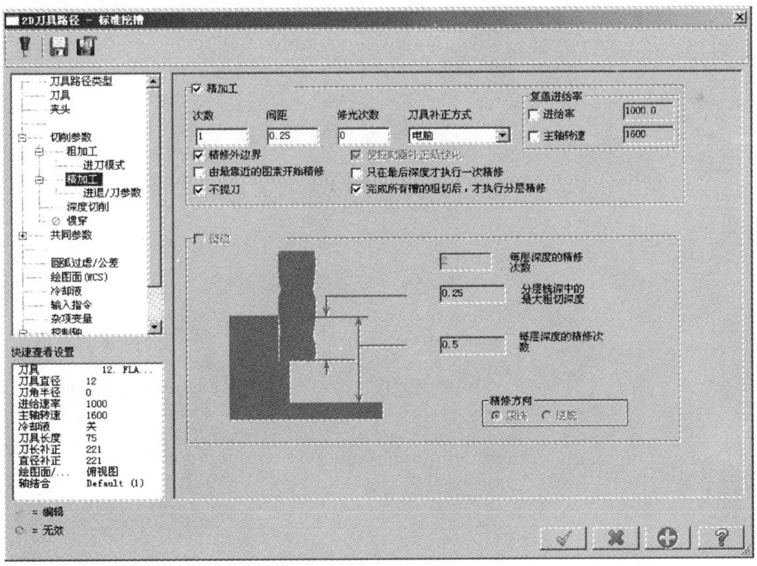

图3-64　设置精加工参数

7）打开【深度切削】选项卡，勾选【深度切削】选项，相关参数设置如图3-65所示。

8）单击【共同参数】选项，勾选【参考高度】并设置为10.0mm，【进给下刀位置】为5.0mm，【工件表面】为－10.0mm，【深度】为－15.0mm，点选所有【绝对坐标】选项，如图3-66所示。

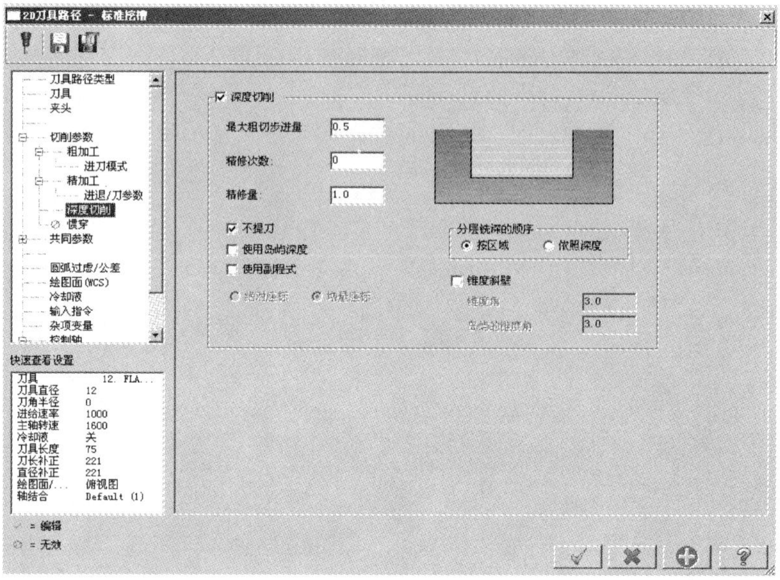

图 3-65 设置深度切削参数

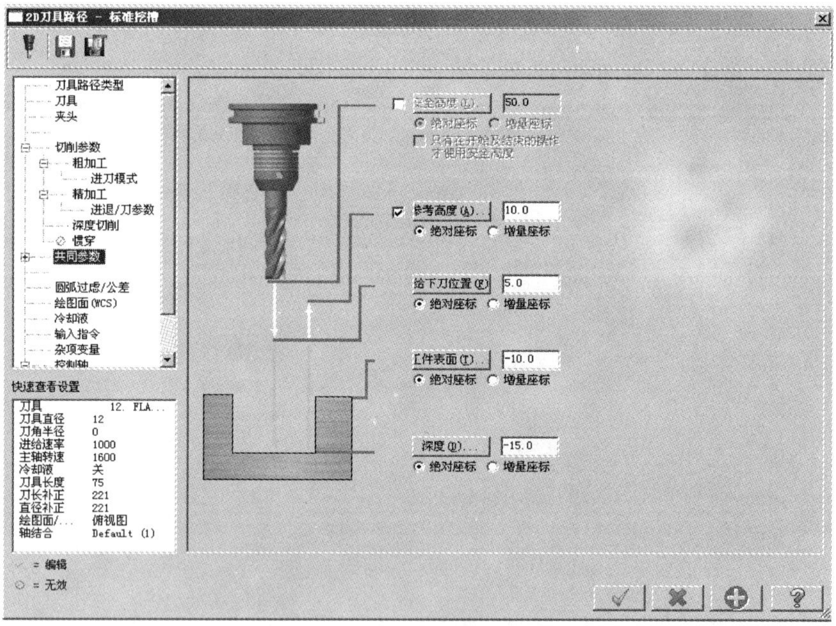

图 3-66 设置共同参数

单击确定按钮，生成刀具路径，如图 3-67 所示。

3.5.10 标准挖槽精加工（半圆凹槽）

1）采用【刀具路径】/【标准挖槽】命令，选取与上一步一样的最大圆弧，并执行确定操作。

2）系统弹出【2D 刀具路径 - 标准挖槽】对话框，打开【刀具】选项卡，选择直径为

12mm 的立铣刀，设置【进给率】为 300mm/min，【主轴转速】为 3500r/min，【下刀速率】为 100mm/min，勾选【快速提刀】复选项，其他参数默认。

3）打开【切削参数】选项卡，在【类型】选项的下拉列表中选择【标准】选项，设置【壁边预留量】与【底面预留量】为 0.0mm，其他参数默认，如图 3-68 所示。

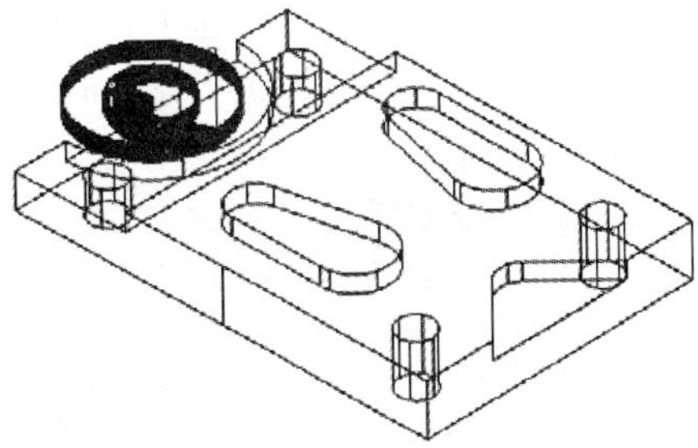

图 3-67　挖槽粗加工刀路

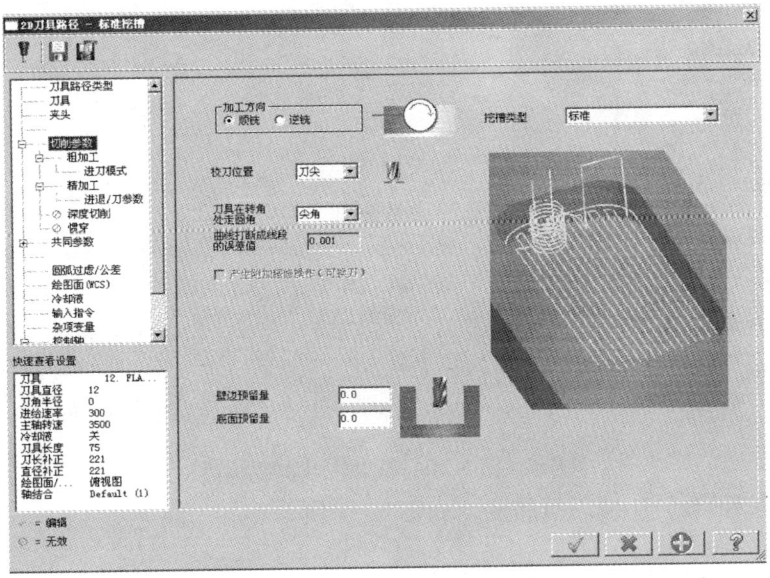

图 3-68　切削参数选项卡

4）打开【粗加工】选项卡，勾选【粗加工】选项，选择【切削方式】为【等距环切】，设置【切削间距（直径%）】为 50.0，其他参数默认，如图 3-69 所示。

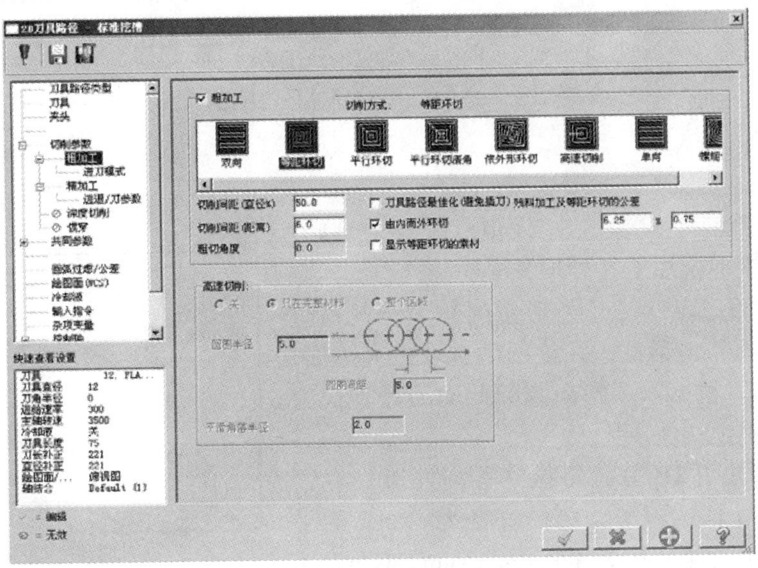

图 3-69　粗加工选项卡

5）打开【共同参数】选项，勾选【参考高度】并设置为 10.0mm，【进给下刀位置】为 5.0mm，【工件表面】为 0.2mm，【深度】为 -15.0mm，点选所有【绝对坐标】选项，如图 3-70 所示。

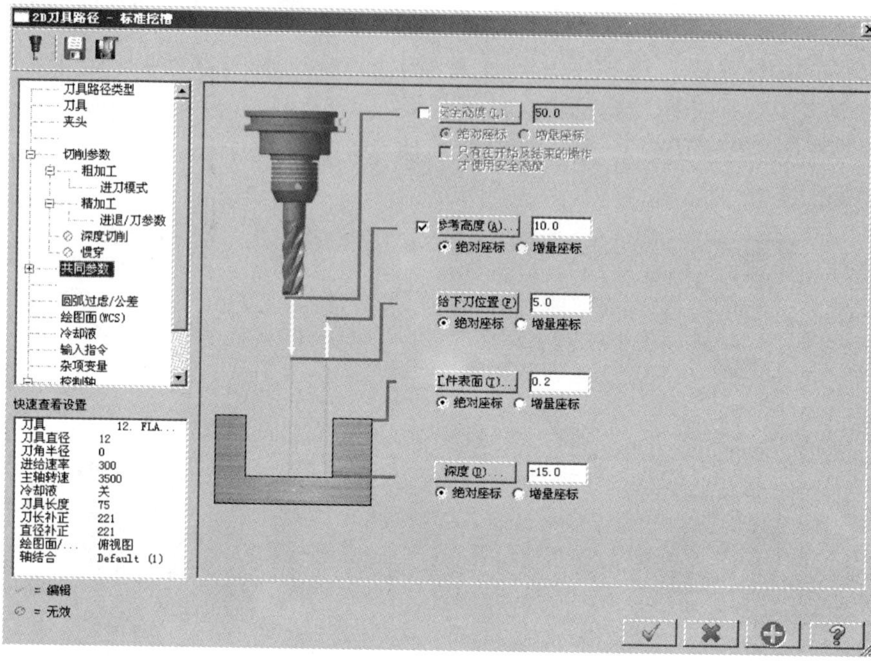

图 3-70　设置共同参数

单击确定按钮，生成刀具路径，如图 3-71 所示。

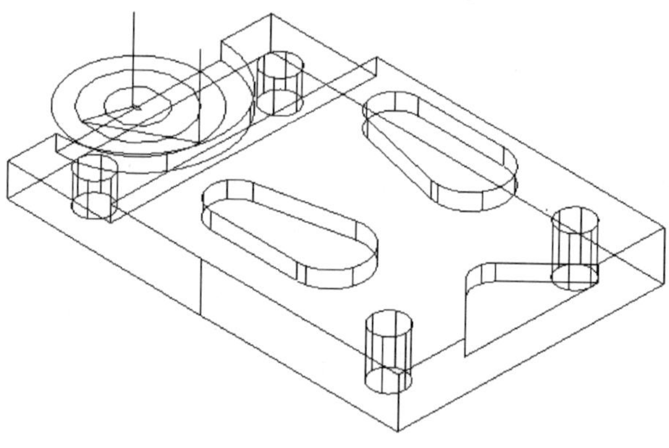

图 3-71　挖槽精加工刀路

3.5.11　外形铣削精加工（外形）

1）选择【刀具路径】/【外形铣削】命令，系统弹出【串连选项】对话框，在绘图区选取最大矩形，如图 3-72 所示。根据箭头指向判断此时刀具补偿为左补正，单击确定按钮。

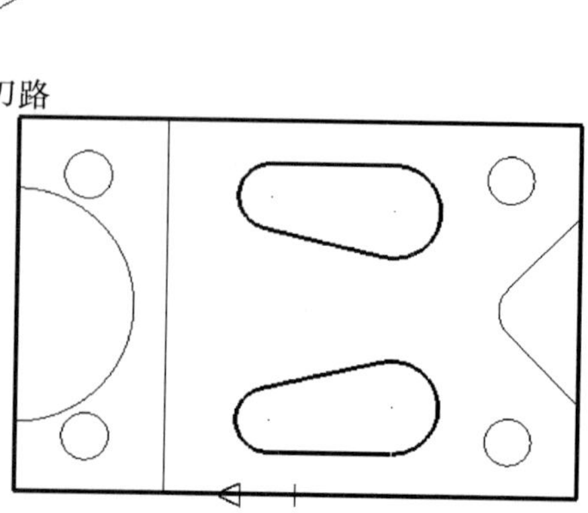

图 3-72　选择加工边界

2）系统弹出【2D 刀具路径 - 等高外形】对话框，打开【刀具】选项卡，选择直径为 12mm 的平底刀，设置【进给速率】为 400.0mm/min，【下刀速率】为100.0mm/min，【主轴转速】为3000.0r/min，勾选【快速提刀】选项，其他参数默认。

3）打开【切削参数】选项卡，设置【补正方向】为【左补偿】，【外形铣类型】为【2D】，【壁边预留量】和【底面预留量】为0.0mm，其他参数默认，如图3-73所示。

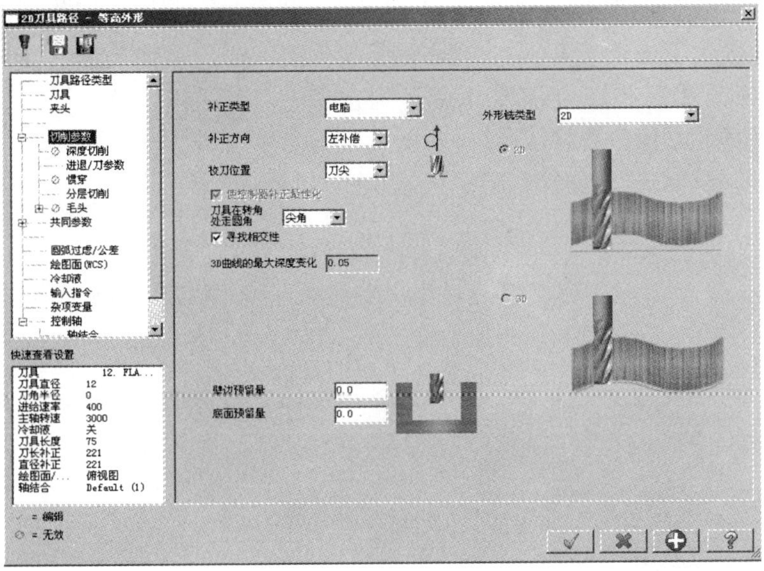

图3-73　设置切削参数

4）打开【进退/刀参数】选项卡，选择【相切】选项，设置【长度】为0%，【圆弧】【半径】为30%，【扫描（角度）】为90.0°，单击按钮▸▸，即将进退刀参数设为一致。

5）打开【分层切削】选项卡，勾选【分层切削】选项，设置【粗加工】/【次数】为2，【间距】为0.5mm，【精加工】/【次数】为1，【间距】为0.25mm，点选【执行精修的时机】为【最后深度】，勾选【不提刀】选项，如图3-74所示。

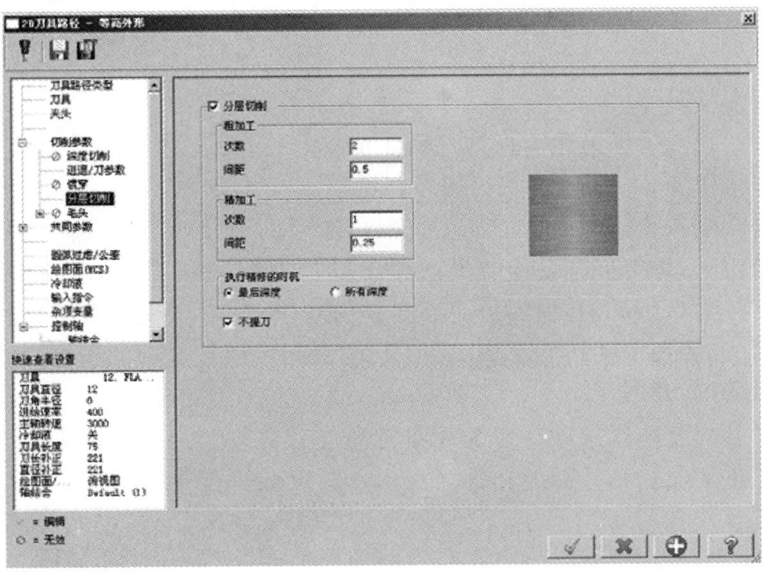

图3-74　设置分层切削

技术指导：这里没有采用分层铣深的方式。当毛坯余量不大时，可以直接加工到指定深度，但由于切削量大可能会出现弹刀现象，使用这种方法时需考虑余量的大小。由于前面没有留加工余量，为了在精加工时取得好的表面质量，增加了 1 次精修，精修余量为 0.25mm。

6）单击【共同参数】选项，设置【参考高度】为 10.0mm，【进给下刀位置】为 5.0mm，【工件表面】为 -5.0mm，【深度】为 -20.0mm，勾选所有【绝对坐标】选项，其他参数默认。

单击确定按钮，生成刀具路径，如图 3-75 所示。

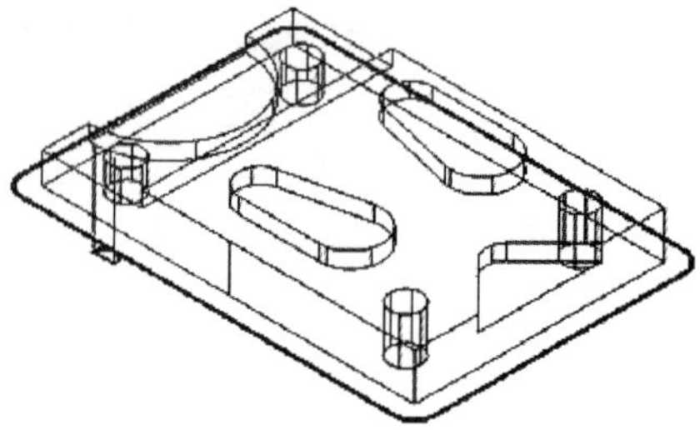

图 3-75　外形铣削精加工刀具路径

3.5.12　平面铣削精加工

1）选择【刀具路径】/【平面铣】命令，如图 3-76所示。

系统弹出【串连选项】对话框，在绘图区选取两个对称的封闭轮廓，如图 3-77 所示，单击确定按钮。

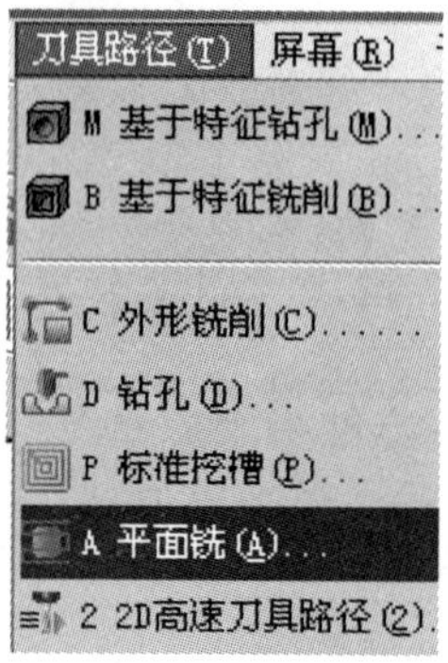

图 3-76　选择【平面铣】命令

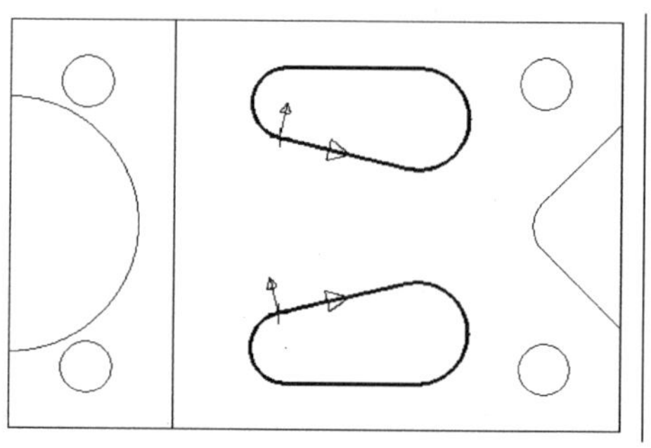

图 3-77　选择加工边界

2）系统弹出【2D 刀具路径 - 平面加工】对话框，打开【刀具】选项卡，选择直径为 12mm 的平底刀，设置【进给速率】为 300.0mm/min，【下刀速率】为 100.0mm/min，【主轴转速】为 3500.0r/min，勾选【快速提刀】选项。

3）打开【切削参数】选项卡，在【类型】选项的下拉列表中选择【双向】选项，设置【底面预留量】为 0.0mm，设置【横向超出量】为 6.0mm，【纵向超出量】为 6.0mm，【进刀延伸长度】为 6.0mm，【退刀延伸长度】为 6.0mm，【最大步进量】为 6.0mm，铣削方式为【顺铣】，【粗切角度】为 0.0，在【切削之间位移】选项的下拉列表中选择【高速回圈】选项，如图 3-78 所示。

4）单击【共同参数】选项，勾选【参考高度】并设置为 10.0mm，【进给下刀位置】为 5.0mm，【工件表面】和【深度】都为 0.0mm，点选所有【绝对坐标】选项，如图 3-79 所示。

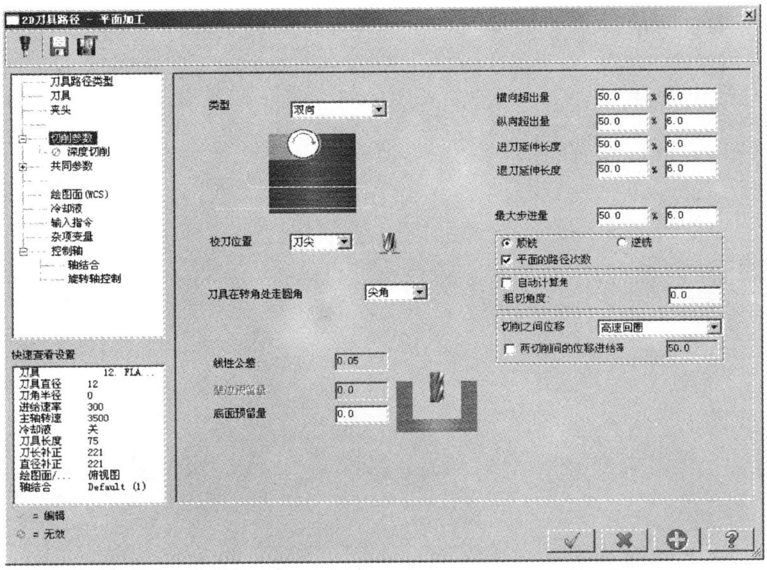

图 3-78 设置切削参数

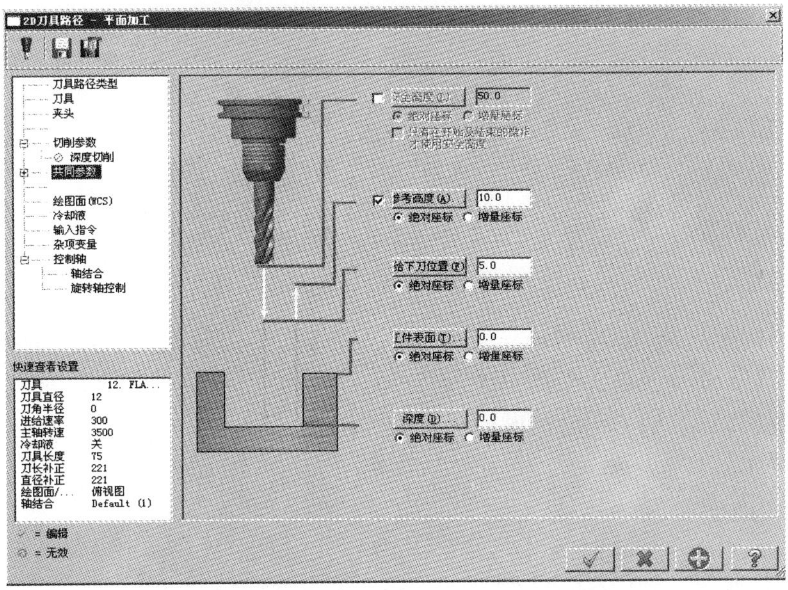

图 3-79 设置共同参数

单击确定按钮，生成刀具路径，如图3-80所示。

技术指导： 结合零件特点，最后进行零件上表面的加工有利于提高加工效率。

3.5.13 实体模拟加工

在【刀具路径管理器】中单击选择所有操作按钮，选择所有加工程序，单击实体模拟加工按钮，系统弹出【验证】对话框，如图3-81a所示。单击播放按钮，采用实体加工验

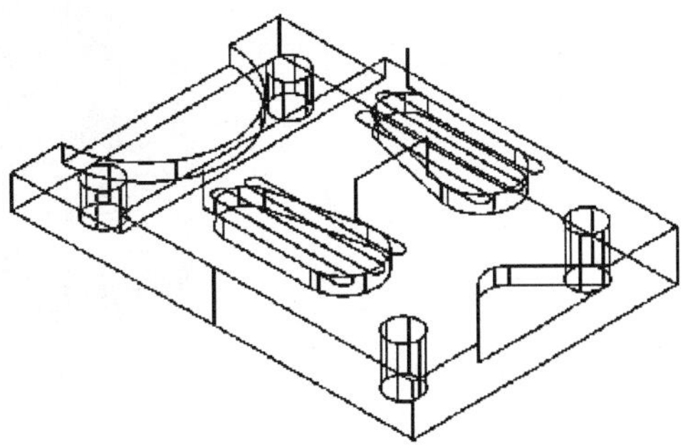

图 3-80 平面铣削精加工刀路

证，结果如图 3-81b 所示。

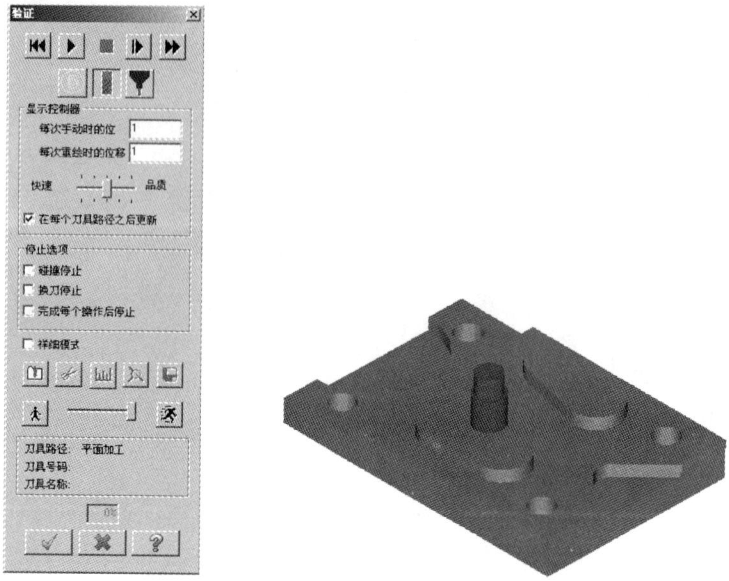

a)　　　　　　　　　　b)

图 3-81　实体验证

a）【验证】对话框　b）模拟结果

3.6　小结

本章结合图形特点，运用 Mastercam 提供的二维加工刀具路径生成方法采用编程加工，除了一些运用技巧外，还指出了在二维加工中的一些注意事项，为读者深入掌握 Mastercam 的二维刀路编制方法起到了很好的抛砖引玉的作用。

3.7　提高练习

打开随书光盘“源文件/cha03/3 – 2. mcx – 5”，图形如图 3-82 所示。

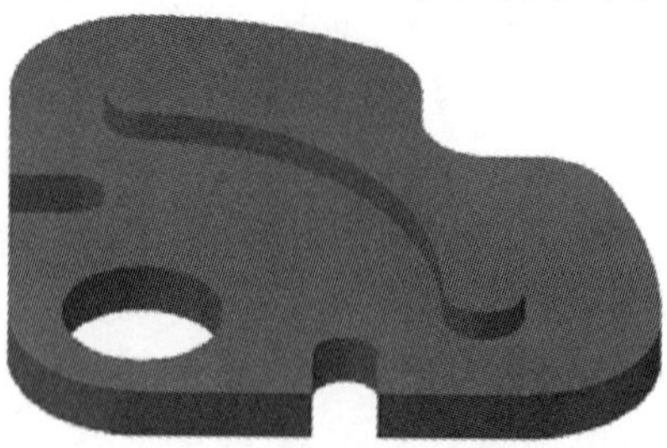

图 3-82　提高练习零件

第四章　盒子下盖凸模编程实例

4.1　任务目标

➢ 提高刀具路径的规划与控制能力。
➢ 掌握常用的“傻瓜式”曲面挖槽刀路、平行铣刀路以及等高外形刀路。

4.2　任务导入

打开随书光盘“源文件/cha04/盒子下盖凸模.mcx－5”，图形如图 4-1 所示，打开第 1 图层。

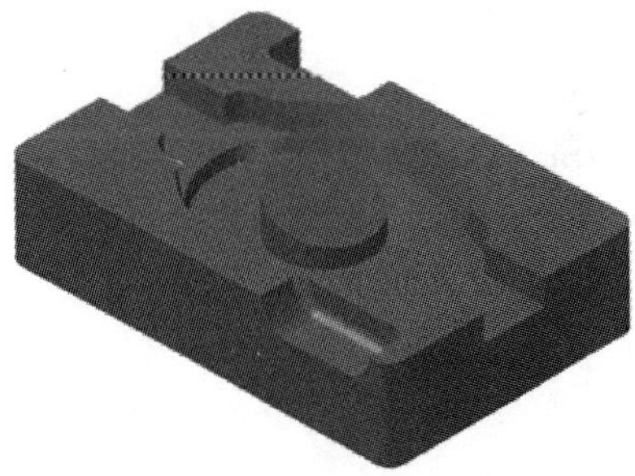

图 4-1　盒子下盖凸模

4.3　任务分析

4.3.1　图形分析

通过 Mastercam X5 系统所提供的分析功能得知，该零件外形尺寸为 120mm×78mm×28mm。该图形复杂程度一般，既有规则的二维特征，也有三维曲面特征，各部分特征分布不一，零件对角有两个小的 U 形凹槽。图形各个不同特征的具体尺寸可通过 Mastercam X3 自带的【分析】功能进行分析。

多学一招：当没有图样可对照看图分析数据时，可通过 Mastercam 自带的分析功能测量图形各部分的具体尺寸，并进行数据分析处理，以利编程。其操作方法为：选择【分析】命令，根据需要选择系统提供的分析功能进行处理，其中提供的分析功能有【图素属性】、【点位分析】、【两点距离】、【体质/面积分析】、【分析串连】、【分析外形】、【分析角度】和【动态分析】等，如图 4-2 所示。常用的命令有位置测量、距离测量、串连分析、动态分析和角度测量，具体操作请读者自行尝试，在此不再赘述。

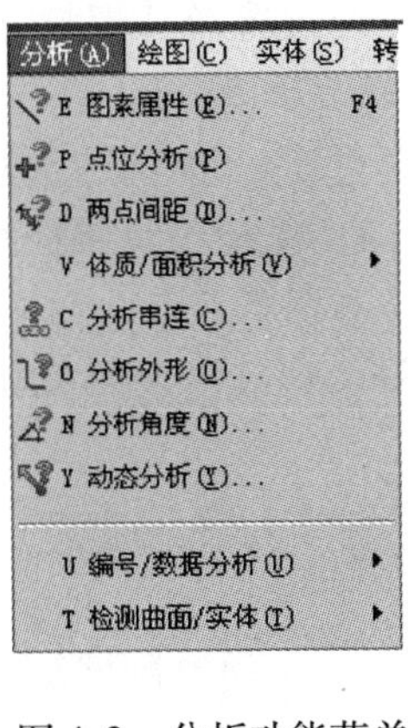

图 4-2　分析功能菜单

4.3.2　工艺分析

考虑到零件图形比较简单，可直接对整个零件进行粗加工，中间凹槽曲面部分要注意下刀方式的控制，防止撞刀。该部分由椭圆拔模 12°拉伸剪切而成，与其相接的曲面为平底面。拔模曲面部分是整个零件的编程难点，为使该部分能生成规则的刀具路径，需进行曲面修补。同时，对于不规则曲面要采用球头立铣刀进行精加工，以获得好的表面质量，兼顾处理清角和接刀问题。结合零件特点，对整个零件采用分区法进行编程加工为宜。

4.3.3 刀路规划

步骤 1：ϕ50mm 面铣刀对零件上表面采用面铣削加工，加工余量为 0.0mm。

步骤 2：ϕ12mm$R$1mm 圆角铣刀对零件采用曲面挖槽粗加工，加工余量为 0.25mm。

步骤 3：ϕ12mm$R$1mm 圆角铣刀对零件采用外形铣削粗加工，加工余量为 0.25mm。

步骤 4：ϕ8mm 立铣刀对零件外轮廓采用外形铣削精加工，加工余量为 0.0mm。

步骤 5：ϕ8mm 立铣刀对零件中间凹槽采用曲面挖槽精加工，加工余量为 0.0mm。

步骤 6：ϕ8mm 立铣刀对零件中间凹槽采用曲面挖槽精加工，加工余量为 0.0mm。

步骤 7：ϕ8mm 立铣刀对零件椭圆曲面采用等高外形精加工，加工余量为 0.0mm。

步骤 8：ϕ8mm 立铣刀对零件外轮廓采用外形铣削精加工，加工余量为 0.0mm。

步骤 9：ϕ6mm 球头立铣刀对对零件椭圆曲面采用等高外形进行精加工，加工余量为 0.0mm。

步骤 10：ϕ6mm 球头立铣刀对零件凸出圆柱圆弧曲面采用平行铣精加工，加工余量为 0.0mm。

步骤 11：ϕ6mm 球头立铣刀对零件右下角 U 形曲面采用平行铣精加工，加工余量为 0.0mm。

4.4 准备工作

4.4.1 选择机床

选择【机床类型】/【铣床】/【默认】命令。

4.4.2 模拟设置

调出【机器群组属性】对话框，设置【素材原点视角坐标】X0mm，Y0mm，Z0.5mm，材料大小为 X120mm、Y80mm、Z30mm。

4.4.3 刀具设置

通过选择【刀具路径】/【刀具管理器】命令，调出【刀具管理】对话框，建立直径为 50mm 的面铣刀，直径为 12mm、圆角半径为 1mm 的圆角铣刀，直径为 8mm 的平底立铣刀和直径为 6mm 的球头立铣刀。

4.4.4 新建刀具路径群组

参照第三章介绍的方法，分别建立名称为：50R0、12R1、8R0 和 6R3 的刀具路径群组，将▶移到群组名为 50R0 的目录下。

4.5 刀路编制

4.5.1 平面铣削精加工

1）选择【刀具路径】/【平面铣】命令，如图 4-3 所示。

系统弹出【输入新 NC 名称】对话框，接受默认的名称并单击确定按钮。

系统弹出【串连选项】对话框，选中【俯视图】单选按钮，在绘图区选取大矩形，如图 4-4 所示，单击确定按钮。

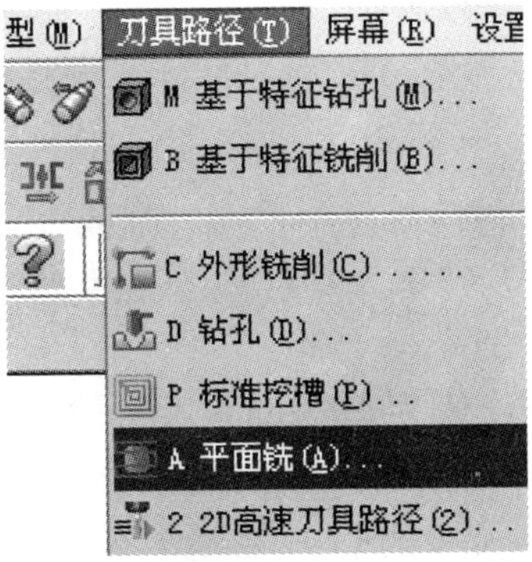

图 4-3　选择【平面铣】命令

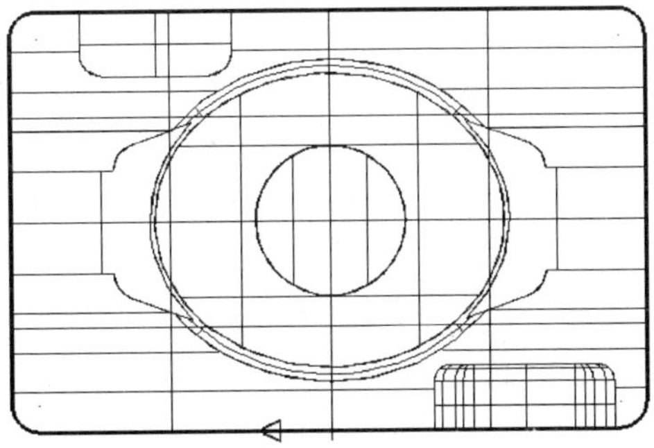

图 4-4　选择加工边界

2）系统弹出【平面加工】对话框，选择直径为 50mm 的面铣刀，设置【进给率】为 300mm/min，【主轴转速】为 3500r/min，【进刀速率】为 100mm/min，勾选【快速提刀】复选项，其他选项都不勾选，其他参数默认。

3）打开【切削参数】选项卡，在【类型】选项的下拉列表中选择【双向】选项，设置【底面预留量】为 0.0mm，设置【横向超出量】为 25.0mm，【纵向超出量】为 25.0mm，【进刀延伸长度】为 25.0mm，【退刀延伸长度】为 25.0mm，【最大步进量】为 6.0mm，铣削方式为【顺铣】，【粗切角度】为 0.0，在【切削之间位移】选项的下拉列表中选择【高速回圈】选项，如图 4-5 所示。

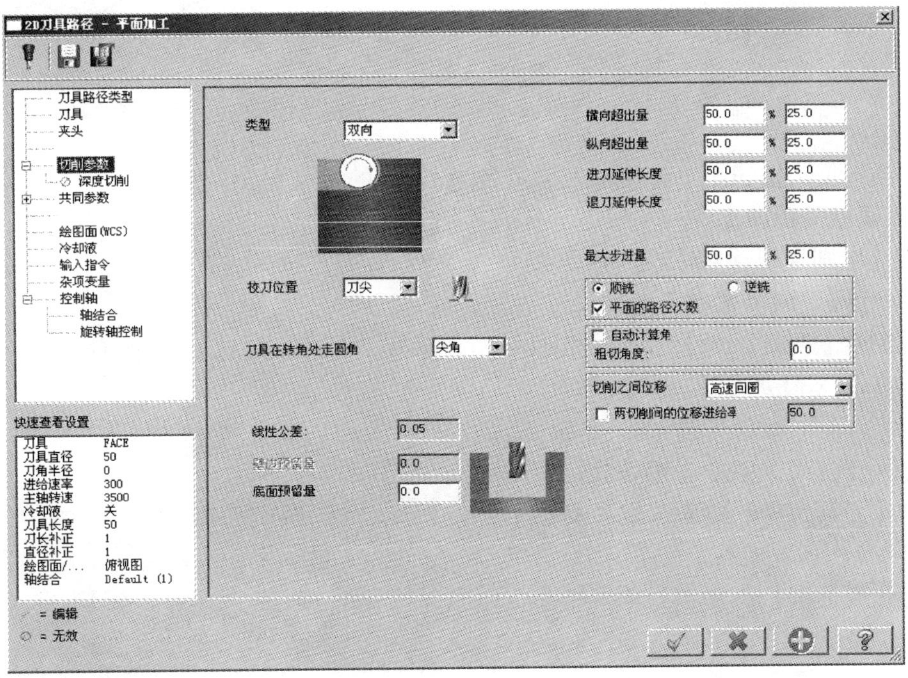

图 4-5　设置切削参数

技术指导：这里的切削深度是一步到位的，当然读者也可尝试分为几层铣削，操作方法是勾选【分层铣深】选项，并设置每次切削的深度。【截断方向的超出量】和【切削方向的超出量】的设置主要用于控制加工范围。

实战经验：面铣削精加工中，设置【最大步进量】的距离时不宜大于刀具直径的 80%。精加工时，为获得好的表面质量，一般设置范围为刀具直径的 40% ~65%，太小会影响加工效率，太大会使加工表面出现较大的振纹，如图 4-6 所示的波浪形刀纹，特别是当加工余量大时，更加容易出现此现象。为方便设置，可在精加工时设置步距为刀具直径的 50%，当然这里还要考虑切削速度的大小。

4）打开【共同参数】选项卡，勾选【参考高度】并设置为 10.0mm，【进给下刀位置】为 5.0mm，【工件表面】为 0.5mm，【深度】为 0.0mm，点选所有【绝对坐标】选项，其他参数默认。

多学一招：平面铣削加工除了采用面铣方法外，还可采用二维挖槽和二维轮廓铣的方法，读者可自行尝试操作。

单击确定按钮，生成刀具路径，如图 4-7 所示。

图 4-6　波浪形刀纹

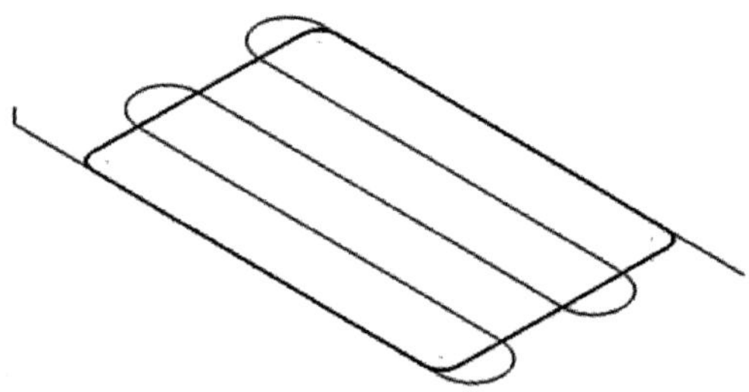

图 4-7　平面铣削刀路

单击插入箭头按钮下移至加工群组名为 12R1 的目录下。

4.5.2　曲面挖槽粗加工

调出【层别管理】对话框，打开第 5 层（REC 层），调出粗加工边界。

1）选择【刀具路径】/【曲面粗加工】/【粗加工挖槽加工】命令，如图 4-8 所示。

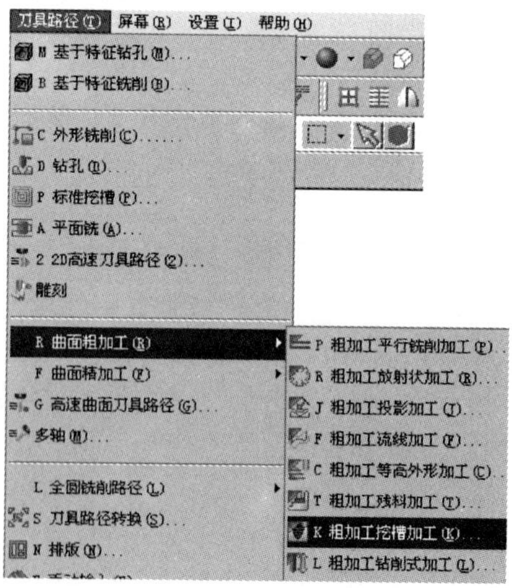

图 4-8　选择【粗加工挖槽加工】命令

窗选所有曲面，单击应用按钮。系统弹出【刀具路径的曲面选取】对话框，如图 4-9 所示。

在【边界范围】选项卡处单击选择按钮，系统弹出【串连选项】对话框，在绘图区选择第 5 层的“REC”矩形，如图 4-10 所示。单击【串连选项】对话框中的确定按钮，系统弹出【刀具路径的曲面选取】对话框，单击该对话框的确定按钮。

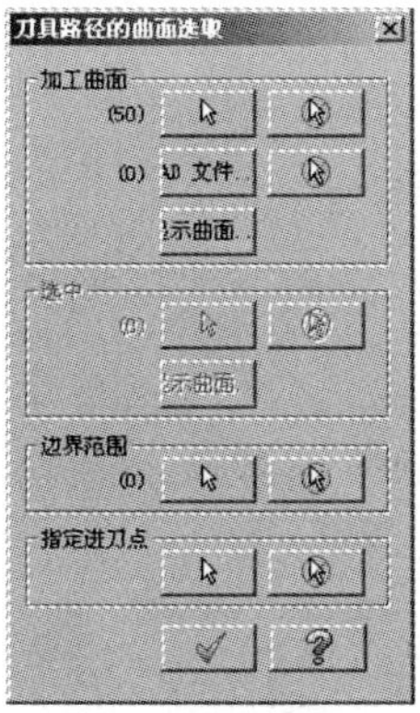

图 4-9 【刀具路径的曲面选取】对话框

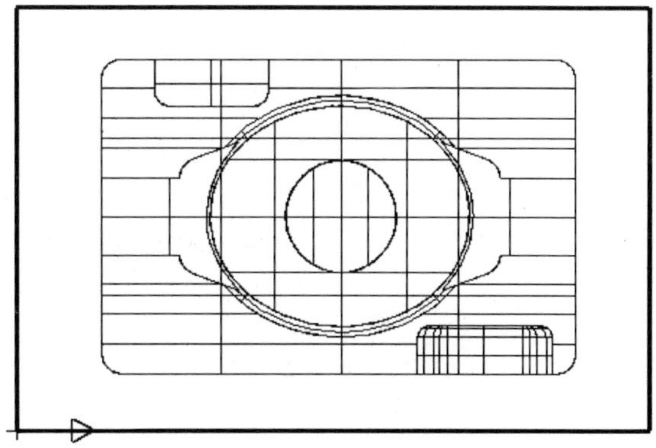

图 4-10 选择加工边界

2）系统弹出【曲面粗加工挖槽】对话框，选择直径为 12mm 的圆角铣刀。设置【进给率】为 800mm/min，【主轴转速】为 2500r/min，【进刀速率】为 100mm/min，【提刀速率】为 2500mm/min。勾选【快速提刀】复选项，如图 4-11 所示。

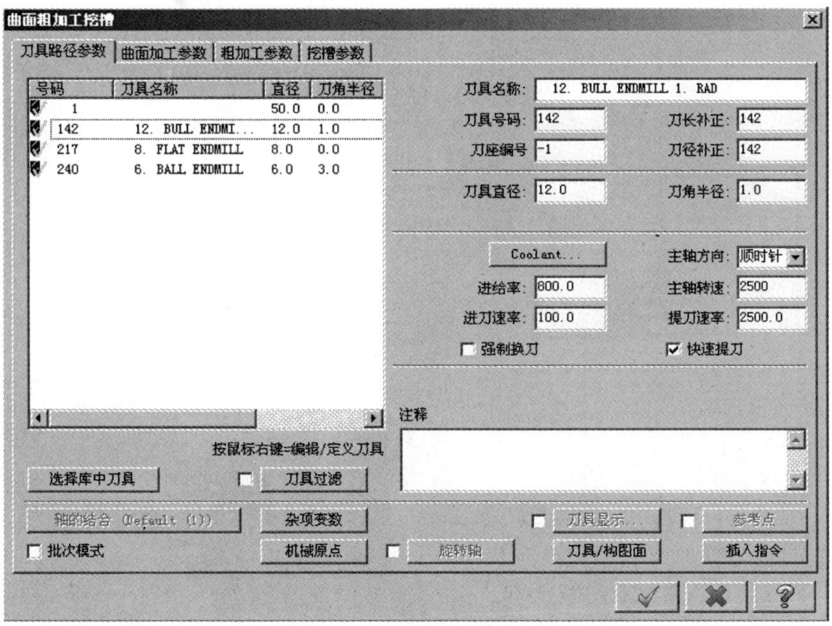

图 4-11 刀具选择与参数设置

3）打开【曲面加工参数】选项卡，勾选【参考高度】复选框并设置为 10.0mm，【进给下刀位置】为 5.0mm。勾选所有【绝对坐标】复选项，设置【加工面预留量】为 0.25mm，如图 4-12 所示。

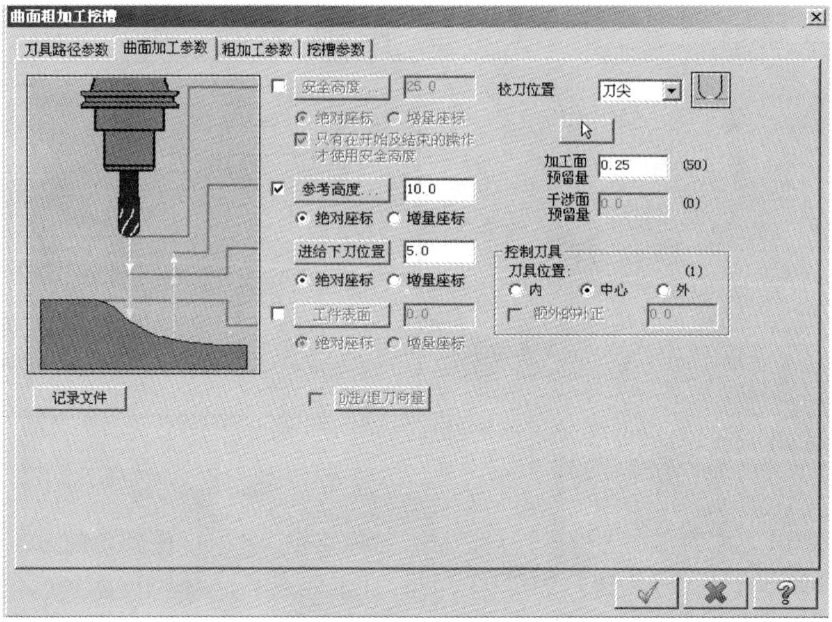

图 4-12　曲面加工参数设置

4）打开【粗加工参数】选项卡，设置【整体误差】为 0.025mm，设置【Z 轴最大进给量】为 0.5mm。勾选【螺旋式下刀】和【由切削范围外下刀】复选项，如图 4-13 所示。

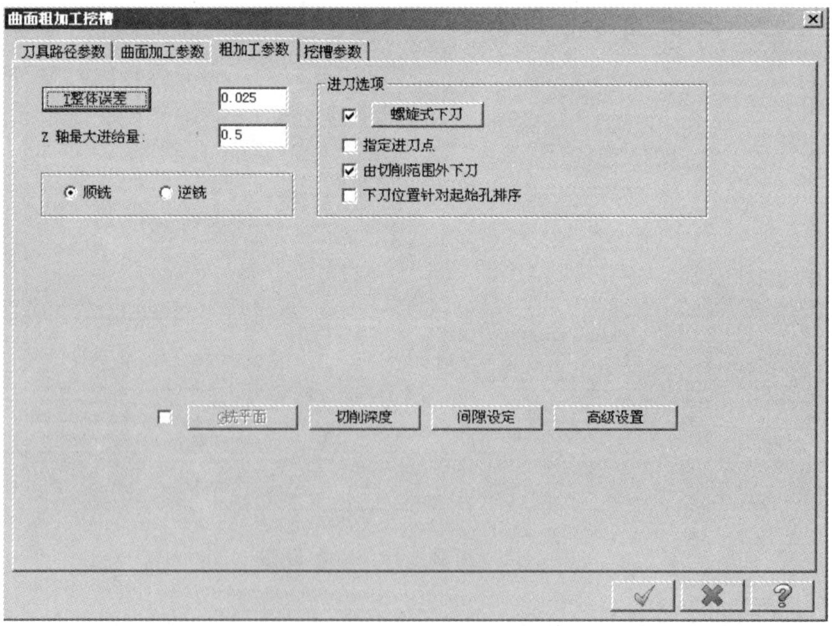

图 4-13　粗加工参数设置

单击【螺旋式下刀】按钮，系统弹出【螺旋/斜插式下刀参数】对话框。在【螺旋形】选项卡设置【最小半径】为 1.2mm，【最大半径】为 6.0mm，【Z 方向开始螺旋】为 0.3mm，【XY 方向预留间隙】为 1.0mm。勾选【沿着边界渐降下刀】和【只在螺旋失败时采用】选项卡，设置【如果长度超过】为20.0mm，如图4-14所示，单击确定按钮。

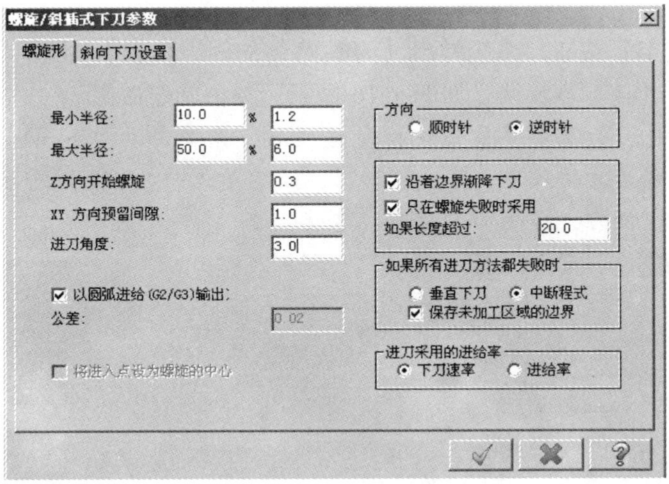

图4-14　螺旋式下刀参数设置

实战经验：封闭式的挖槽加工粗加工时，下刀方式的设置显得尤为重要，应优先考虑选择螺旋下刀。以下结合经验重点介绍螺旋下刀方式中几个选项的设置情况。

设置最小与最大螺旋半径时需考虑下刀空间的大小，如果螺旋方式进刀失败，可通过调整这个参数去尝试螺旋下刀。

Z方向开始螺旋：开始用螺旋方式下刀时，刀具相对切削深度表面（工件表面）的安全距离，建议取值一般为0.3～2mm。

XY方向预留间隙：开始以螺旋方式下刀时，螺旋槽距离工件外形XY方向的安全距离建议取大值，如1mm，以防止在粗加工时下刀由于弹刀而导致过切。

如果执行螺旋下刀失败时：主要设置如果螺旋下刀失败时是采用【垂直下刀】还是【中断程式】，当加工深度较大时，建议选择【中断程式】。否则，刀具就会直插下来，这样对机床与刀具都不利，机床往往发出尖锐的插刀声音。

沿着边界渐降下刀：这个选项常常会用到，根据工件形状渐降下刀，自行设定刀具边界移动方式，特别是在设置螺旋方式下刀失败时，它可以令刀具下到工件的最深处，且根据工件形状特点环绕式下刀，而不是直插，一般都建议使用。

进刀角度：设置螺旋线的升角，此值影响到螺旋的圈数。如果此值太小，螺旋圈数会增加，切削长度随之增大。升角太大时，会产生刀具端刃切削的情况。建议设置大小为2°～15°。

另外，【由切削范围外下刀】选项在遇到还有其他敞开部位要加工时建议使用，使刀具侧向水平进刀，避免了垂直下刀。

对于封闭式粗加工，下刀方式除了螺旋或斜线下刀外，还可以在加工前先加工出一个工艺孔在粗加工下刀时使用。

以上几点，初学者应注意结合实际加工情况进行深入理解并加强应用。

单击【切削深度】按钮，系统弹出【切削深度的设定】对话框，勾选【绝对坐标】复选项，设置【最高的位置】为0.0mm，【最低的位置】为－12.0mm，如图4-15所示，单击确定按钮。

技术指导：设置切削深度为绝对值有利于限制切削深度，往往能起到好的保护作用，防止过切。

单击【间隙设定】按钮，系统弹出【刀具路径的间隙设置】对话框，勾选【切削顺序最佳化】复选项，其他参数默认，如图 4-16 所示，单击确定按钮✓。

技术指导：勾选【切削顺序最佳化】复选项后，系统自动对不同深度的区域进行分区加工，直到加工完成后才转入下一区域的加工，而不是统一加工到同一深度后再转入下一深度的加工，从而减少提刀，提高加工效率，建议选择。

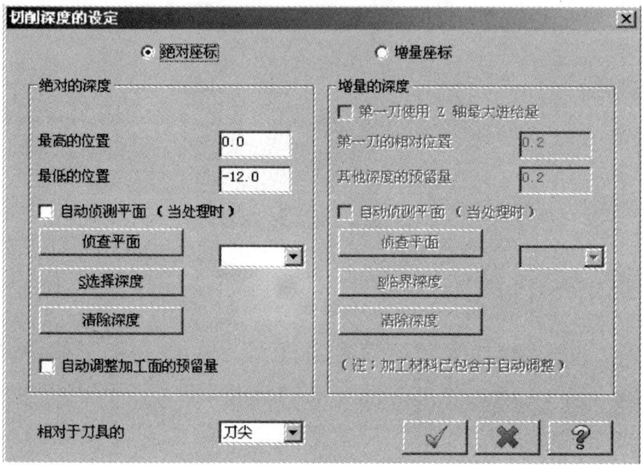

图 4-15　切削深度设定

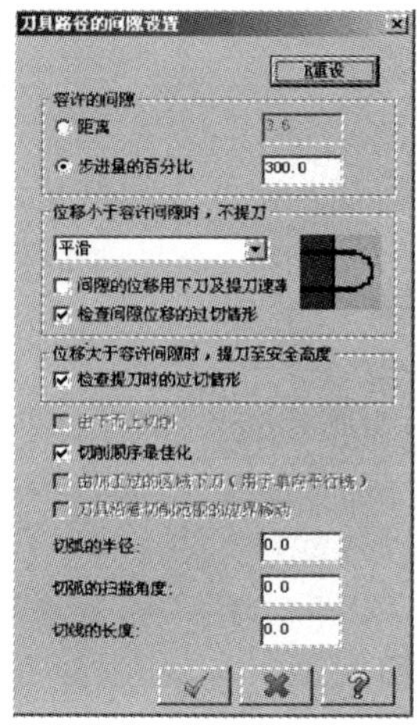

图 4-16　优化刀路

5）打开【挖槽参数】选项卡，选择切削方式为【等距环切】，设置【切削间距（直径%）】为 65%。勾选【精加工】选项卡，设置【次数】为 1，【间距】为 0.25mm，其余参数默认，如图 4-17 所示。

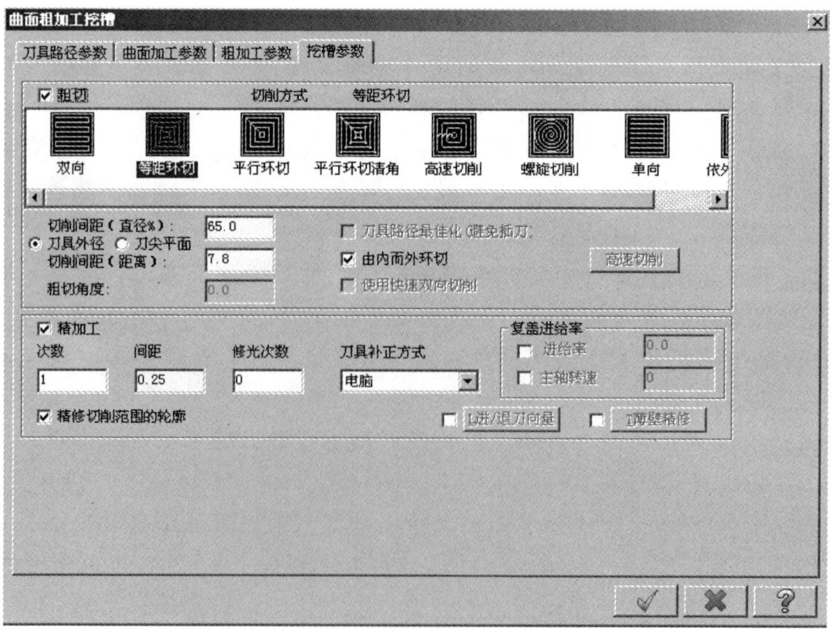

图 4-17　挖槽参数设置

单击【曲面粗加工挖槽】对话框中的确定按钮☑，生成刀具路径，如图 4-18 所示。

4.5.3 外形铣削粗加工

调出【层别管理】对话框，关闭第 5 层（REC 层）。

1）选择【刀具路径】/【外形铣削】命令，如图 4-19 所示。

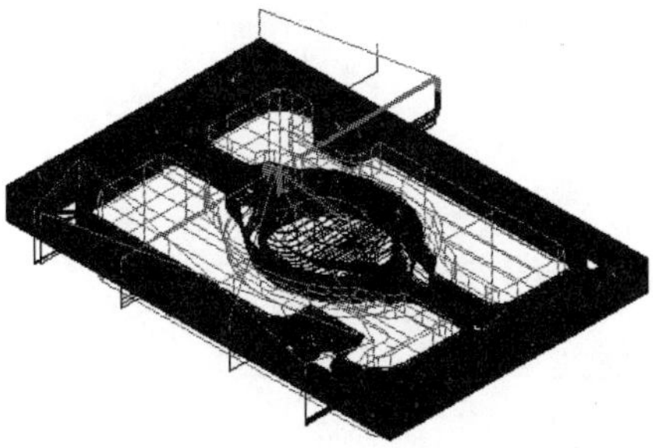

图 4-18 曲面挖槽粗加工刀路

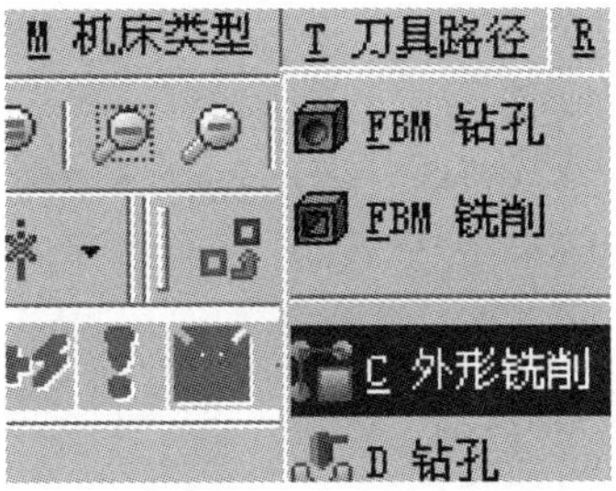

图 4-19 选择【外形铣削】命令

系统弹出【串连选项】对话框，选中【俯视图】单选按钮，在绘图区中最大轮廓线中一长直线的中点处进行选取，如图 4-20 所示。通过箭头方向可知刀具补偿为左补正，单击确定按钮☑。

实战经验：进行外形铣削加工时，选择的起始点将作为刀具的切入点。在选取前一般先在较长的一直线的中点处进行打断，以此中点作为切入点（图 4-21 所示 *A* 点）。一般不将切入点设在转角处（图 4-21 所示 *B* 点），这样可以较好地保证 *B* 点转角处的尺寸。

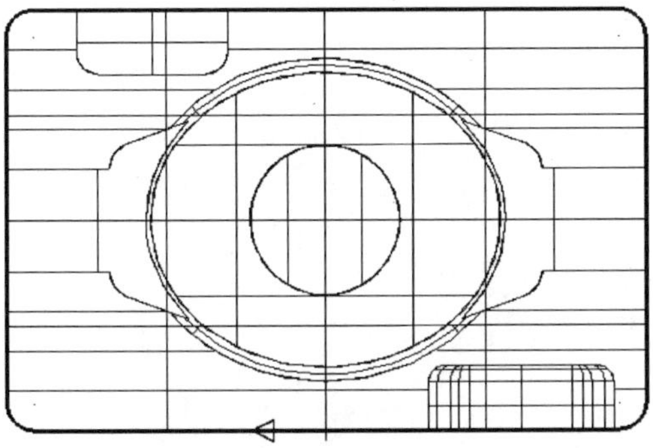

图 4-20 选择加工边界

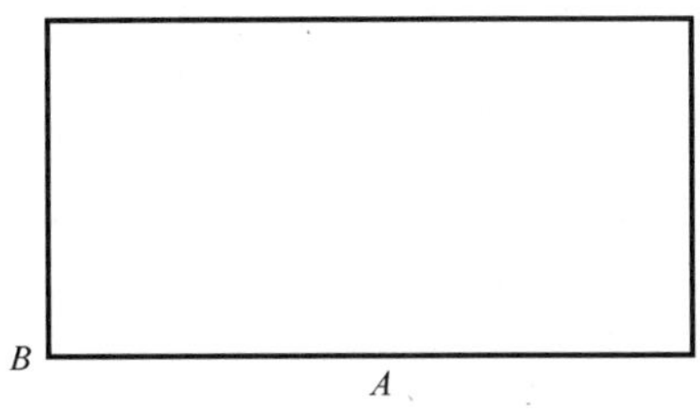

图 4-21 进刀点的设定

2）系统弹出【2D 刀具路径 - 等高外形】对话框，打开【刀具】选项卡，选择直径为 12mm 的圆角铣刀，设置【进给速率】为 800.0mm/min，【下刀速率】为 100.0mm/min，【主轴转速】为 2500.0r/min，勾选【快速提刀】选项，如图 4-22 所示。

3）打开【切削参数】选项卡，设置【补正方向】为【左补偿】，【外形铣削类型】为【2D】，【壁边预留量】和【底面预留量】均为 0.25mm，其他参数默认，如图 4-23 所示。

4）打开【深度切削】选项卡，勾选【深度切削】选项，设置【最大粗切步进量】为 1.0mm，勾选【不提刀】选项，其他参数默认，如图 4-24 所示。

5）打开【进/退刀参数】选项卡，选择【相切】选项，设置【长度】为 0%，【圆弧】

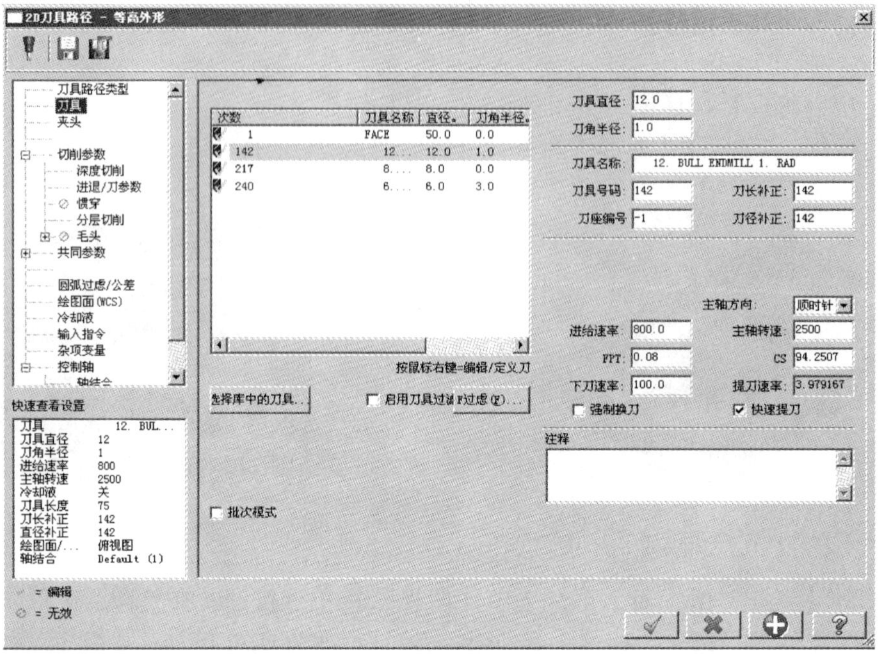

图 4-22　设置刀具参数

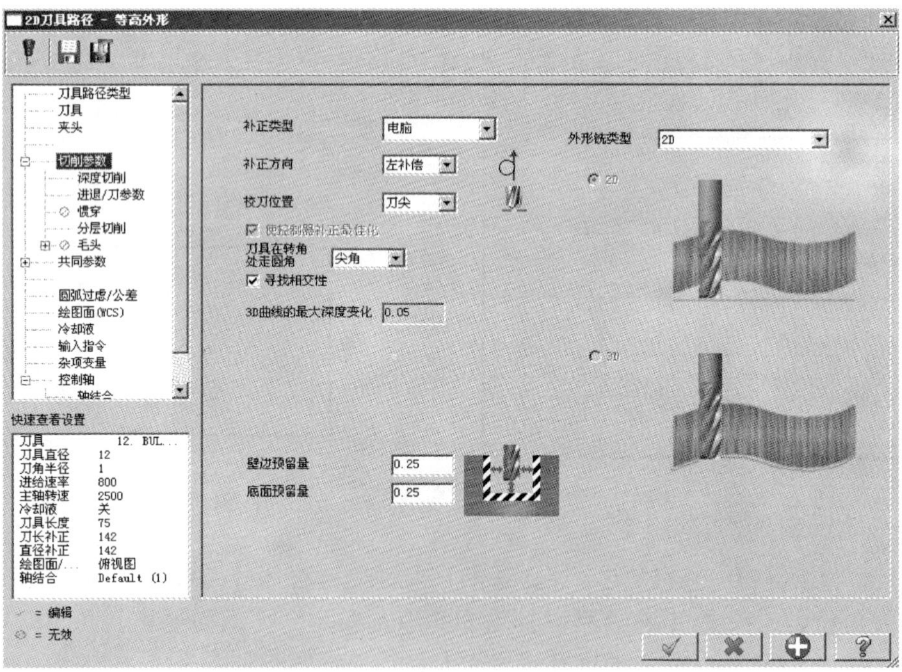

图 4-23　设置切削参数

【半径】为 30%，【扫描（角度）】为 90.0°，单击按钮，即将进退刀参数设为一致，如图 4-25 所示。

6）打开【分层切削】选项卡，勾选【分层切削】选项，设置【粗加工】/【次数】为

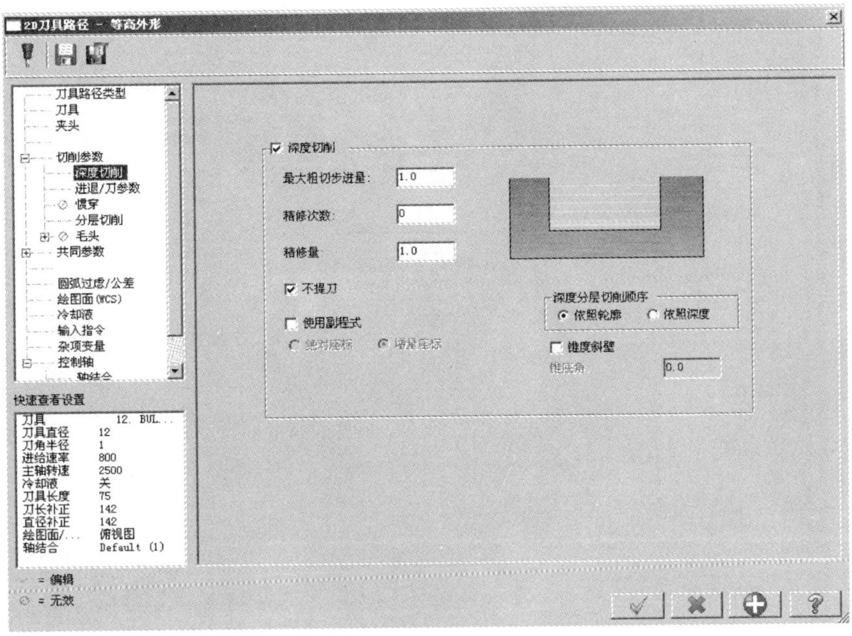

图 4-24　设置深度切削参数

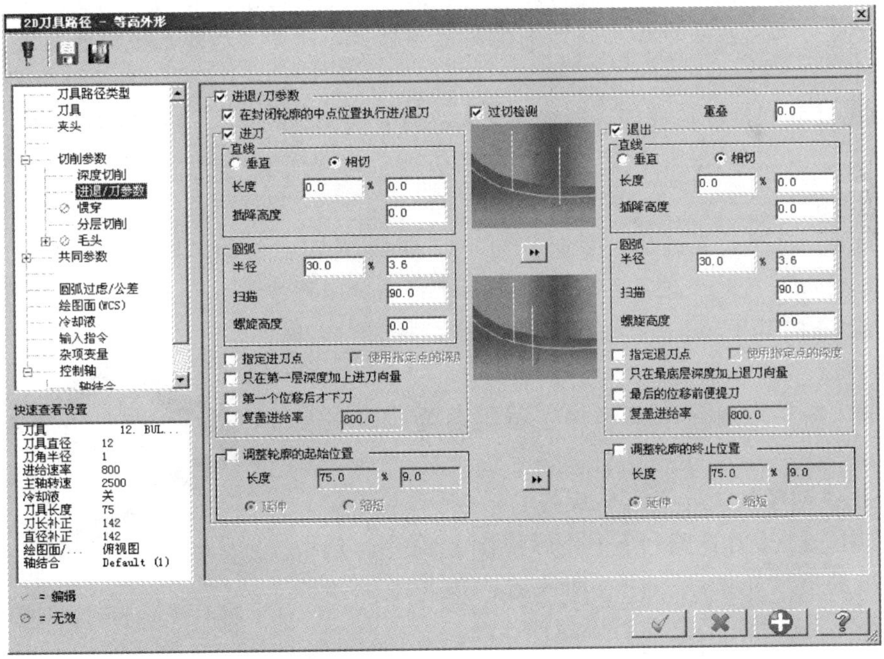

图 4-25　设置进退刀参数

1，点选【执行精修的时机】为【所有深度】，勾选【不提刀】选项，其他参数如图 4-26 所示。

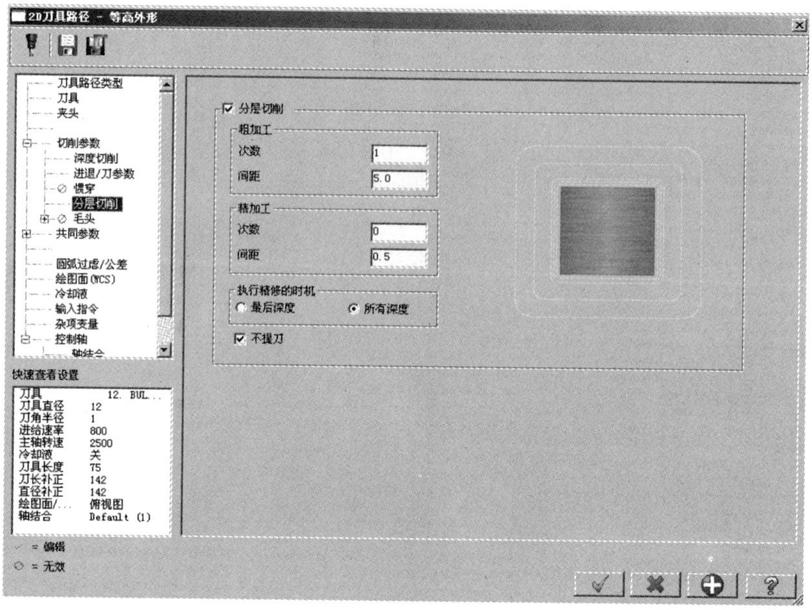

图 4-26　设置分层切削

实战经验：分层切削除了可进行粗、精加工外，还可用于扩大切削范围。如当材料外形余量比较大且刀具无法一步加工到外形定义尺寸时，可设置增加外形铣削的层数，达到清除余量的目的。

7）单击【共同参数】选项，设置【参考高度】为 10.0mm，【进给下刀位置】为 5.0mm，【工件表面】为 –12.0mm，【深度】为 –28.0mm，勾选所有【绝对坐标】选项，其他参数默认。

技术指导：这里设置【工件表面】为 –12.0mm 是因为粗加工时已经加工到 –12.0mm。如果设置为 0mm，将产生过多的空刀，不利于提高加工效率。

单击确定按钮 ✓，生成刀具路径，如图 4-27 所示。

单击插入箭头按钮▼下移至加工群组名为 8R0 的目录下。

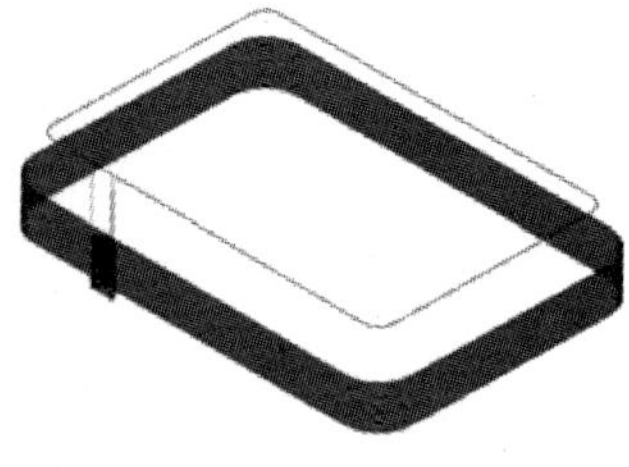

图 4-27　外形铣削粗加工刀路

4.5.4　外形铣削精加工（最大轮廓线）

1）采用选择【刀具路径】/【外形铣削】命令，选取上一步所选的最大轮廓线，注意箭头方向应与上一步一样，刀具补偿为左补正，并执行确定操作。

2）系统弹出【2D 刀具路径 – 等高外形】对话框，打开【刀具】选项卡，选择直径为 8mm 的立铣刀，设置【进给速率】为 300.0mm/min，【下刀速率】为 100.0mm/min，【主轴转速】为 3500.0r/min，勾选【快速提刀】选项，其他参数默认。

3）打开【切削参数】选项卡，设置【补正方向】为【左补偿】，【外形铣类型】为【2D】，【壁边预留量】和【底面预留量】均为 0.25mm，其他参数默认，如图 4-28 所示。

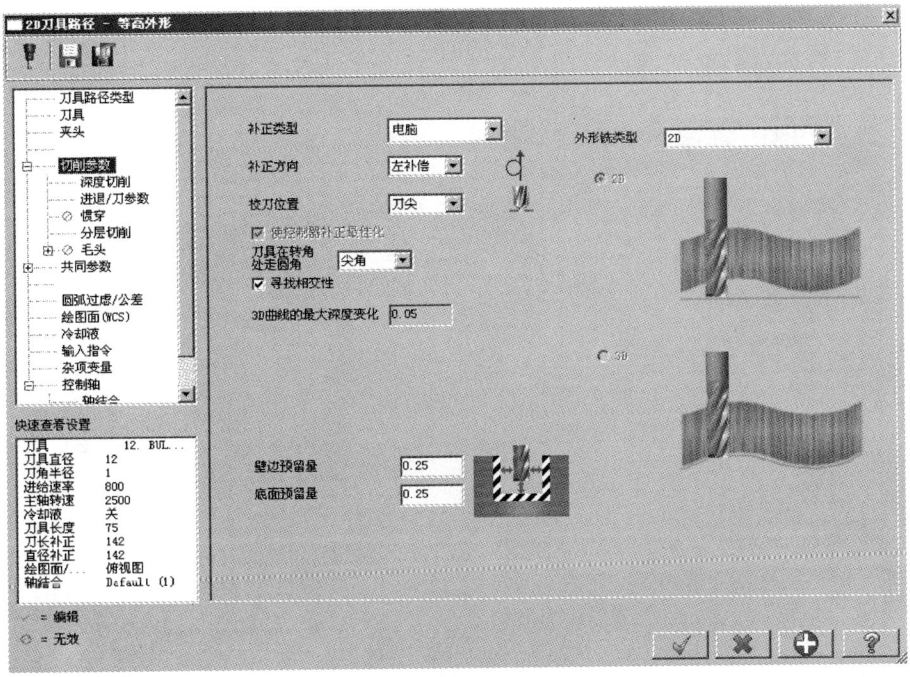

图 4-28　设置切削参数

4）打开【进/退刀参数】选项卡，选择【相切】选项，设置【长度】为0%，【圆弧】/【半径】为30%，【扫描】（角度）为90.0°，单击按钮▸▸，即将进退刀参数设为一致，如图4-29所示。

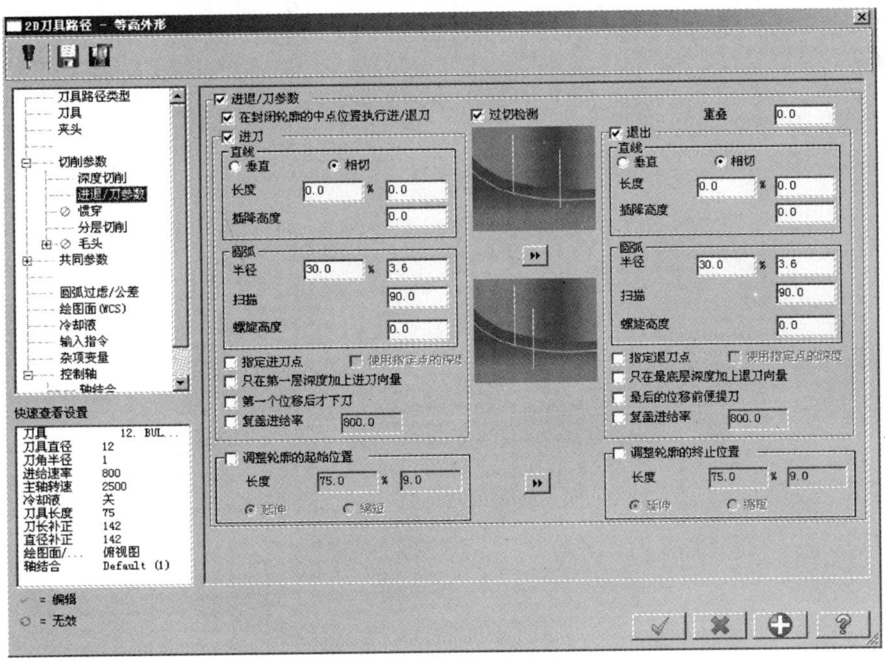

图 4-29　设置进退刀参数

5）打开【分层切削】选项卡，勾选【分层切削】选项，设置【粗加工】/【次数】为2，【间距】为0.125mm，点选【执行精修的时机】为【最后深度】，勾选【不提刀】选项，其他参数如图4-30所示。

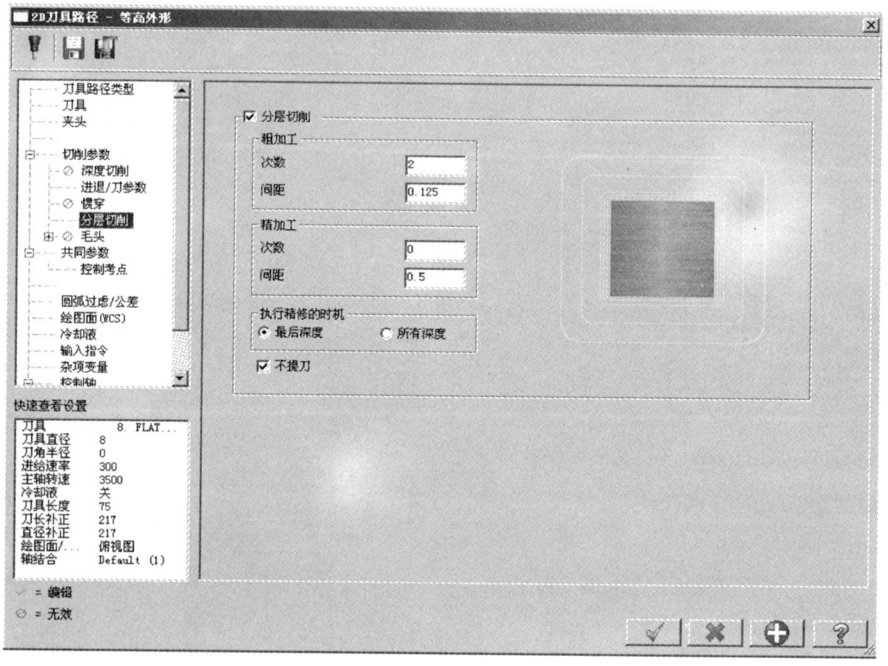

图4-30　设置分层切削

技术指导：由于ϕ8mm的刀加工－28.0mm的深度，背吃刀量较大，为了提高刀具的承受能力，将0.25mm的余量分两次加工，以保证加工质量。

6）单击【共同参数】选项，设置【参考高度】为10.0mm，【进给下刀位置】为5.0mm，【工件表面】为0.0mm，【深度】为－28.0mm，勾选所有【绝对坐标】选项，其他参数默认。

单击确定按钮 ✓，生成刀具路径，如图4-31所示。

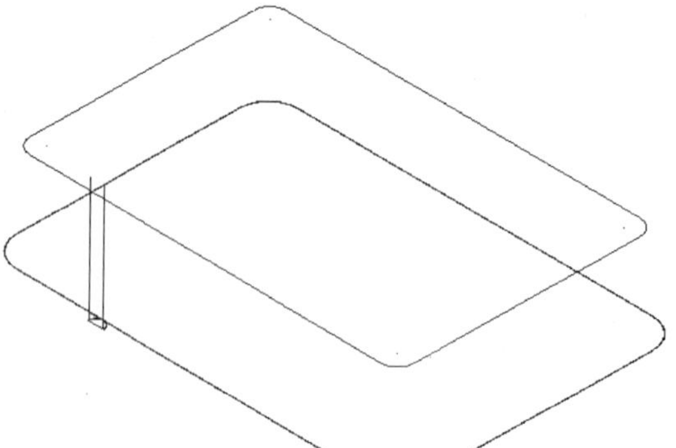

图4-31　外形铣削精加工刀路

4.5.5 曲面挖槽精加工（中间凹槽椭圆处）

调出【图层管理】对话框，打开第 2 图层，调出加工范围边框。

1）选择【刀具路径】/【曲面粗加工】/【粗加工挖槽加工】命令，选择所有曲面，单击应用按钮。系统弹出【刀具路径的曲面选取】对话框，如图 4-32 所示。

在【边界范围】选项卡处单击选择按钮，系统弹出【串连选项】对话框，如图 4-33所示。

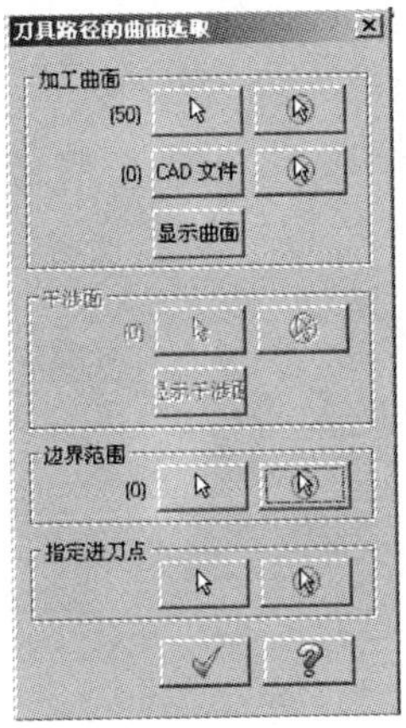

图 4-32 【刀具路径的曲面选取】对话框

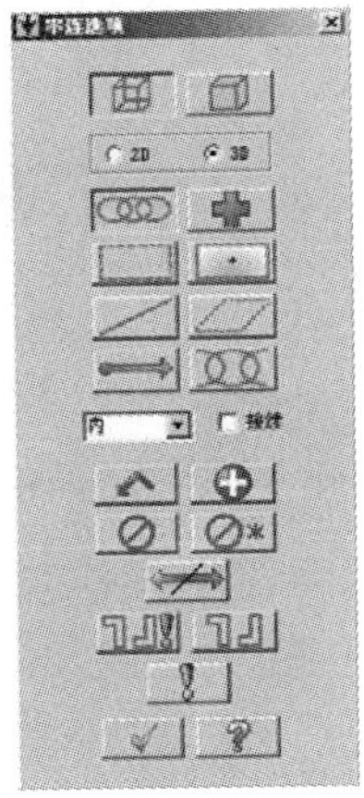

图 4-33 【串连选项】对话框

在绘图区选取刚调图层第 2 层的边框，如图 4-34 所示。单击【串连选项】对话框中的确定按钮，系统弹出【刀具路径的曲面选取】对话框，再单击该对话框的确定按钮。

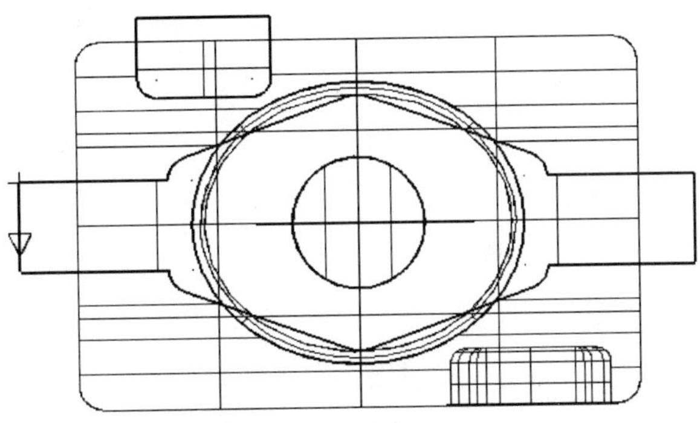

图 4-34 选择加工边界

2）系统弹出【曲面粗加工挖槽】对话框，选择直径为 8mm 的平底立铣刀。设置【进给率】为 300mm/min，【主轴转速】为 3500r/min，【下刀速率】为 100mm/min，【提刀速率】为 2500mm/min，勾选【快速提刀】复选项，其他参数默认。

3）打开【曲面加工参数】选项卡，勾选【参考高度】复选项并设置为 10.0mm，【进给下刀位置】为 5.0mm。勾选所有【绝对坐标】复选项，【加工面预留量】为 0.0mm，如图 4-35 所示。

4）打开【粗加工参数】选项卡，设置【整体误差】为 0.01mm，【Z 轴最大进给量】

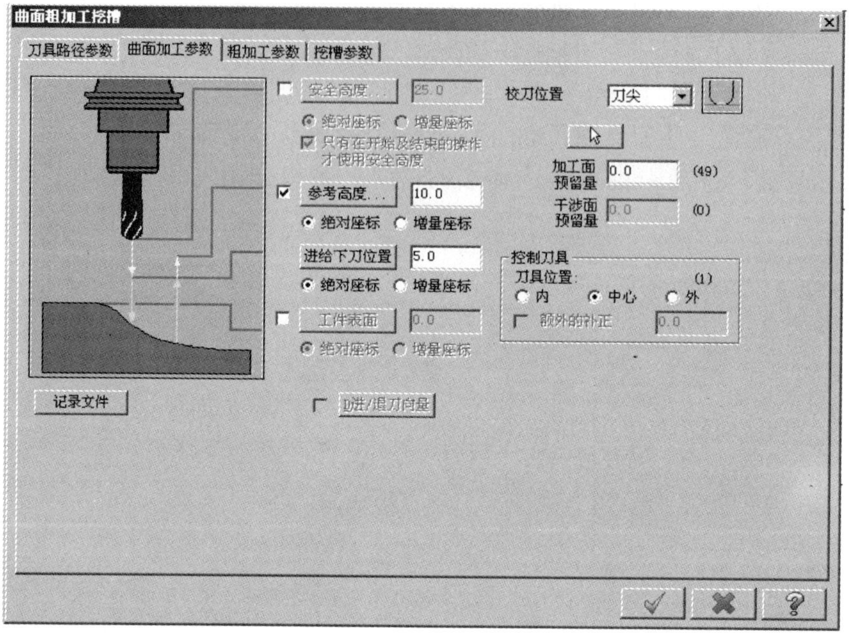

图 4-35　曲面加工参数的设置

为 0.5mm。只勾选【螺旋式下刀】复选项，如图 4-36 所示。

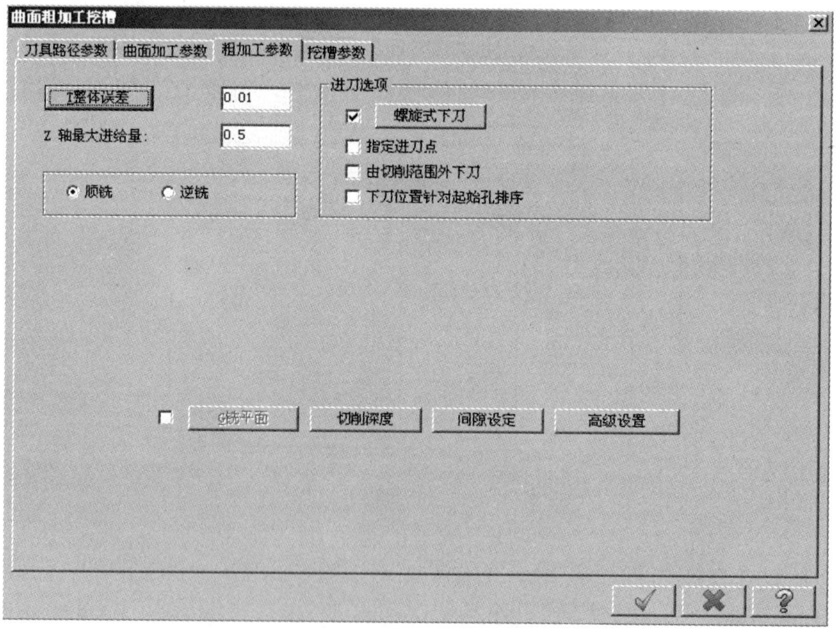

图 4-36　粗加工参数设置

技术指导：此处只勾选【螺旋式下刀】选项，不勾选【由切削范围外下刀】选项，是因为如果勾选了该选项，很容易发生误切现象。对比本章的步骤 2 挖槽粗加工，相信读者清楚什么时候应该选与不选此项了。

单击【螺旋式下刀】按钮，系统弹出【螺旋/斜插式下刀参数】对话框。设置【最小半径】为0.8mm，【最大半径】为4.0mm，【Z方向开始螺旋】为0.3mm，【XY方向预留间隙】为1.0mm，如图4-37所示，单击确定按钮✓。

单击【切削深度】按钮，系统弹出【切削深度的设定】对话框。勾选【绝对坐标】复选项，设置【最高的位置】和【最低的位置】都为-8.0mm，如图4-38所示，单击确定按钮✓。

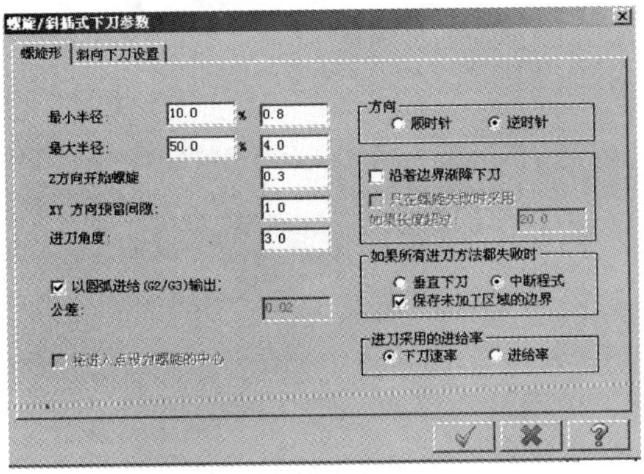

图4-37　螺旋式下刀设置

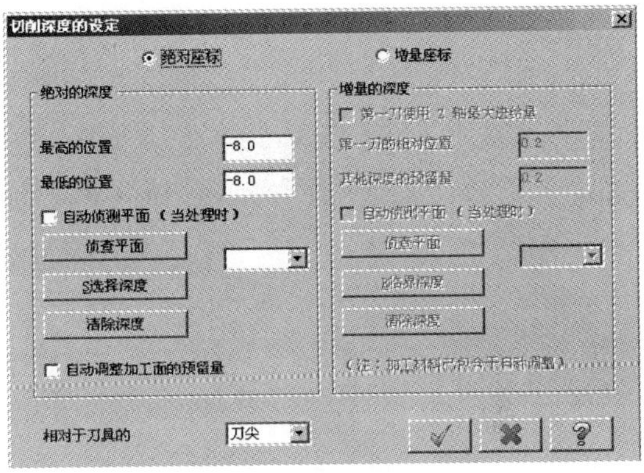

图4-38　切削深度设置

技术指导：最高和最低的位置同设为-8.0mm，相当于在同一个平面内一步加工-8.0mm深度。结合前面参数设置可知，这里的挖槽粗加工没有留余量，只是精加工该部分的底面。如此设置参数则将挖槽粗加工变为精加工。可见，粗、精加工的效果在同一种方式中并不唯一，也可以互换。

5）打开【挖槽参数】选项卡，选择切削方式为【等距环切】，设置【切削间距（直径%）】为65%。勾选【精加工】复选项，设置【次数】为1，【间距】为0.25mm，如图4-39所示。

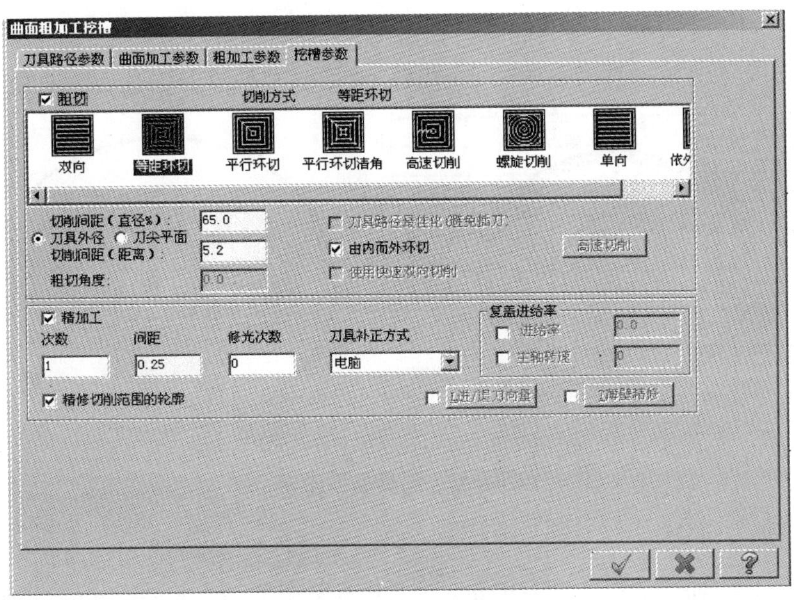

图4-39　挖槽参数设置

单击确定按钮，生成刀具路径，如图 4-40 所示。

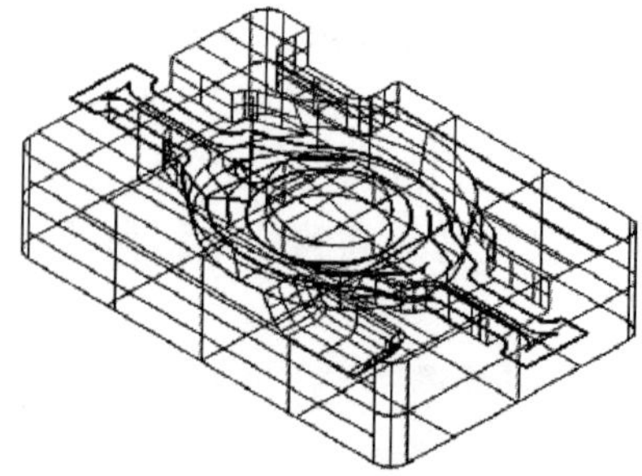

图 4-40　曲面挖槽精加工刀路

4.5.6　曲面挖槽精加工（中间凹槽）

1）选择【刀具路径】/【曲面粗加工】/【粗加工挖槽加工】命令，窗选所有曲面，单击应用按钮，系统弹出【刀具路径的曲面选取】对话框，如图 4-41 所示。

在【边界范围】选项卡处单击选择按钮，系统弹出【串连选项】对话框，如图 4-42 所示。

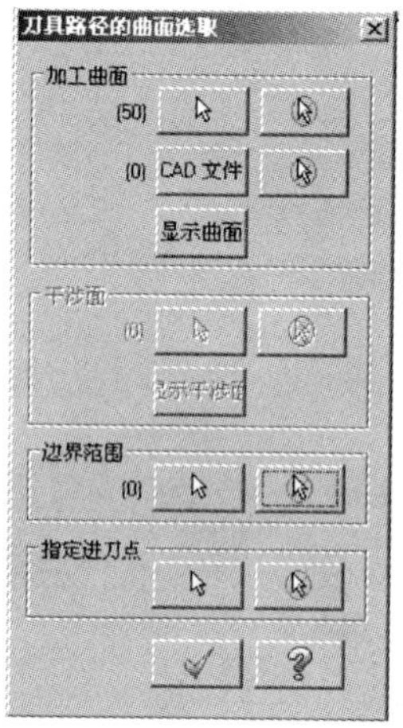

图 4-41　【刀具路径的曲面选取】对话框

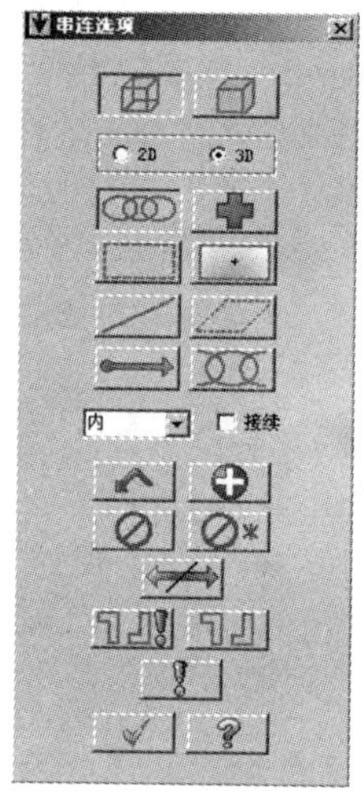

图 4-42　【串连选项】对话框

在绘图区选择图层中第 2 层的椭圆，如图 4-43 所示。单击【串连选项】对话框中的确定按钮，系统弹出【刀具路径的曲面选取】对话框，再单击该对话框的确定按钮。

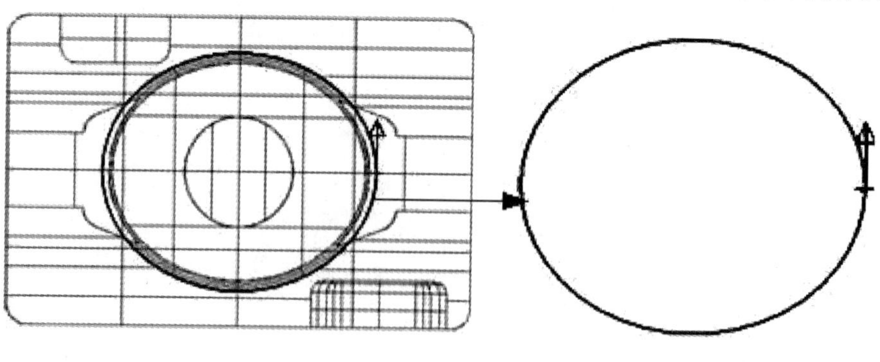

图 4-43　选择加工边界

2）系统弹出【曲面粗加工挖槽】对话框，选择直径为 8mm 的立铣刀，设置【进给率】为 300mm/min，【主轴转速】为 3500r/min，【下刀速率】为 100mm/min，【提刀速率】为

2500mm/min。勾选【快速提刀】复选项，其他参数默认。

3）打开【曲面加工参数】选项卡，勾选【参考高度】复选项并设置为10.0mm，【进给下刀位置】为5.0mm。勾选所有【绝对坐标】复选项，【加工面预留量】为0.0mm，如图4-44所示。

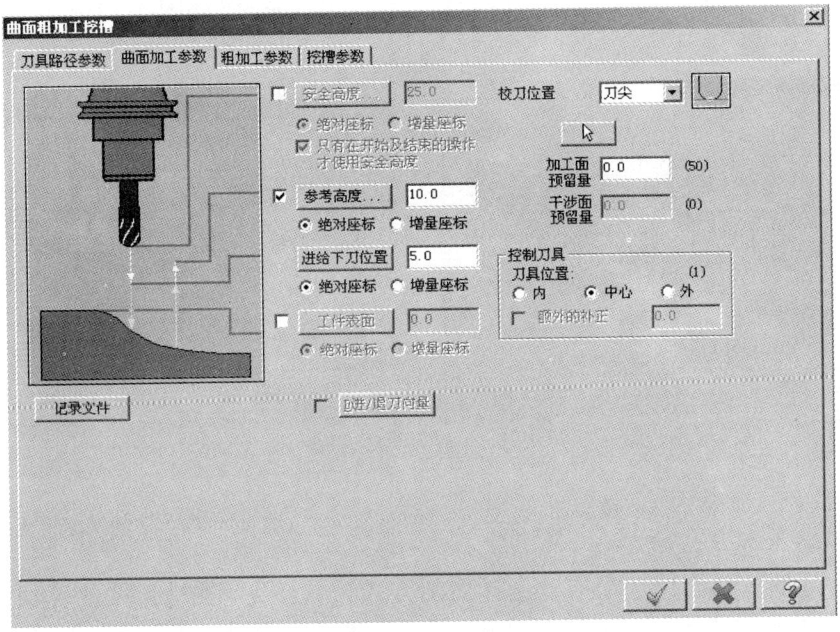

图4-44 曲面加工参数设置

4）打开【粗加工参数】选项卡，设置【整体误差】为0.01mm，【Z轴最大进给量】为0.5mm，只勾选【螺旋式下刀】复选项，如图4-45所示。

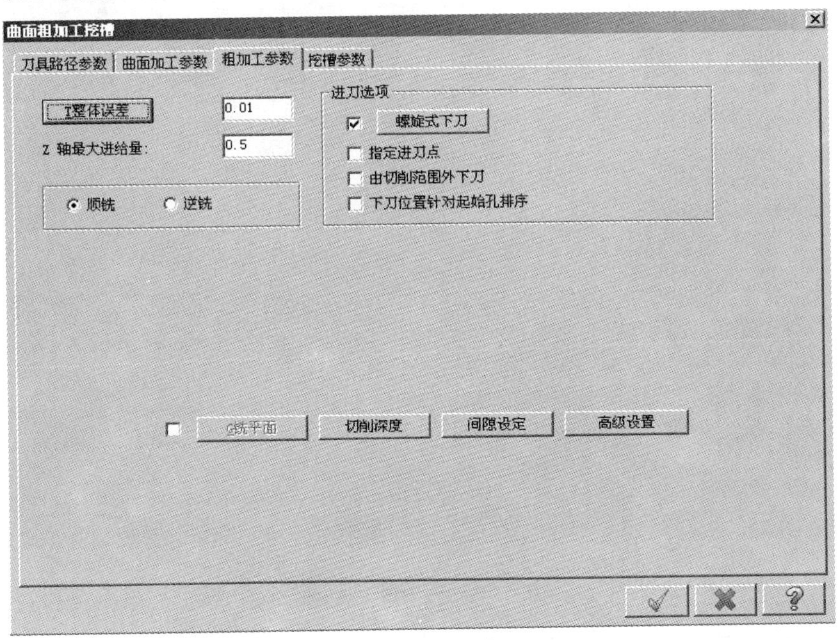

图4-45 粗加工参数设置

单击【螺旋式下刀】按钮，系统弹出【螺旋/斜插式下刀参数】对话框。在【螺旋形】选项卡中设置【最小半径】为0.8mm，【最大半径】为4.0mm，【Z 方向开始螺旋】为0.3mm，【XY 方向预留间隙】为1.0mm，如图4-46 所示，单击确定按钮。

单击【切削深度】按钮，系统弹出【切削深度的设定】对话框。勾选【绝对坐标】选项，设置【最高的位置】和【最低的位置】都为－12.0mm，如图4-47 所示，单击确定按钮。

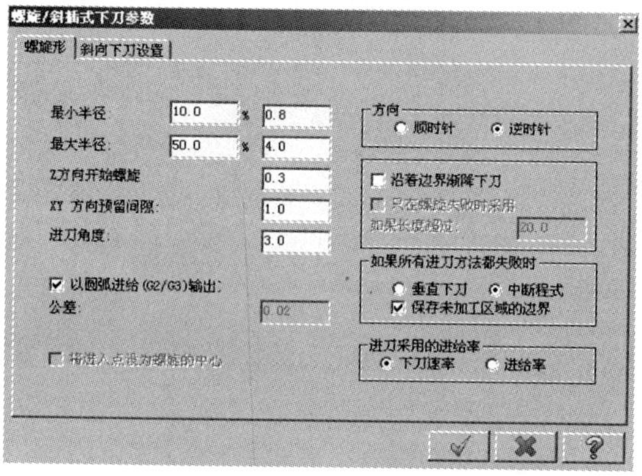

图 4-46　螺旋式下刀参数设置

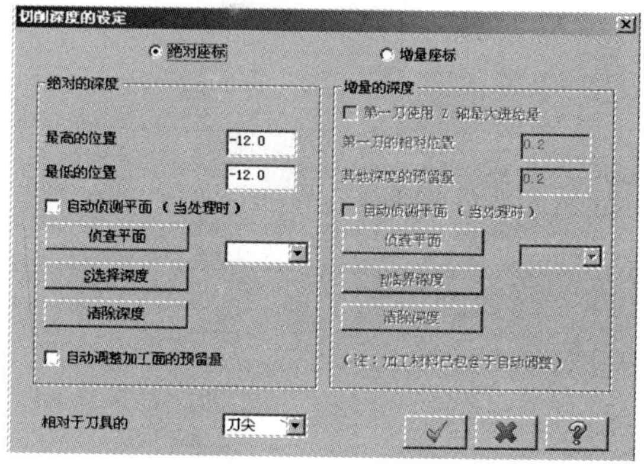

图 4-47　切削深度设置

5）打开【挖槽参数】选项卡，选择切削方式为【等距环切】，设置【切削间距（直径%）】为65%。勾选【精加工】选项卡，设置【次数】为1，【间距】为0.25mm，如图4-48 所示。

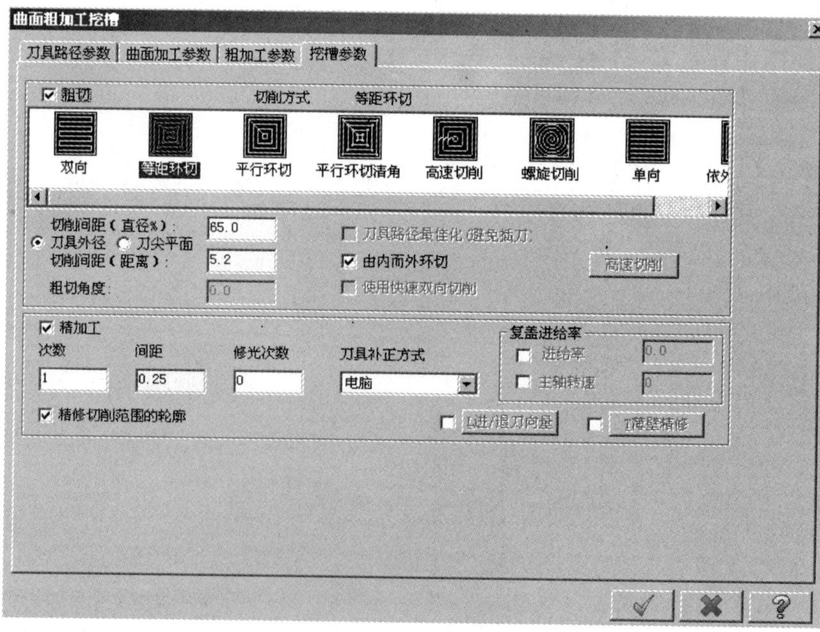

图 4-48　挖槽参数设置

单击确定按钮，生成刀具路径，如图4-49 所示。

4.5.7 曲面等高外形精加工（ϕ8mm 立铣刀）

进行曲面修补。调出【层别管理】对话框，新建第 6 图层（名称为：face－hold）。

技术指导：养成针对不同图素进行分层处理的习惯可以提高工作效率，特别是当图形复杂时显得尤为重要，便于图形选取与编辑。

选择【绘图】/【曲面】/【填补内孔】命令，如图 4-50 所示。

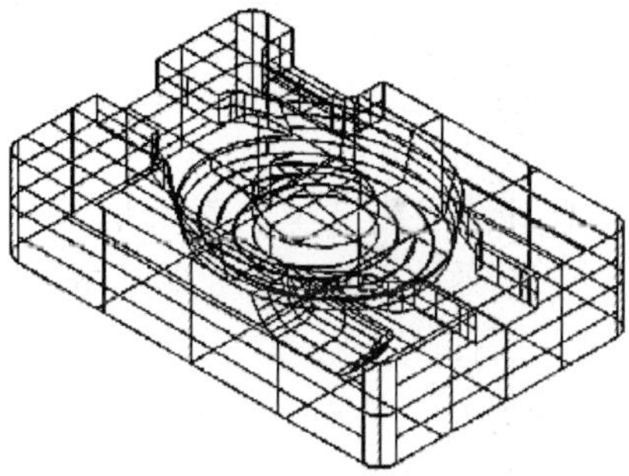

图 4-49　曲面挖槽精加工刀路

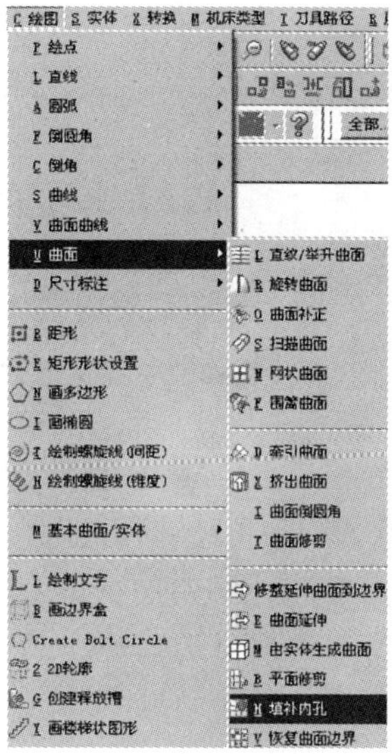

图 4-50　选择【填补内孔】命令

选取椭圆拔模曲面，移动光标至如图 4-51 所示的位置，单击左键，此时生成一曲面，如图 4-52 所示。用同样的方法对其他曲面进行修补，一共生成四个曲面，修补完整的曲面最终结果如图 4-53 所示。

图 4-51　移动光标到生成曲面边界处

图 4-52　修补曲面

图 4-53　修补后的曲面

技术指导：根据图形特点并结合 Mastercam 软件所提供的刀具路径形式对曲面进行修补，在数控编程中经常采用，希望读者能认真领会其要点。这里对曲面进行修补是为了后续加工的需要。

1）选择【刀具路径】/【曲面精加工】/【精加工等高外形】命令，如图 4-54 所示。

选择刚修补的曲面，单击应用按钮，系统弹出【刀具路径的曲面选取】对话框，如图 4-55 所示。

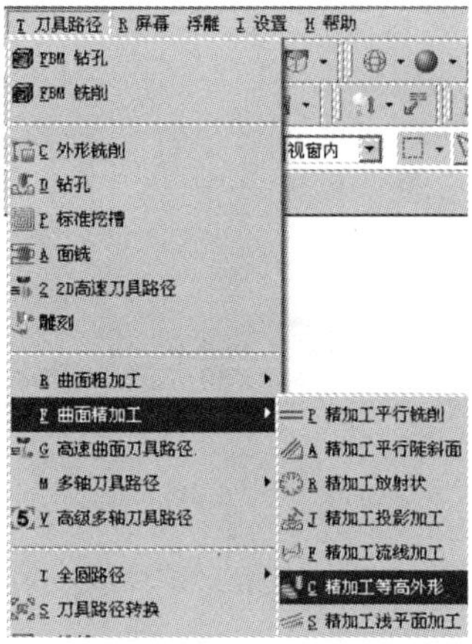

图 4-54　选择【精加工等高外形】命令

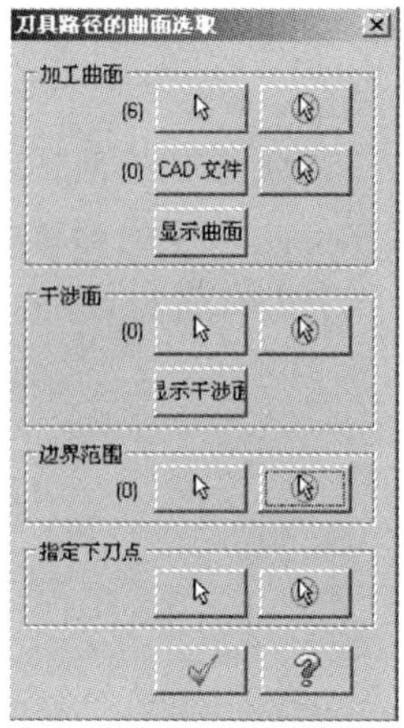

图 4-55　【刀具路径的曲面选取】对话框

在【边界范围】选项卡处单击选择按钮，系统弹出【串连选项】对话框，在绘图区选择图层中第 2 层的椭圆，如图 4-56 所示。单击【串连选项】对话框中的确定按钮，系统弹出【刀具路径的曲面选取】对话框，单击该对话框的确定按钮。

技术指导：这里所选择的加工曲面相对于没有进行修补之前的曲面是完整的，这样做的目的是有助于生成连续的刀具路径，不会发生过多的跳刀现象，这是编程时常用的控制刀具路径的技巧。

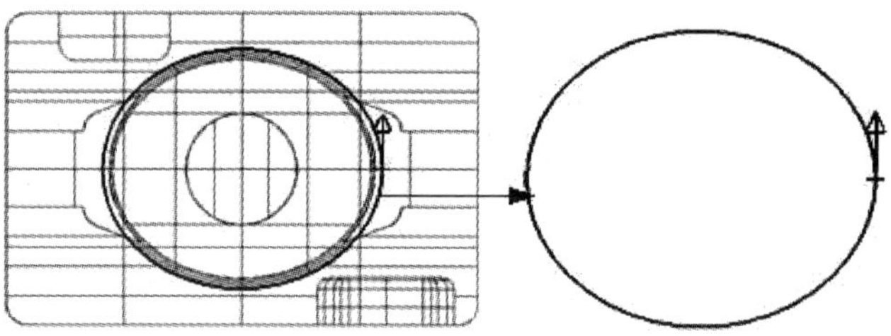

图 4-56　选择加工边界

2）系统弹出【曲面精加工等高外形】对话框，选择直径为 8mm 的立铣刀。设置【进给率】为 800mm/min，【主轴转速】为 3000r/min，【下刀速率】为 100mm/min，【提刀速率】为 2500mm/min，勾选【快速提刀】复选项，如图 4-57 所示。

3）打开【曲面加工参数】选项卡，勾选【参考高度】并设置为 10.0mm，【进给下刀位置】为 5.0mm。勾选所有【绝对坐标】复选项，设置【加工面预留量】和【干涉面预留量】都为 0.0mm，如图 4-58 所示。

4）打开【等高外形精加工参数】选项卡，设置【整体误差】为 0.01mm，【Z 轴最大进给量】为 0.05mm，如图 4-59 所示。

技术指导：由于是平刀精加工拔模曲面，因此【Z 轴最大进给量】不宜太大，否则会出现明显的台阶。

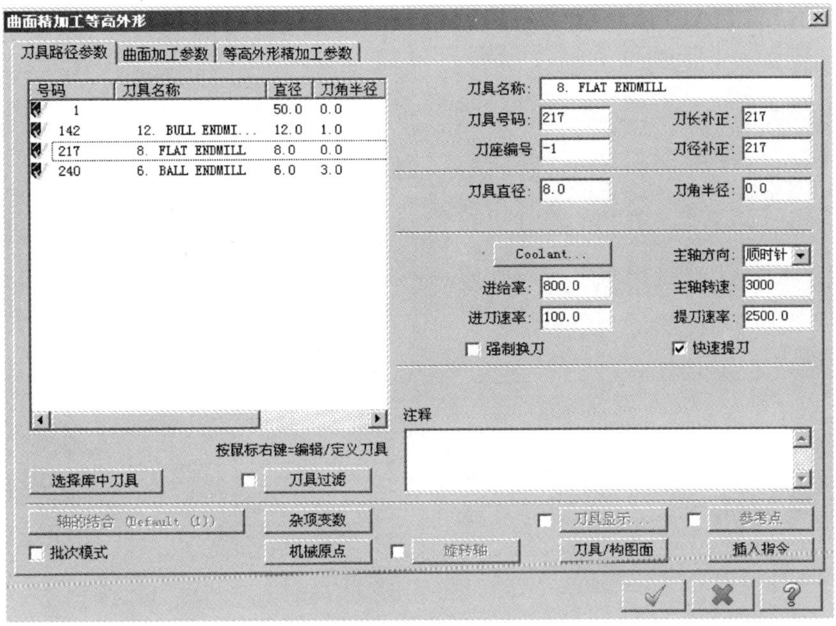

图 4-57　刀具选择与参数设置

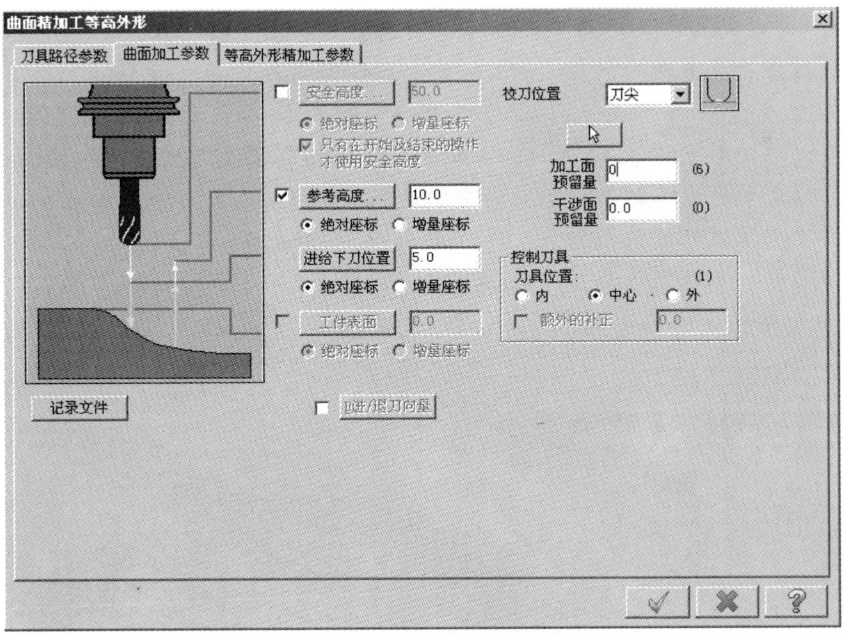

图 4-58　曲面加工参数设置

单击【切削深度】按钮，系统弹出【切削深度的设定】对话框。勾选【绝对坐标】复选项，设置【最高的位置】为 -8.8mm，【最低的位置】为 -12.0mm，如图 4-60 所示，单击确定按钮☑。

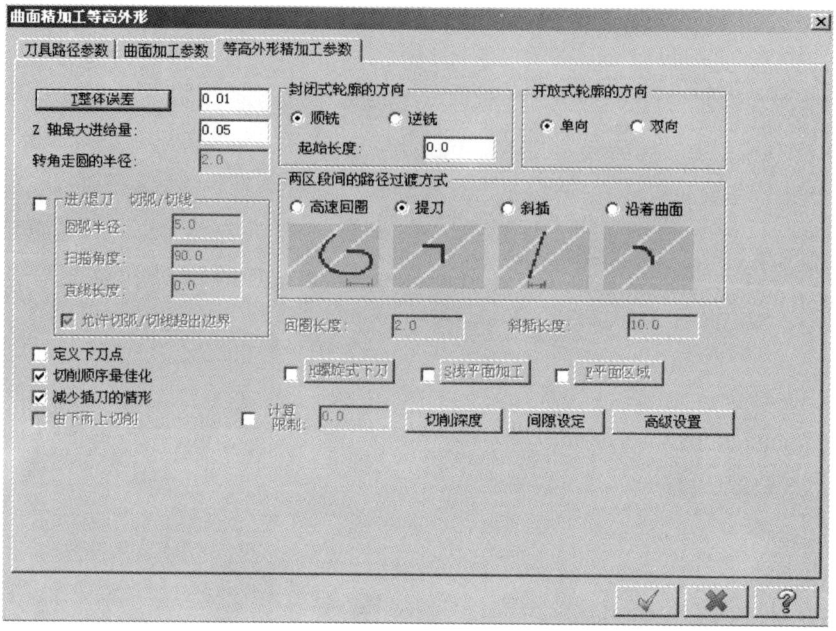

图 4-59　等高外形精加工参数设置

技术指导：【最高的位置】为 -8.8mm 的计算方法：由于接下来采用 ϕ6mm 球头立铣刀进行精加工，这里存在着接刀问题，ϕ6mm 球头立铣刀的刀具半径为 3mm，为了使所接的刀痕好一点，这里有意将加工高度再提高 0.2mm（这个值不宜太大），即一共所提高度为 3.2mm，而最大的切削深度是 -12mm，因此平刀最小切削深度可设置为 -12mm + 3.2mm = -8.8mm。此值太大将影响加工效率，毕竟平刀加工曲面效果没有球头立铣刀好。

面对这种无圆角过渡的曲面特点，采用平刀对 R 圆弧刀加工后的余量进行清角时，需正确处理接刀问题，常采用等高外形刀路。

单击【曲面精加工等高外形】对话框中的确定按钮，生成刀具路径，如图 4-61 所示。

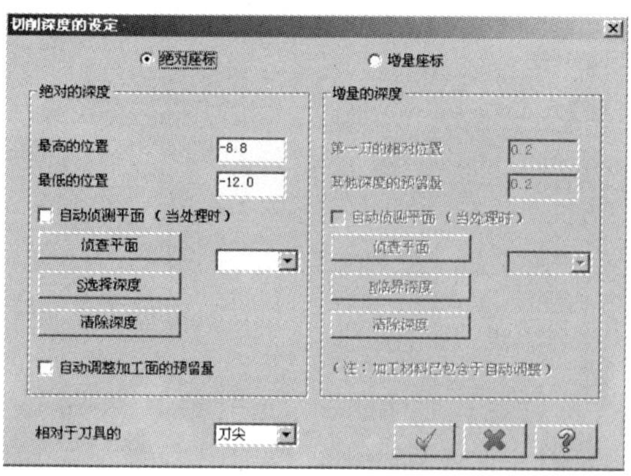

图 4-60　切削深度设置

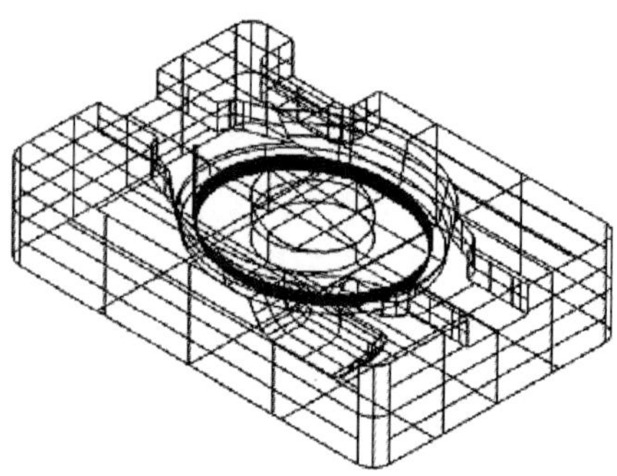

图 4-61　等高外形精加工刀路

4.5.8 外形铣削精加工

1）选择【刀具路径】/【外形铣削】命令，系统弹出【串连选项】对话框，单击部分选取按钮，选中【俯视图】单选按钮，在绘图区选取零件左上角轮廓线中一直线作为部分串连的第一图素（注意箭头方向应与图4-62所示*A*点处一样，如果发现不对则可通过反向按钮进行调整），接着直接选择如图4-62所示*B*点处的直线作为部分线的终止点，结果如图4-62所示。根据此时箭头方向可判断刀具补偿方式为左补正，单击确定按钮。

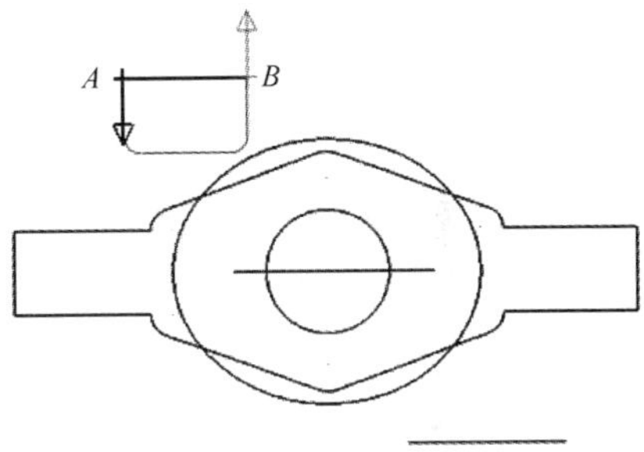

图4-62 选择加工边界

2）系统弹出【外形铣削（2D）】对话框，选择直径为8mm的立铣刀，设置【进给率】为300mm/min，【主轴转速】为3500r/min，【下刀速率】为100mm/min，勾选【快速提刀】复选项，其他参数默认。

3）打开【外形加工参数】选项卡，勾选【参考高度】选项并设置为10.0mm，【进给下刀位置】为5.0mm，【工件表面】为0.0mm，【深度】为-10.0mm。勾选所有【绝对坐标】选项，【补正型式】为【电脑】，【补正方向】为【右补正】，【XY预留量】和【Z方向预留量】都为0.0mm。勾选【X轴分层切削】、【进/退刀向量】和【过滤】复选框，如图4-63所示。

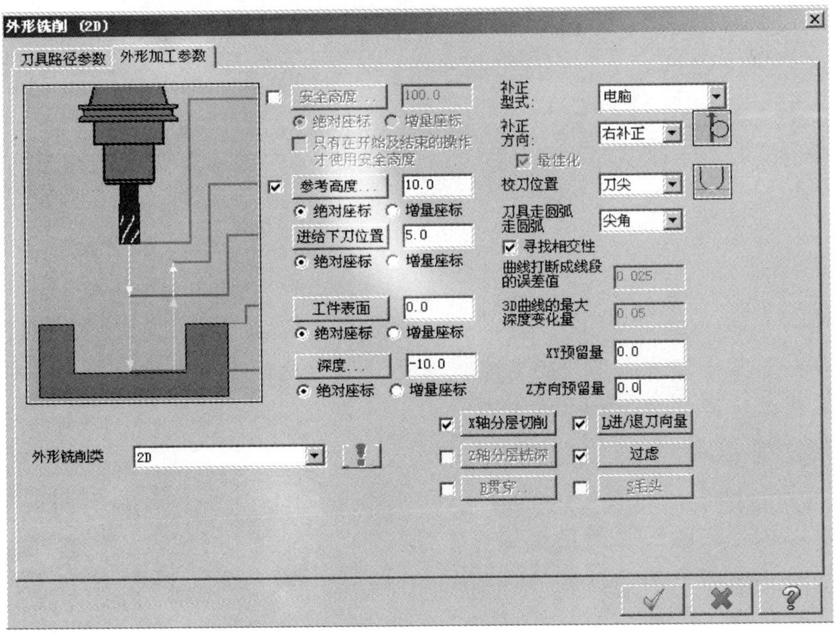

图4-63 外形加工参数设置

单击【X轴分层切削】按钮，系统弹出【X轴分层切削】对话框，设置粗加工【次数】为2，【间距】为6.0mm，勾选【不提刀】复选项，如图4-64所示，单击确定按钮。

技术指导：由于这里选取轮廓线作为加工轨迹，只是绕着轮廓线走刀，会存在一些余量尚未加工到位。为了扩大刀具的加工范围，特设置【X 轴分层切削】，读者可通过不同设置实验领会其中的道理。

单击【进/退刀向量】按钮，系统弹出【进/退刀设置】对话框，进刀方式为【相切】，只在【直线】选项中设置【长度】为 4mm，单击 ▸▸ 按钮，将设置完的进刀方式参数对应到退刀参数的选项中，如图 4-65 所示，单击确定按钮 ☑。

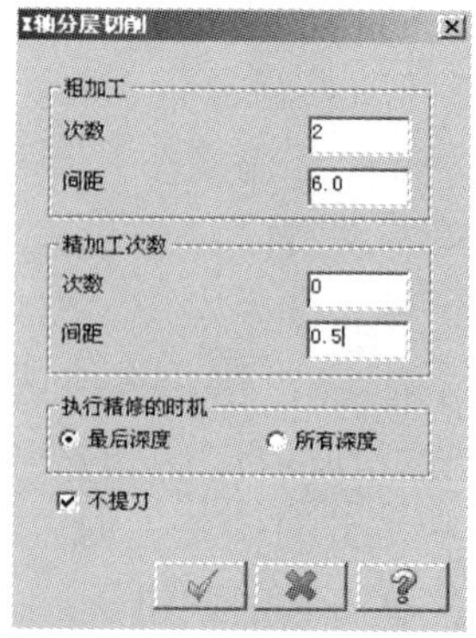

图 4-64　X 轴分层切削设置

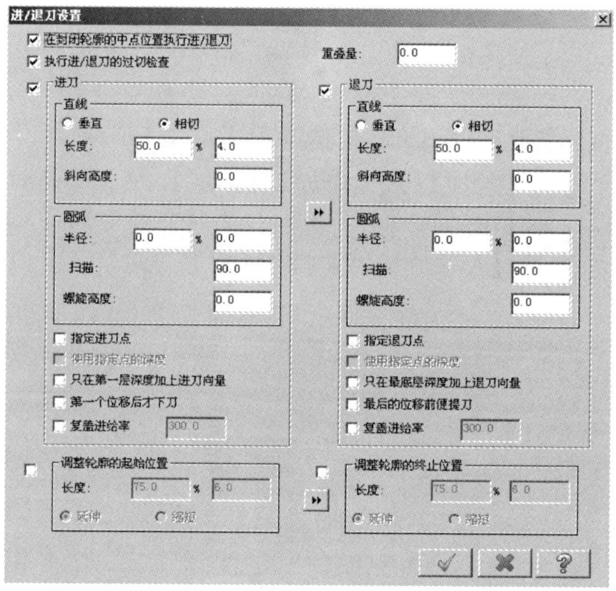

图 4-65　进/退刀设置

技术指导：这里进刀方式采用延长直线法是为了避免因进刀轨迹长度而不够导致直接撞刀，没有设置圆弧进刀是为了减少空走刀。

在【外形铣削（2D）】对话框中单击确定按钮 ☑，生成刀具路径，如图 4-66 所示。

技术指导：本步骤所加工的区域除了采用轮廓加工方法外，还可采用开放式的二维挖槽加工，读者可尝试自行编程。

单击插入箭头按钮 ▼ 下移至加工群组名为 6R3 的目录下。

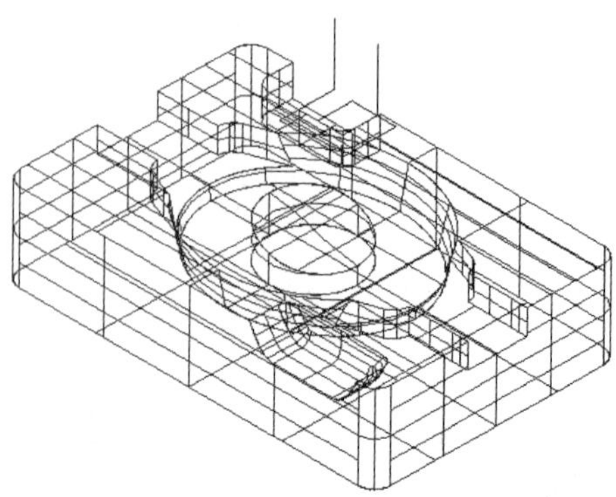

图 4-66　外形铣削精加工刀路

4.5.9　曲面等高外形精加工

1）复制“第 7 步：曲面精加工等高外形”

刀路，在刚生成的第 9 步：曲面精加工等高外形刀路的目录下单击【参数】选项。

2）系统弹出【曲面精加工等高外形】对话框，打开【刀具路径参数】选项卡，选择直径为 6mm 的球头立铣刀。设置【进给率】为 600mm/min，【主轴转速】为 3500r/min，【进刀速率】为 100mm/min，【提刀速率】速度为 2500mm/min。勾选【快速提刀】复选项，其他选项都不勾选，如图 4-67 所示。

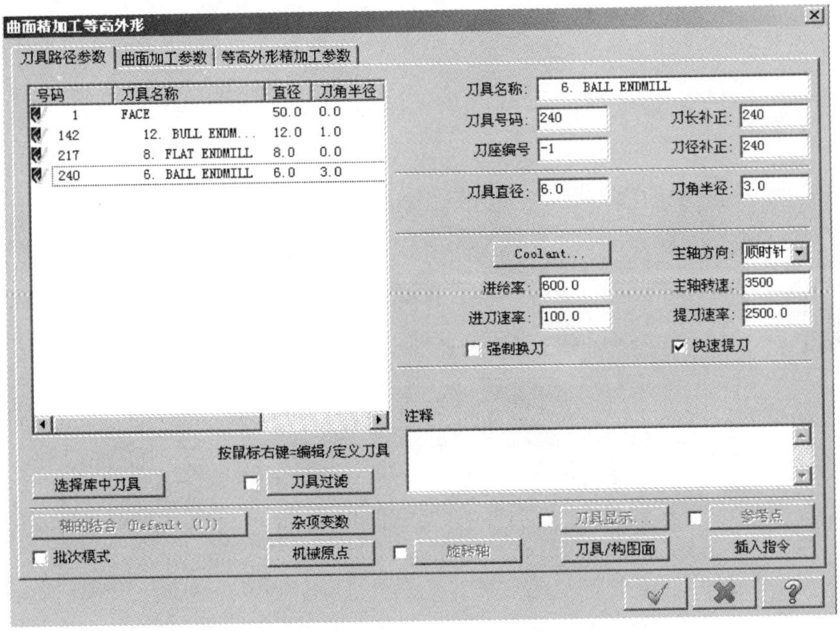

图 4-67　刀具选择与参数设置

3）打开【等高外形精加工参数】选项卡，设置【Z 轴最大进给量】为 0.15mm。勾选【进/退刀切弧/切线】选项卡，并设置【圆弧半径】为 4.0mm，【扫描角度】为 90°，【直线长度】为 0.0mm。勾选【切削顺序最佳化】和【减少插刀的情形】复选项，其他参数默认，如图 4-68 所示。

技术指导：为防止刀具直接踩刀，一般都采用圆弧/直线相切方式进退刀，但在设置时要充分考虑会不会产生过切现象。当【Z 轴最大进给量】设置得比较小时，可不考虑采用设置【进/退刀 切弧/切线】，在刀具过渡方式中直接采用其他方式进行过渡。

单击【切削深度】按钮，系统弹出【切削深度的设定】对话框，勾选【绝对坐标】选项卡，设置【最高的位置】为 0.0mm，【最低的位置】为 –12.0mm，如图 4-69 所示，单击确定按钮✔。

单击【曲面精加工等高外形】对话框中的确定按钮✔，生成刀具路径，如图 4-70 所示。

4.5.10　平行铣削精加工（零件凸圆柱上的圆弧曲面）

1）选择【刀具路径】/【曲面精加工】/【精加工平行铣削】命令，如图 4-71 所示。

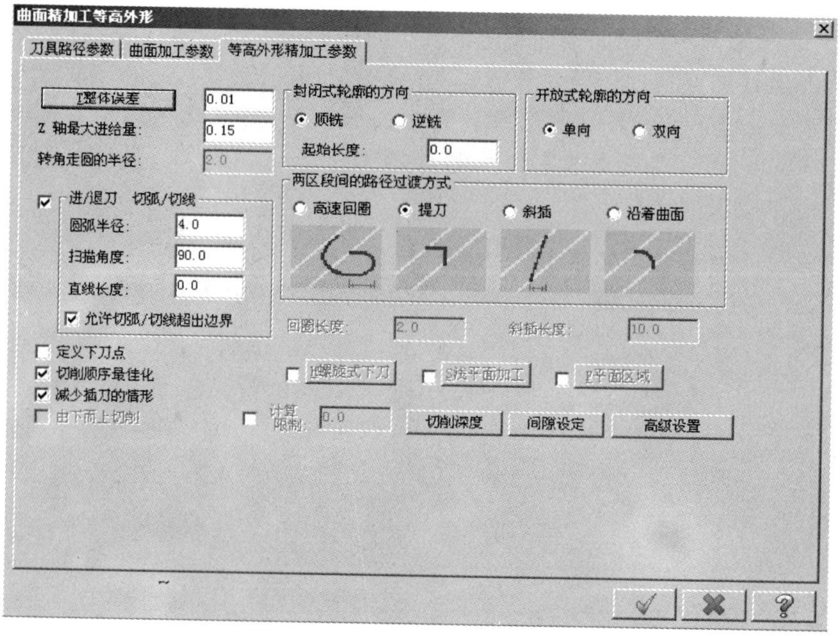

图 4-68 曲面加工参数设置

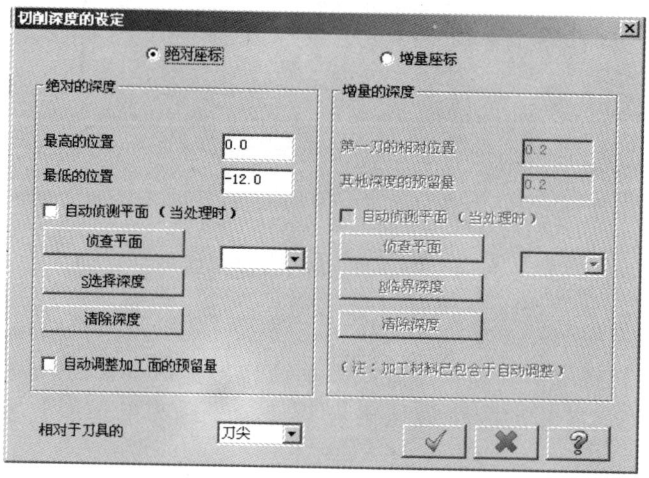

图 4-69 切削深度设定

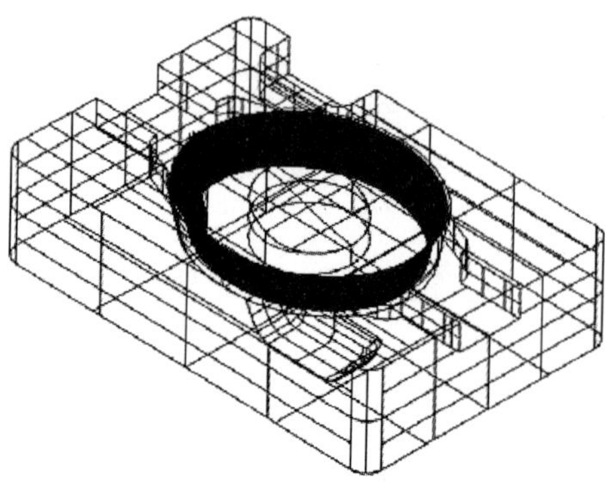

图 4-70 等高外形精加工刀路

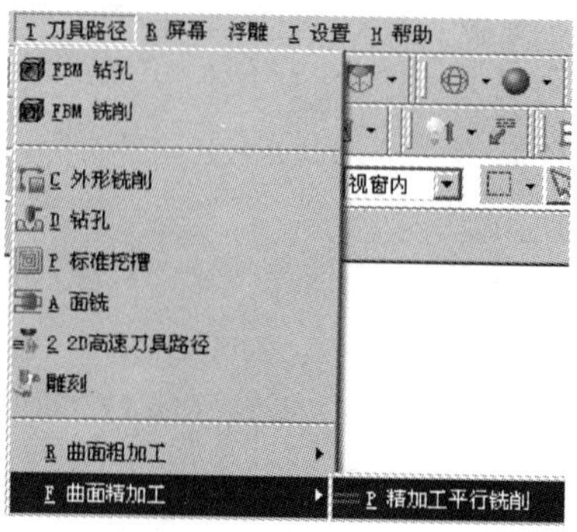

图 4-71 选择【精加工平行铣削】命令

选择中间凸圆柱上的圆弧曲面，如图 4-72 所示，单击应用按钮。

系统弹出【刀具路径的曲面选取】对话框，如图 4-73 所示，单击确定按钮。

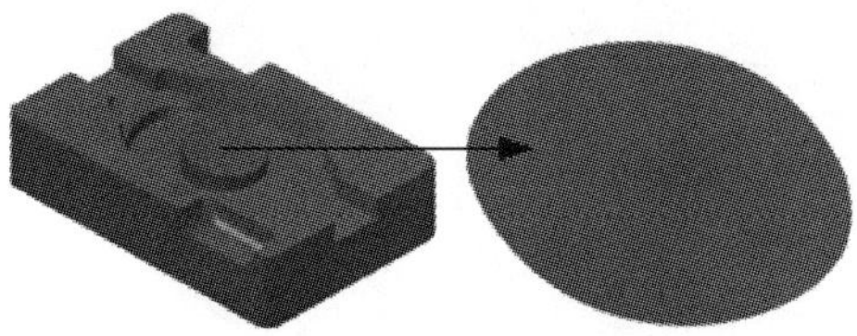

图 4-72　选择加工面

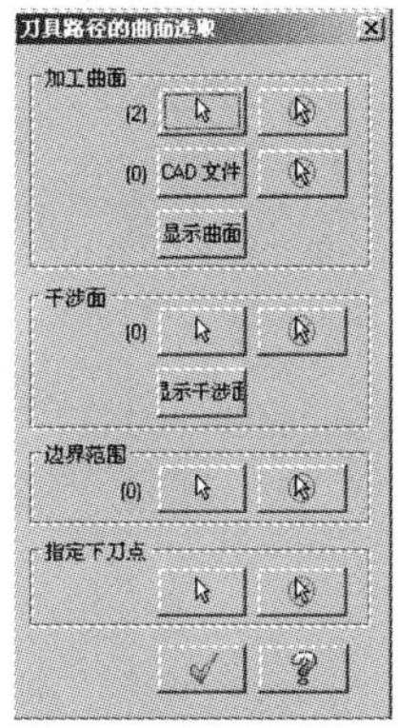

图 4-73　【刀具路径的曲面选取】对话框

2）系统弹出【曲面精加工平行铣削】对话框，选择直径为 6mm 的球头立铣刀，设置【进给率】为 600mm/min，【主轴转速】为 3500r/min，【进刀速率】为 100mm/min，【提刀速率】为 2500mm/min，勾选【快速提刀】复选项，如图 4-74 所示。

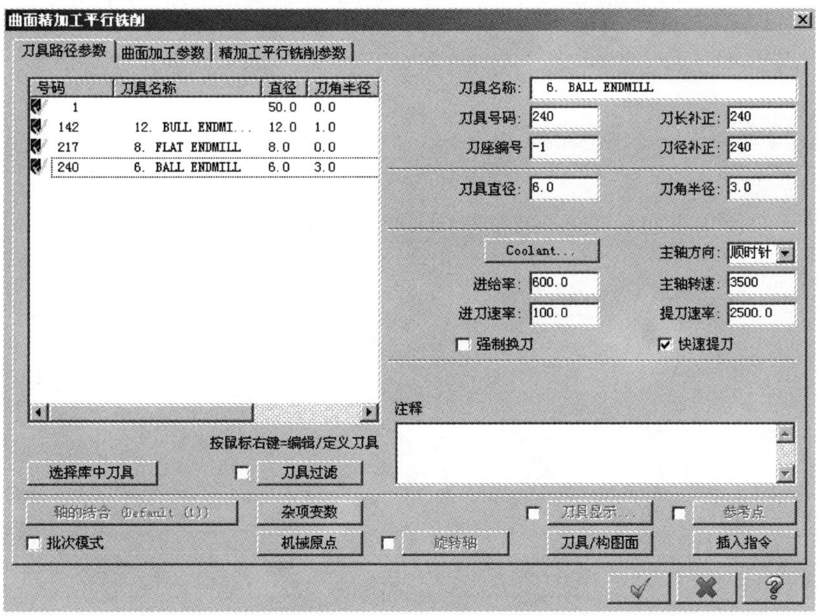

图 4-74　刀具选择与参数设置

3）打开【曲面加工参数】选项卡，勾选【参考高度】并设置为 10.0mm，【进给下刀位置】为 5.0mm，选择所有【绝对坐标】复选项。设置【加工面预留量】和【干涉面预留量】都为 0.0mm，如图 4-75 所示。

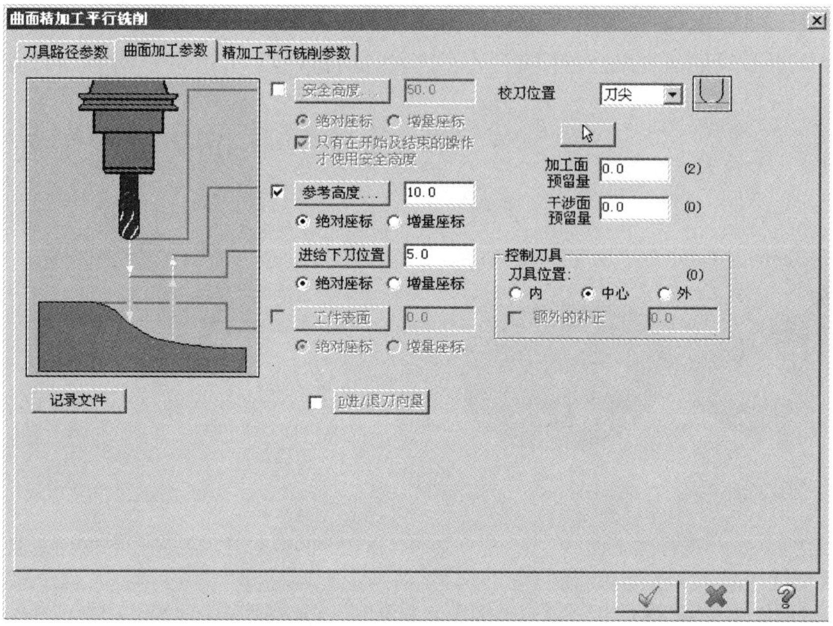

图 4-75　曲面加工参数设置

4）打开【精加工平行铣削参数】选项卡，设置【整体误差】为 0.01mm，【最大切削间距】为 0.2mm，【切削方式】为【双向】，【加工角度】为 0°，如图 4-76 所示，单击确定按钮 ✓。

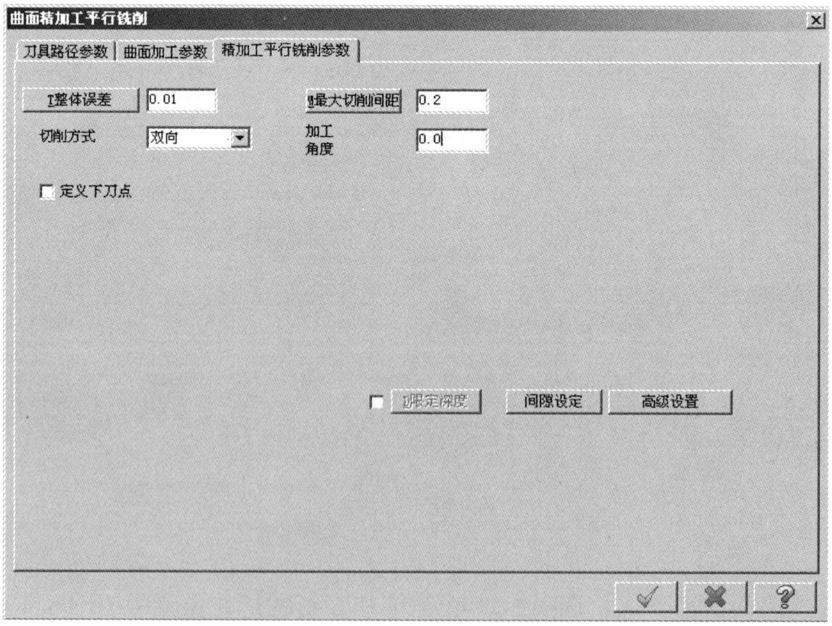

图 4-76　精加工平行铣削参数设置

实战经验：设置【加工角度】时需考虑尽可能使生成的刀具路径简单且能保证加工质

量，经验上使用较多的角度是45°。如果用此角度加工后仍发现加工质量不好，再采用135°进行加工，可取得较好的加工质量。

单击【曲面精加工平行铣削】对话框中的确定按钮，生成刀具路径，如图4-77所示。

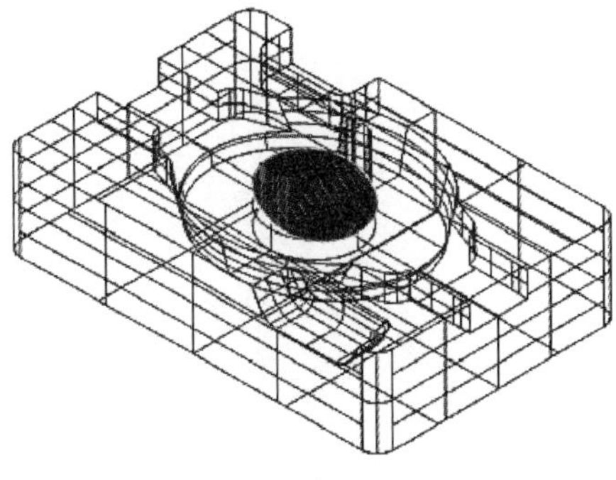

图4-77　曲面精加工平行铣削刀路

4.5.11　平行铣削精加工（零件右下角曲面）

1）选择【刀具路径】/【曲面精加工】/【精加工平行铣削】命令，选择零件右下角曲面，如图4-78所示的加工面，单击应用按钮。

系统弹出【刀具路径的曲面选取】对话框，如图4-79所示，在【干涉面】选项卡中单击选择按钮，选择与加工曲面相连接的所有曲面，如图4-80所示的干涉面，单击应用按钮，系统返回【刀具路径的曲面选取】对话框，单击确定按钮。

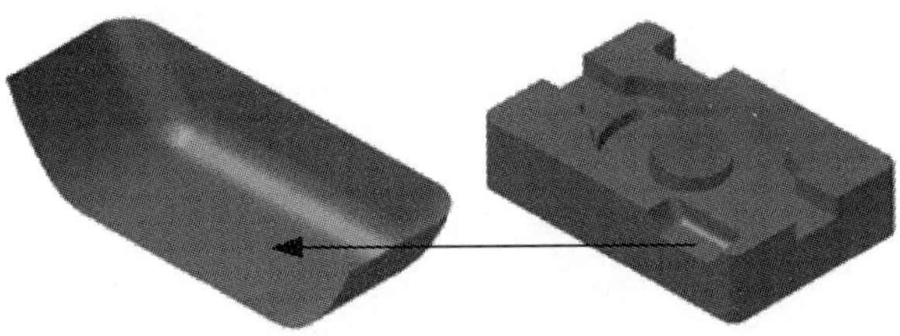

图4-78　选择加工面

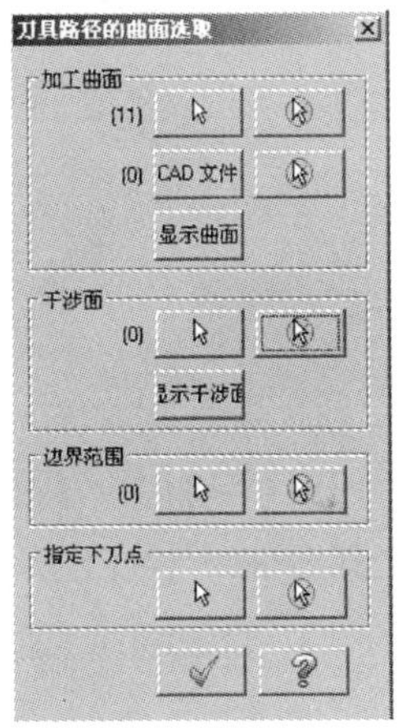

图4-79　【刀具路径的曲面选取】对话框

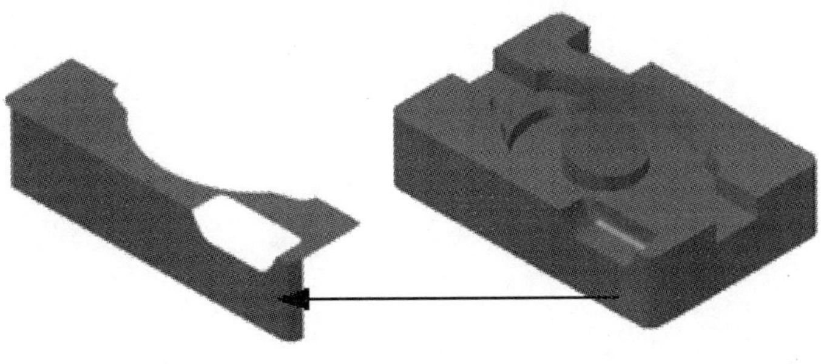

图4-80　选择干涉面

2）系统弹出【曲面精加工平行铣削】对话框，选择直径为6mm的球头立铣刀。设置【进给率】为600mm/min，【主轴转速】为3500r/min，【进刀速率】为100mm/min，【提刀速率】为2500mm/min。勾选【快速提刀】复选项，其他参数默认。

3）打开【曲面加工参数】选项卡，勾选【参考高度】并设置为10.0mm，【进给下刀位置】为5.0mm，勾选所有【绝对坐标】复选项。设置【加工面预留量】和【干涉面预留量】都为0.0mm，如图4-81所示。

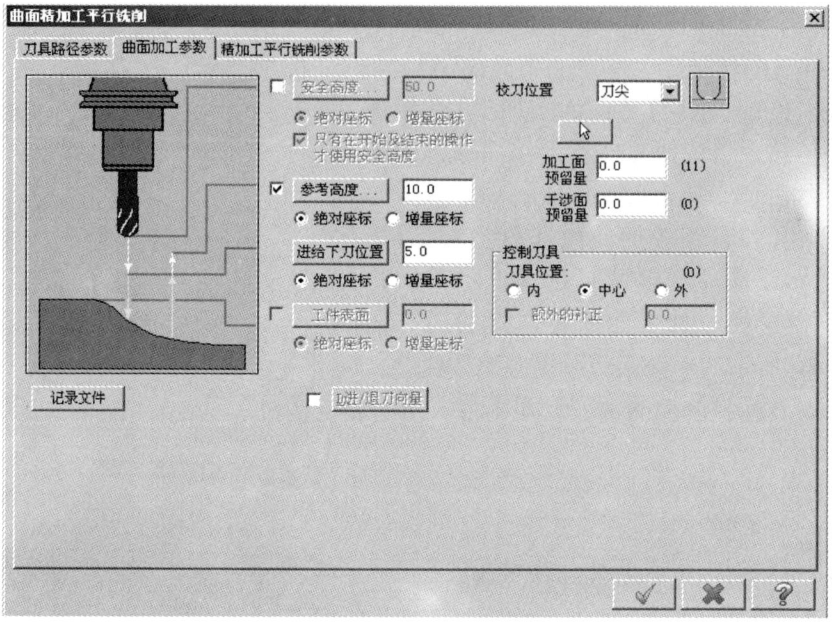

图4-81　曲面加工参数设置

4）打开【精加工平行铣削参数】选项卡，设置【整体误差】为0.01mm，【最大切削间距】为0.2mm，【加工角度】为0°，如图4-82所示，单击确定按钮✓。

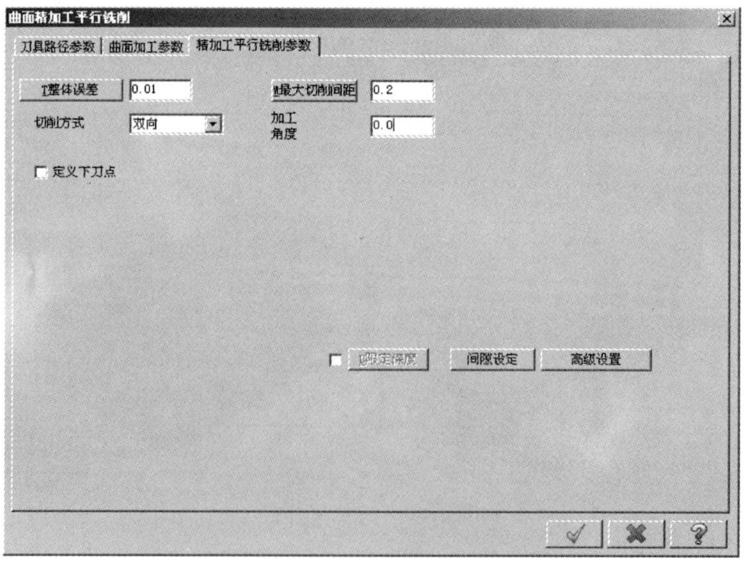

图4-82　精加工平行铣削参数设置

单击【曲面精加工平行铣削】对话框中的确定按钮，生成刀具路径，如图 4-83 所示。

4.5.12 实体模拟加工

模拟结果如图 4-84 所示。

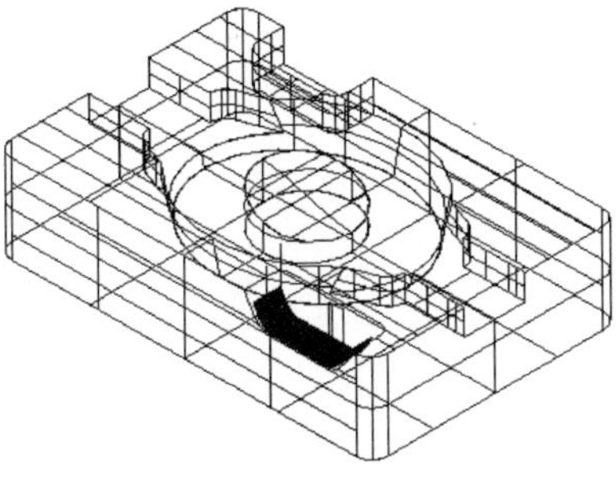

图 4-83 曲面精加工平行铣削刀路

图 4-84 模拟结果

4.6 小结

本章结合 Mastercam 提供的二维加工和三维加工刀具路径生成方法对盒子下盖凸模进行了编程加工，各个步骤都有详细的介绍，并讲解了 Mastercam X5 中常用的生成刀具路径方法。“傻瓜”式曲面粗加工挖槽具有很高的通用性，80% 的粗加工都由它来完成，能高效地去除加工余量。平行铣曲面精加工适合比较平坦的曲面，通用性也较高。等高外形铣比较适合一些陡斜面的加工。另外，本章还介绍了一些编程上的处理技巧，如进退刀的设置和曲面修补等，相信读者学习后能有较大的提高。

4.7 提高练习

打开随书光盘“源文件/cha04/4-2. mcx－5”，图形如图 4-85 所示。

图 4-85 提高练习零件

第五章　三角凸台编程实例

5.1　任务目标

➢ 提高三维刀具路径生成方法的应用能力。

➢ 提高刀具路径的控制能力，特别是干涉曲面的应用。

5.2　任务导入

打开随书光盘“源文件/cha05/三角凸台.mcx－5”，图形如图 5-1 所示，打开第 1 图层。

图 5-1　三角凸台

5.3　任务分析

5.3.1　图形分析

通过 Mastercam X5 系统所提供的分析功能得知，该零件外形尺寸为 67.5mm × 82mm × 26.5mm，零件图形比较复杂，曲面变化大，没有规则的二维图形，上部分曲面比较平坦，其他三个台阶部分属于变化相对比较大的陡斜曲面。

5.3.2　工艺分析

该零件是一个敞开的凸台，可直接进行整体粗加工，整体曲面都具有陡斜的特点，曲面造型变化大，左、右两个台阶曲面呈对称状态。陡斜面和清角加工是该零件的难点。为取得较好的加工效果，现结合零件特点采用“分区法”进行编程加工。

5.3.3　刀路规划

步骤 1：ϕ10mm R1mm 圆角铣刀对零件整体采用曲面挖槽粗加工，加工余量为 0.25mm。

步骤 2：ϕ10mm R1mm 圆角铣刀对零件底面采用曲面挖槽精加工，加工余量为 0.0mm。

步骤 3：ϕ10mm R1mm 圆角铣刀对零件整体曲面采用浅平面半精加工，加工余量为 0.1mm。

步骤 4：ϕ6mm 立铣刀对零件周边拔模曲面（拔模斜度为 3°）采用等高外形精加工，加工余量为 0.0mm。

步骤 5：ϕ8mm 球头立铣刀对 R135.434mm 凸圆弧曲面采用平行铣削精加工，加工余量为 0.0mm。

步骤 6：ϕ6mm 球头立铣刀对零件右侧曲面采用平行铣削精加工，加工余量为 0.0mm。

步骤7：镜像曲面精加工平行铣削刀路加工零件左侧曲面，加工余量为0.0mm。

步骤8：ϕ6mm 球头立铣刀对零件后侧曲面采用平行铣精加工，加工余量为0.0mm。

步骤9：ϕ6mm 球头立铣刀对零件顶部 R1mm 凹圆弧采用外形铣削精加工，加工余量为0.0mm。

5.4 准备工作

5.4.1 选择机床

选择【机床类型】/【铣床】/【默认】命令。

5.4.2 模拟设置

调出【机器群组属性】对话框，设置【素材原点视角坐标】X0mm、Y0mm、Z0mm，材料大小为X100mm、Y86mm、Z30mm。

5.4.3 刀具设置

通过选择【刀具路径】/【刀具管理器】命令，调出【刀具管理】对话框，建立直径为10mm、半径为1mm的圆鼻刀，直径为6mm的立铣刀，直径为6mm的球头铣刀和直径为8mm的球头铣刀。

5.4.4 新建刀具路径群组

参照第三章介绍的方法，分别建立名称为10R1、6R0、8R4和6R3的刀具路径群组。

5.5 刀路编制

5.5.1 曲面挖槽粗加工

1）调出【层别管理】对话框，打开第3图层（REC层），调出曲面挖槽粗加工边界。

选择【刀具路径】/【曲面粗加工】/【粗加工挖槽加工】命令。

系统弹出【输入新NC名称】对话框，接受默认的名称“三角凸台”，单击确定按钮。

窗选所有曲面，单击应用按钮，系统弹出【刀具路径的曲面选取】对话框，如图5-2所示。

在【边界范围】选项卡处单击选择按钮，系统弹出【串连选项】对话框，如图5-3所示。

在绘图区选取刚调图层第3层的“REC”矩形，如图5-4所示。单击【串连选项】对话框中的确定按钮，系统弹出【刀具路径的曲面选取】对话框，单击该对话框的确定按钮。

2）系统弹出【曲面粗加工挖槽】对话框，选择直径为10mm的圆鼻刀，设置【进给率】为1000mm/min，【主轴转速】为1500r/min，【进刀速率】为200mm/min，【提刀速率】为2500mm/min，勾选【快速提刀】复选项，其他选项都不勾选，如图5-5所示。

3）打开【曲面加工参数】选项卡，勾选【参考高度】复选项并设置为10.0mm，【进给下刀位置】为5.0mm，勾选所有【绝对坐标】选项卡，设置【加工面预留量】为0.25mm，如图5-6所示。

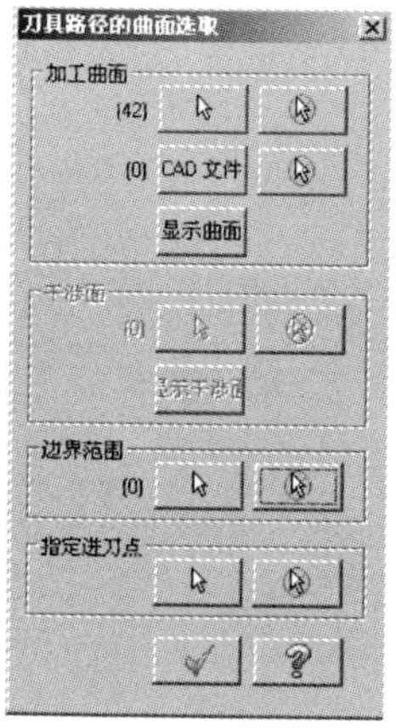

图 5-2 【刀具路径的曲面选取】对话框

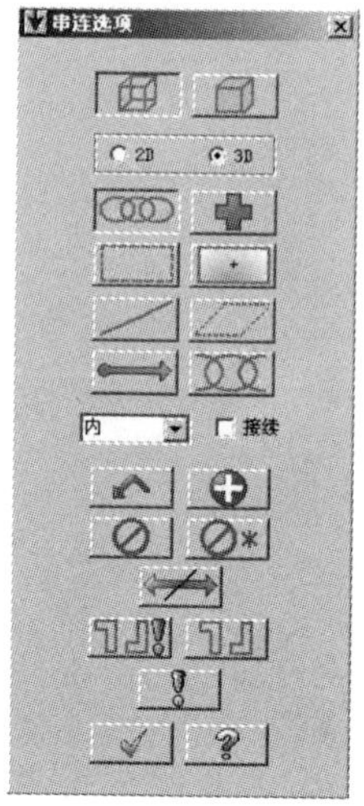

图 5-3 【串连选项】对话框

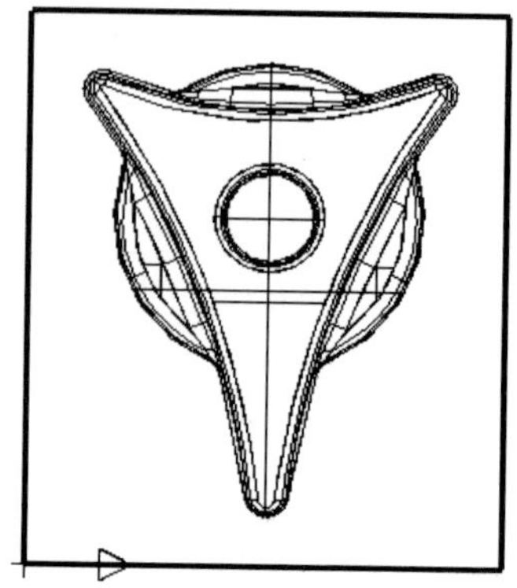

图 5-4 选择加工边界

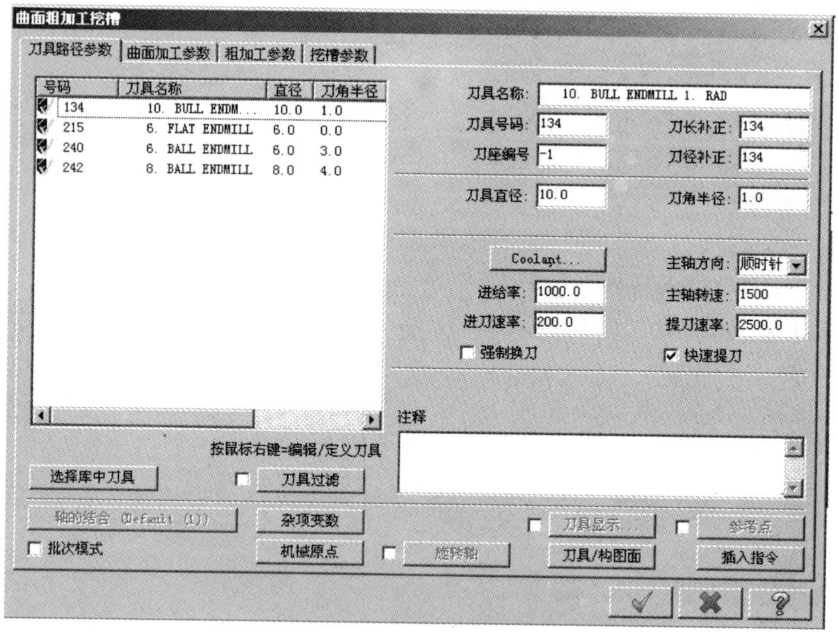

图 5-5 刀具选择与参数设置

4）打开【粗加工参数】选项卡，设置【整体误差】为 0.025mm，设置【Z 轴最大进给量】为 0.5mm，勾选【由切削范围外下刀】复选项，如图 5-7 所示。

单击【切削深度】按钮，系统弹出【切削深度的设定】对话框，勾选【绝对坐标】选项卡，设置【最高的位置】为 0.0mm，【最低的位置】为 –26.5mm，单击确定按钮 ✓。

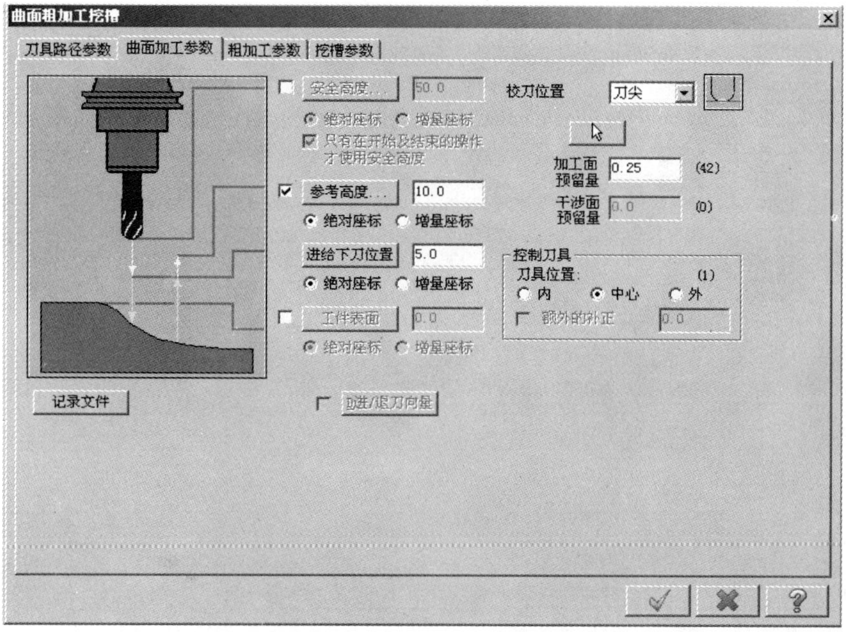

图 5-6　曲面加工参数设置

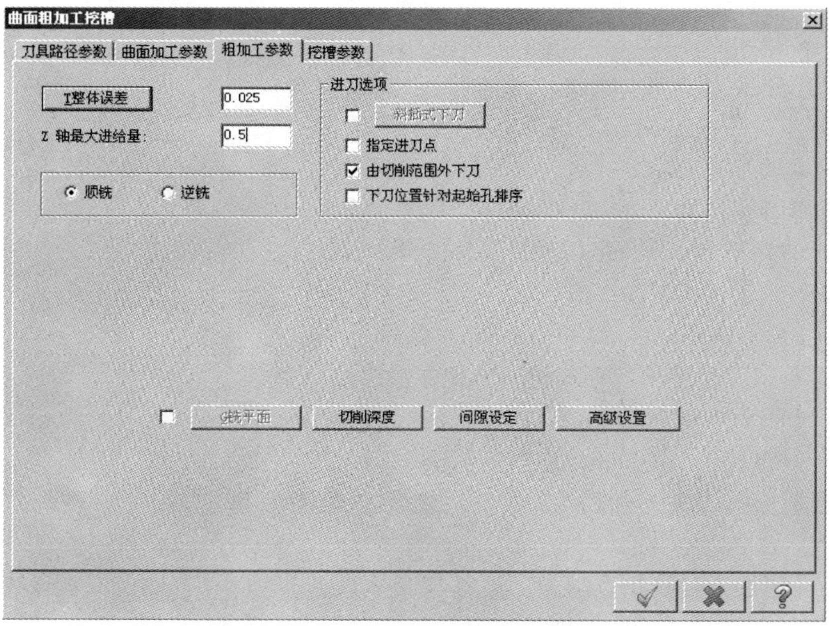

图 5-7　粗加工参数设置

5）打开【挖槽参数】选项卡，选择切削方式为【双向】，设置【切削间距（直径%）】为75%。勾选【精加工】选项卡，设置【次数】为1，【间距】为0.25mm，其余参数默认，如图5-8所示。

单击确定按钮，生成刀具路径，如图5-9所示。

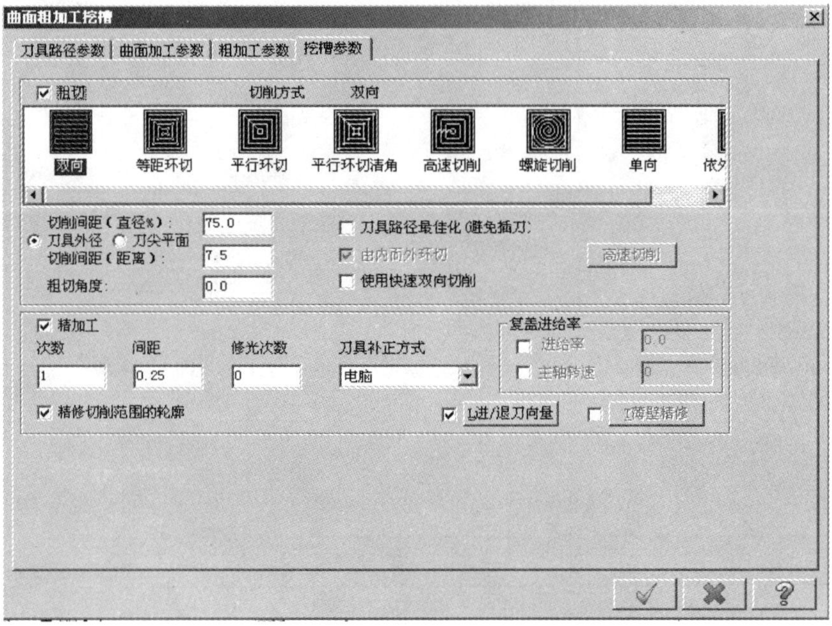

图 5-8　挖槽参数设置

5.5.2　曲面挖槽精加工

1）复制“第 1 步：曲面粗加工挖槽”刀路，在刚生成的第 2 步：曲面粗加工挖槽刀路的目录下单击【参数】选项。

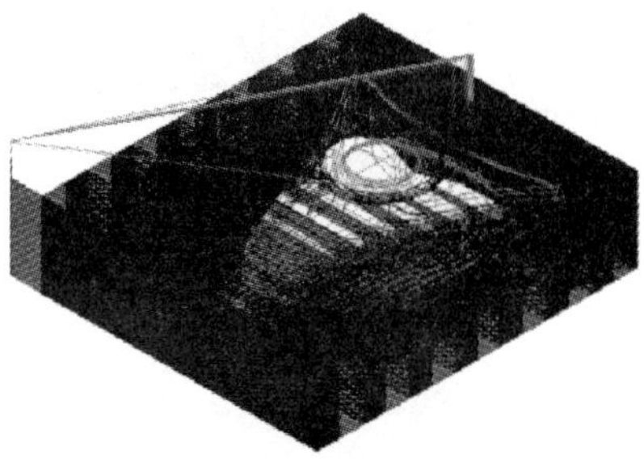

图 5-9　曲面挖槽粗加工刀路

2）系统弹出【曲面粗加工挖槽】对话框，选择直径为 10mm 的圆鼻刀，设置【进给率】为 400mm/min，【主轴转速】为 2500r/min，【进刀速率】为 200mm/min，【提刀速率】为 2500mm/min，勾选【快速提刀】复选框，其他选项都不勾选，其他参数默认。

3）打开【曲面加工参数】选项卡，勾选【参考高度】复选框并设置为 10.0mm，【进给下刀位置】为 5.0mm。勾选所有【绝对坐标】选项卡，设置【加工面预留量】为 0.0mm，如图 5-10 所示。

4）打开【粗加工参数】选项卡，设置【整体误差】为 0.01mm，设置【Z 轴最大进给量】为 0.5mm，勾选【由切削范围外下刀】复选框，如图 5-11 所示。

单击【切削深度】按钮，系统弹出【切削深度的设定】对话框。勾选【绝对坐标】选项卡，设置【最高的位置】为 −26.5mm，【最低的位置】为 −26.5mm，单击确定按钮 ✓。

5）打开【挖槽参数】选项卡，选择切削方式为【等距环切】，设置【切削间距（直径%）】为 50%。勾选【精加工】选项卡，设置加工【次数】为 1，【间距】为 0.25mm，其余参数默认，如图 5-12 所示。

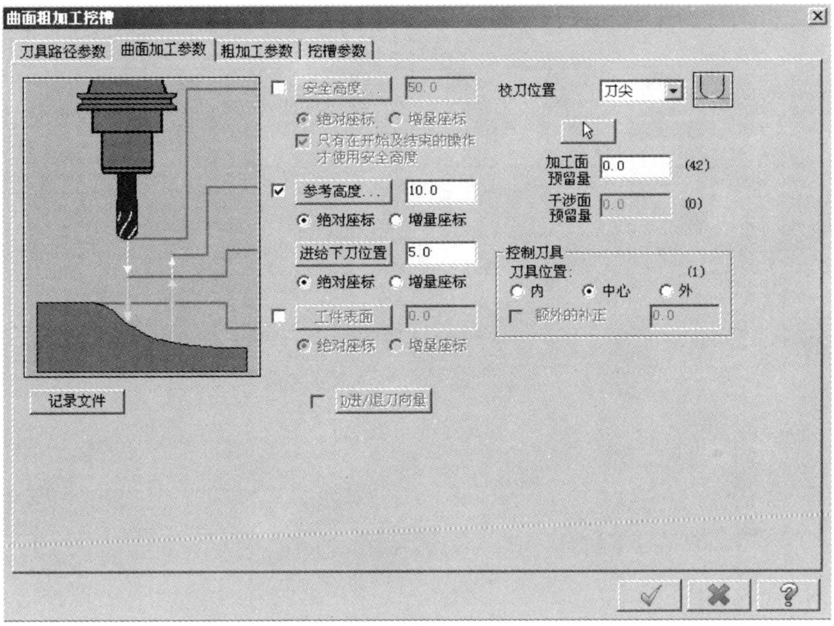

图 5-10　曲面加工参数设置

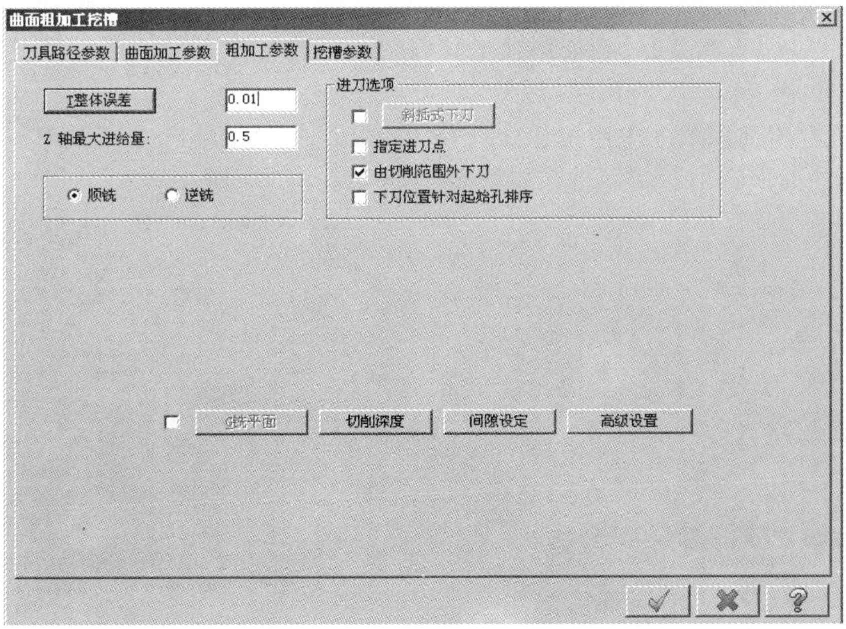

图 5-11　粗加工参数设置

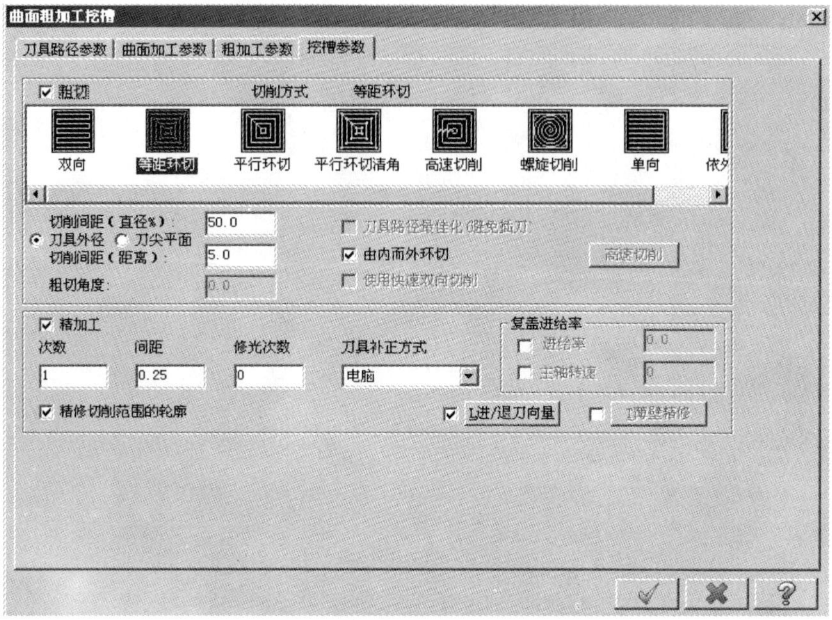

图 5-12　挖槽参数设置

单击确定按钮，单击【重新计算刀路】按钮，生成刀具路径，如图 5-13 所示。

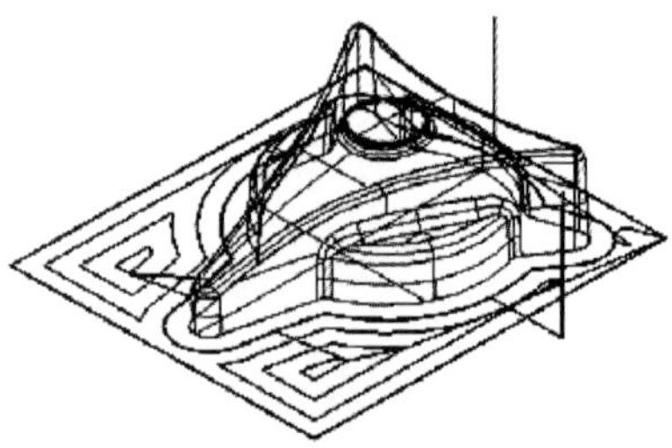

图 5-13　曲面挖槽精加工刀路

5.5.3　浅平面半精加工

1）选择【刀具路径】/【曲面精加工】/【精加工浅平面加工】命令，如图 5-14 所示。

窗选所有曲面，单击应用按钮。系统弹出【刀具路径的曲面选取】对话框，如图 5-15 所示，单击确定按钮。

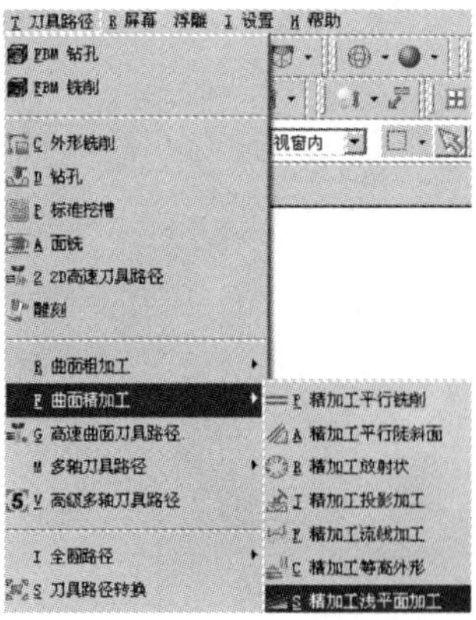

图 5-14　选择【精加工浅平面加工】命令

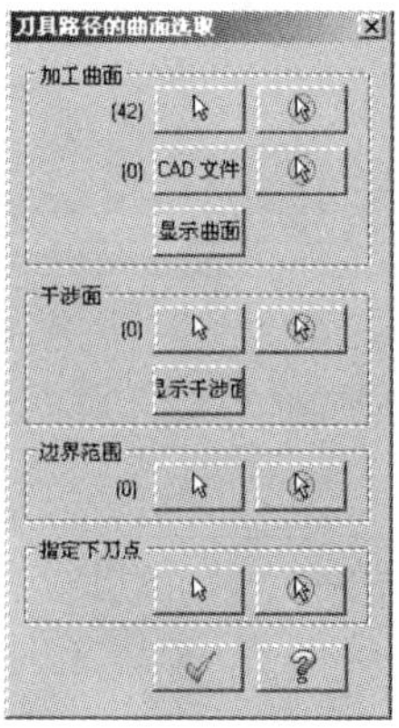

图 5-15　【刀具路径的曲面选取】对话框

2）系统弹出【曲面精加工浅平面】对话框，选择直径为10mm的圆鼻刀，设置【进给率】为500mm/min，【主轴转速】为2500r/min，【进刀速率】为200mm/min，【提刀速率】为2500mm/min，勾选【快速提刀】复选框，其他选项都不勾选。

3）打开【曲面加工参数】选项卡，勾选【参考高度】复选框并设置为10.0mm，【进给下刀位置】为5.0mm。勾选所有【绝对坐标】选项卡，设置【加工面预留量】为0.1mm，如图5-16所示。

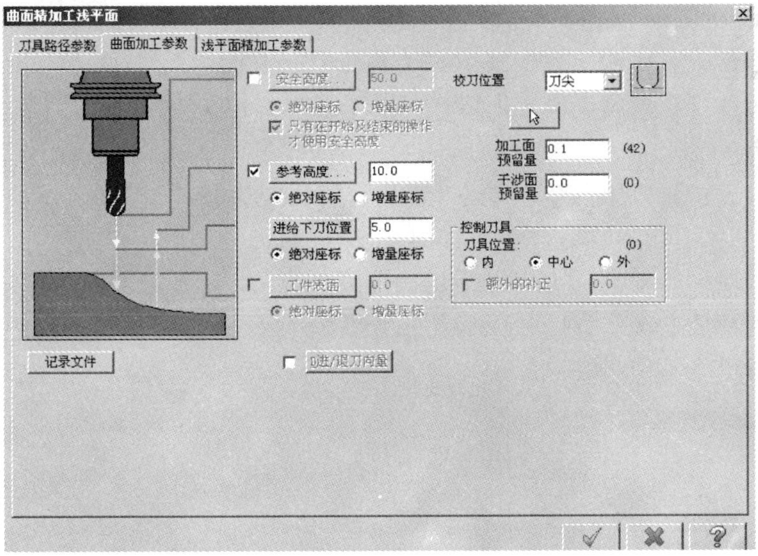

图5-16　曲面加工参数设置

4）打开【浅平面精加工参数】选项卡，设置【整体误差】为0.01mm，【加工角度】为45°，【最大切削间距】为1.0mm，【切削方式】为【双向】。设置【从倾斜角度】为0°，【到倾斜角度】为60°，勾选【限定深度】复选项，如图5-17所示。

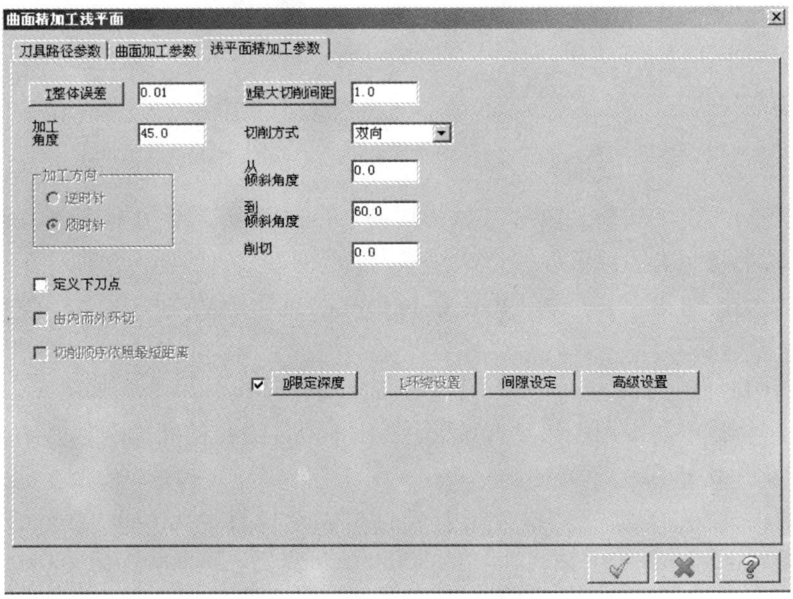

图5-17　浅平面精加工参数设置

技术指导：*【从倾斜角度】和【到倾斜角度】选项用于定义工件的斜坡面，系统将这两个角度之间的区域定义为切削范围，加工时只加工“从倾斜角度”“到倾斜角度”之间的区域。*

单击【限定深度】按钮，系统弹出【限定深度】对话框，设置【相对于刀具的】为【刀尖】，【最高的位置】为0.0mm，【最低的位置】为－18.0mm，单击确定按钮。

单击【间隙设定】按钮，系统弹出【刀具路径的间隙设置】对话框，勾选【切削顺序最佳化】复选框，如图5-18所示，单击确定按钮。

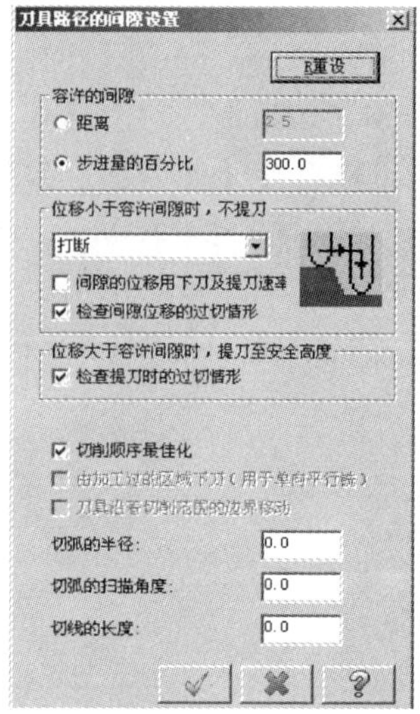

图5-18 【刀具路径的间隙设置】对话框

单击【高级设置】按钮，系统弹出【高级设置】对话框，在【刀具在曲面（实体面）的边缘走圆角】选项中勾选【在所有的边缘】选项，如图5-19所示，单击确定按钮。

单击【曲面精加工浅平面】对话框中的确定按钮，生成刀具路径，如图5-20所示。

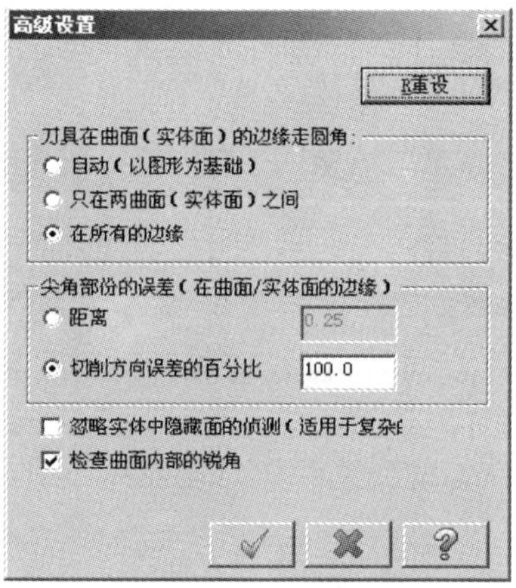

图5-19 高级设置

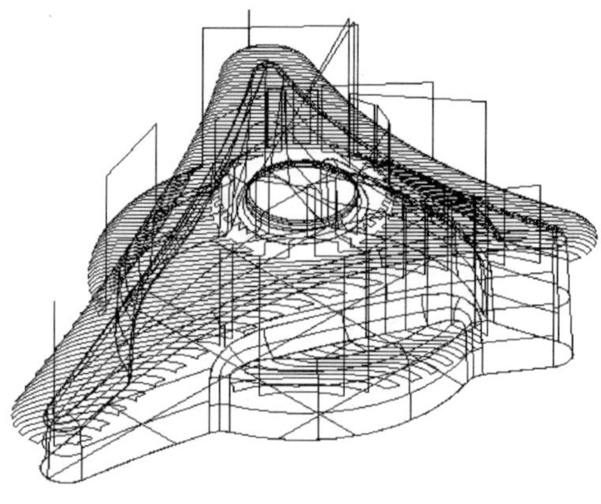

图5-20 浅平面半精加工刀路

实战经验：*增加浅平面加工刀路不但为后面ϕ8mm球头立铣刀的加工减轻了“压力”，而且还可以起到半精加工的效果。*

单击插入箭头按钮▼下移至加工群组名为6R0的目录下。

5.5.4 等高外形精加工

1）选择【刀具路径】/【曲面精加工】/【精加工等高外形】命令，如图5-21所示。

窗选所有曲面，单击应用按钮，系统弹出【刀具路径的曲面选取】对话框，如图5-22所示，单击确定按钮。

2）系统弹出【曲面精加工等高外形】对话框，选择直径为6mm的平底立铣刀，设置【进给率】为600mm/min，【主轴转速】为3000r/min，【进刀速率】为200mm/min，【提刀速率】为2500mm/min，勾选【快速提刀】复选项，其他选项都不勾选，如图5-23所示。

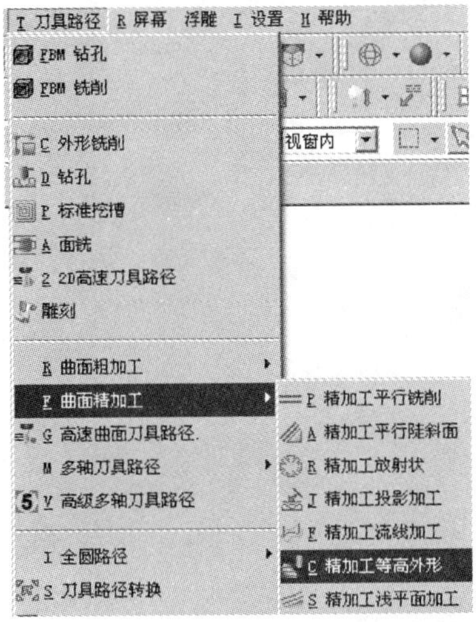

图 5-21　选择【精加工等高外形】命令

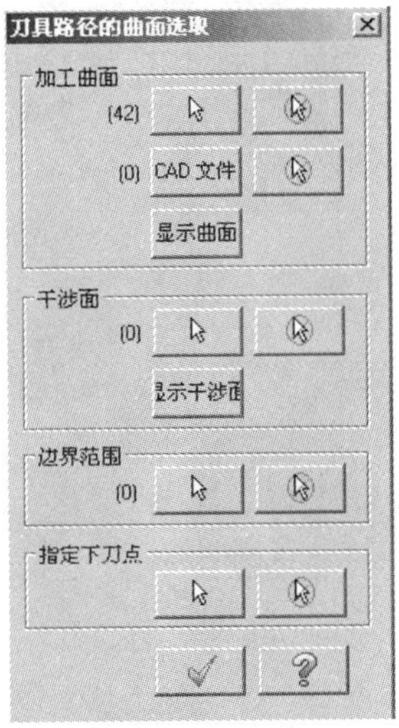

图 5-22　【刀具路径的曲面选取】对话框

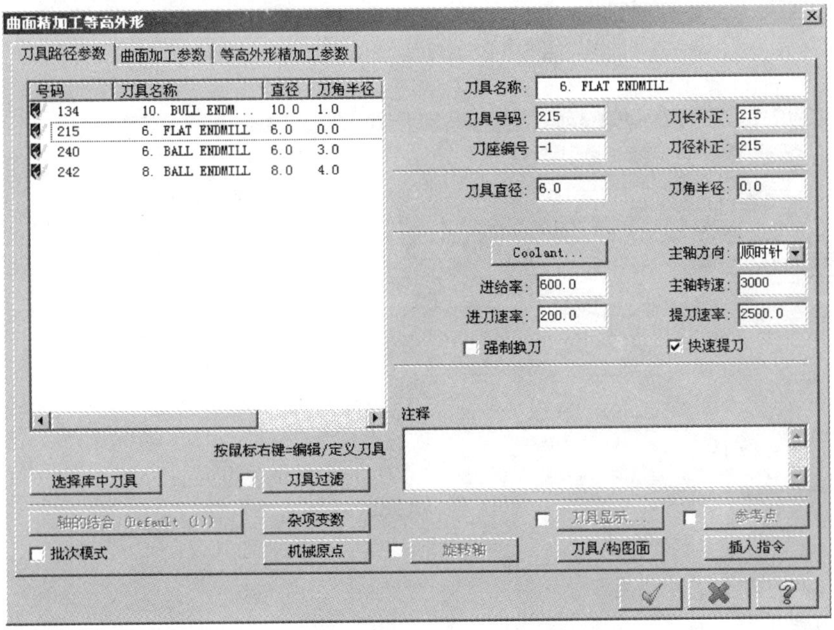

图 5-23　刀具选择与参数设置

3）打开【曲面加工参数】选项卡，勾选【参考高度】并设置为 10.0mm，【进给下刀位置】为 5.0mm。勾选所有【绝对坐标】选项，设置【加工面预留量】和【干涉面预留量】都为 0.0mm，如图 5-24 所示。

4）打开【等高外形精加工参数】选项卡，设置【整体误差】为 0.01mm，【Z 轴最大进给量】为 0.1mm，勾选【切削顺序最佳化】复选项，其他参数默认，如图 5-25 所示。

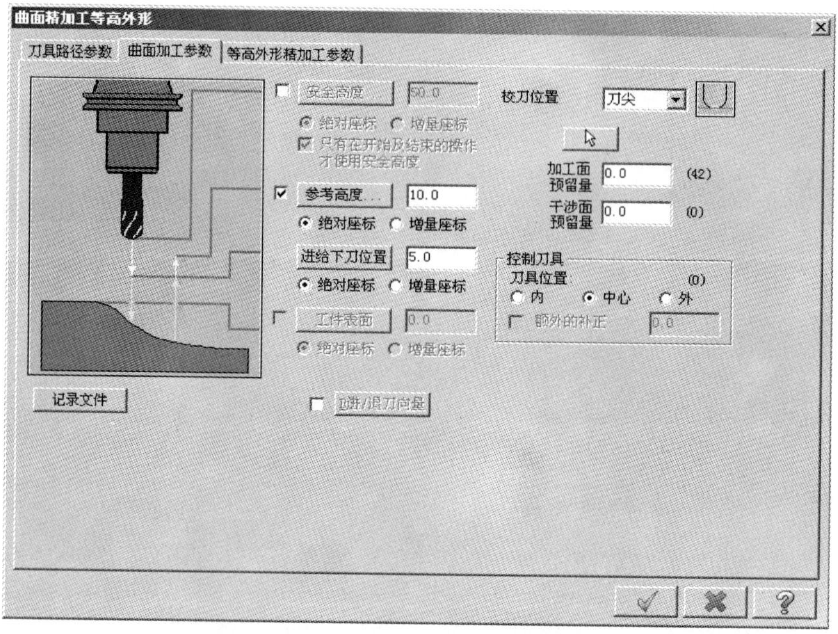

图 5-24　曲面加工参数设置

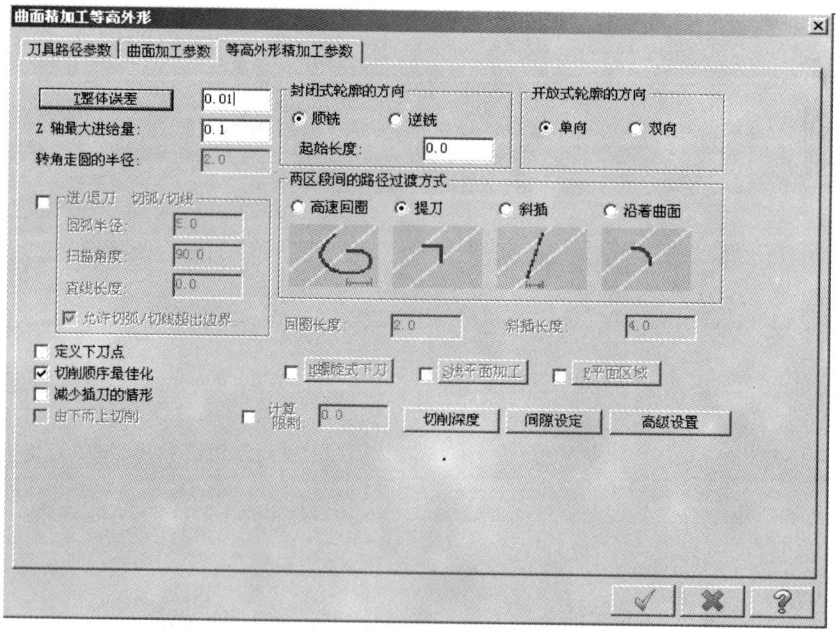

图 5-25　等高外形精加工参数设置

单击【切削深度】按钮，系统弹出【切削深度的设定】对话框，勾选【绝对坐标】复选项，设置【最高的位置】为 -22.4mm，【最低的位置】为 -26.5mm，如图 5-26 所示，单击确定按钮 ✓。

技术指导：【最高的位置】 -22.4mm 的算法和前面第四章的等高外形精加工算法相同，

读者可参考第四章相应部分。

单击【高级设置】按钮，系统弹出【高级设置】对话框，在【刀具在曲面（实体面）的边缘走圆角】选项中勾选【在所有的边缘】选项，如图5-27所示，单击确定按钮。

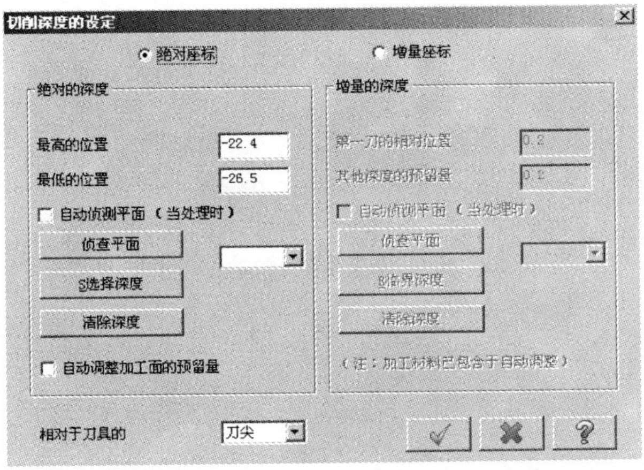

图5-26 【切削深度的设定】对话框

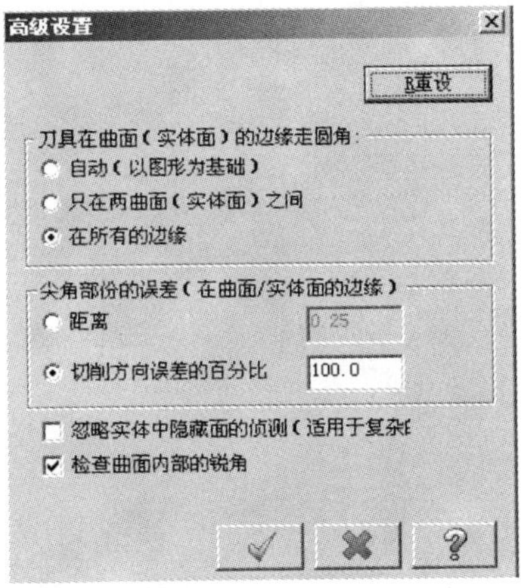

图5-27 高级设置

技术指导：设置【在所有的边缘】走圆角有两个目的：①创建能使刀具在所有曲面边缘走圆角的路径；②使刀具能紧贴着所要加工的曲面轮廓走刀。若不设置该选项，生成的刀具路径将不连续，有些部位将加工不到位。读者可自行尝试其他的选项进行对比，通过对比，相信读者应该清楚什么时候需要启用该选项。

单击【曲面精加工等高外形】对话框中的确定按钮，生成刀具路径，如图5-28所示。

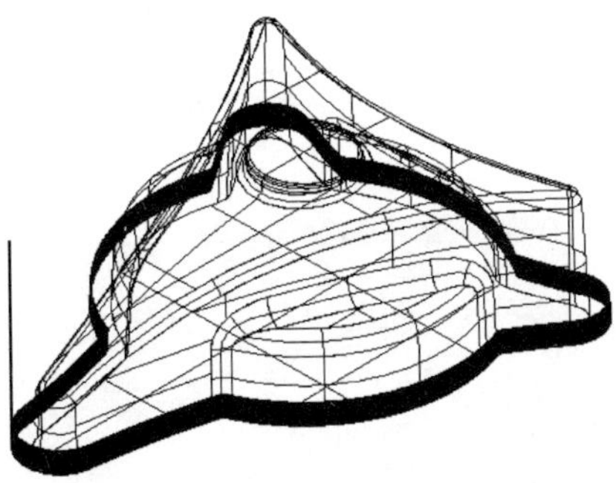

图5-28 等高外形精加工刀路

单击插入箭头按钮下移至加工群组名为8R4的目录下。

5.5.5 平行铣削精加工（凸圆弧曲面）

1）选择【刀具路径】/【曲面精加工】/【精加工平行铣削】命令，如图5-29所示，选择如图5-30所示的曲面部分，单击应用按钮。

系统弹出【刀具路径的曲面选取】对话框，在【干涉面】选项卡中单击【选择】按钮，选择与加工曲面相连接的所有曲面，如图5-31所示，单击应用按钮，系统返回【刀具路径的曲面选取】对话框，单击确定按钮。

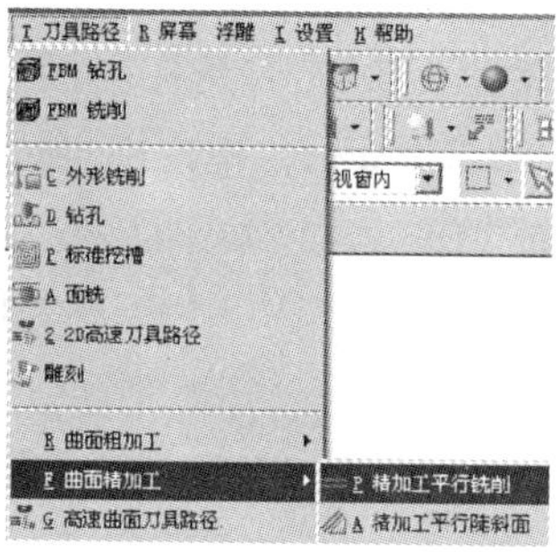

图 5-29 【精加工平行铣削】命令

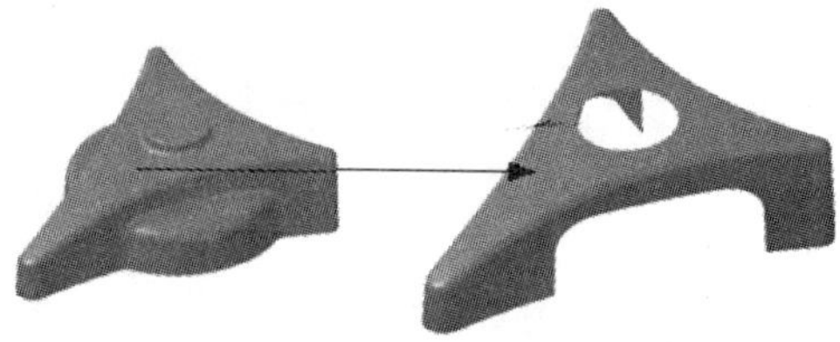

图 5-30 选择加工面

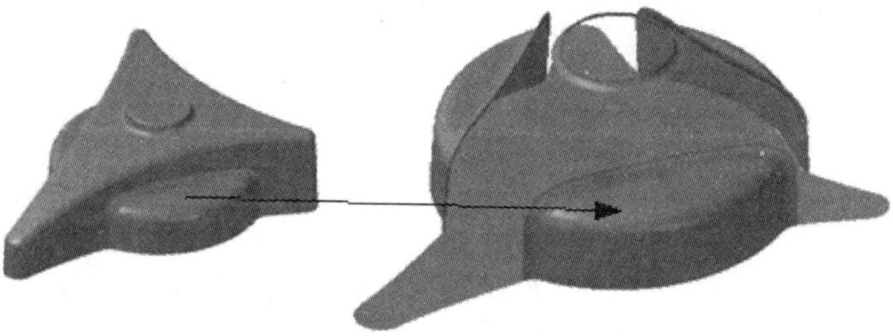

图 5-31 选择干涉面

2）系统弹出【曲面精加工平行铣削】对话框，选择直径为 8mm 的球头立铣刀，设置【进给率】为 800mm/min，【主轴转速】为 3500r/min，【进刀速率】为 200mm/min，【提刀速率】为 2500mm/min，勾选【快速提刀】复选项。

3）打开【曲面加工参数】选项卡，勾选【参考高度】并设置为 10.0mm，【进给下刀位置】为 5.0mm，勾选所有【绝对坐标】选项，【加工面预留量】为 0.0mm，【干涉面预留量】为 0.1mm，如图 5-32 所示。

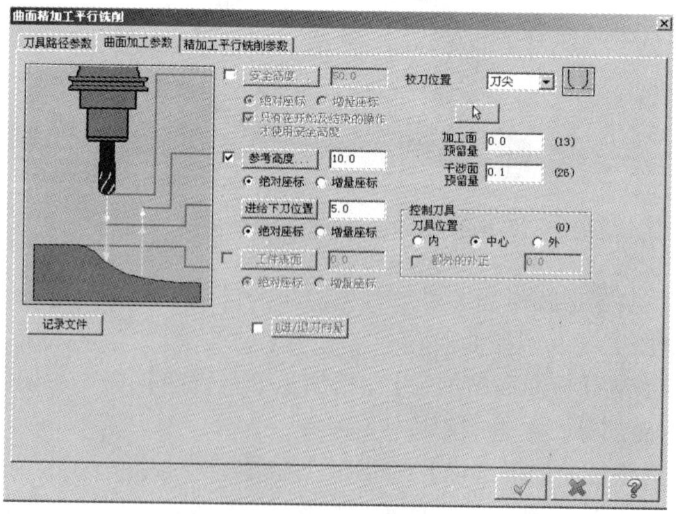

图 5-32 曲面加工参数设置

4）打开【精加工平行铣削参数】选项卡，设置【整体误差】为0.01mm，【最大切削间距】为0.15mm，【切削方式】为【双向】，【加工角度】为45°，勾选【限定深度】复选项，如图5-33所示。

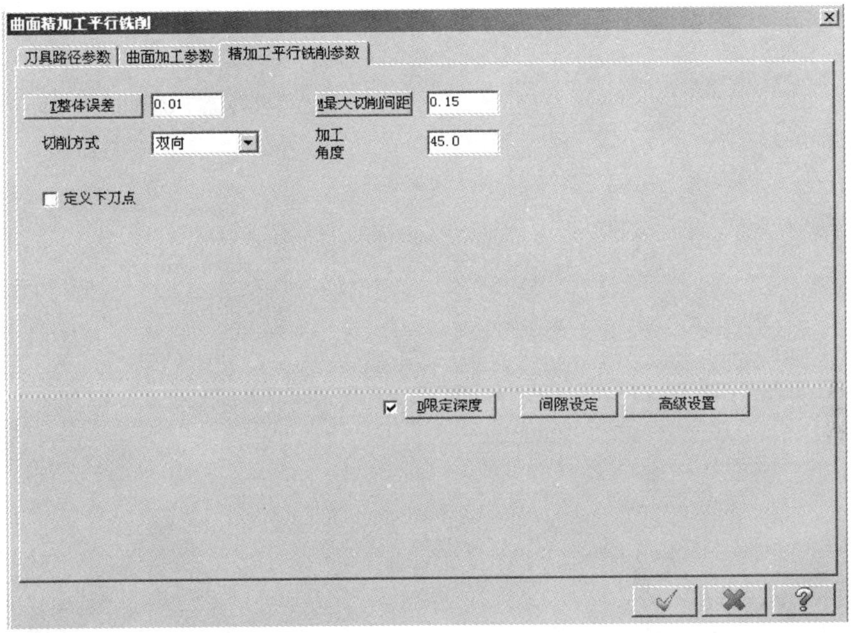

图5-33　精加工平行铣削参数设置

实战经验：由于曲面是平缓过渡，采用45°角可以取得较好的加工效果。

单击【限定深度】按钮，系统弹出【限定深度】对话框，设置【相对于刀具的】为【刀尖】，【最高的位置】为0.0mm，【最低的位置】为－26.5mm，如图5-34所示，单击确定按钮。

技术指导：这里要将最低的位置设为－26.5mm，因为前面ϕ6mm平刀加工4.1mm的高度只起到清角加工的作用，而这个清角的残料是因使用ϕ8mm球头立铣刀加工而产生的。

单击【间隙设定】按钮，系统弹出【刀具路径的间隙设置】对话框，勾选【切削顺序最佳化】复选框，其他参数默认，如图5-35所示，单击确定按钮。

单击【高级设置】按钮，系统弹出【高级设置】对话框，在【刀具在曲面（实体面）的边缘走圆角】选项中勾选【在所有的边缘】选项，如图5-36所示，单击确定按钮。

单击【曲面精加工平行铣削】对话框中的确定按钮，生成刀具路径，如图5-37所示。

单击插入箭头按钮下移至加工群组名为6R3的目录下。

5.5.6　平行铣削精加工（右侧曲面）

1）选择【刀具路径】/【曲面精加工】/【精加工平行铣削】命令，选择如图5-38所示曲面（注意要将倒圆角的曲面部分选上），单击应用按钮。

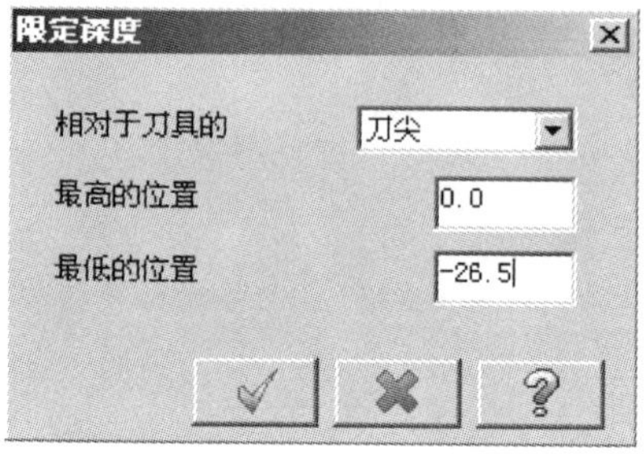

图 5-34　限定深度设置

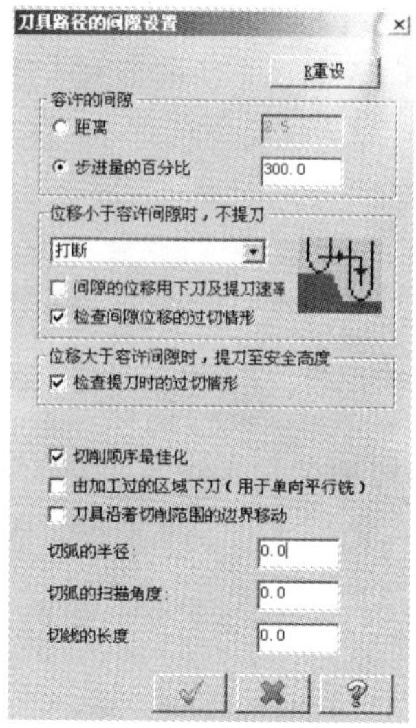

图 5-35　优化刀路

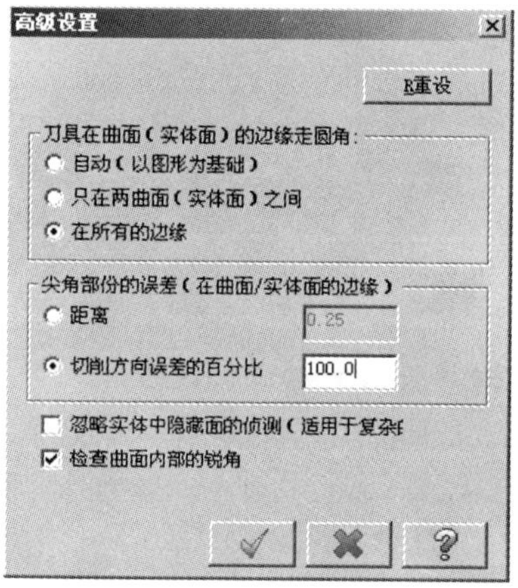

图 5-36　高级设置

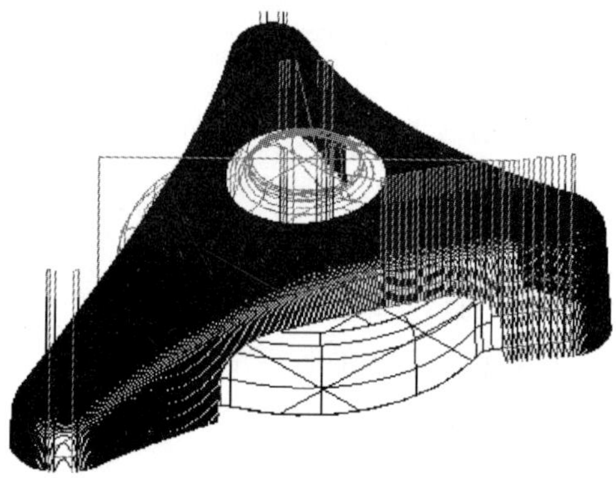

图 5-37　曲面精加工平行铣削刀路

系统弹出【刀具路径的曲面选取】对话框，如图 5-39 所示。

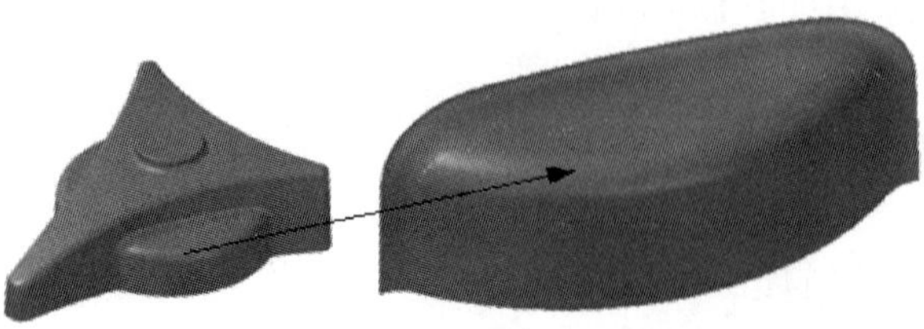

图 5-38　选择加工面

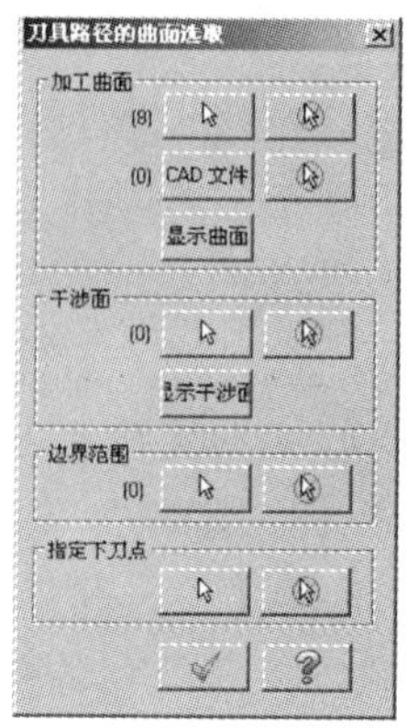

图 5-39　【刀具路径的曲面选取】对话框

在【干涉面】选项卡中单击【选择】按钮，选择与加工面相连接的所有曲面，如图 5-40 所示，单击应用按钮，系统返回【刀具路径的曲面选取】对话框，单击确定按钮。

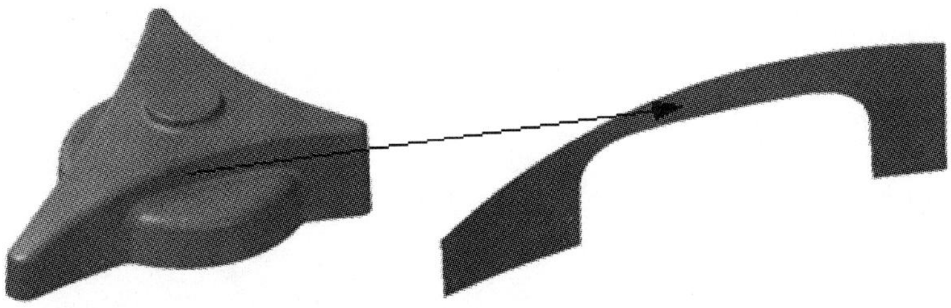

图 5-40　选择干涉面

2）系统弹出【曲面精加工平行铣削】对话框，选择直径为 6mm 的球头立铣刀，设置【进给率】为 600mm/min，【主轴转速】为 3500r/min，【进刀速率】为 200mm/min，【提刀速率】为 2500mm/min，勾选【快速提刀】复选项。

3）打开【曲面加工参数】选项卡，勾选【参考高度】并设置为 10.0mm，【进给下刀位置】为 5mm，勾选所有【绝对坐标】选项，【加工面预留量】为 0.0mm，【干涉面预留量】为 0.1mm，如图 5-41 所示。

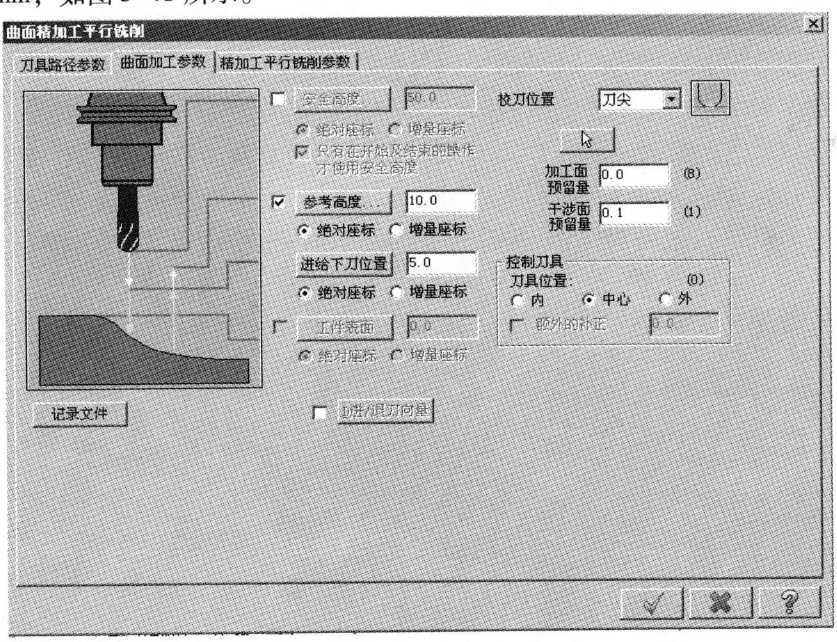

图 5-41　曲面加工参数设置

技术指导：这里将干涉面预留量设为 0.1mm 是为了更好地保护干涉曲面，防止过切。

4）打开【精加工平行铣削参数】选项卡，设置【整体误差】为 0.01mm，【最大切削间距】为 0.15mm。【切削方式】为【双向】，【加工角度】为 135°，勾选【限定深度】复选项，如图 5-42 所示。

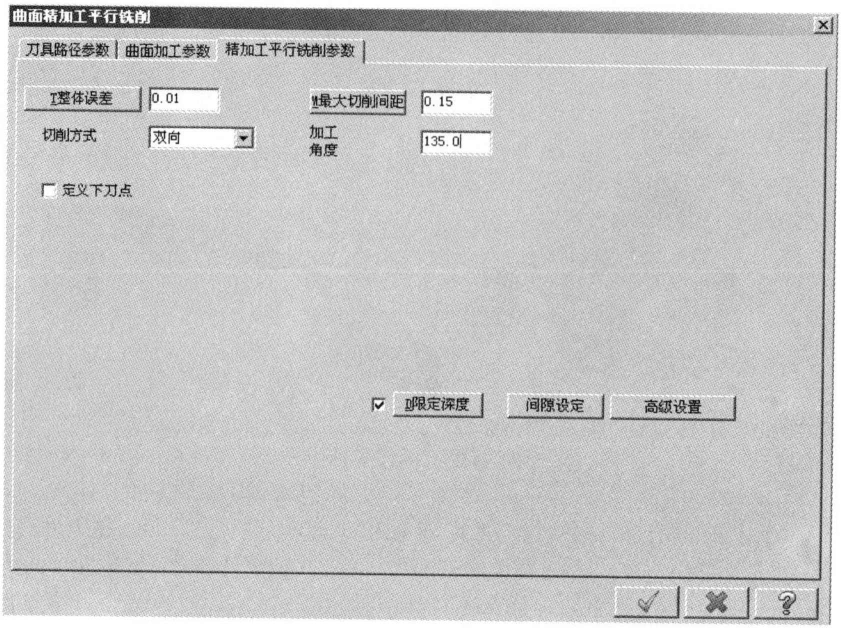

图 5-42　精加工平行铣削参数设置

单击【限定深度】按钮，系统弹出【限定深度】对话框，设置【相对于刀具的】为【刀尖】,【最高的位置】为 −9.0mm,【最低的位置】为 −26.5mm，单击确定按钮。

单击【间隙设定】按钮，系统弹出【刀具路径的间隙设置】对话框，勾选【切削顺序最佳化】复选框，单击确定按钮。

单击【高级设置】按钮，系统弹出【高级设置】对话框，在【刀具在曲面（实体面）的边缘走圆角】选项中勾选【在所有的边缘】选项，如图 5-43 所示，单击确定按钮。

单击【曲面精加工平行铣削】对话框中的确定按钮，生成刀具路径，如图 5-44 所示。

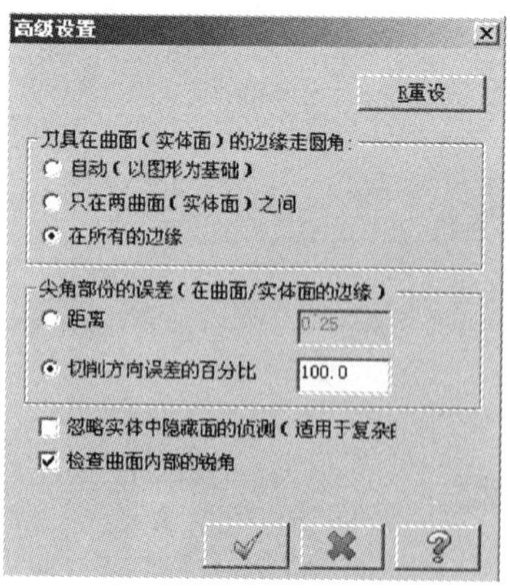

图 5-43　高级设置

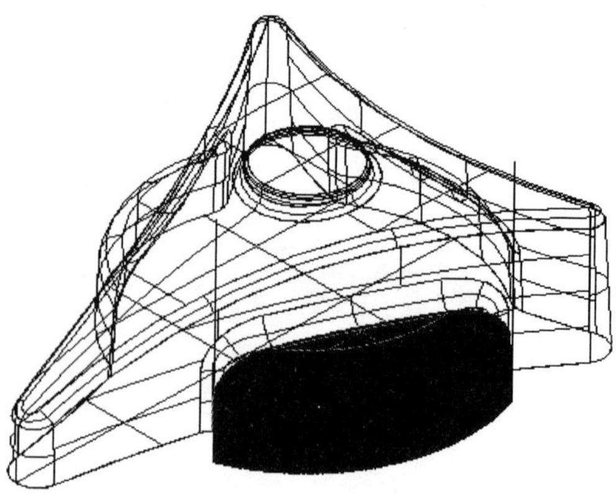

图 5-44　曲面精加工平行铣削刀路

5.5.7　镜像平行铣精加工刀具路径

1）选择【刀具路径】/【刀具路径转换】命令，如图 5-45 所示。

2）系统弹出【转换操作之参数设定】对话框，设置【类型】为【镜像】，【方式】为【坐标】。在【原始操作】栏目下选择“第 6 步：曲面精加工平行铣削”刀路，如图 5-46 所示。

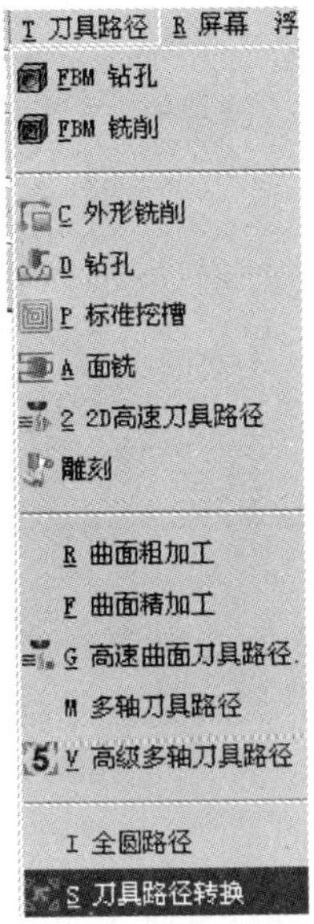

图 5-45　选择【刀具路径转换】命令

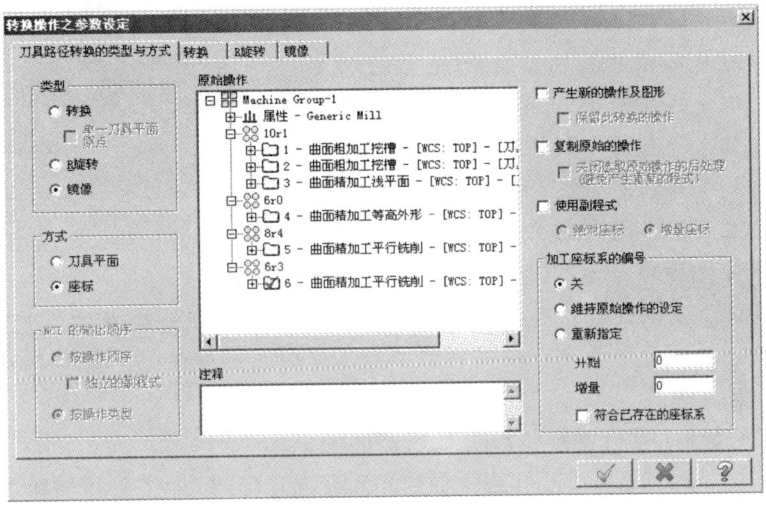

图 5-46　转换操作之参数设定

3）打开【镜像】选项卡，在【镜像的方式】选项中选择【Y－轴】选项，如图 5-47 所示。

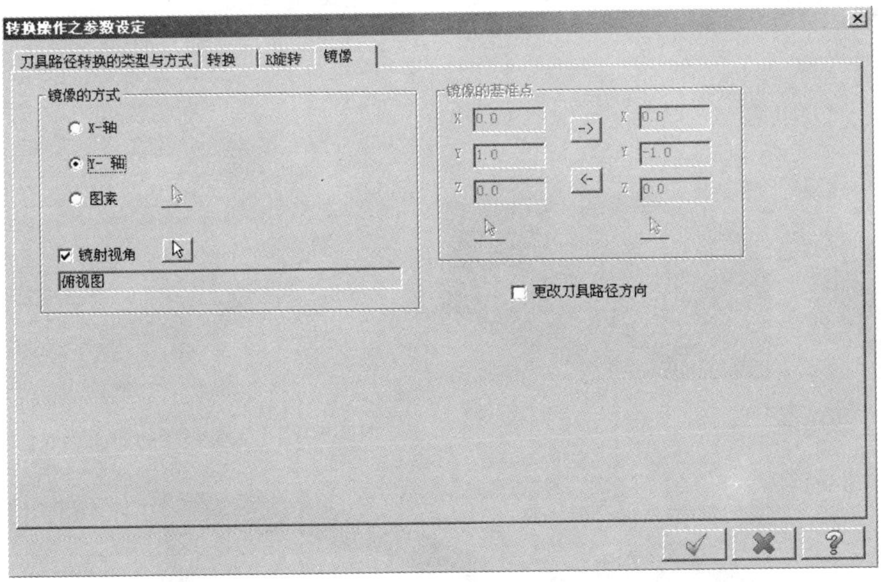

图 5-47　镜像方式设置

单击【转换操作之参数设定】对话框中的确定按钮，生成刀具路径，如图 5-48 所示。

技术指导：刀具路径转换功能适用于在同一工件中具有相同部位的加工，使用该功能可有效提高编程效率。特别是当图形很复杂时，只要做一次选择就能生成其他对应的程序。当模型中有相同的部位时，可只进行其中一部位的建模，再通过刀具路径转换功能复制原有的加工程序，以完成所有特征的加工。需要注意的是，如果原有用于创建刀具路径转换的源程序加工内容发生改变，则转换后的刀路也发生变化，因为它们相互关联，而经过刀路转换后的刀路可独立存在。

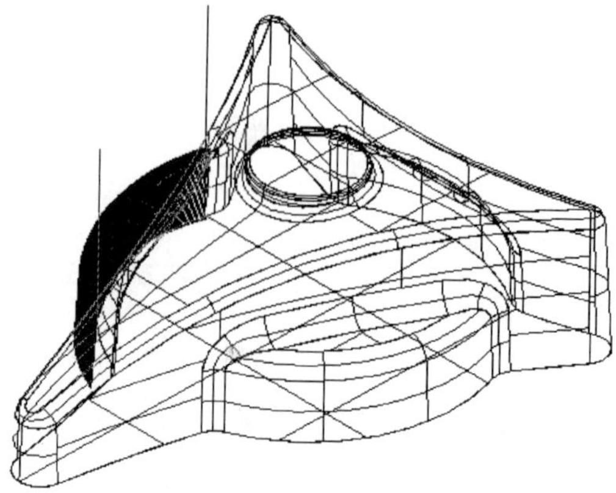

图 5-48　镜像刀路

实战经验：对刀路进行【镜像】复制会使一些原本是顺铣的刀路变成逆铣，这样对于一些表面质量要求较高的加工则不能得到有效保证，需引起注意。此时应避免采用这种方法生成刀路。

5.5.8　平行铣削精加工（后侧曲面）

1）选择【刀具路径】/【曲面精加工】/【精加工平行铣削】命令，选择如图 5-49 所示的加工面（注意要将倒圆角的曲面部分选中），单击应用按钮。

系统弹出【刀具路径的曲面选取】对话框，如图 5-50 所示，在【干涉面】选项卡中单击【选择】按钮，选择与加工面相连接的所有曲面，如图 5-51 所示，单击应用按钮，系统返回【刀具路径的曲面选取】对话框，单击确定按钮。

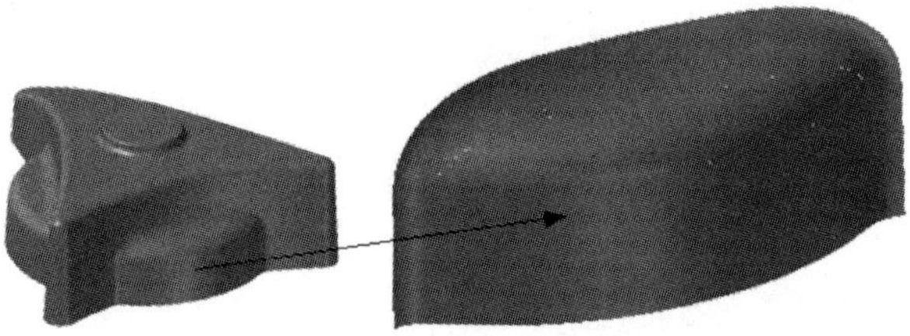

图 5-49　选择加工面

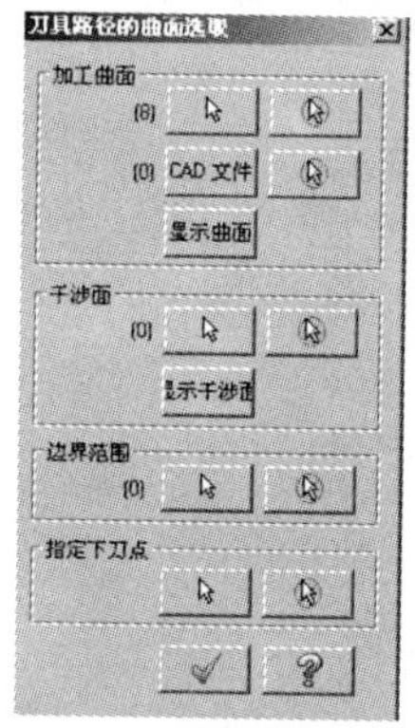

图 5-50　【刀具路径的曲面选取】对话框

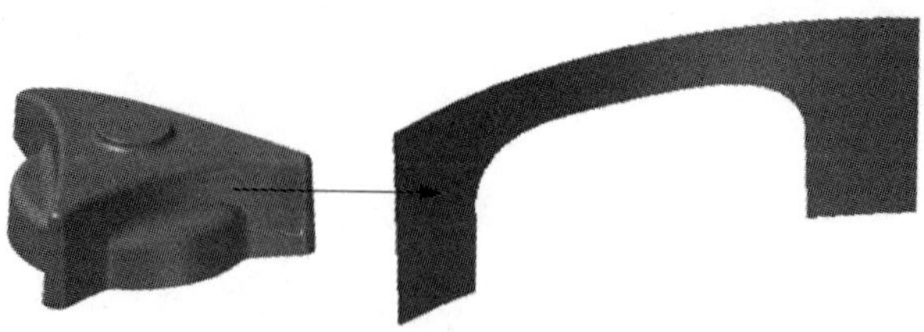

图 5-51　选择干涉面

5 CHAPTER

2）系统弹出【曲面精加工平行铣削】对话框，选择直径为6mm的球头立铣刀，设置【进给率】为600mm/min，【主轴转速】为3500r/min，【进刀速率】为200mm/min，【提刀速率】为2500mm/min，勾选【快速提刀】复选框。

3）打开【曲面加工参数】选项卡，勾选【参考高度】并设置为10.0mm，【进给下刀位置】为5.0mm，勾选所有【绝对坐标】选项卡，【加工面预留量】为0.0mm，【干涉面预留量】为0.1mm，如图5-52所示。

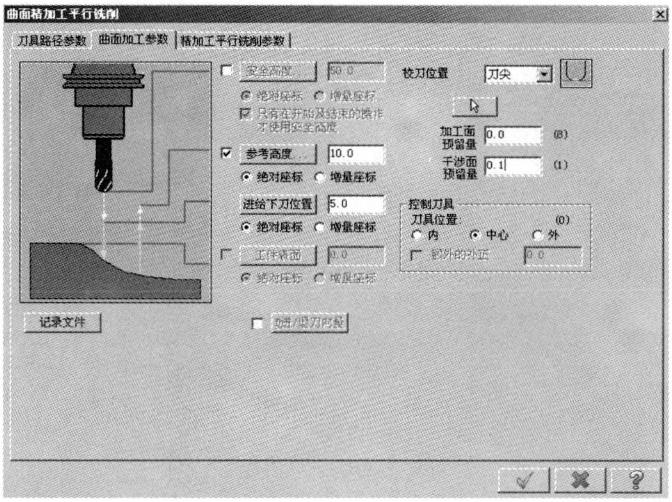

图5-52 曲面加工参数设置

技术指导：这里将干涉面预留量设为0.1mm是为了更好地保护干涉曲面，防止过切。

4）打开【精加工平行铣削参数】选项卡，设置【整体误差】为0.01mm，【最大切削间距】为0.15mm，【切削方式】为【双向】，【加工角度】为90°，勾选【限定深度】复选项，如图5-53所示。

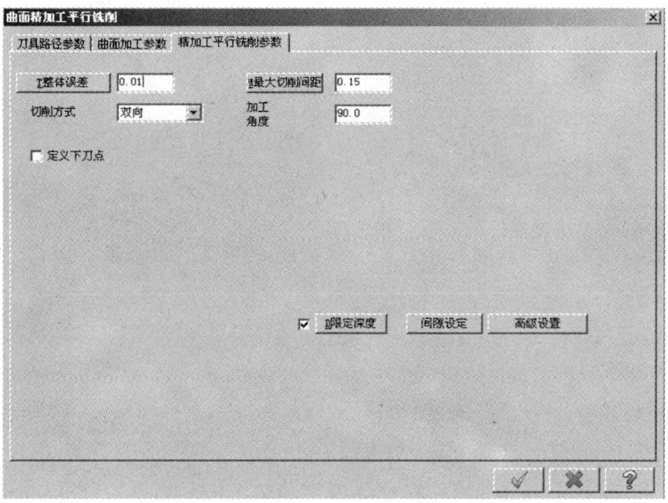

图5-53 精加工平行铣削参数设置

单击【限定深度】按钮，系统弹出【限定深度】对话框，设置【相对刀具的】为【刀尖】，【最高的位置】为0.0mm，【最低的位置】为−26.5mm，单击确定按钮 ✓ 。

单击【间隙设定】按钮，系统弹出【刀具路径的间隙设置】对话框，勾选【切削顺序最佳化】复选框，其他参数默认，单击确定按钮。

单击【高级设置】按钮，系统弹出【高级设置】对话框，在【刀具在曲面（实体面）的边缘走圆角】选项中勾选【在所有的边缘】选项，如图 5-54 所示，单击确定按钮。

单击【曲面精加工平行铣削】对话框中的确定按钮，生成刀具路径，如图 5-55 所示。

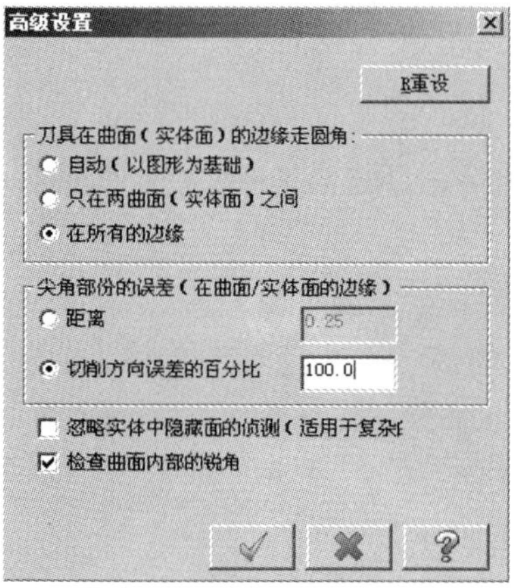

图 5-54　高级设置

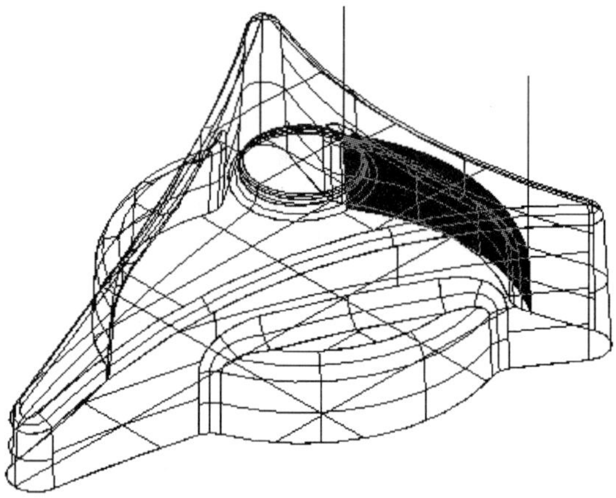

图 5-55　曲面精加工平行铣削刀路

5.5.9　外形铣削精加工

设定辅助曲线。选择【绘图】/【曲面曲线】/【单一边界】命令，如图 5-56 所示。

选择零件最顶部倒 $R1$mm 圆弧曲面，移动箭头位置到如图 5-57 所示处并单击确定按钮，最终生成的曲线如图 5-57 所示。

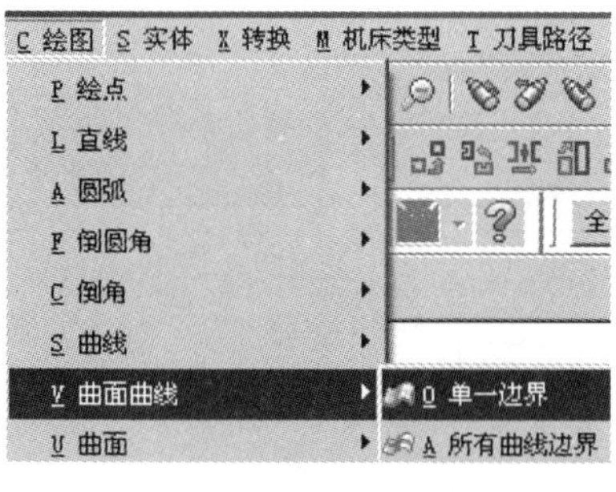

图 5-56　选择【单一边界】命令

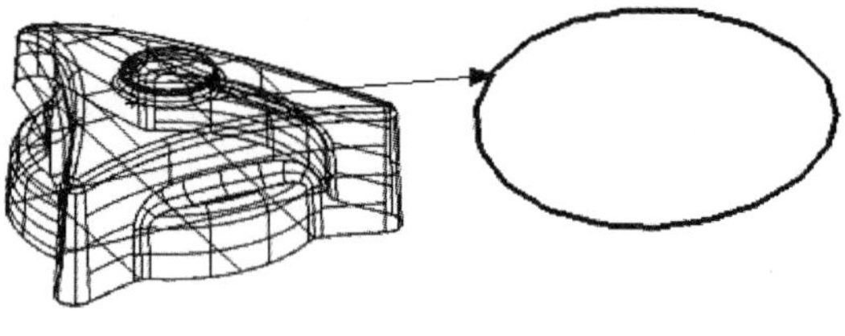

图 5-57　生成曲线

1）采用【刀具路径】/【外形铣削】命令，选取刚生成的曲线作为外形铣削加工曲线，并执行确定操作。

2）系统弹出【2D 刀具路径 - 等高外形】对话框，打开【刀具】选项卡，选择直径为 6mm 的球头立铣刀。设置【进给率】为 600mm/min，【主轴转速】为 3500r/min，【进刀速率】为 100mm/min，勾选【快速提刀】复选项。

3）打开【切削参数】选项卡，设置【补正类型】为【关】，【外形铣类型】为【3D】，【壁边预留量】和【底面预留量】均为 0.00mm，其他参数默认，如图 5-58 所示。

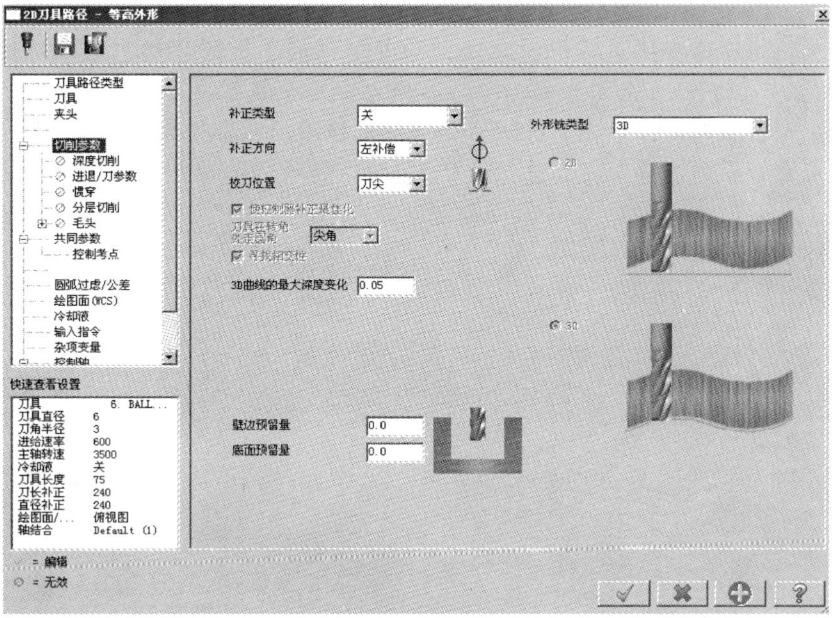

图 5-58　设置切削参数

技术指导： 在选用 3D 曲线作为外形轮廓加工曲线时，系统有时会将【校刀位置】自动选为【刀心】，采用球头立铣刀加工时要特别注意。

外形铣削中不但可以进行二维轮廓加工，还可以进行三维轮廓加工，渐斜式下刀也很常用。

4）打开【共同参数】选项卡，设置【参考高度】为 10.0mm，【进给下刀位置】为 5.0mm，【工件表面】为 0.0mm，勾选所有【绝对坐标】选项，如图 5-59 所示。

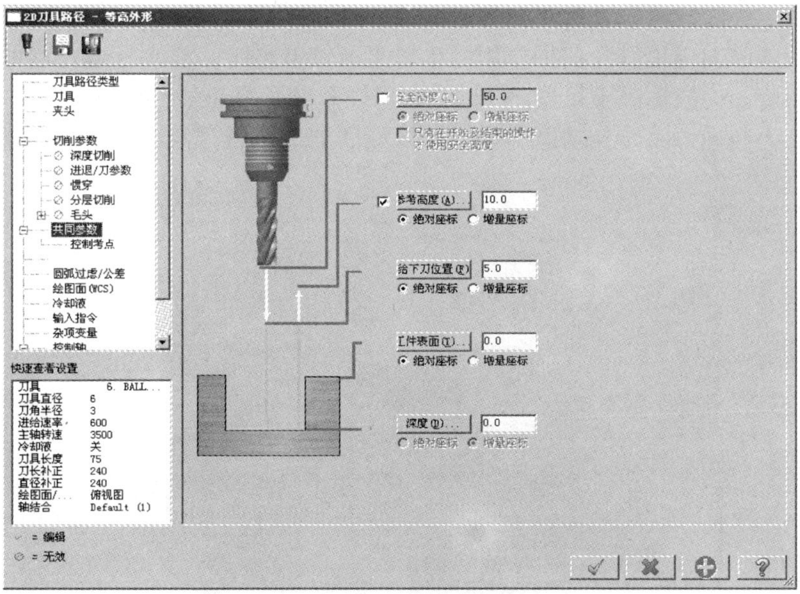

图 5-59　设置共同参数

单击【外形铣削（3D）】对话框中的确定按钮，生成刀具路径，如图 5-60 所示。

技术指导： 这里精修 $R1$mm 的圆弧曲面是直接通过刀具沿着所生成的曲线走刀，在 CAM 编程中常采用这种构线法创建刀路轨迹，特别是清角加工，具有刀路生成时间短、效率高的特点。

多学一招：这里除可使用常规的方法，如外形铣削、等距环切、笔式清角和混合加工（但效果不明显）外，还可采用投影加工。具体方法是在该圆的上方作一个圆，圆的大小将根据所需加工的区域而定，如果需较好地起到清角作用，可多创建几个圆，如三个，每个圆的半径差值应相当于加工步距，如差值为 0.15mm，将所作的圆作为投影曲线通过投影加工刀路完成加工。

5.5.10 实体模拟加工

模拟结果如图 5-61 所示。

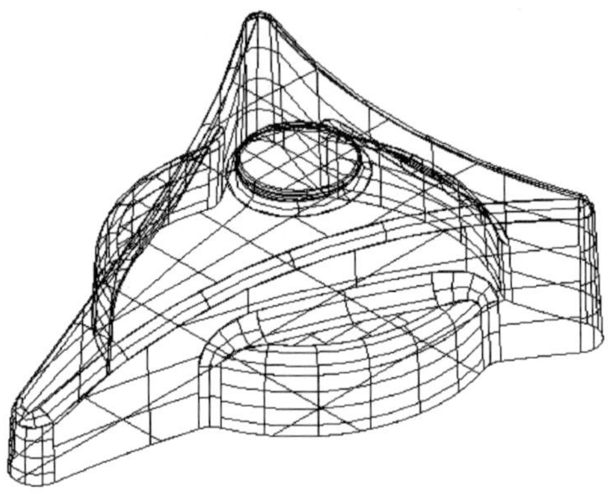

图 5-60 外形铣削清角刀路

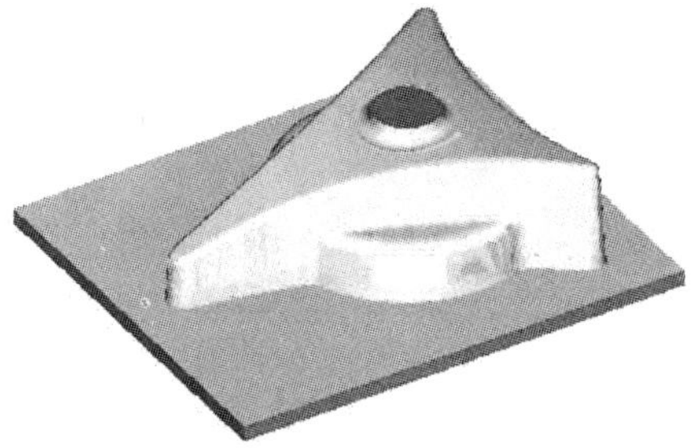

图 5-61 模拟结果

5.6 小结

本章结合零件图形特点在处理陡斜面与清角时采用了“分区域”加工的方法，在编程过程中利用干涉面起到很好的保护作用。生成平行铣刀路时，要注意结合零件图形特点选择合适的加工角度，一般情况下可选用 45°。当零件复杂且具有相同的区域时，可只进行相同部分的编程，再利用刀路转换功能实现另一区域的加工，可有效地提高编程效率。

5.7 提高练习

打开随书光盘“练习文件/cha05/5-2. mcx –5”，图形如图 5-62 所示。

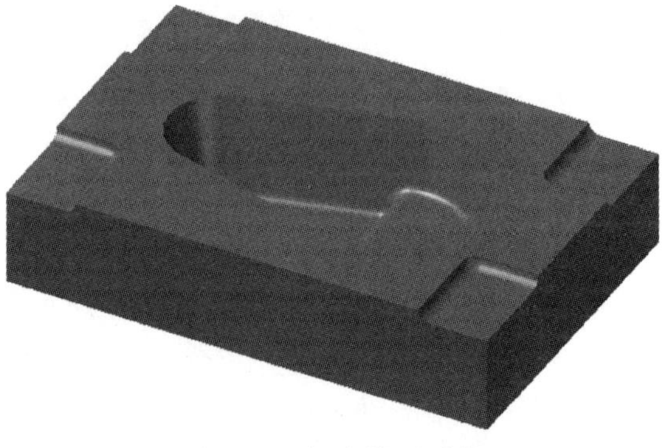

图 5-62 提高练习零件

第六章　烟灰缸编程实例

6.1　任务目标

➢ 提高区域划分与刀具路径的控制能力，特别是干涉曲面的应用。

➢ 掌握如何根据零件形状特点创建辅助曲线与曲面，从而生成更加流畅、优美的刀路。

6.2　任务导入

打开随书光盘“源文件/cha06/烟灰缸 . mcx －5”，图形如图 6-1 所示，打开第 1 图层。

图 6-1　烟灰缸

6.3　任务分析

6.3.1　图形分析

通过 Mastercam X5 系统所提供的分析功能得知，该零件外形尺寸为 80mm × 80mm × 22mm，零件曲面区域变化较大，曲面多，其中外形曲面拔模斜度为 12°，四大凹圆弧半径为 R9mm，中间深 18mm 的平底凹槽部分尺寸为 56mm × 56mm，最小凹圆角为 R3.6mm，图形最大特点就是有四处具有对称性。

6.3.2　工艺分析

该零件曲面造型变化大且不连续，对刀路的连续生成造成了一定的困难。如果根据零件图形具有对称性的特点，将其划分为四个区域进行镜像加工，生成的刀路将不连续，刀路也变得复杂，实践证明这种方法生成的 NC 程序很大，加工时间长，表面质量差。因此，这里将根据图形特点创建一些辅助曲线与曲面，从而更好地控制刀路的生成，以达到良好的加工效果。

6.3.3　刀路规划

步骤 1：ϕ10mm 立铣刀对零件整体采用曲面挖槽粗加工，加工余量为 0.25mm。

步骤 2：ϕ10mm 立铣刀对零件中间平底凹槽采用标准挖槽精加工，加工余量为 0.0mm。

步骤 3：ϕ10mm 立铣刀对零件拔模曲面采用等高外形精加工，加工余量为 0.0mm。

步骤 4：ϕ8mm 球头立铣刀对零件拔模曲面采用等高外形精加工，加工余量为 0.0mm。

步骤 5：ϕ8mm 球头立铣刀对零件凹槽 R2.5mm 圆角曲面采用等高外形精加工，加工余量为 0.0mm。

步骤 6：ϕ8mm 球头立铣刀对零件上、下方 R9mm 圆角曲面采用平行铣削精加工，加工余量为 0.0mm。

步骤 7：ϕ8mm 球头立铣刀对零件左、右方 R9mm 圆角曲面采用平行铣削精加工，加工余量为 0.0mm。

步骤 8：ϕ6mm 球头立铣刀对零件凹槽 R3.6mm 圆角曲面采用等高外形精加工，加工余量为 0.0mm。

步骤 9：ϕ6mm 球头立铣刀对零件凹槽平底面采用外形铣削清角加工，加工余量为 0.0mm。

6.4 准备工作

6.4.1 选择机床

选择【机床类型】/【铣床】/【默认】命令。

6.4.2 模拟设置

调出【机器群组属性】对话框，设置【素材原点视角坐标】X0mm、Y0mm、Z0mm，材料大小为 X100mm、Y100mm、Z30mm。

6.4.3 刀具设置

通过选择【刀具路径】/【刀具管理器】命令，调出【刀具管理】对话框，建立直径为 10mm 的立铣刀、直径为 8mm 的球头铣刀和直径为 6mm 的球头铣刀。

6.4.4 新建刀具路径群组

参照第三章介绍的方法，分别建立名称为 10R0、8R4 和 6R3 的刀具路径群组，将▶移到群组名为 10R0 的目录下。

6.5 刀路编制

6.5.1 曲面挖槽粗加工

调出【层别管理】对话框，打开第 3 图层（REC 层），调出曲面挖槽粗加工边界。

1）选择【刀具路径】/【曲面粗加工】/【粗加工挖槽加工】命令，系统弹出【输入新 NC 名称】对话框，输入“烟灰缸”，单击确定按钮。

窗选所有曲面，单击应用按钮，系统弹出【刀具路径的曲面选取】对话框，如图 6-2所示。

在【边界范围】选项卡处单击【选择】按钮，系统弹出【串连选项】对话框，在绘图区选取图层第 3 层的“REC”矩形，如图 6-3 所示。单击【串连选项】对话框中的确定按钮，系统弹出【刀具路径的曲面选取】对话框，单击该对话框的确定按钮。

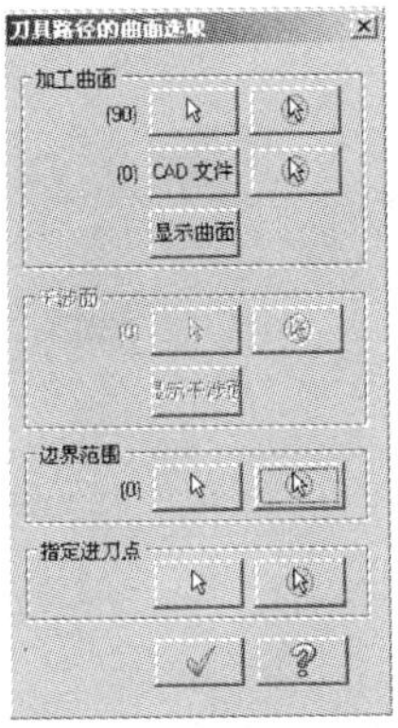

图 6-2 【刀具路径的曲面选取】对话框

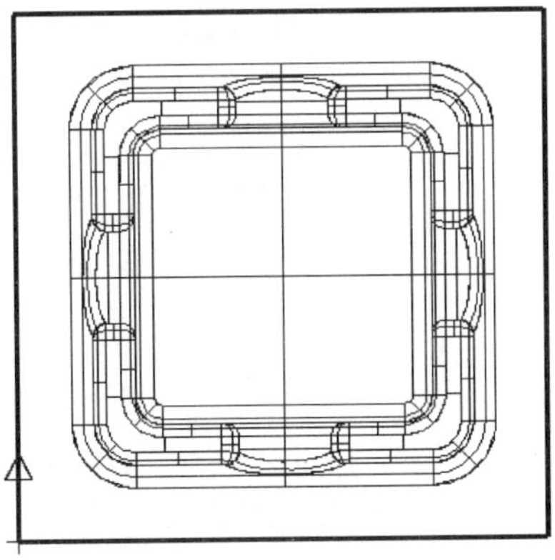

图 6-3 选择加工边界

2）系统弹出【曲面粗加工挖槽】对话框，选择直径为 10mm 的立铣刀，设置【进给率】为 1000mm/min，【主轴转速】为 2000r/min，【进刀速率】为 100mm/min，【提刀速率】为 2500mm/min，勾选【快速提刀】复选项，其他选项都不勾选，如图 6-4 所示。

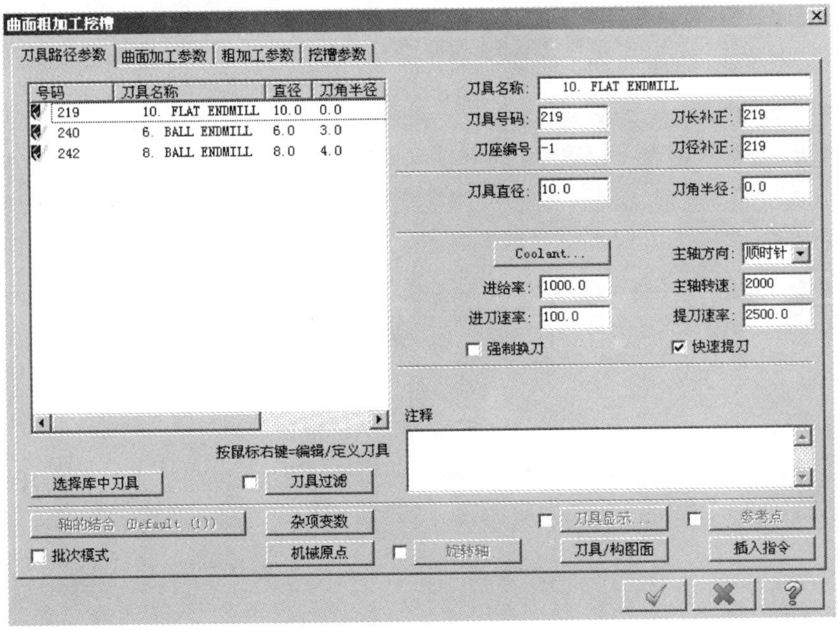

图 6-4 刀具选择与参数设置

3）打开【曲面加工参数】选项卡，勾选【参考高度】复选项并设置为 10.0mm，【进给下刀位置】为 5.0mm，勾选所有【绝对坐标】选项卡，设置【加工面预留量】为 0.25mm，如图 6-5 所示。

4）打开【粗加工参数】选项卡，设置【整体误差】为 0.05mm，设置【Z 轴最大进给量】为 0.5mm，勾选【螺旋式下刀】和【由切削范围外下刀】复选项，如图 6-6 所示。

单击【螺旋式下刀】按钮，系统弹出【螺旋/斜插式下刀参数】对话框。设置【Z 方向开始螺旋】为 0.3mm，【XY 方向预留间隙】为 1.5mm。勾选【沿着边界渐降下刀】选项，

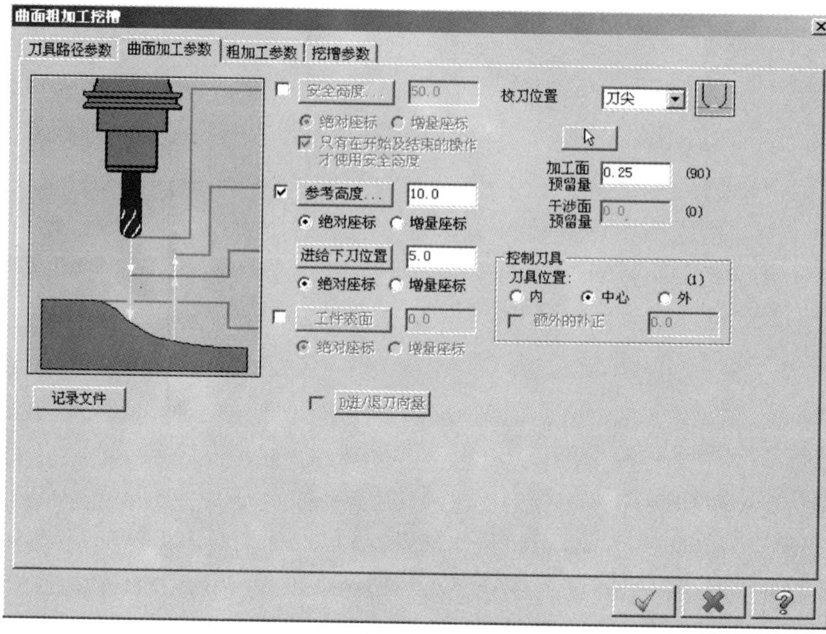

图 6-5　曲面加工参数设置

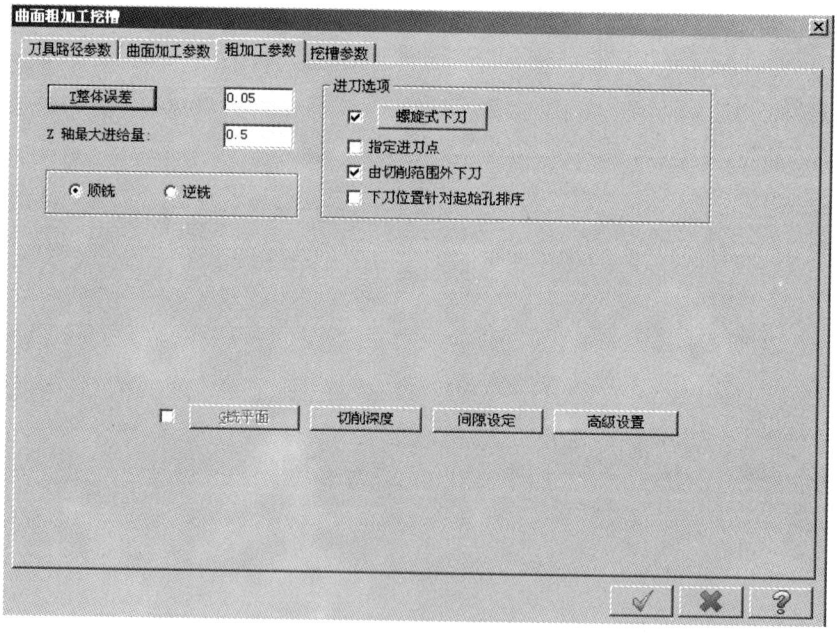

图 6-6　粗加工参数设置

设置【如果长度超过】为 10.0mm。在【如果所有进刀方法都失败时】选项卡中勾选【垂直下刀】选项，【进刀采用的进给率】为【下刀速率】，如图 6-7 所示，单击确定按钮✓。

单击【切削深度】按钮，系统弹出【切削深度的设定】对话框，勾选【绝对坐标】复选项，设置【最高的位置】为 -0.1mm，【最低的位置】为 -22.0mm，如图 6-8 所示，单击确定按钮✓。

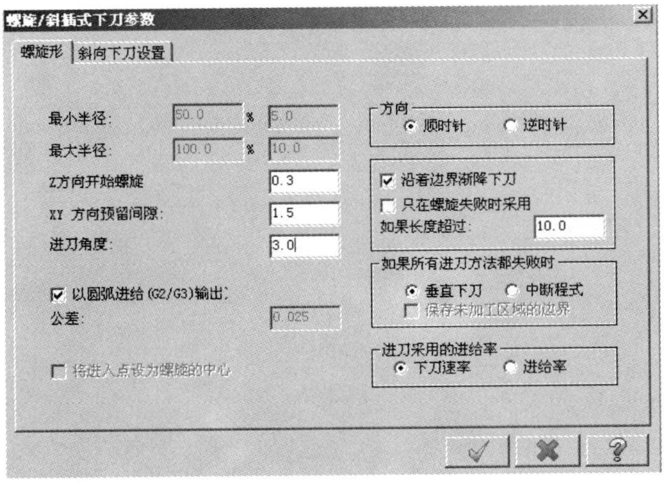

图 6-7　螺旋式下刀设置

实战经验：挖槽粗加工时，如果需控制刀具不在工件 Z0 的上表面加工，可以将这里的【最高的位置】设为比 Z0 点稍低一点的深度，如这里设为 -0.1mm。这样可以减少空走刀。但前提是必须保证刀具第一刀的切削量不能太大，否则容易发生弹刀现象，如加工时毛坯上表面已经过加工，可采用这种设置方法。

单击【间隙设定】按钮，系统弹出【刀具路径的间隙设置】对话框，勾选【切削顺序最佳化】复选项，如图 6-9 所示，单击确定按钮 ✓。

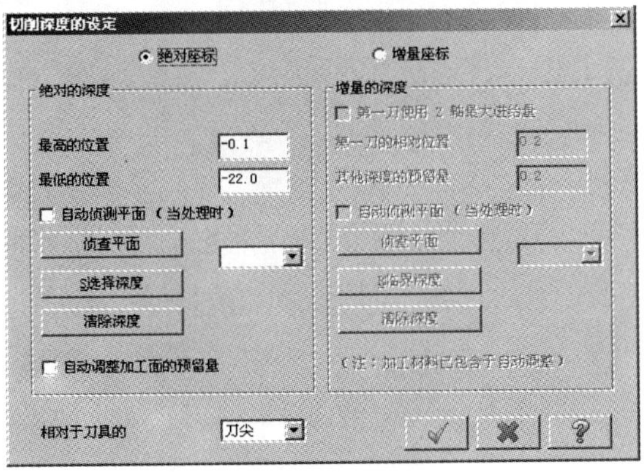

图 6-8　切削深度设置

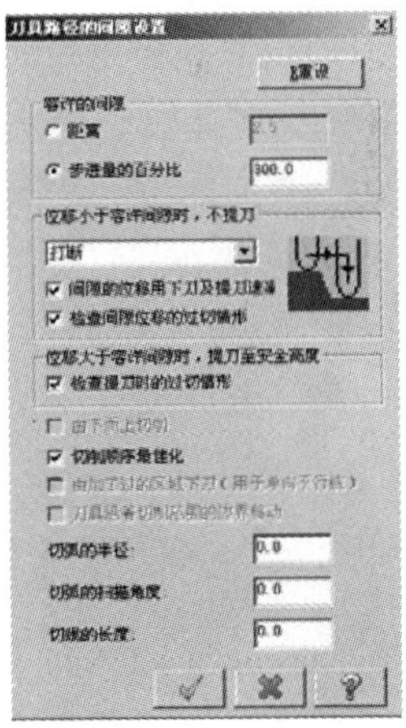

图 6-9　优化刀路

5）打开【挖槽参数】选项卡，选择切削方式为【等距环切】，设置【切削间距（直径%）】为 75%。勾选【精加工】选项卡，设置【次数】为 1，【间距】为 0.25mm，其余参数默认，如图 6-10 所示。

技术指导：设置【精加工】选项加工的方式类似于轮廓铣削刀路，它可对轮廓进行一次或多次的加工，从而获得较小而且一致的加工余量，以使在精加工时能取得较好的表面质量。因此粗加工时，一般建议设置该选项，同时精修间距的数值相对较小，如 0.25mm。

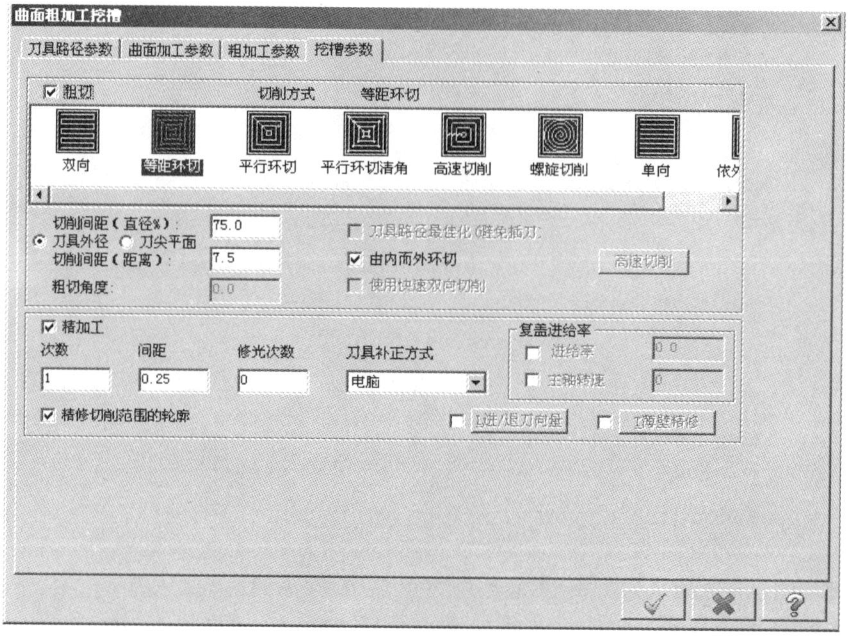

图 6-10　挖槽参数设置

单击【曲面粗加工挖槽】对话框中的确定按钮，生成刀具路径，如图 6-11 所示。

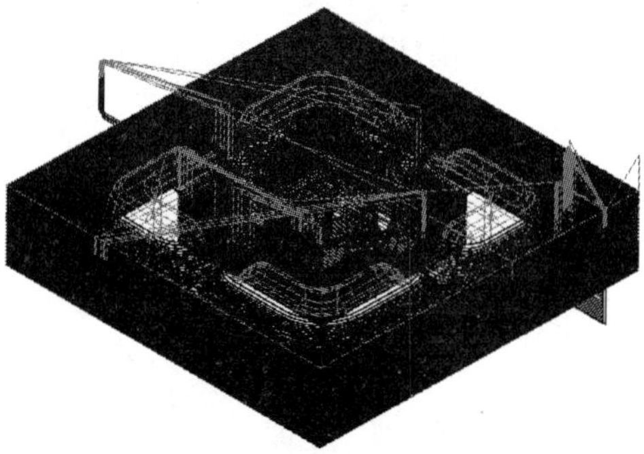

图 6-11　曲面挖槽粗加工刀路

6.5.2　标准挖槽精加工

设定辅助曲线。调出【层别管理】对话框，新建第 7 图层（名称：rec _ cut2）。

选择【绘图】/【曲面曲线】/【所有曲线边界】命令，如图 6-12 所示。

选择零件中间凹槽平底面，单击应用按钮，再单击确定按钮，生成的曲线如图 6-13 所示。

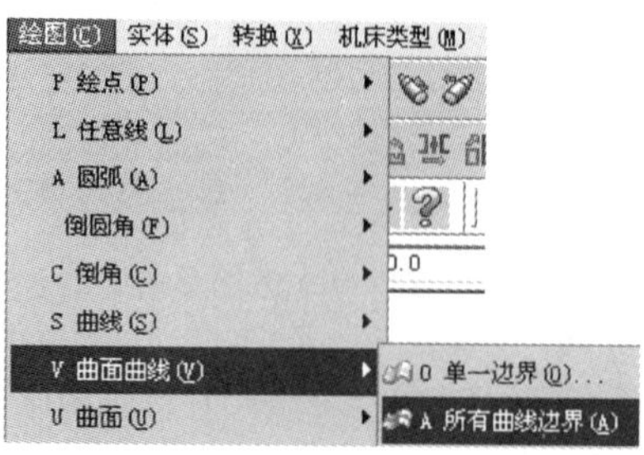

图 6-12　选择【所有曲线边界】命令

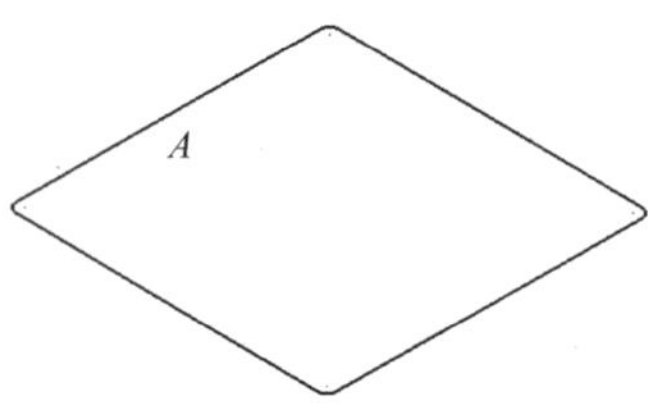

图 6-13　生成曲线

选择【编辑】/【修剪/打断】/【两点打断】命令，如图 6-14 所示。

选择如图 6-13 所示 A 点处一直线。在【自动抓取】工具栏中选择【中点】，再次选择该直线，系统将在其中点处将该直线打断成两段，单击确定按钮☑。

技术指导：将其中一直线在中点处打断是为了后续进行轮廓清角加工时便于确定进刀点的位置。

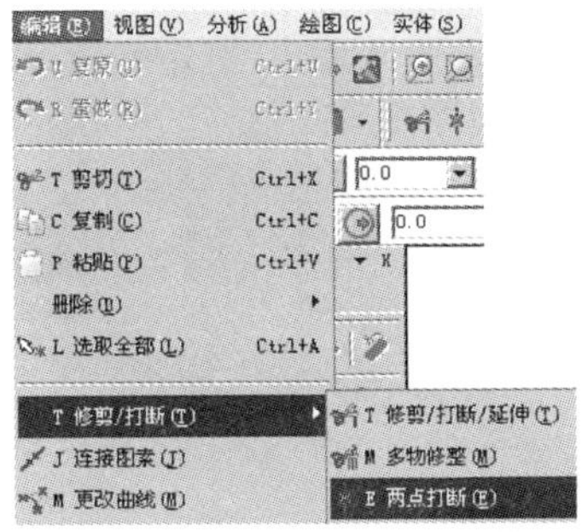

图 6-14　选择【两点打断】命令

1）在菜单栏选择【刀具路径】/【标准挖槽】命令，在绘图区选取刚生成的矩形（图 6-13）作为加工范围边界线，并执行确定操作。

2）系统弹出【挖槽（标准）】对话框，选择直径为 10mm 的立铣刀，设置【进给率】为 400mm/min，【主轴转速】为 2500r/min，【进刀速率】为 100mm/min，勾选【快速提刀】复选项，其他选项都不勾选。

3）打开【2D 挖槽参数】选项卡，勾选【参考高度】复选框并设置为 10.0mm，【进给下刀位置】为 5.0mm，【工件表面】为 0.0mm，【深度】为 −18.0mm。只勾选所有【绝对坐标】复选项，设置【XY 方向预留量】和【Z 方向预留】为 0.0mm，如图 6-15 所示。

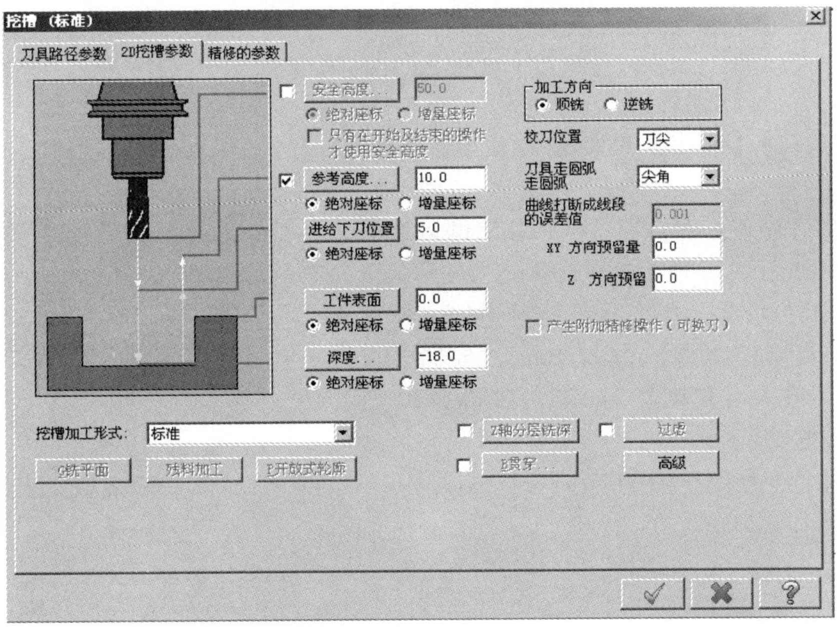

图 6-15　2D 挖槽参数设置

4）打开【精修的参数】选项卡，选择切削方式为【等距环切】。设置【切削间距（直径%）】为 50，勾选【由内而外环切】复选项，如图 6-16 所示。

实战经验：由于是精加工，不宜将【切削间距（直径%）】设得太大，一般取刀具直径的 50%，粗加工时该值不超过刀具直径的 80%。

单击【挖槽（标准）】对话框中的确定按钮☑，生成刀具路径，如图 6-17 所示。

6.5.3　等高外形精加工（ϕ10mm 立铣刀）

设置辅助曲面。通过【层别管理】对话框，新建第 8 图层（名称为 solid _ cut），并将该图层设为主图层。只打开第 1 图层和第 8 图层，关闭其他图层。

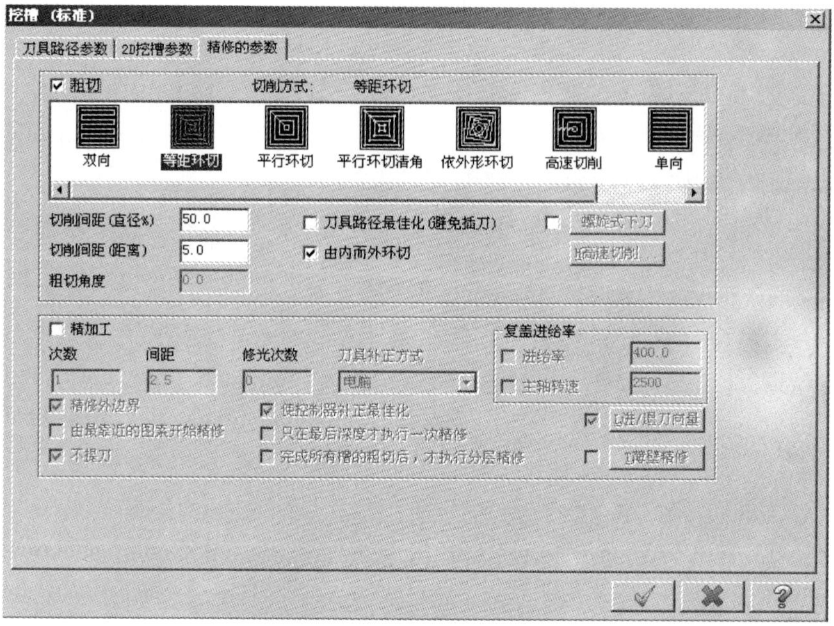

图 6-16　精修的参数设置

选择【实体】/【挤出实体】命令，如图 6-18 所示。

系统弹出【串连选项】对话框，在绘图区选取最大的矩形，如图 6-19 所示，单击确定按钮。

系统弹出【实体挤出的设置】对话框，设置【按指定的距离延伸距离】为 22.0mm，勾选【拔模】复选项，输入【角度】为 12°，如图 6-20 所示，单击确定按钮。

生成实体特征如图 6-21 所示。

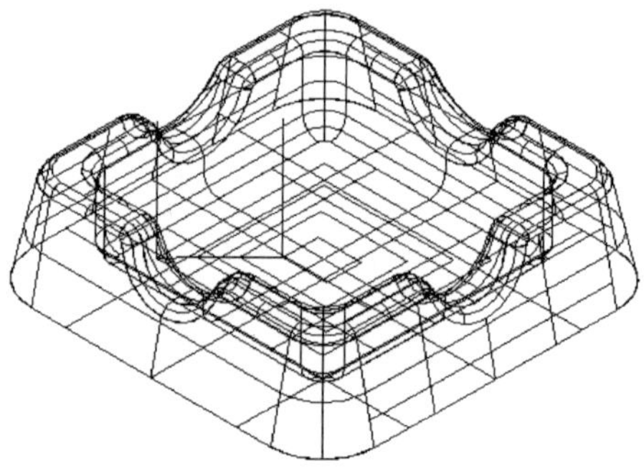

图 6-17　标准挖槽精加工刀路

图 6-18　选择【挤出实体】命令

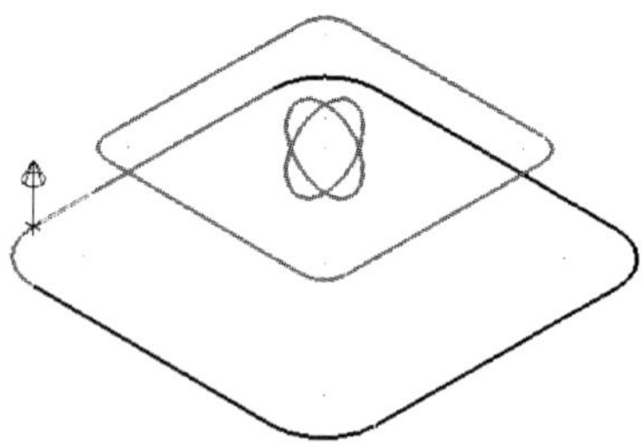

图 6-19　选择挤出边界

技术指导：采用挤出方式生成实体时，选择串连曲线后要注意箭头的方向。当发现方向不对时，可通过鼠标单击箭头使其指向正确方向，也可以直接通过勾选【更改方向】选项达到相同的效果。

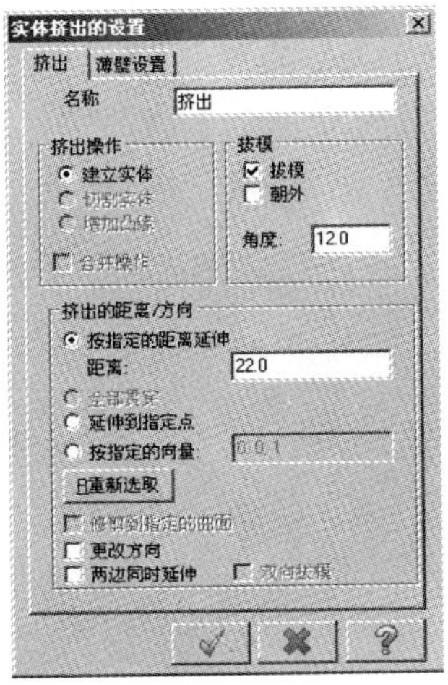

图 6-20　生成实体参数设置

图 6-21　生成实体

选择【实体】/【倒圆角】/【实体倒圆角】命令，如图 6-22 所示。

选择如图 6-23 所示 *A* 点所指实体边，单击应用按钮，系统弹出【实体倒圆角参数】对话框，设置【半径】为 2.5mm，勾选【沿切线边界延伸】复选项，如图 6-24 所示，单击确定按钮。

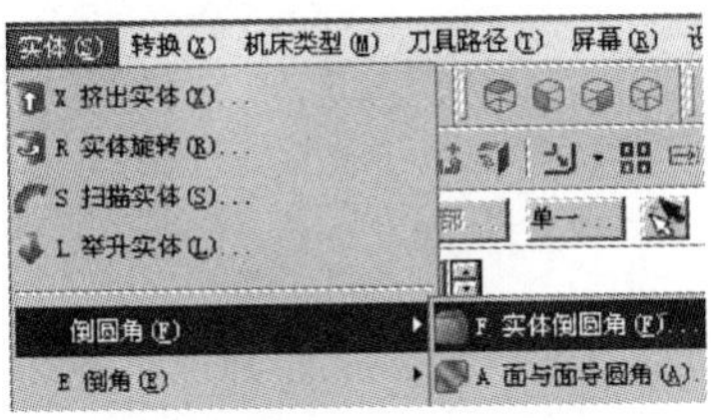

图 6-22　选择【实体倒圆角】命令

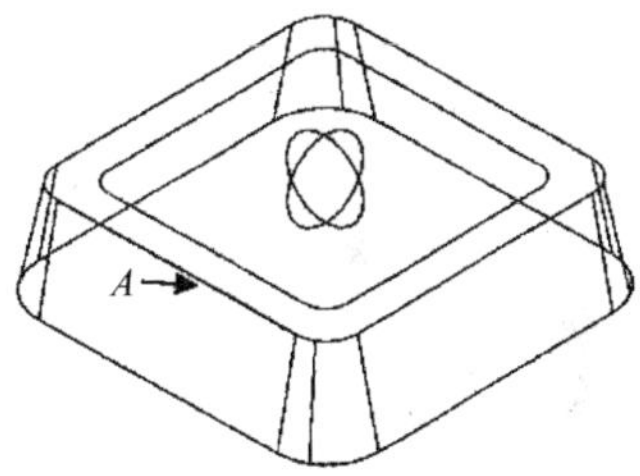

图 6-23　倒圆角边选择

实体倒圆角结果如图 6-25 所示。

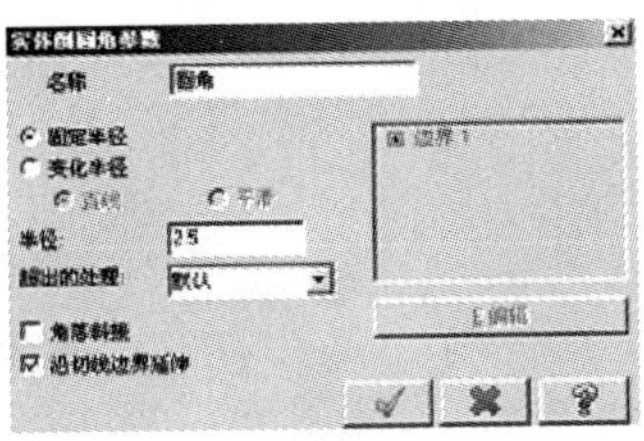

图 6-24　实体倒圆角参数设置

图 6-25　实体倒圆角结果

选择【实体】/【挤出】命令，系统弹出【串连选项】对话框。选中【俯视图】单选按钮，在绘图区选取第 1 图层中的最小矩形，如图 6-26 所示，单击确定按钮。

系统弹出【实体挤出的设置】对话框，勾选【切割实体】复选项，不勾选【拔模】复

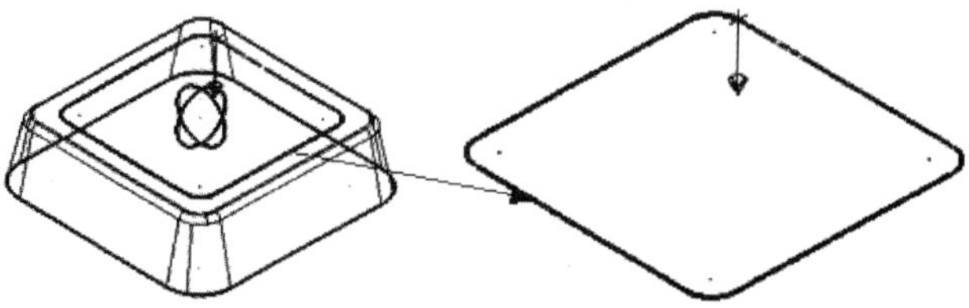

图 6-26 选择挤出边界

选项，设置【按指定的距离延伸距离】为 18.0mm，如图 6-27 所示，单击确定按钮。

实体切割结果如图 6-28 所示。

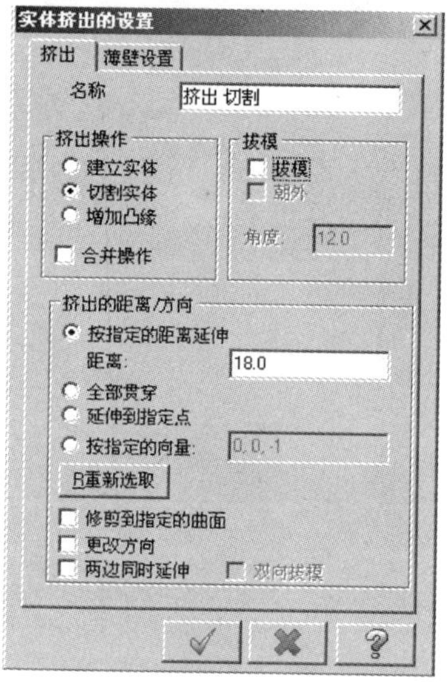

图 6-27 实体切割设置

图 6-28 实体切割结果

选择【实体】/【倒圆角】/【实体倒圆角】命令，选择一实体边，如图 6-29 所示 *B* 点所指实体边，单击应用按钮，系统弹出【实体倒圆角参数】对话框，设置【半径】为 2.5mm，勾选【沿切线边界延伸】复选项，如图 6-30 所示，单击确定按钮。

倒圆角结果如图 6-31 所示。

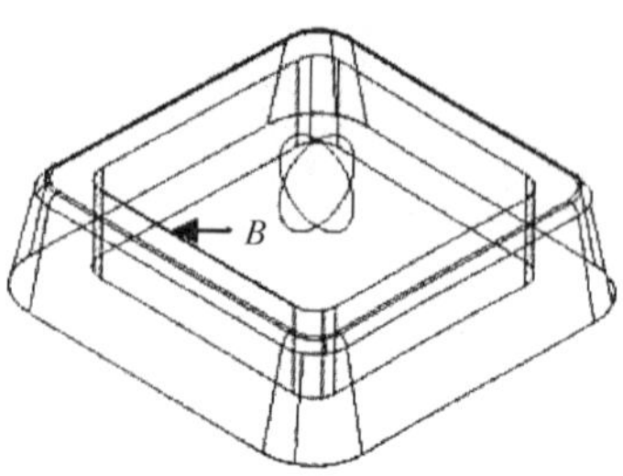

图 6-29 倒圆角边选择

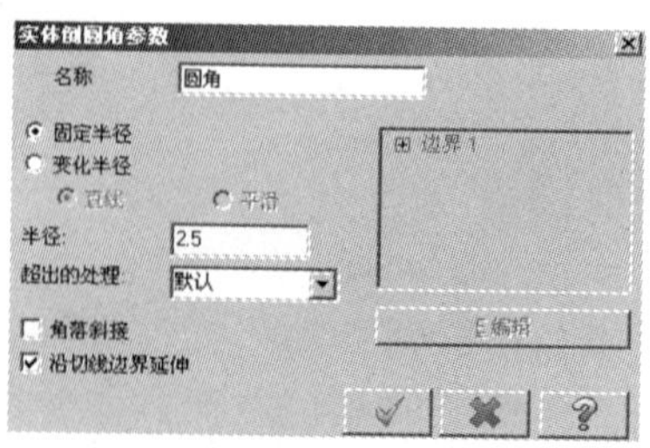

图 6-30 实体倒圆角设置

图 6-31 倒圆角结果

技术指导：这里所有的生成实体参数与倒圆角参数都必须通过 Mastercam 自带的分析功

能先进行分析，然后才能确定具体的数值。在设置参数的时候一定要注意不能出错，必须保证创建的图形与原来的尺寸一致。

调出【层别管理】对话框，新建第9图层（名称为face _ cut）。

选择【绘图】/【曲面】/【由实体产生曲面】命令，如图6-32所示。

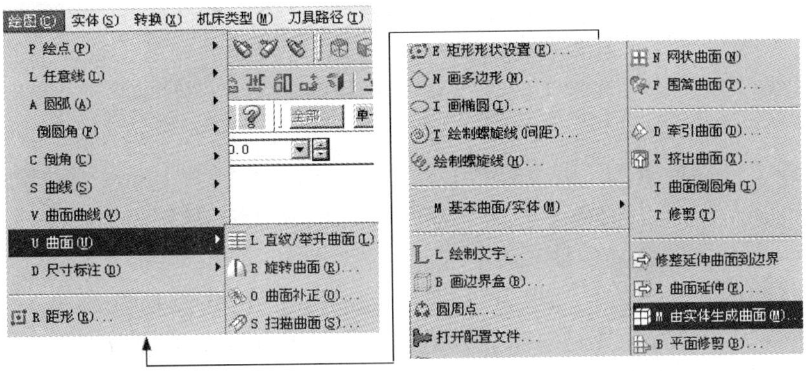

图6-32　选择【由实体产生曲面】命令

在【普通选项】工具栏处单击选择主体按钮，选取刚构建的实体特征，单击确定按钮，结果如图6-33所示。

图6-33　生成曲面

调出【层别管理】对话框，新建第10层（名称为face hold)，并将第10层作为当前图层。隐藏第8层(solid _ cut层)，只显示第9层和第10层。

选择【绘图】/【矩形】命令，如图6-34所示。

在【普通选项】工具栏处单击生成曲面按钮，分别在图形的左上角和右下角处单击如图6-35所示的*A*、*B*两点，单击确定按钮，结果如图6-36所示。

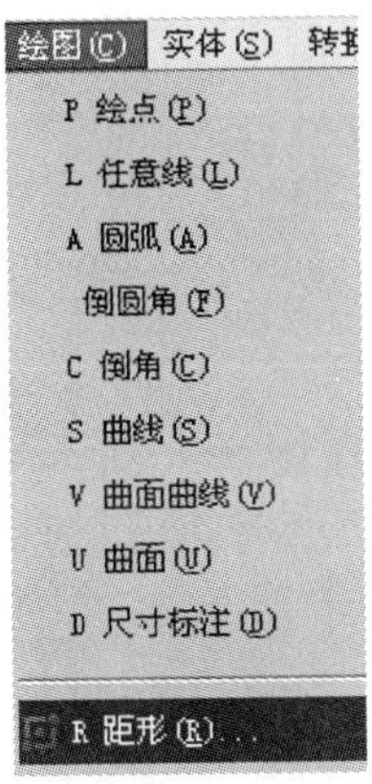

图6-34　选择【矩形】命令

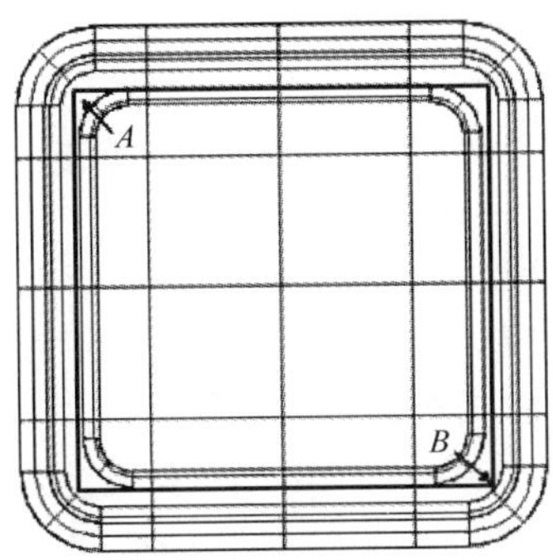

图6-35　选择曲面边界

图6-36　生成曲面

多学一招：在生成平整的曲面时，除了直接采用【矩形】命令中的【生成曲面】选项外，还可以采用【绘图】/【曲面】/【平面修剪】命令进行创建，读者可自行创建。

1）选择【刀具路径】/【曲面精加工】/【精加工等高外形】命令，窗选所有曲面（注意要将刚才利用矩形生成的曲面选上），单击应用按钮，系统弹出【刀具路径的曲面选取】对话框，单击确定按钮。

多学一招：对于与本零件类似，含有凹槽的图形，在生成刀路时，如需控制刀具不加工到凹槽部分，可在该凹槽的上表面作一个曲面，以达到封孔的效果，这样 Mastercam 在生成刀路时将不对被封的区域进行加工。这一技巧在控制刀路不进行某一区域的加工时经常使用，希望读者能认真领会。

2）系统弹出【曲面精加工等高外形】对话框，选择直径为 10mm 的立铣刀，设置【进给率】为 800mm/min，【主轴转速】为 2500r/min，【进刀速率】为 400mm/min，【提刀速率】为 2500mm/min，勾选【快速提刀】复选项。

3）打开【曲面加工参数】选项卡，勾选【参考高度】并设置为 10.0mm，【进给下刀位置】为 5.0mm。勾选所有【绝对坐标】选项卡，设置【加工面预留量】和【干涉面预留量】都为 0.0mm，如图 6-37 所示。

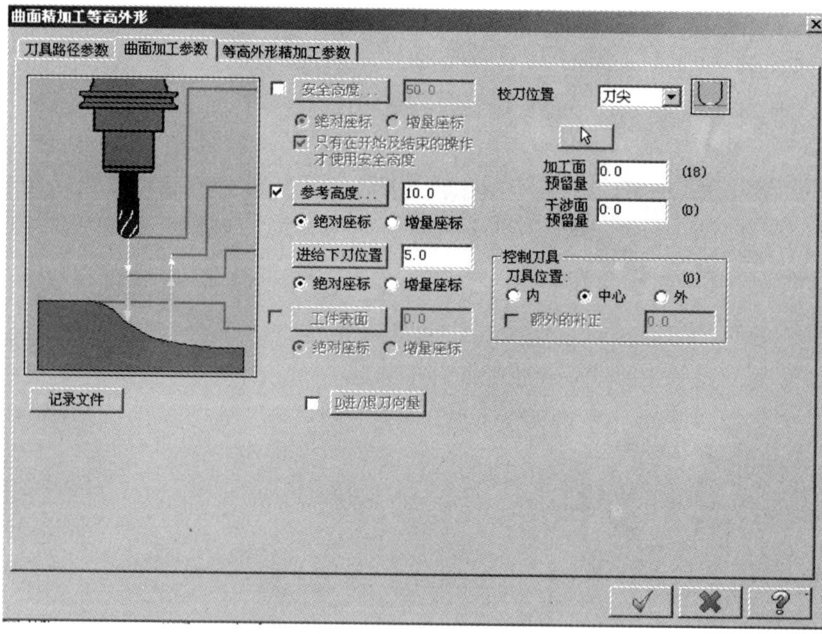

图 6-37　曲面加工参数设置

4）打开【等高外形精加工参数】选项卡，设置【整体误差】为 0.01mm，【Z 轴最大进给量】为 0.1mm。勾选【进/退刀　切弧/切线】复选项，设置【圆弧半径】为 5.0mm，【扫描角度】为 90°，勾选【切削顺序最佳化】复选项，其他参数默认，如图 6-38 所示。

单击【切削深度】按钮，系统弹出【切削深度的设定】对话框。勾选【绝对坐标】复选项，设置【最高的位置】为 −17.8mm，【最低的位置】为 −22.0mm，单击确定按钮。

技术指导：最小加工深度 −17.8mm 的算法和前面第四章的等高外形精加工算法相同，读者可参考第四章相应部分。

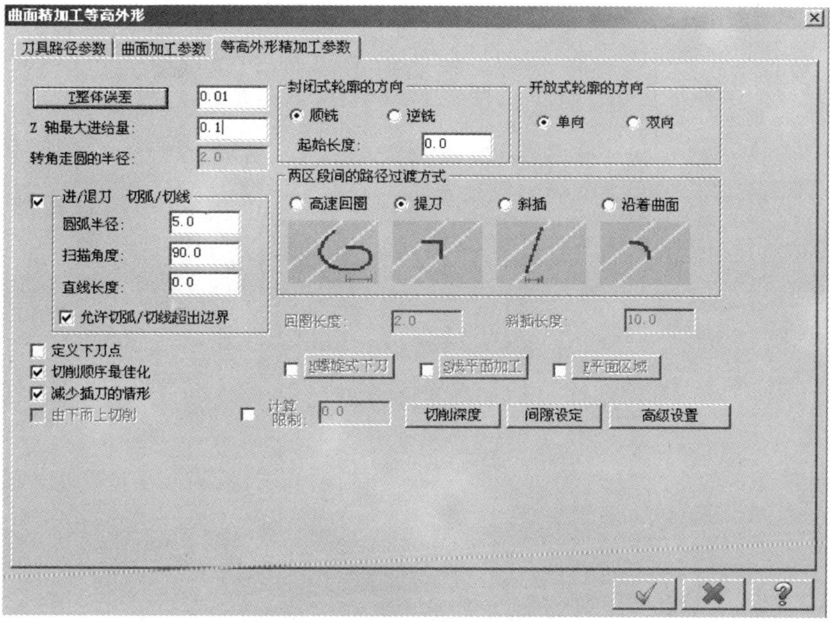

图 6-38　等高外形精加工参数设置

单击【高级设置】按钮，系统弹出【高级设置】对话框，在【刀具在曲面（实体面）的边缘走圆角】选项中勾选【在所有的边缘】选项，如图 6-39 所示，单击确定按钮。

单击【曲面精加工等高外形】对话框中的确定按钮，生成刀具路径，如图 6-40 所示。

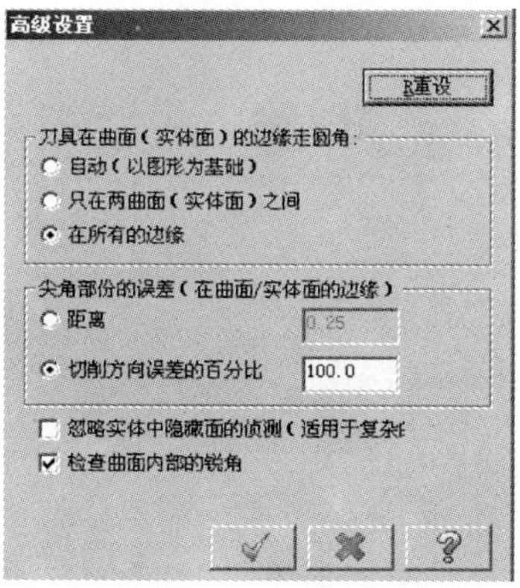

图 6-39　高级设置

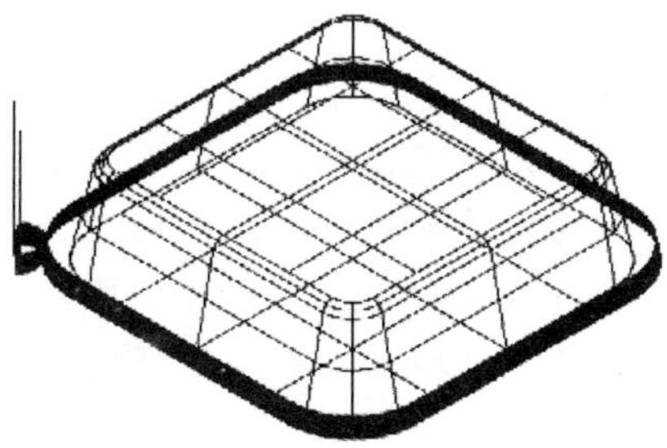

图 6-40　等高外形精加工刀路

单击插入箭头按钮▼下移至加工群组名为 8R4 的目录下。

6.5.4　等高外形精加工（ϕ8mm 球刀）

1）复制“第 3 步：曲面精加工等高外形”刀路，并在刚生成的“第 4 步：曲面精加工等高外形刀路”的目录下单击【参数】选项。

2）系统弹出【曲面精加工等高外形】对话框，选择直径为 8mm 的球头立铣刀。设置【进给率】为 800mm/min，【主轴转速】为 3000r/min，【进刀速率】为 200mm/min，【提刀速率】为2500mm/min，勾选【快速提刀】复选项，其他选项都不勾选。

3）打开【等高外形精加工参数】选项卡，设置【整体误差】为0.01mm，【Z轴最大进给量】为0.15mm。勾选【切削顺序最佳化】和【浅平面加工】复选项，其他参数默认，如图6-41所示。

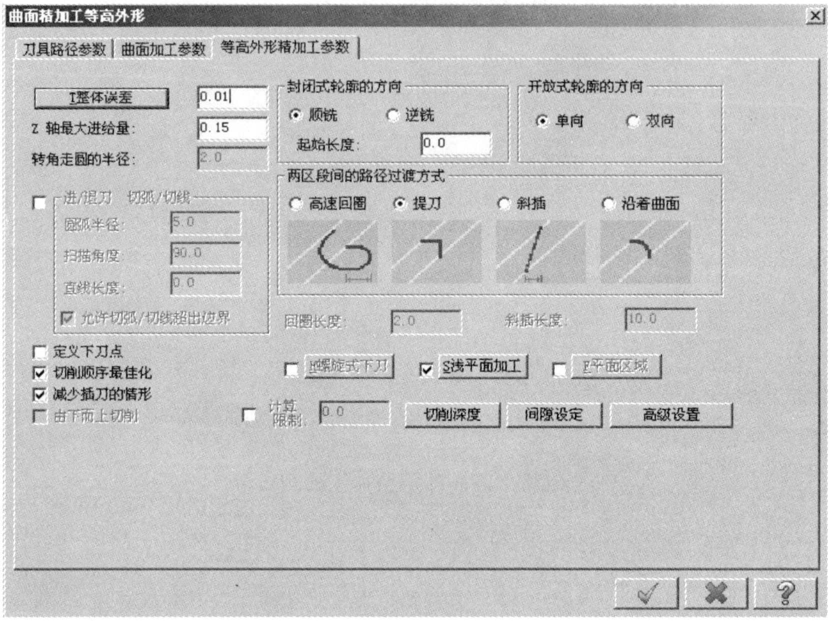

图6-41 等高外形精加工参数设置

单击【浅平面加工】按钮，系统弹出【浅平面加工设置】对话框，勾选【增加浅平区域的刀具路径】选项，设置【分层铣深的最小切削深度】为0.05mm，【加工角度的极限】为60°，其他参数默认，如图6-42所示。

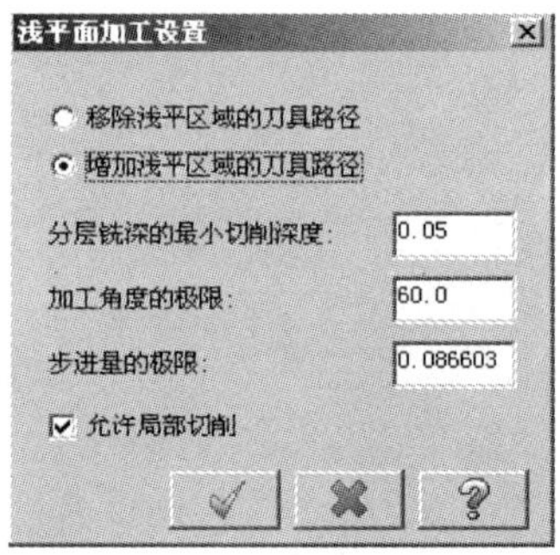

图6-42 浅平面加工设置

技术指导：等高外形精加工的最大切削深度是Z方向的间距，在加工平缓曲面，Z方向间距不变的情况下，刀路的水平步距会随着平缓度的增加而变大。如果被加工的曲面比较平缓，刀路就会变得疏一些。为避免这种现象的发生，可选用等高外形精加工刀路所提供的浅平面加工刀路，将【分层铣深的最小切削深度】设置得更小，对该平缓区域增加刀路，能有效地保证较平缓曲面部位的加工效果。这里R2.5mm曲面圆弧过渡属于较平缓的区域。

单击【切削深度】按钮，系统弹出【切削深度的设定】对话框，勾选【绝对坐标】选项，设置【最高的位置】为0.0mm，【最低的位置】为-22.0mm，如图6-43所示，单击确定按钮。

单击【高级设置】按钮，系统弹出【高级设置】对话框，在【刀具在曲面（实体面）的边缘走圆角】选项中勾选【在所有的边缘】选项，如图6-44所示，单击确定按钮。

单击【曲面精加工等高外形】对话框中的确定按钮，单击【重新计算刀路】按钮

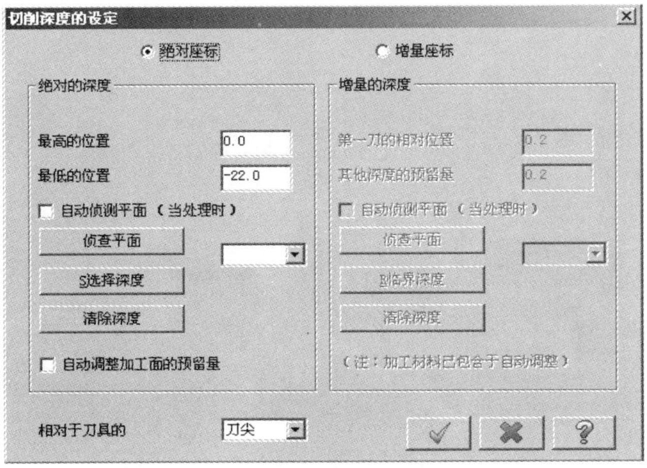

图 6-43　切削深度设置

，系统重新生成刀具路径，如图 6-45 所示。

调出【层别管理】对话框，关闭第 10 图层。

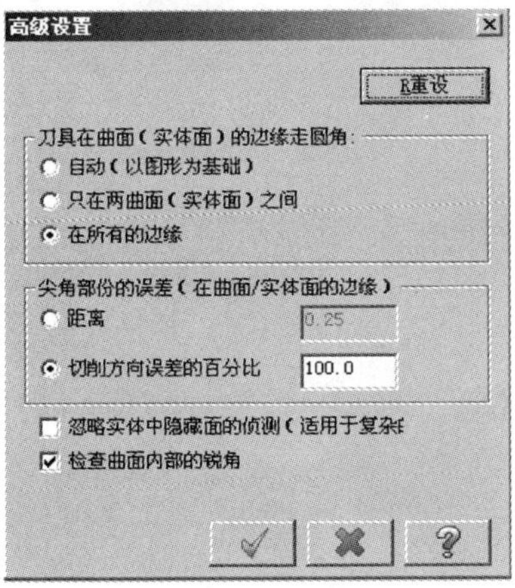

图 6-44　高级设置

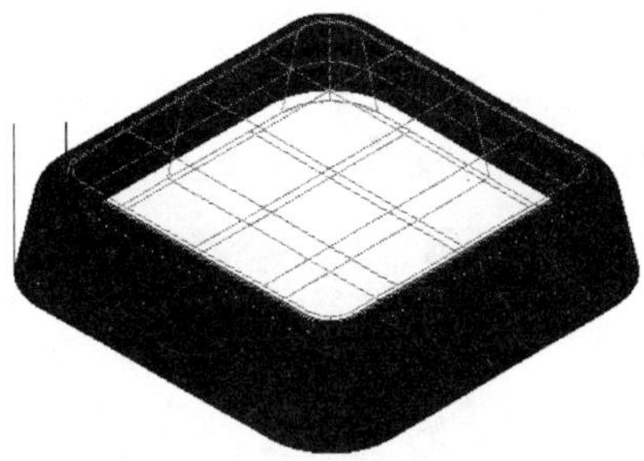

图 6-45　等高外形精加工刀路

6.5.5　等高外形精加工（凹槽 $R2.5$mm 圆角曲面）

1）复制"第 4 步：曲面精加工等高外形"刀路，在刚生成的"第 5 步：曲面精加工等高外形刀路"的目录下单击【图形】选项，如图 6-46 所示。

系统弹出【刀具路径的曲面选取】对话框，在【加工曲面】选项处单击【取消选择】按钮，取消上一步所选择的曲面，单击【选择】按钮，如图 6-47 所示。

选择凹槽内的所有 $R2.5$mm 圆弧曲面，如图 6-48 所示，单击应用按钮，系统返回【刀具路径的曲面选取】对话框。

在【干涉面】选项处单击选择按钮，选择与凹槽内的所有 $R2.5$mm 圆弧曲面相连的曲面，如图 6-49 所示，单击应用按钮，系统返回【刀具路径的曲面选取】对话框，单击确定按钮。

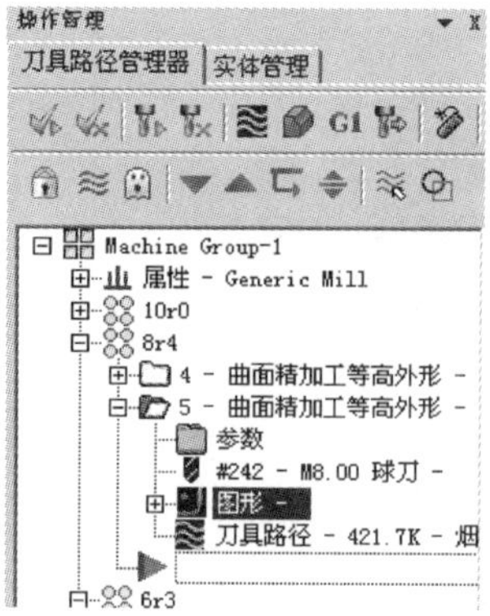

图 6-46　选择【图形】选项

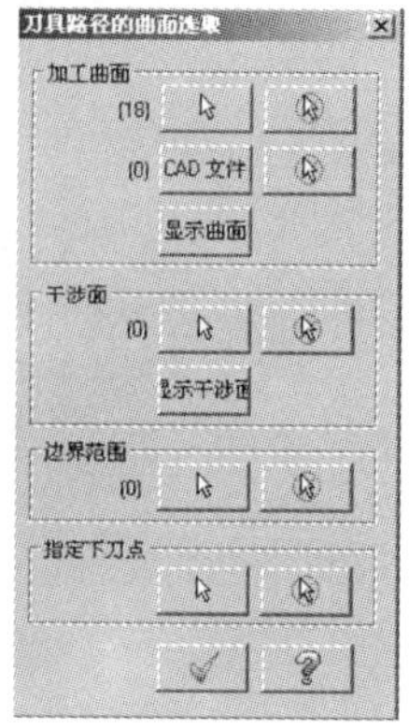

图 6-47　【刀具路径的曲面选取】对话框

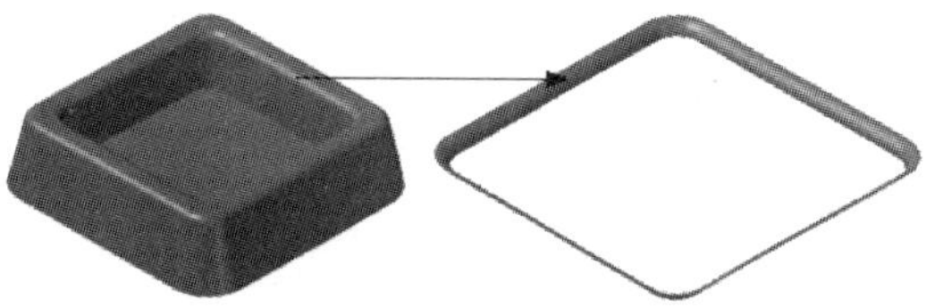

图 6-48　选择加工面

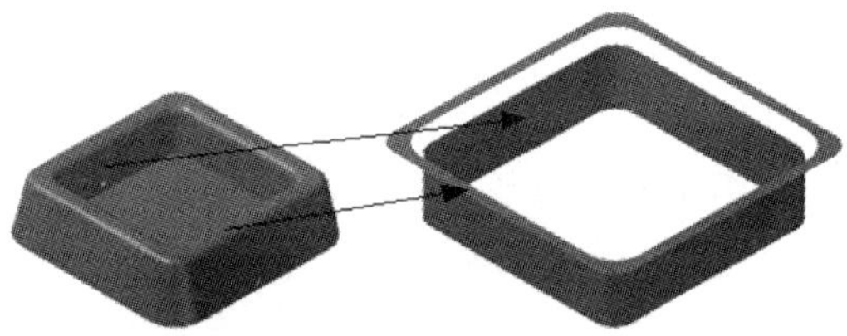

图 6-49　选择干涉面

在“第 5 步：曲面精加工等高外形刀路”的目录下单击【参数】选项。

2）系统弹出【曲面精加工等高外形】对话框，直接打开【等高外形精加工参数】选项卡，所有设置和之前一样不用修改，如图 6-50 所示。

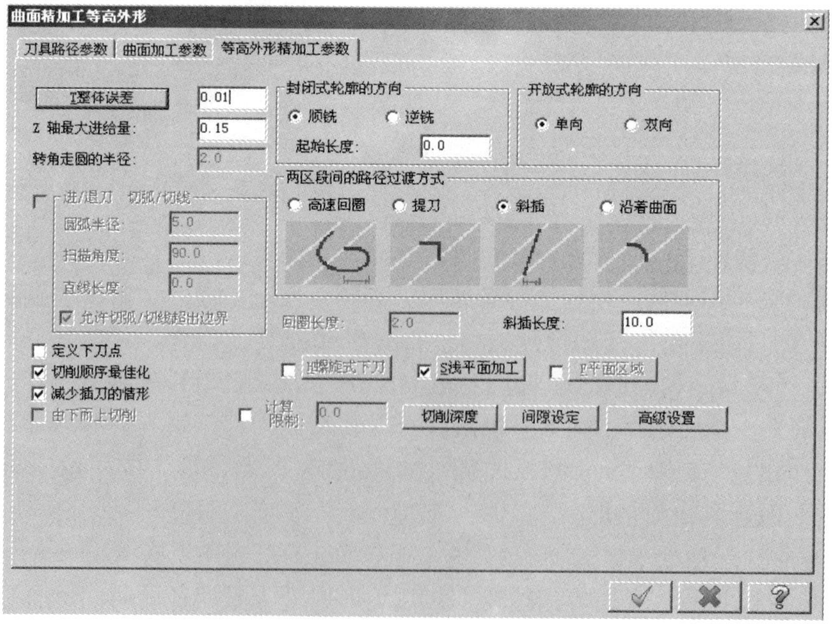

图 6-50　等高外形精加工参数设置

单击【切削深度】按钮，系统弹出【切削深度的设定】对话框，勾选【绝对坐标】复选项，设置【最高的位置】为0.0mm，【最低的位置】为－8.0mm，如图6-51所示，单击确定按钮。

技术指导：这里只是用直径为8mm的球头立铣刀加工*R*2.5mm圆弧曲面，但因为球刀头立铣刀体的几何原因，在计算深度时需加上刀具半径，以完成全面的加工。

单击【曲面精加工等高外形】对话框中的确定按钮，单击重新计算刀路按钮，生成刀具路径，如图6-52所示。

多学一招：当采用相同的加工刀路时，为提高编程效率，采用复制刀路的方法，然后对小部分参数进行修改，即可达到相同的效果。

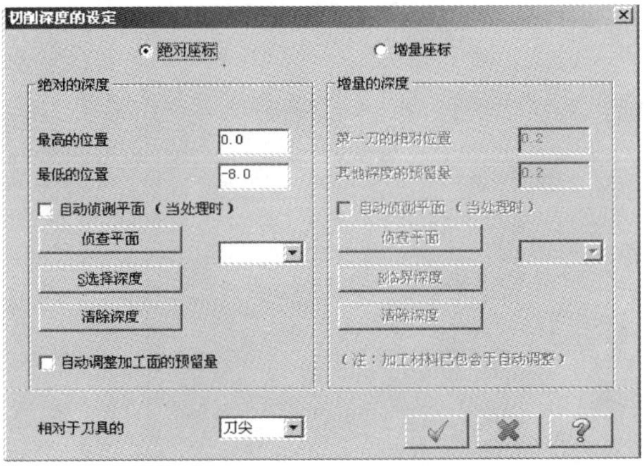

图6-51　切削深度设置

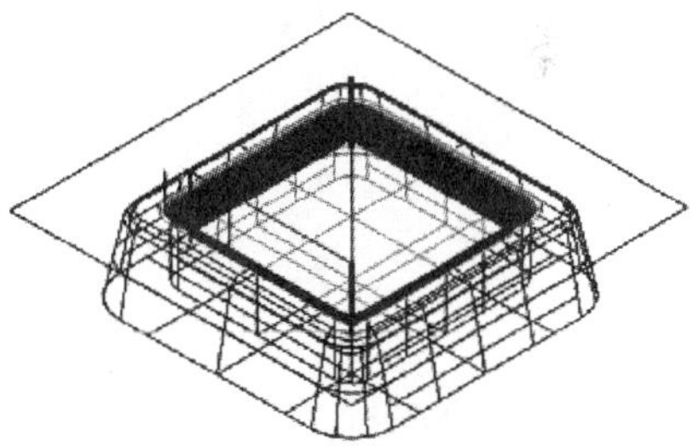

图6-52　等高外形精加工刀路

6.5.6　平行铣削精加工（上、下方*R*9mm圆弧）

调出【层别管理】对话框，只打开第2图层（surface层），关闭其他图层。

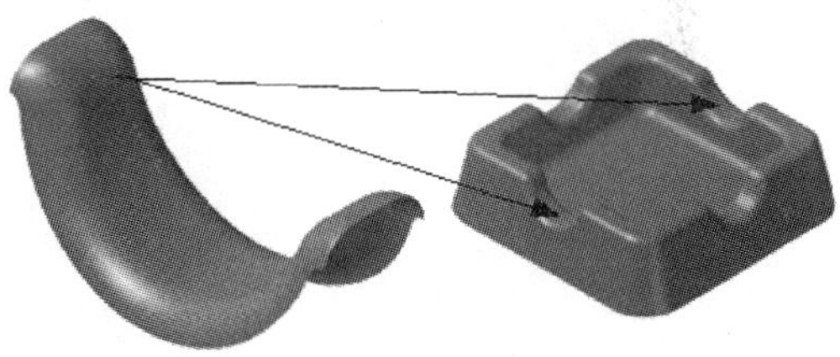

图6-53　选择加工面

1）选择【刀具路径】/【曲面精加工】/【精加工平行铣削】命令，选择零件上、下方*R*9mm凹圆角曲面，如图6-53所示，单击应用按钮。

系统弹出【刀具路径的曲面选取】对话框，如图6-54所示。在【干涉面】选项卡中单击选择按钮，选择与刚才所选加工面相连接的所有曲面，如图6-55所示，单击应用按钮，系统返回【刀具路径的曲面选取】对话框，单击确定按钮。

2）系统弹出【曲面精加工平行铣削】对话框，选择直径为8mm的球头立铣刀。设置【进给率】为800mm/min，【主轴转速】为3000r/min，【进刀速率】为200mm/min，【提刀速率】为2500mm/min，勾选【快速提刀】复选项。

3）打开【曲面加工参数】选项卡，勾选【参考高度】并设置为10.0mm，【进给下刀位置】为5.0mm。勾选所有【绝对坐标】选项，【加工面预留量】为0.0mm，【干涉面预留量】为0.1mm，如图6-56所示。

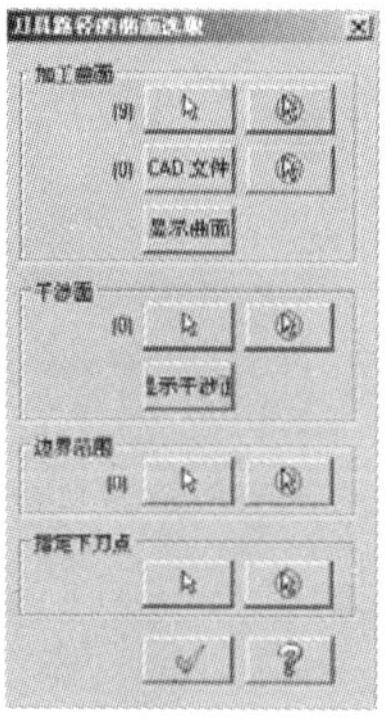

图 6-54 【刀具路径的曲面选取】对话框

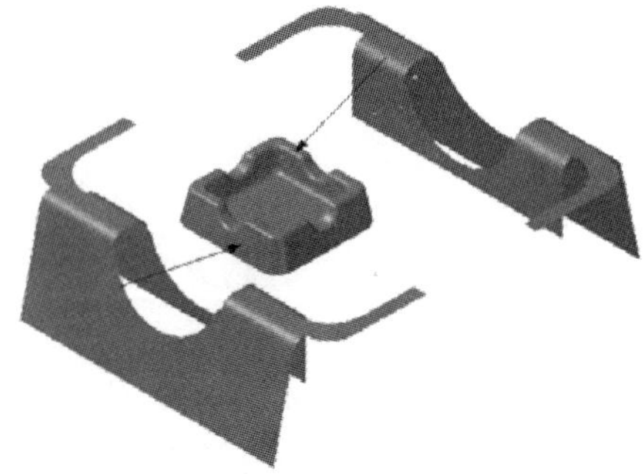

图 6-55 选择干涉面

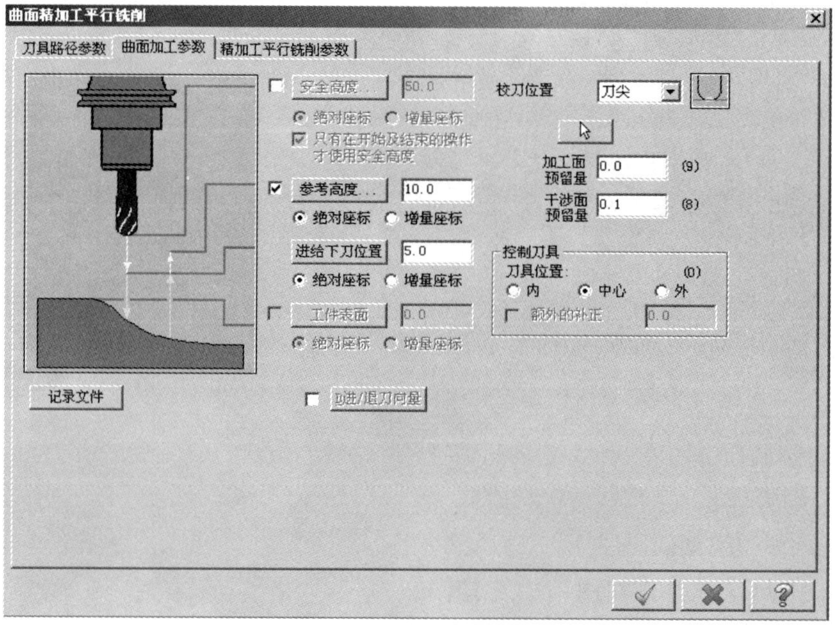

图 6-56 曲面加工参数设置

4）打开【精加工平行铣削参数】选项卡，设置【整体误差】为 0.01mm，【最大切削间距】为 0.1mm，【切削方式】为【双向】，【加工角度】为 90°，如图 6-57 所示。

单击【间隙设定】按钮，系统弹出【刀具路径的间隙设置】对话框，勾选【切削顺序最佳化】复选框，其他参数默认，单击确定按钮。

单击【高级设置】按钮，系统弹出【高级设置】对话框，在【刀具在曲面（实体面）的边缘走圆角】选项中勾选【在所有的边缘】选项，单击确定按钮。

单击【曲面精加工平行铣】对话框中的确定按钮，生成刀具路径，如图 6-58 所示。

多学一招：对于这两个曲面的加工，还可以采用【刀具路径转换】命令进行镜像复制刀路实现相同的加工效果。

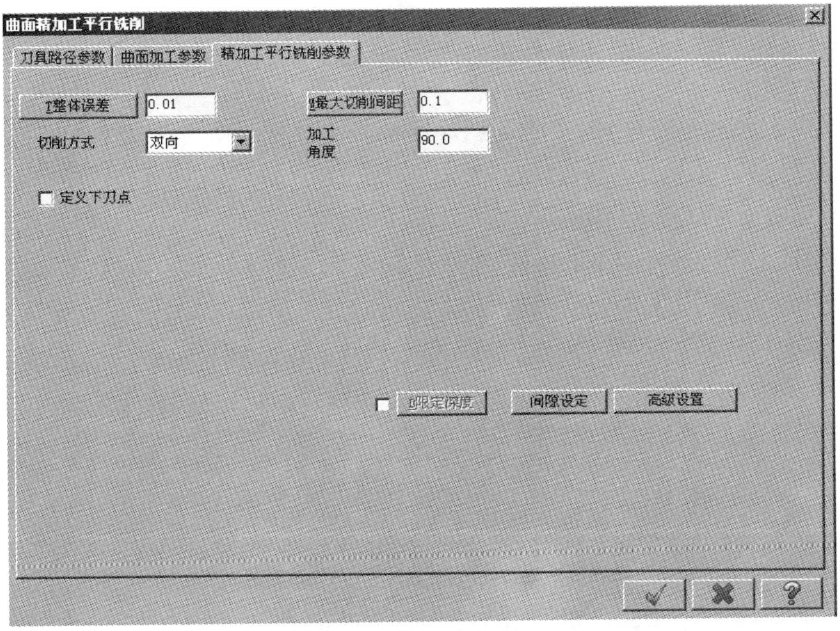

图 6-57　精加工平行铣削参数设置

6.5.7　平行铣削精加工（左、右 R9mm 圆弧）

1）选择【刀具路径】/【曲面精加工】/【精加工平行铣削】命令，选择工件左、右两侧的 R9mm 凹圆角曲面，如图 6-59 所示，单击应用按钮。

系统弹出【刀具路径的曲面选取】对话框，如图 6-60 所示。

在【干涉面】选项卡中单击选择按钮，选择与刚才所选加工曲面相连接的所有曲面，如图 6-61 所示，单击应用按钮，系统返回【刀具路径的曲面选取】对话框，单击确定按钮。

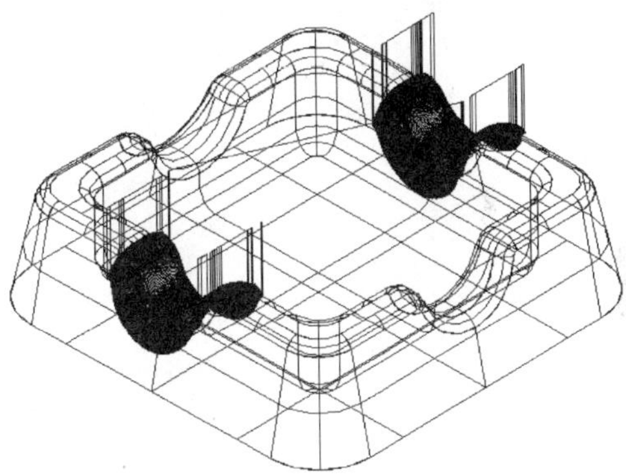

图 6-58　精加工平行铣刀路

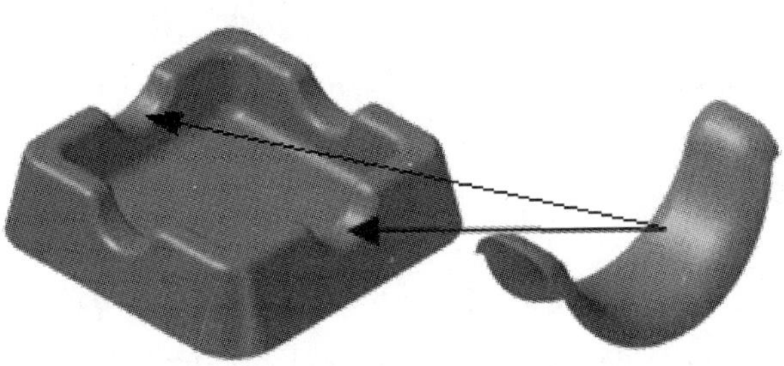

图 6-59　选择加工面

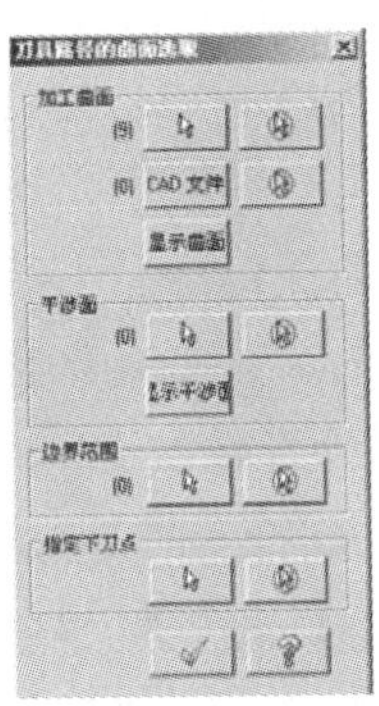

图 6-60　【刀具路径的曲面选取】对话框

2）系统弹出【曲面精加工平行铣削】对话框，选择直径为 8mm 的球头立铣刀。设置【进给率】为 800mm/min，【主轴转速】为 3000r/min，【进刀速率】为 200mm/min，【提刀速率】为 2500mm/min，勾选【快速提刀】复选项。

3）打开【曲面加工参数】选项卡，勾选【参考高度】并设置为 10.0mm，【进给下刀位置】为 5.0mm。勾选所有【绝对坐标】选项，【加工面预留量】为 0.0mm，【干涉面预留量】为 0.1mm，如图 6-62 所示。

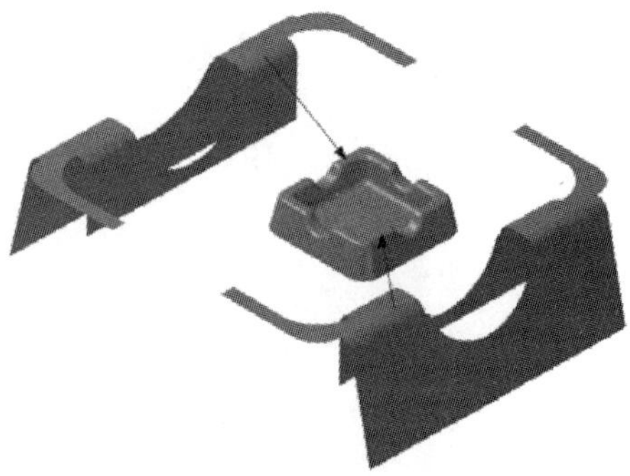

图 6-61　选择干涉面

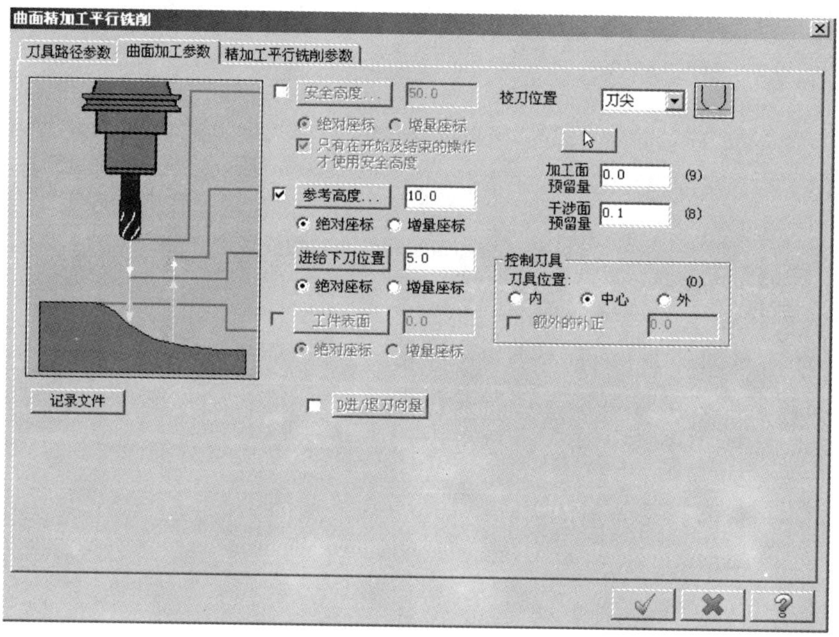

图 6-62　曲面加工参数设置

4）打开【精加工平行铣削参数】选项卡，设置【整体误差】为 0.01mm，【最大切削间距】为 0.1mm，【切削方式】为【双向】，【加工角度】为 0°，其他参数默认。

单击【高级设置】按钮，系统弹出【高级设置】对话框，在【刀具在曲面（实体面）的边缘走圆角】选项中勾选【在所有的边缘】选项，如图 6-63 所示，单击确定按钮。

单击【曲面精加工平行铣】对话框中的确定按钮，生成刀具路径，如图 6-64 所示。

单击插入箭头按钮下移至加工群组名为 6R3 的目录下。

6.5.8　等高外形精加工（凹槽 $R3.6$mm 圆弧曲面）

调出【层别管理】对话框，打开第 1 图层。

1）选择【刀具路径】/【曲面精加工】/【精加工等高外形】命令，选择凹槽底 $R3.6$mm 的圆角曲面部分，如图 6-65 所示，单击应用按钮。系统弹出【刀具路径的曲面选取】对话框，如图 6-66 所示。

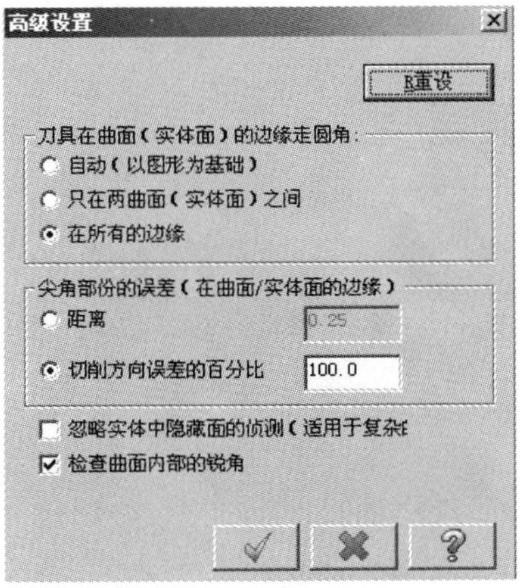

图 6-63　高级设置

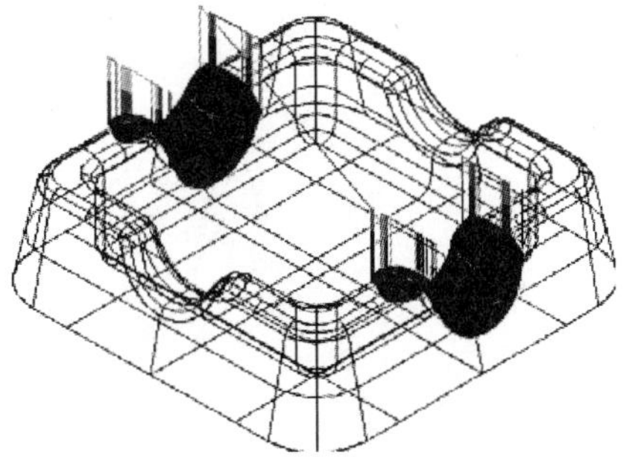

图 6-64　精加工平行铣刀路

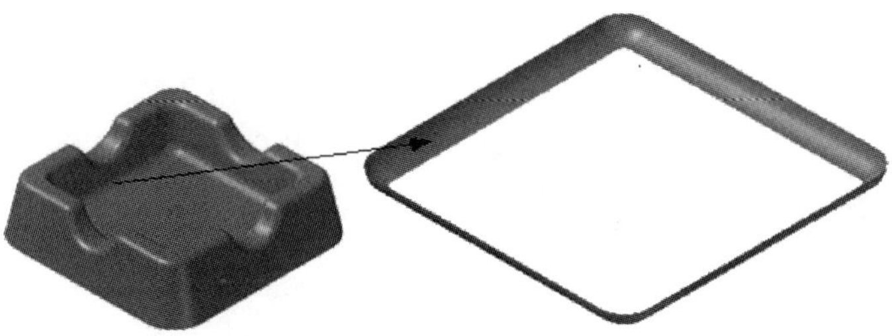

图 6-65　选择加工面

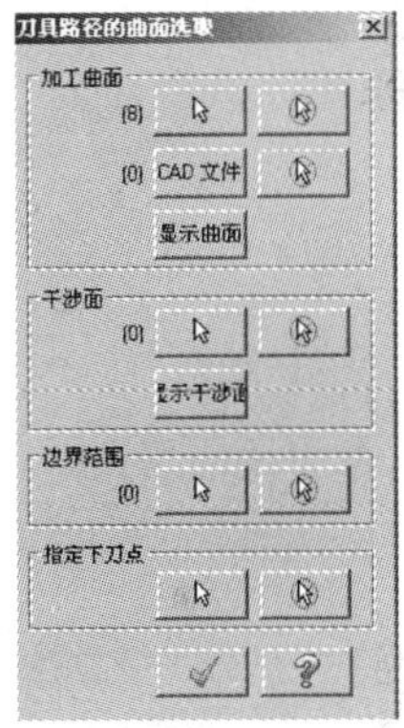

图 6-66　【刀具路径的曲面选取】对话框

在【边界范围】选项卡处单击选择按钮，系统弹出【串连选项】对话框，选中【俯视图】单选按钮，在绘图区选取第 1 图层的最小矩形，如图 6-67 所示。单击【串连选项】对话框中的确定按钮，系统弹出【刀具路径的曲面选取】对话框，单击该对话框的确定按钮。

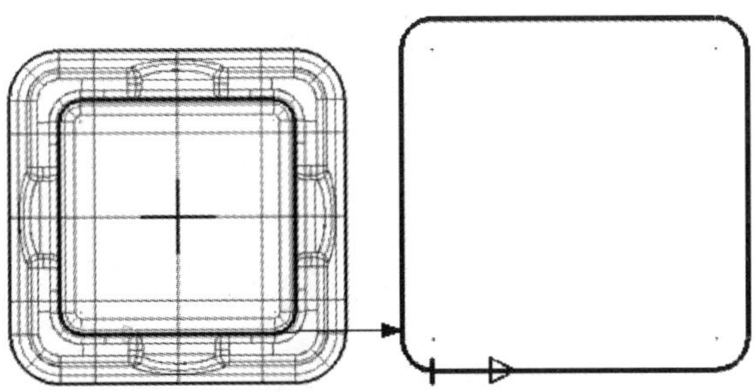

图 6-67　选择加工边界

2）系统弹出【曲面精加工等高外形】对话框，选择直径为 6mm 的球头立铣刀。设置【进给率】为 800mm/min，【主轴转速】为 3500r/min，【进刀速率】为 100mm/min，【提刀速率】为 2500mm/min，勾选【快速提刀】复选项。

3）打开【曲面加工参数】选项卡，勾选【参考高度】并设置为 10.0mm，【进给下刀位置】为 5.0mm。勾选所有【绝对坐标】选项，设置【加工面预留量】和【干涉面预留量】都为 0.0mm，如图 6-68 所示。

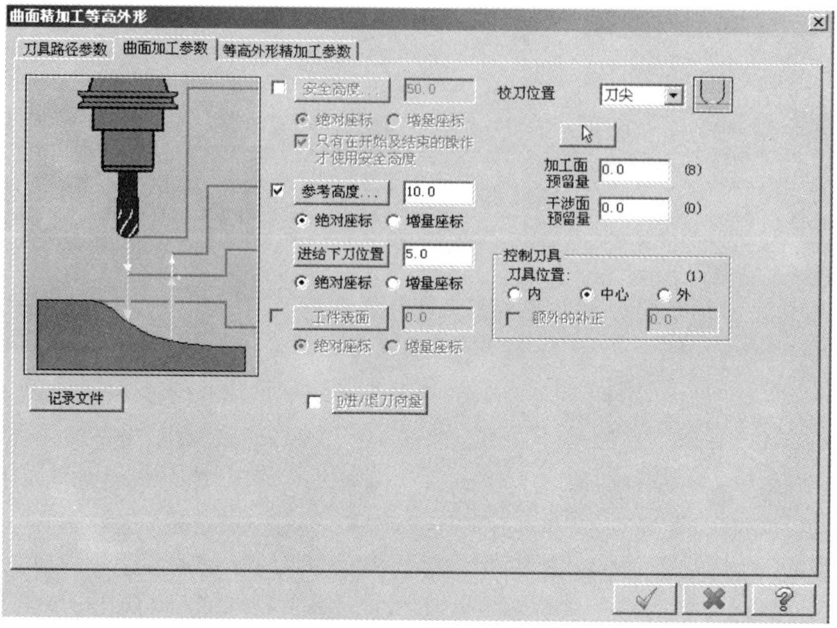

图 6-68　曲面加工参数设置

4）打开【等高外形精加工参数】选项卡，设置【整体误差】为 0.01mm，【Z 轴最大进给量】为 0.05mm。勾选【进/退刀　切弧/切线】复选项，设置【圆弧半径】为 3.0mm，【扫描角度】为 90°，勾选【切削顺序最佳化】复选项，其他参数默认，如图 6-69 所示。

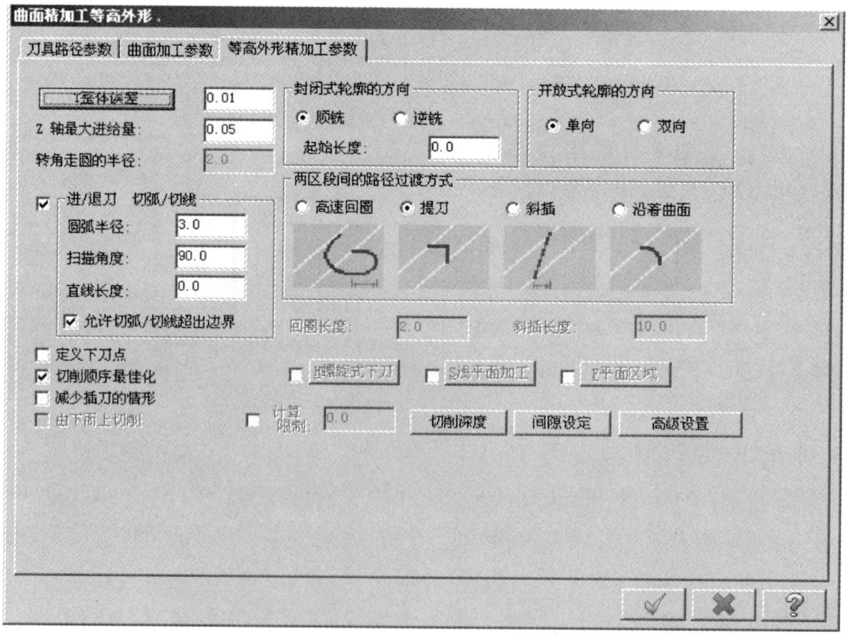

图 6-69　等高外形精加工参数设置

单击【切削深度】按钮，系统弹出【切削深度的设定】对话框。勾选【绝对坐标】复选项，设置【最高的位置】为 -17.0mm，【最低的位置】为 -18.0mm，如图 6-70 所示，单击确定按钮。

技术指导： 这里只加工 *R*3.6mm 的圆角曲面部分，由于之前已进行了粗加工，所以在设置加工深度时只加工 1mm 的高度。

单击【高级设置】按钮，系统弹出【高级设置】对话框，在【刀具在曲面（实体面）的边缘走圆角】选项中勾选【在所有的边缘】选项，单击确定按钮。

单击【曲面精加工等高外形】对话框中的确定按钮，生成刀具路径，如图 6-71 所示。

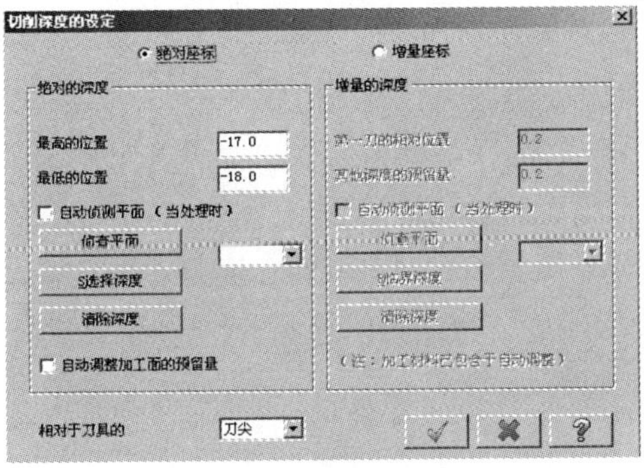

图 6-70　切削深度设置

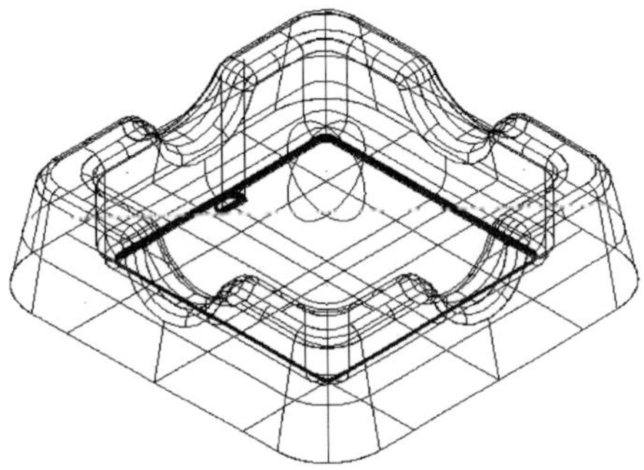

图 6-71　等高外形精加工刀路

6.5.9　外形铣削精加工

调出【图层管理】对话框，打开第 7 图层（REC _ CUT2 层），将前面生成的矩形显示出来。

1）选择【刀具路径】/【外形铣削】命令，如图 6-72 所示。

系统弹出【串连选项】对话框，单击【俯视图】单选按钮，在绘图区刚调出来的矩形左侧直线中点处单击，如图 6-73 所示，单击确定按钮。

技术指导： 如此选取直线是为了使下刀点定在该直线的中点处，而不至于定在其他的转角处。这样不但有利于保证转角处的尺寸，而且有利于保护刀具，防止进刀点落在转角处时因刀具切削量大而引起弹刀。

图 6-72　选择【外形铣削】命令

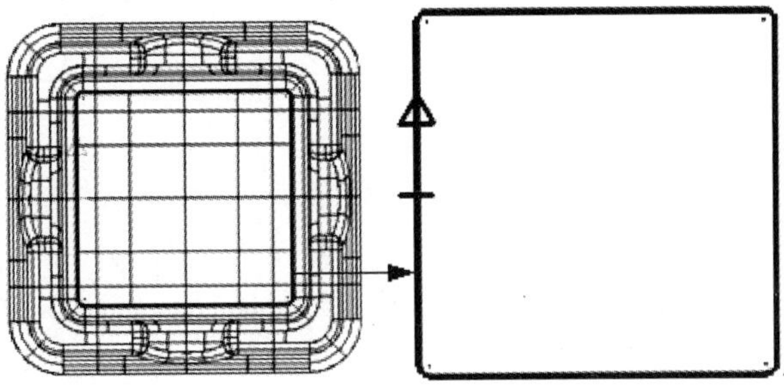

图 6-73　选择加工曲线

2）系统弹出【2D 刀具路径 - 等高外形】对话框，打开【刀具】选项卡，选择直径为 6mm 的球头立铣刀，设置【进给速率】为 600.0mm/min，【进刀速率】为 100.0mm/min，【主轴转速】为 3500.0r/min，勾选【快速提刀】选项。

3）打开【切削参数】选项卡，设置【补正类型】为【关】，【补正方向】为【右补偿】，【外形铣类型】为【2D】，【壁边预留量】和【底面预留量】为 0.0mm，其他参数默认，如图 6-74 所示。

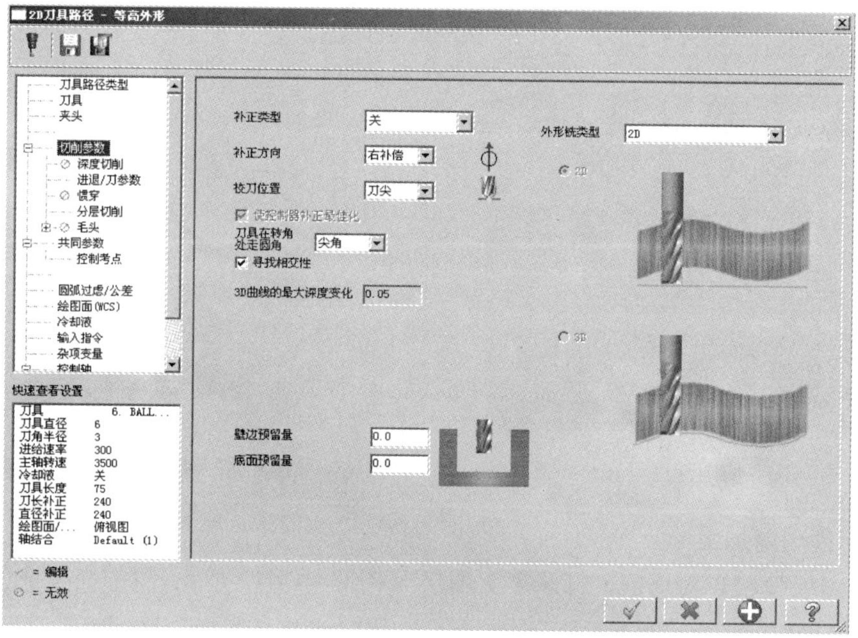

图 6-74　设置切削参数

技术指导：由于这里是将所选曲线作为刀具轨迹的中心线，因此需设置【补正类型】为【关】，而将【补正方向】设置为【右补偿】是为了设置刀具沿着右侧进行圆弧进刀。

4）打开【进退/刀参数】选项卡，选择【相切】选项，设置【长度】为 30%，【圆弧】【半径】为 30%，【扫描（角度）】为 90.0°，单击按钮 ▸▸，即将进退刀参数设为一致。

5）打开【分层切削】选项卡，勾选【分层切削】选项，设置【粗加工】/【次数】为 7，【间距】为 0.2mm，【精加工】/【次数】为 0，勾选【不提刀】选项，其他参数默认，如图 6-75 所示。

6）单击【共同参数】选项，设置【参考高度】为 10.0mm，【进给下刀位置】为 5.0mm，【工件表面】为 0.0mm，【深度】为 -18.0mm，勾选所有【绝对坐标】选项。

单击确定按钮 ✓，生成刀具路径，如图 6-76 所示。

6.5.10　实体模拟加工

模拟结果如图 6-77 所示。

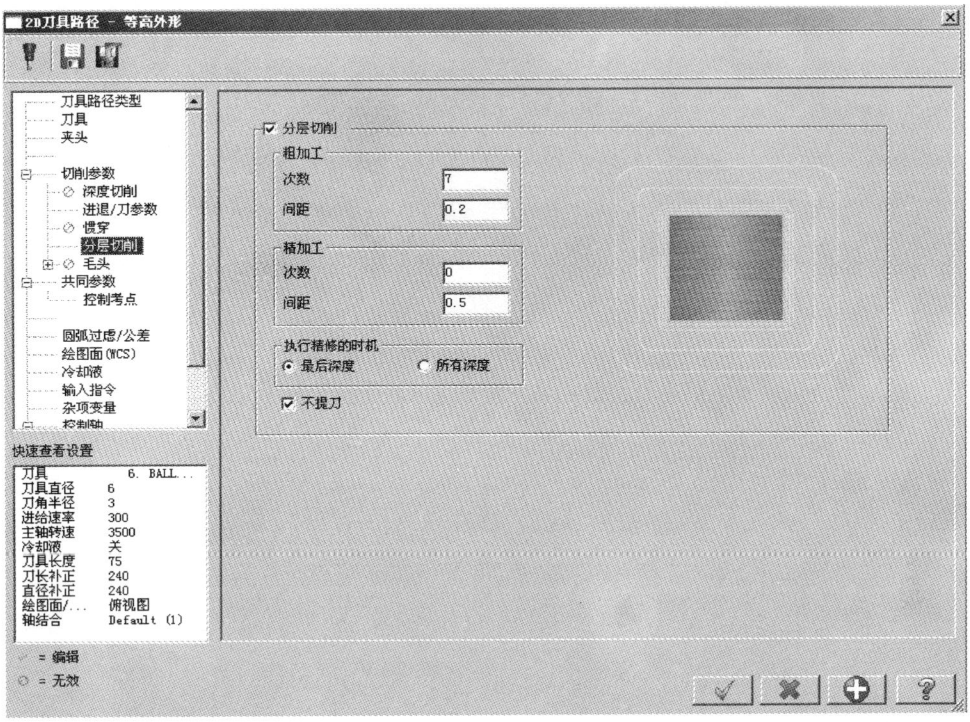

图 6-75　设置分层切削参数

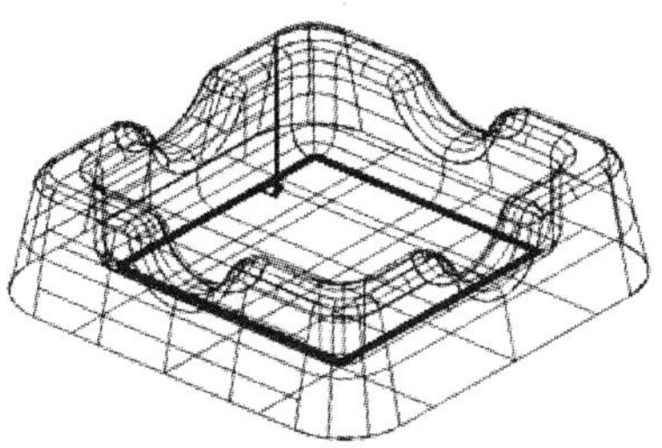

图 6-76　外形铣削刀路

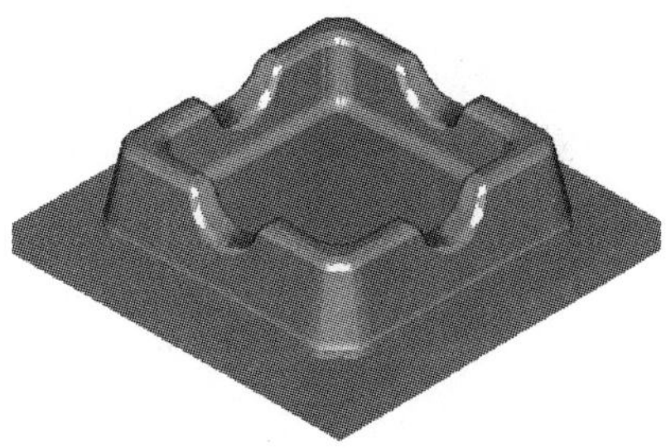

图 6-77　模拟结果

6.6　小结

本章结合零件图形特点灵活地生成了较多的刀路辅助曲线与曲面，从而生成更加流畅、优美的刀路，这在编制刀路时具有较高的技巧性。相信读者通过本例学习后，在处理根据图形特点生成辅助曲线与曲面的问题时将有一个大的提高。

6.7　提高练习

打开随书光盘“练习文件/cha06/6-2. mcx－5”，图形如图 6-78 所示。

图 6-78　提高练习零件

第七章　筒管零件编程实例

7.1　任务目标

➢ 提高二维编程能力。
➢ 掌握如何运用外形铣削刀路实现在窄小且封闭的凹槽内进刀与加工。

7.2　任务导入

打开随书光盘“源文件/cha07/筒管.mcx－5”，图形如图7-1所示，打开第1图层。

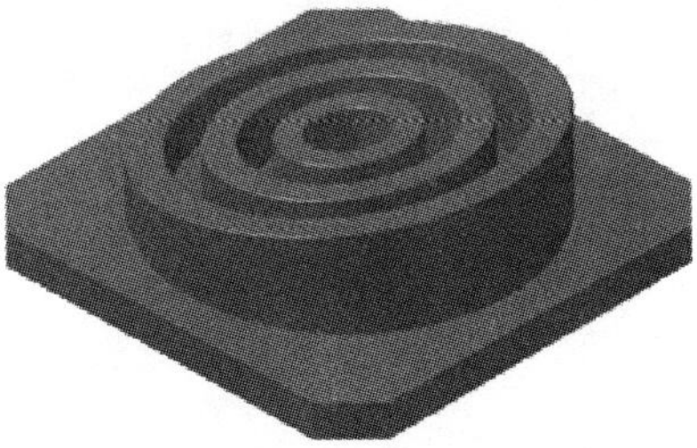

图7-1　筒管

7.3　任务分析

7.3.1　图形分析

通过 Mastercam X5 系统所提供的分析功能得知，该零件外形尺寸为120mm×120mm×40mm，零件为一凸筒管，图形构成比较简单，上表面是一不连续的倾斜曲面，两个宽度为8.0mm、深度为－29.897mm 的环形凹槽，中心一不通孔直径为20mm，深度为－29.897mm。

7.3.2　工艺分析

该零件二维轮廓特点明显，因此编程不难，但两个窄小环形凹槽由于受进刀空间限制不宜选用曲面挖槽刀路进刀，宜选用外形铣削提供的斜线渐降加工方式进刀。由于深度大，在确定刀具切削用量时需注意防止弹刀、过切现象的发生。凹槽环形区域是整个零件的加工难点。

7.3.3　刀路规划

步骤1：ϕ16mm 立铣刀对零件 ϕ100mm 凸圆柱采用外形铣削粗加工，加工余量为0.25mm。

步骤2：ϕ16mm立铣刀对零件底座采用外形铣削粗加工，加工余量为0.25mm。

步骤3：ϕ16mm立铣刀对零件ϕ100mm凸圆柱采用外形铣削精加工，加工余量为0.0mm。

步骤4：ϕ16mm立铣刀对零件底座采用外形铣削精加工，加工余量为0.0mm。

步骤5：ϕ16mm立铣刀对零件ϕ20mm凹圆柱采用外形铣削粗加工，加工余量为0.25mm。

步骤6：ϕ16mm立铣刀对零件ϕ20mm凹圆柱采用外形铣削精加工，加工余量为0.0mm。

步骤7：ϕ16mm立铣刀对零件倾斜曲面部分采用平行铣粗加工，加工余量为0.25mm。

步骤8：ϕ6mm立铣刀对零件第二、第三凹槽采用外形铣削粗加工，加工余量为0.25mm。

步骤9：ϕ6mm立铣刀对零件第二、第三凹槽采用外形铣削粗加工，加工余量为0.25mm。

步骤10：ϕ6mm立铣刀对零件第二、第三凹槽采用外形铣削精加工，加工余量为0.0mm。

步骤11：ϕ6mm立铣刀对零件第二、第三凹槽采用外形铣削精加工，加工余量为0.0mm。

步骤12：ϕ6mm球头立铣刀对零件倾斜曲面部分采用平行铣削精加工，加工余量为0.0mm。

7.4 准备工作

7.4.1 选择机床

选择【机床类型】/【铣床】/【默认】命令。

7.4.2 模拟设置

调出【机器群组属性】对话框，设置【素材原点视角坐标】X0mm、Y0mm、Z0mm，材料大小为X125mm、Y125mm、Z50mm。

7.4.3 刀具设置

通过选择【刀具路径】/【刀具管理器】命令，调出【刀具管理】对话框，建立直径为16mm的立铣刀、直径为6mm的立铣刀和直径为6mm的球头铣刀。

7.4.4 新建刀具路径群组

参照第三章介绍的方法，分别建立名称为16R0、6R0和6R3的刀具路径群组。将▶移到群组名为16R0的目录下。

7.5 刀路编制

7.5.1 外形铣削粗加工（ϕ100mm凸圆柱）

调出【图层管理】对话框，打开第1图层，关闭第3图层（名称FACE层）。

1）选择【刀具路径】/【外形铣削】命令，系统弹出【输入新NC名称】对话框，输入

"筒管"，单击确定按钮。

2）系统弹出【串连选项】对话框，选中【俯视图】单选按钮，在绘图区选择最大的圆，如图7-2所示，通过箭头指向可知刀具补偿为左补正，单击确定按钮。

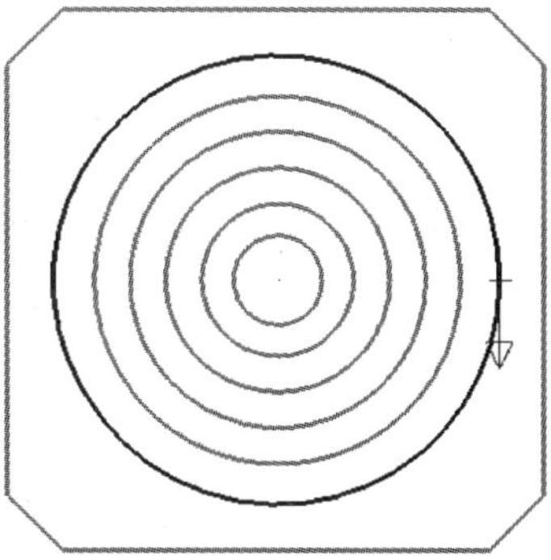

图7-2　选择加工边界

3）系统弹出【2D刀具路径－等高外形】对话框，打开【刀具】选项卡，选择直径为8mm的立铣刀，设置【进给速率】为1000.0mm/min，【下刀速率】为600.0mm/min，【主轴转速】为1000.0r/min，勾选【快速提刀】选项。

4）打开【切削参数】选项卡，设置【补正类型】为【电脑】，【外形铣类型】为【2D】，【壁边预留量】和【底面预留量】为0.25mm，其他参数默认。

5）打开【深度切削】选项卡，勾选【深度切削】选项，设置【最大粗切步进量】为0.5mm，勾选【不提刀】选项，其他参数默认。

6）打开【进/退刀参数】选项卡，选择【相切】选项，设置【长度】为0%，【圆弧】/【半径】为30%，【扫描】（角度）为90.0°，单击按钮，即将进退刀参数设为一致。

7）打开【分层切削】选项卡，勾选【分层切削】选项，设置【粗加工】/【次数】为3，【间距】为8.0mm，【精加工】/【次数】为1，【间距】为0.25mm，勾选【不提刀】选项，其他参数默认，如图7-3所示。

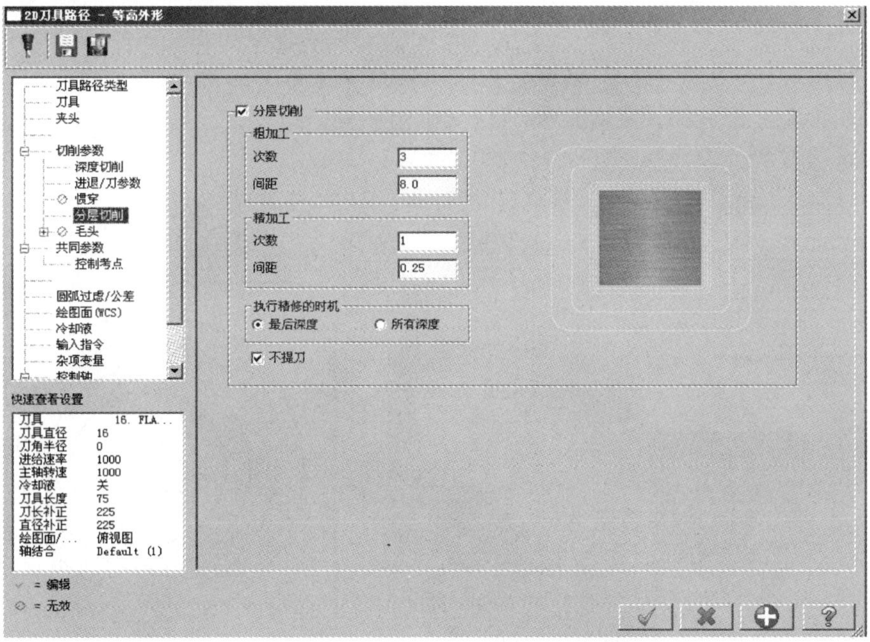

图7-3　设置分层切削

8）单击【共同参数】选项，设置【参考高度】为10.0mm，【进给下刀位置】为5.0mm，【工件表面】为0.0mm，【深度】为－29.897mm，勾选所有【绝对坐标】选项。

多学一招：当不方便直接确定【深度】的大小时，可单击【深度】按钮 **深度(D)...**，在绘图区选择所需加工的深度即可。

单击确定按钮，生成刀具路径，如图 7-4 所示。

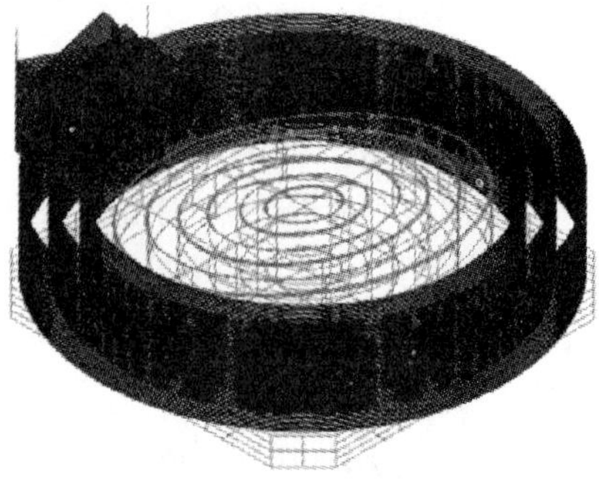

图 7-4　外形铣削粗加工刀路

7.5.2　外形铣削粗加工（底座）

1）复制“第 1 步：外形铣削”刀路，在刚刚复制生成的“第 2 步：外形铣削刀路”的目录下单击【图形】选项，如图 7-5 所示。

2）系统弹出【串连管理】对话框，如图 7-6 所示。

选择上一步所选择的串连边界，按键盘的【DEL】键，删除上一步所串连的边界。在该对话框的空白处单击右键，选择【增加串连】命令，如图 7-7 所示。

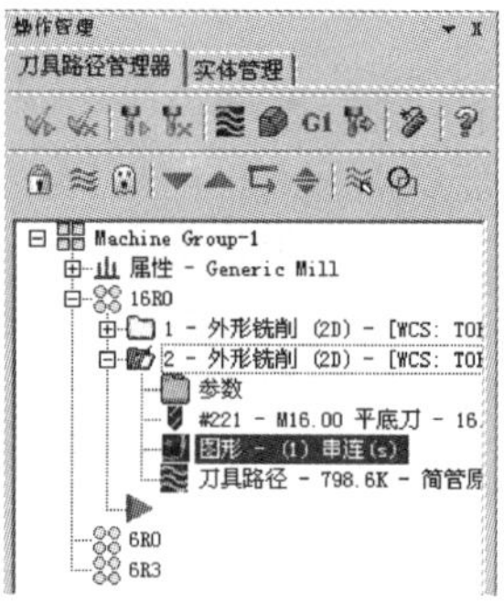

图 7-5　激活【图形】选项

图 7-6　【串连管理】对话框

3）系统弹出【串连选项】对话框，在绘图区选取正方形外形，通过箭头方向可以得知刀具补偿形式为左补正，如图 7-8 所示，单击确定按钮。系统返回【串连管理】对话框，再次单击该对话框的确定按钮。

在刚刚复制生成的“第 2 步：外形铣削刀路”的目录下单击【参数】选项，如图 7-5 所示。

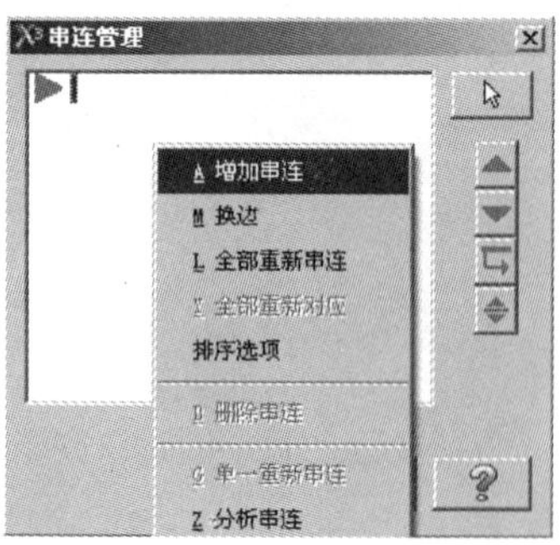

图 7-7　选择【增加串连】命令

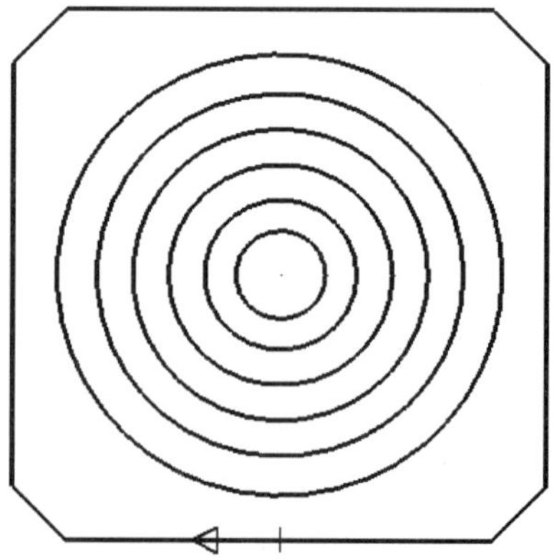

图 7-8　选择加工边界

4）系统弹出【2D 刀具路径－等高外形】对话框，打开【刀具】选项卡，选择直径为 16mm 的立铣刀，设置【进给速率】为 1000.0mm/min，【下刀速率】为 600.0mm/min，【主轴转速】为 1000.0r/min，勾选【快速提刀】选项。

5）打开【切削参数】选项卡，设置【补正类型】为【电脑】，【补正方向】为【左补偿】，【外形铣类型】为【2D】，【壁边预留量】和【底面预留量】为0.25mm，其他参数默认。

6）打开【进/退刀参数】选项卡，选择【相切】选项，设置【长度】为0%，【圆弧】/【半径】为30%，【扫描】（角度）为90.0°，单击按钮，即将进退刀参数设为一致。

7）打开【分层切削】选项卡，勾选【分层切削】选项，设置【粗加工】/【次数】为2，【间距】为1.0mm，【精加工】/【次数】为1，【间距】为0.25mm，勾选【不提刀】选项，其他参数默认，如图7-9所示。

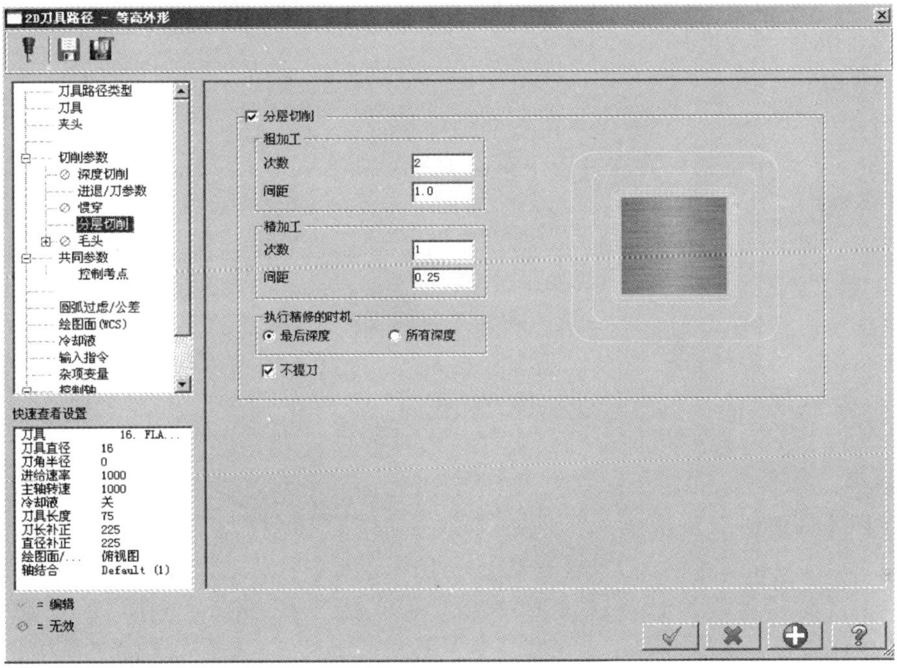

图7-9　设置分层切削

8）单击【共同参数】选项，设置【参考高度】为10.0mm，【进给下刀位置】为5.0mm，【工件表面】为0.0mm，【深度】为－39.897mm，勾选所有【绝对坐标】选项。

单击确定按钮，生成刀具路径，如图7-10所示。

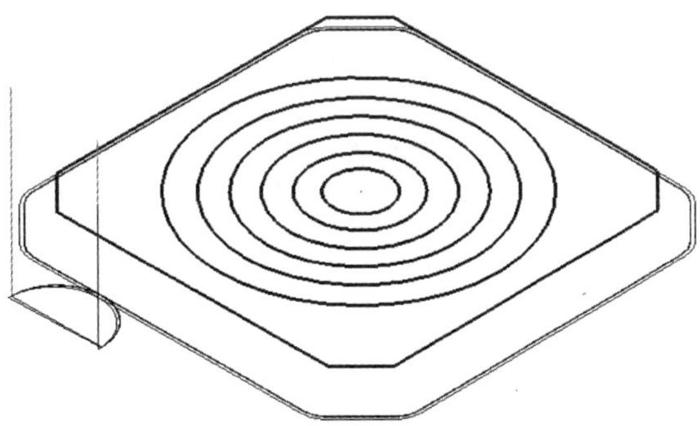

图7-10　外形铣削刀路

7.5.3　外形铣削精加工（ϕ100mm凸圆柱）

1）复制“第1步：外形铣削”刀路，在刚刚复制生成的“第3步：外形铣削刀路”的目录下单击【参数】选项。

2）系统弹出【2D刀具路径－等高外形】对话框，打开【刀具】选项卡，选择直径为16mm的立铣刀，设置【进给速率】为400.0mm/min，【下刀速率】为400.0mm/min，【主轴转速】为1800.0r/min，勾选【快速提刀】选项。

3）打开【切削参数】选项卡，修改【壁边预留量】和【底面预留量】为 0.0mm，其他参数默认。

4）打开【分层切削】选项卡，勾选【分层切削】选项，设置【粗加工】/【次数】为 2，【间距】为 11.0mm，【精加工】/【次数】为 0，勾选【不提刀】选项，其他参数默认。

5）单击【共同参数】选项，设置【参考高度】为 10.0mm，【进给下刀位置】为 5.0mm，【工件表面】为 0.0mm，【深度】为 −29.897mm，勾选所有【绝对坐标】选项。

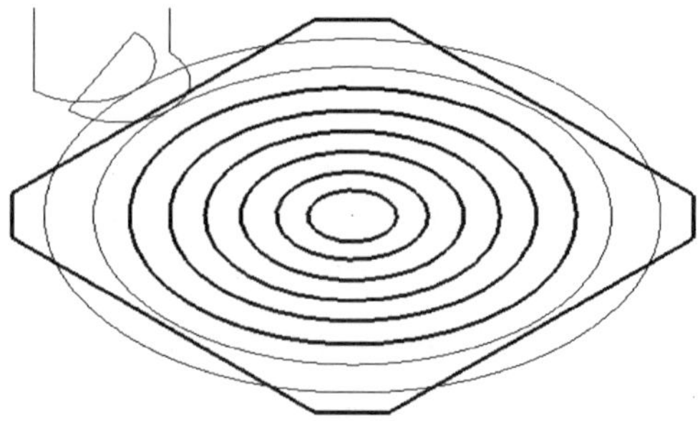

图 7-11　外形铣削精加工刀路

单击【2D 刀具路径 - 等高外形】对话框中的确定按钮，单击重新计算刀路按钮，系统重新生成刀具路径，如图 7-11 所示。

7.5.4　外形铣削精加工（底座）

1）复制"第 2 步：外形铣削"刀路，在刚刚生成的"第 4 步：外形铣削刀路"的目录下单击【参数】选项。

2）系统弹出【2D 刀具路径 - 等高外形】对话框，打开【刀具】选项卡，选择直径为 16mm 的立铣刀，设置【进给速率】为 400.0mm/min，【下刀速率】为 400.0mm/min，【主轴转速】为 1800.0r/min，勾选【快速提刀】选项。

3）打开【切削参数】选项卡，修改【壁边预留量】和【底面预留量】为 0.0mm，其他参数默认。

4）打开【分层切削】选项卡，勾选【分层切削】选项，设置【粗加工】/【次数】为 2，【间距】为 11.0mm，【精加工】/【次数】为 0，勾选【不提刀】选项，其他参数默认。

5）单击【共同参数】选项，设置【参考高度】为 10.0mm，【进给下刀位置】为 5.0mm，【工件表面】为 0.0mm，【深度】为 −29.897mm，勾选所有【绝对坐标】选项。

单击【2D 刀具路径 - 等高外形】对话框中的确定按钮，单击重新计算刀路按钮，系统重新生成刀具路径，如图 7-12 所示。

7.5.5　外形铣削粗加工（ϕ20mm 凹圆柱）

1）选择【刀具路径】/【外形铣削】命令，系统弹出【串连选项】对话框，在绘图区选取最小的圆，通过箭头方向可知刀具补偿为左补正，如图 7-13 所示，单击确定按钮。

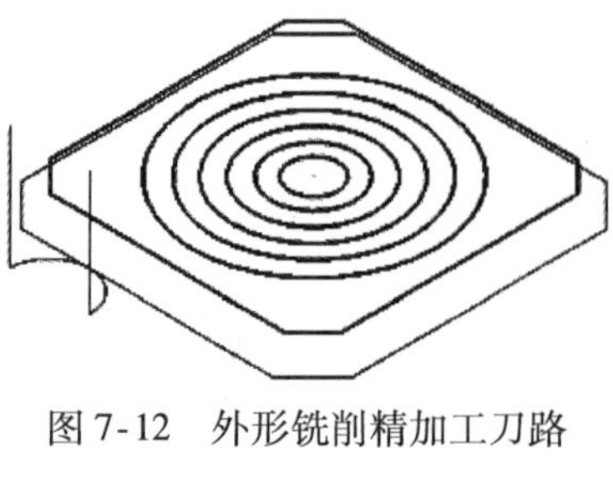

图 7-12　外形铣削精加工刀路

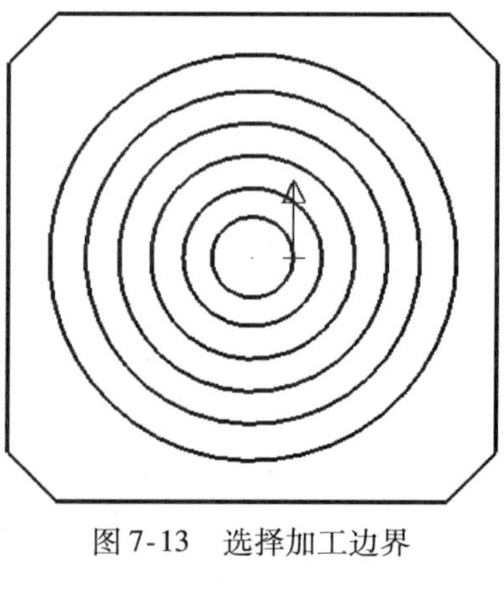

图 7-13　选择加工边界

2）系统弹出【2D 刀具路径－等高外形】对话框，打开【刀具】选项卡，选择直径为16mm 的立铣刀，设置【进给速率】为 1000.0mm/min，【下刀速率】为 600.0mm/min，【主轴转速】为 1000.0r/min，勾选【快速提刀】选项。

3）打开【切削参数】选项卡，设置【补正类型】为【电脑】，【补正方向】为【左补偿】，【外形铣类型】为【斜降】，【壁边预留量】和【底面预留量】为 0.25mm，设置【斜插的位移方式】为【深度】，【斜降深度】为 0.5mm。勾选【在最终深度处补平】选项，其他参数默认，如图 7-14 所示。

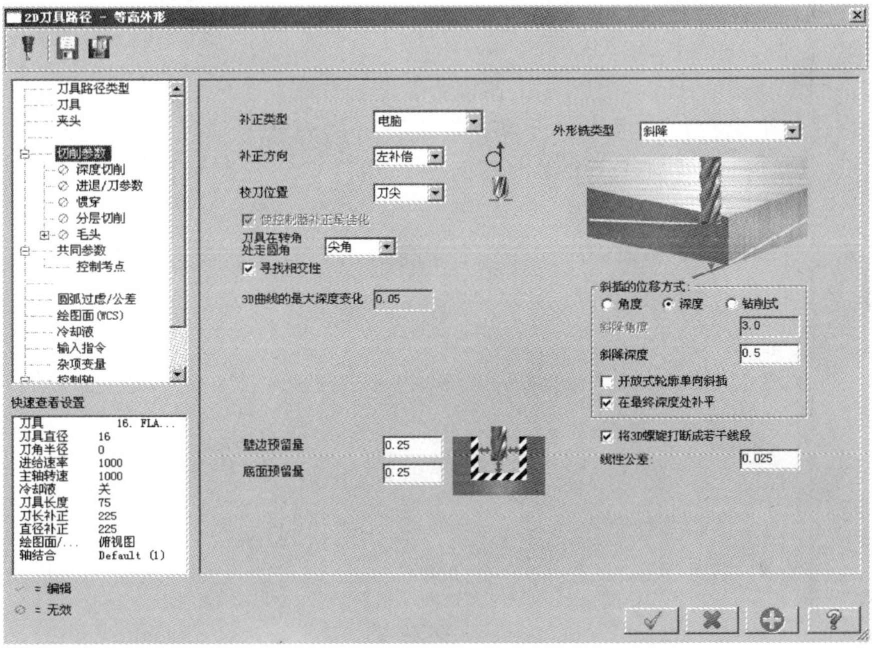

图 7-14　设置外形铣类型

实战经验：*在选择斜插的位移方式时，一般选择【深度】方式，特别是采用小刀加工时，相比选择角度方式更安全。当设置为【角度】方式时，在角度不变的情况下随着水平距离 H 的增大，斜插深度 D 也会随之增大，如图 7-15 所示。因此刀具的吃刀量也会增大，严重时会导致断刀，所以在这种情况下当不能正确估算最大的斜插深度 D 时，不推荐选用【角度】方式，而对于【深度】方式，因为斜插深度 D 固定，有利于确定深度，能较好地保护刀具。*

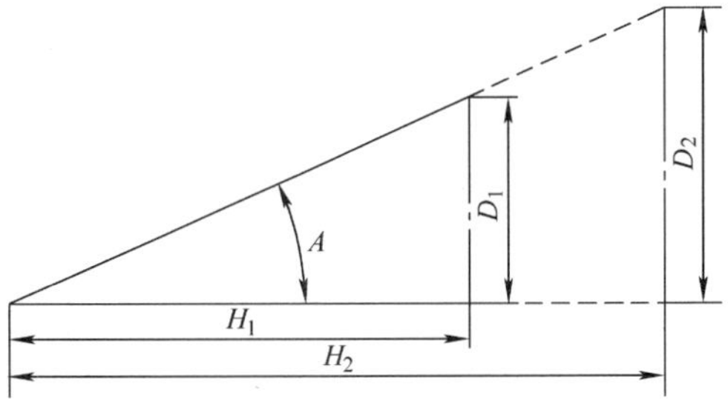

图 7-15　角度与深度设置对比

单击【共同参数】选项，设置【参考高度】为 10.0mm，【进给下刀位置】为 5.0mm，【工件表面】为 0.0mm，【深度】为 -29.897mm，勾选所有【绝对坐标】选项。

单击确定按钮 ✓，生成刀具路径，如图 7-16 所示。

7.5.6 外形铣削精加工（ϕ20mm 凹圆柱）

1）通过选择【刀具路径】/【外形铣削】命令，在绘图区选取与“第 5 步：外形铣削粗加工”一样的最小圆，箭头方向也一样，刀具补偿形式为左补正，并执行确定。

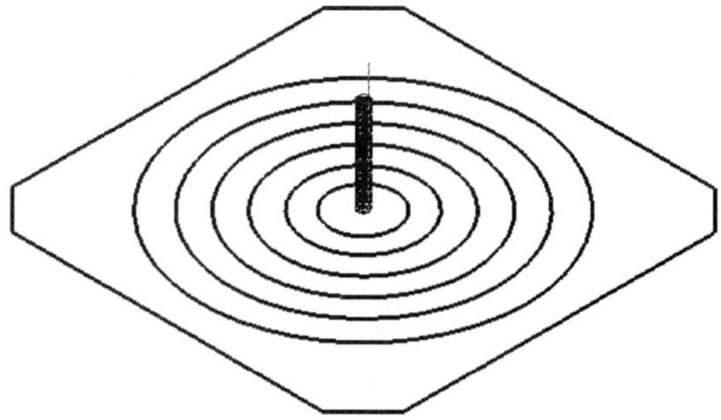

图 7-16 外形铣削粗加工刀路

2）系统弹出【2D 刀具路径 - 等高外形】对话框，打开【刀具】选项卡，选择直径为 16mm 的立铣刀，设置【进给速率】为 400.0mm/min，【下刀速率】为 200.0mm/min，【主轴转速】为 1500.0r/min，勾选【快速提刀】选项。

3）打开【切削参数】选项卡，设置【补正类型】为【电脑】，【补正方向】为【左补偿】，【外形铣类型】为【2D】，【壁边预留量】和【底面预留量】为 0.00mm，其他参数默认。

4）打开【分层切削】选项卡，勾选【分层切削】选项，设置【粗加工】/【次数】为 2，【间距】为 0.2mm，【精加工】/【次数】为 0，勾选【不提刀】选项，其他参数默认，如图 7-17 所示。

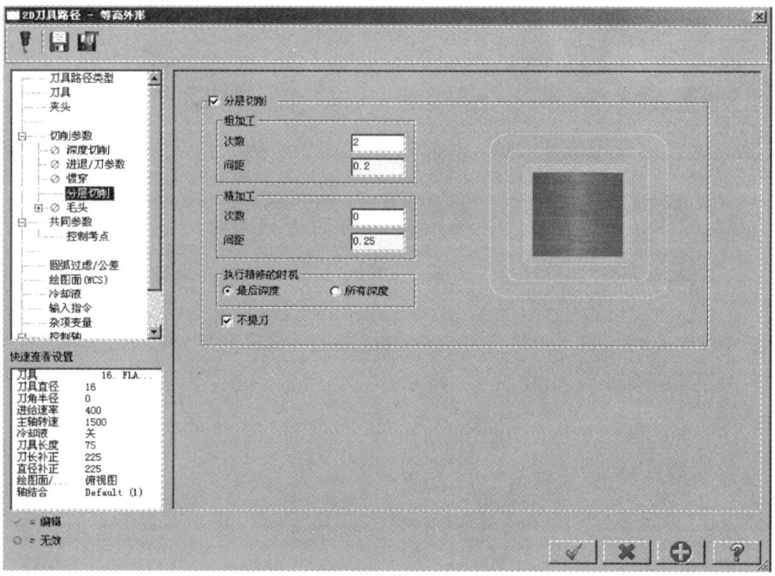

图 7-17 设置分层切削参数

5）单击【共同参数】选项，设置【参考高度】为 10.0mm，【进给下刀位置】为 5.0mm，【工件表面】为 0.0mm，【深度】为 -29.897mm，勾选所有【绝对坐标】选项。

单击确定按钮 ✓ ，生成刀具路径，如图 7-18 所示。

7.5.7 平行铣削粗加工（倾斜曲面）

调出【层别管理】对话框，打开第 3 图层（FACE 层）和第 6 图层（FACE _ HOLD 层），显示出所需曲面。

技术指导：第 6 图层（FACE _ HOLD 层）的图形可通过【绘图】/【曲面】/【填补内孔】命令完成，读者可自行建立。

1）选择【刀具路径】/【曲面精加工】/【精加工平行铣削】命令，如图 7-19 所示。

窗选筒管斜侧的上表面，如图 7-20 所示，单击应用按钮。

系统弹出【刀具路径的曲面选取】对话框，单击确定按钮。

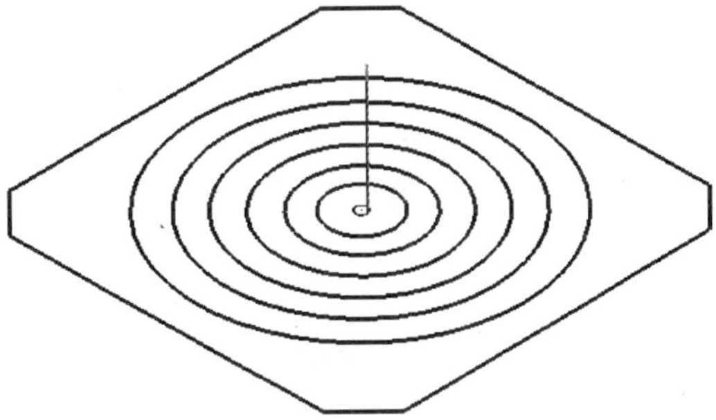

图 7-18　外形铣削精加工刀路

2）系统弹出【曲面精加工平行铣削】对话框，选择直径 16mm 的立铣刀。设置【进给率】为 1200mm/min，【主轴转速】为 1200r/min，【下刀速率】为 600mm/min，【提刀速率】为 2500mm/min，勾选【快速提刀】复选项。

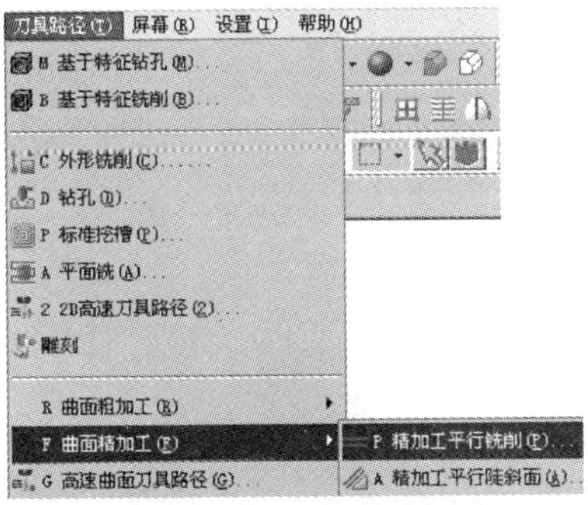

图 7-19　选择【精加工平行铣削】命令

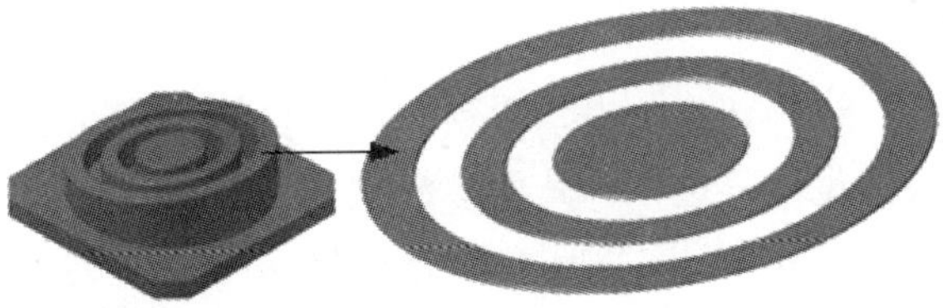

图 7-20　选择加工面

3）打开【曲面加工参数】选项卡，勾选【参考高度】并设置为 10.0mm，【进给平面】为 5.0mm。勾选所有【绝对坐标】选项，【加工面预留量】为 0.25mm，如图 7-21 所示。

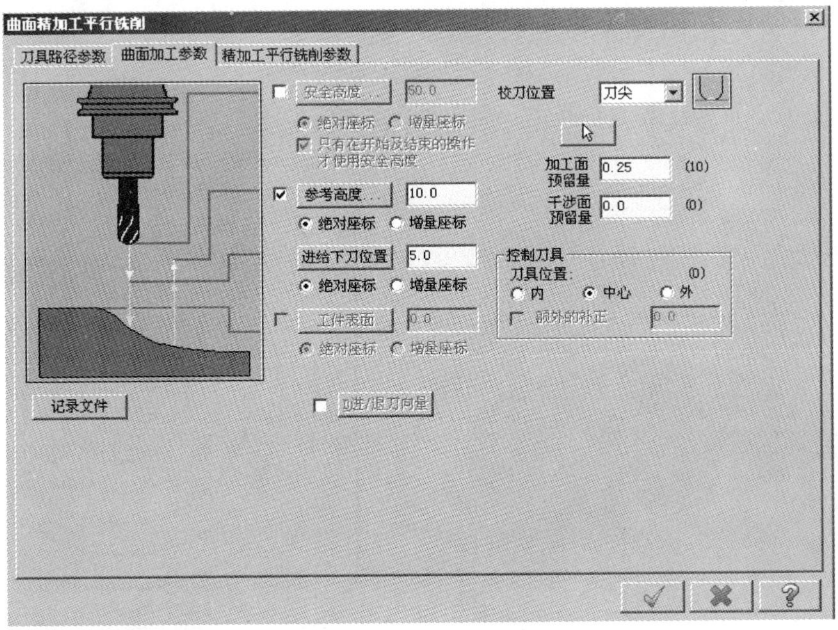

图 7-21　曲面加工参数设置

4）打开【精加工平行铣削参数】选项卡，设置【整体误差】为 0. 03mm，【最大切削间距】为 0. 5mm，【切削方式】为【双向】，【加工角度】为 45°，如图 7-22 所示。

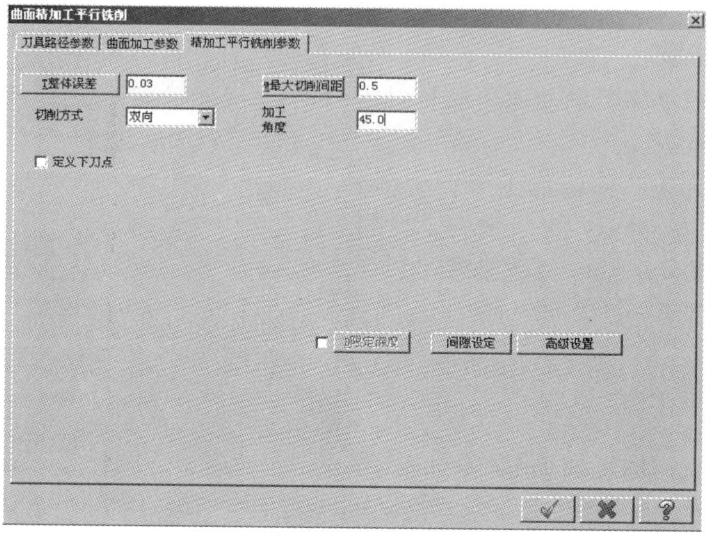

图 7-22　精加工平行铣削参数设置

单击【间隙设定】按钮，系统弹出【刀具路径的间隙设置】对话框，勾选【切削顺序最佳化】复选框，其他参数默认，单击确定按钮☑。

单击【曲面精加工平行铣削】对话框中的确定按钮☑，生成刀具路径，如图 7-23 所示。

单击插入箭头按钮▼下移至加工群组名为 6R0 的目录下。

7.5.8　外形铣削粗加工（ϕ50mm 和 ϕ82mm 内侧）

调出【层别管理】对话框，关闭第 3 图层（FACE 层）和第 6 图层（FACE _ HOLD），只显示第 1 图层。

1）选择【刀具路径】/【外形铣削】命令，系统弹出【串连选项】对话框，在绘图区选取从中心圆算起的第 3 和第 5 两个圆，如图 7-24 所示，注意要使它们的箭头方向保持一致，通过箭头方向可知刀具补偿为右补正，单击确定按钮☑。

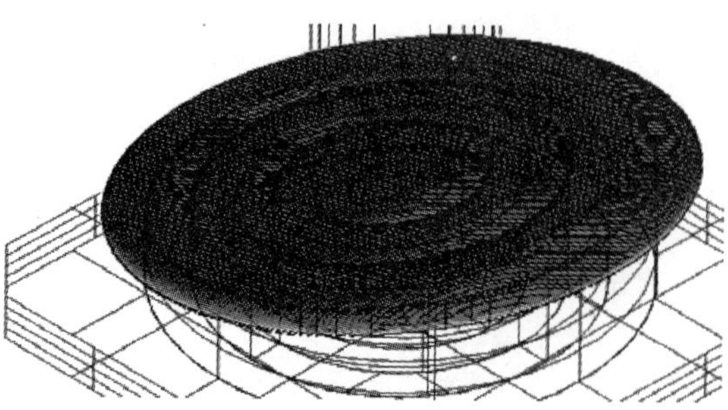

图 7-23　曲面平行铣削粗加工刀路

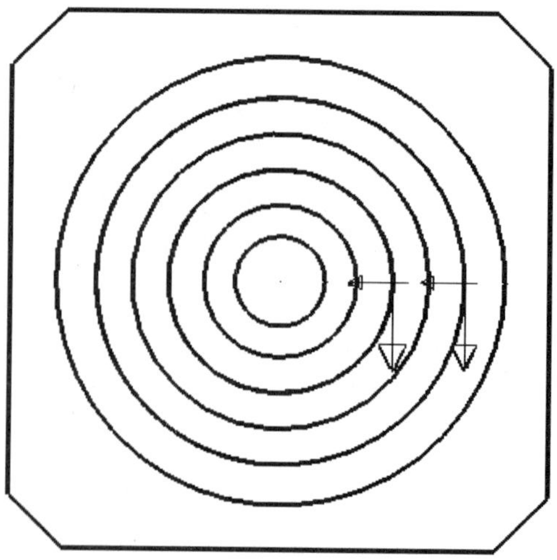

图 7-24　选择加工边界

2）系统弹出【2D 刀具路径 - 等高外形】对话框，打开【刀具】选项卡，选择直径为 6mm 的立铣刀，设置【进给速率】为 600.0mm/min，【下刀速率】为 100.0mm/min，【主轴转速】为 2500.0r/min，勾选【快速提刀】选项。

3）打开【切削参数】选项卡，设置【补正类型】为【电脑】，【补正方向】为【右补偿】，【外形铣类型】为【斜降】，【壁边预留量】和【底面预留量】为 0.25mm，设置【斜插的位移方式】为【深度】，【斜降深度】为 0.3mm。勾选【在最终深度处补平】选项，其他参数默认，如图 7-25 所示。

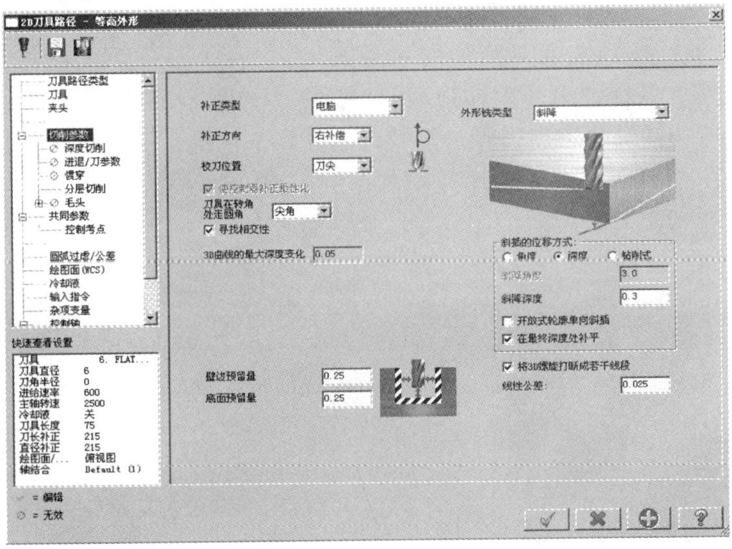

图 7-25　设置切削参数

4）打开【分层切削】选项卡，勾选【分层切削】选项，设置【粗加工】/【次数】为 2，【间距】为 0.2mm，【精加工】/【次数】为 0，勾选【不提刀】选项，其他参数默认，如图 7-26 所示。

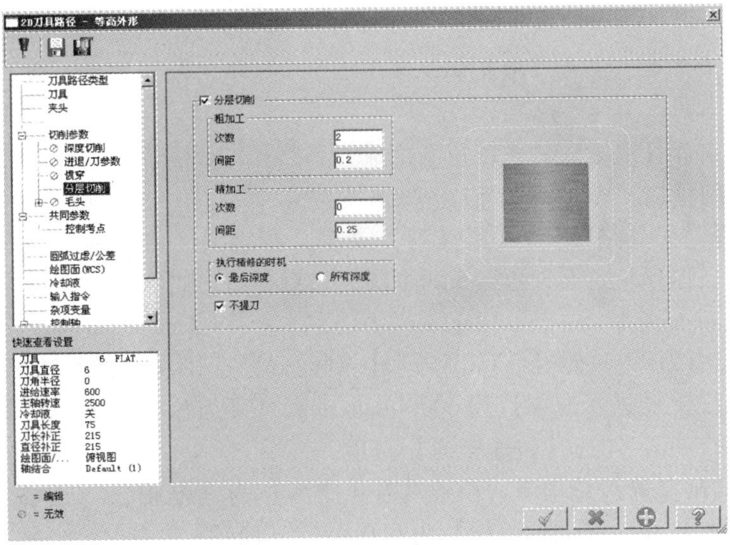

图 7-26　设置分层切削参数

5）单击【共同参数】选项，设置【参考高度】为10.0mm，【进给下刀位置】为5.0mm，【工件表面】为0.0mm，【深度】为-29.897mm，勾选所有【绝对坐标】选项。

单击确定按钮，生成刀具路径，如图7-27所示。

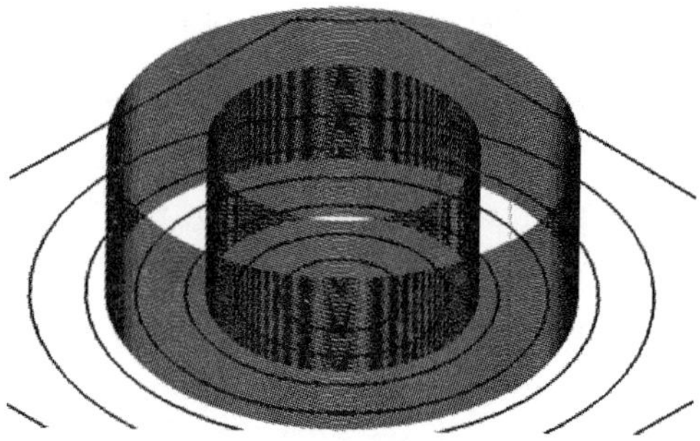

图7-27　外形铣削粗加工刀路

7.5.9　外形铣削粗加工（ϕ34mm和ϕ66mm外侧）

1）复制“第8步：外形铣削”刀路，在刚刚生成的“第9步：外形铣削刀路”的目录下单击【图形】选项，系统弹出【串连管理】对话框，如图7-28所示。

选择上一步所选择的两串连边界，按键盘的【DEL】键，删除上一步所选的串连边界。在该对话框的空白处单击右键，选择【增加串连】命令，系统弹出【串连选项】对话框，如图7-29所示。

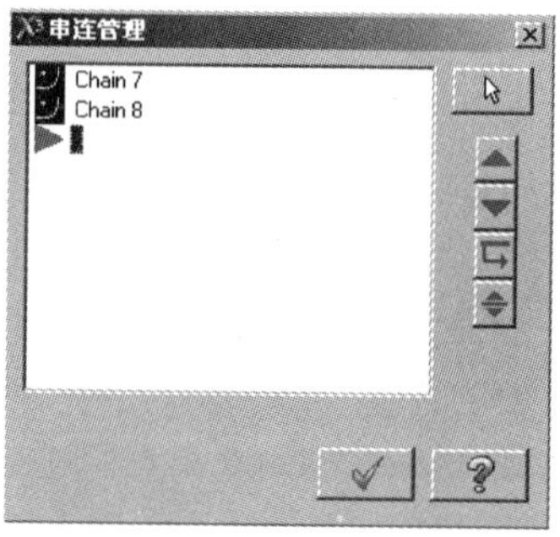

图7-28　【串连管理】对话框

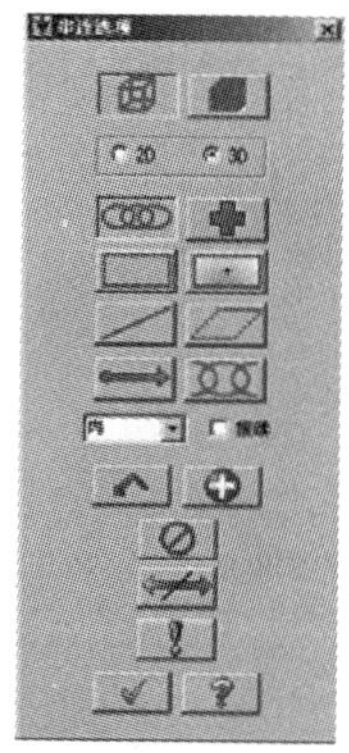

图7-29　【串连选项】对话框

2）在绘图区选取从中心圆算起的第2和第4两个圆，注意要使它们的箭头方向保持一致，通过箭头方向可知刀具补偿形式为右补正（务必确保为右补正），如图7-30所示，单击确定按钮。

技术指导：由于这一步是刀路复制，除了几何参数不同外，其他的加工参数都相同，所以只需修改几何参数。

单击刀路重新计算按钮，系统重新生成刀具路径，如图7-31所示。

7.5.10　外形铣削精加工（ϕ54mm和ϕ82mm内侧）

1）通过选择【刀具路径】/【外形铣削】命令，在绘图区选取和“第8步：外形铣削”刀路相同的从中心圆算起的第3和第5两个圆，注意要使它们的箭头方向保持一致，并执行确定。

2）系统弹出【2D刀具路径-等高外形】对话框，打开【刀具】选项卡，选择直径为6mm的立铣刀，设置【进给速率】为600.0mm/min，【下刀速率】为100.0mm/min，【主轴转速】为3500.0r/min，勾选【快速提刀】选项。

3）打开【切削参数】选项卡，设置【补正类型】为【电脑】，【补正方向】为【右补偿】，【壁边预留量】和【底面预留量】为0.0mm，其他参数默认。

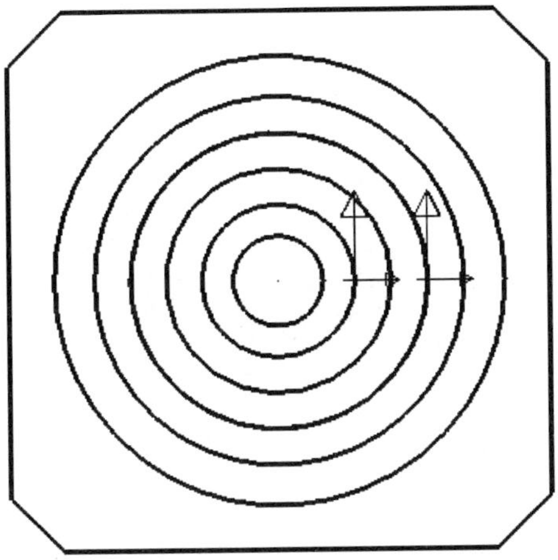

图 7-30　选择加工边界

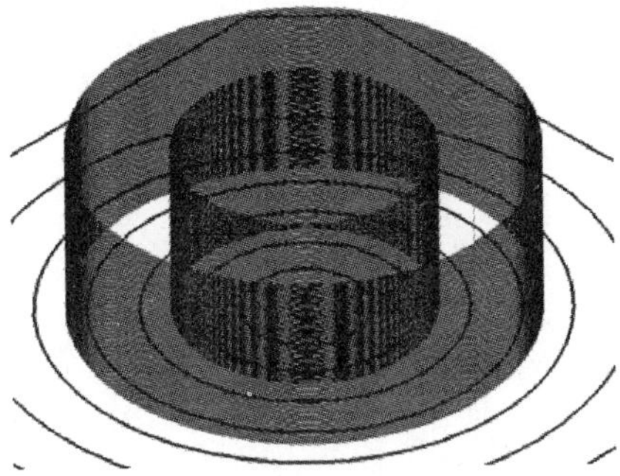

图 7-31　外形铣削粗加工刀路

4）打开【分层切削】选项卡，勾选【分层切削】选项，设置【粗加工】/【次数】为 2，【间距】为 0.2mm，【精加工】/【次数】为 0，勾选【不提刀】选项，其他参数默认。

5）单击【共同参数】选项，设置【参考高度】为 10.0mm，【进给下刀位置】为 5.0mm，【工件表面】为 0.0mm，【深度】为 −29.897mm，勾选所有【绝对坐标】选项。

单击确定按钮，生成刀具路径，如图 7-32 所示。

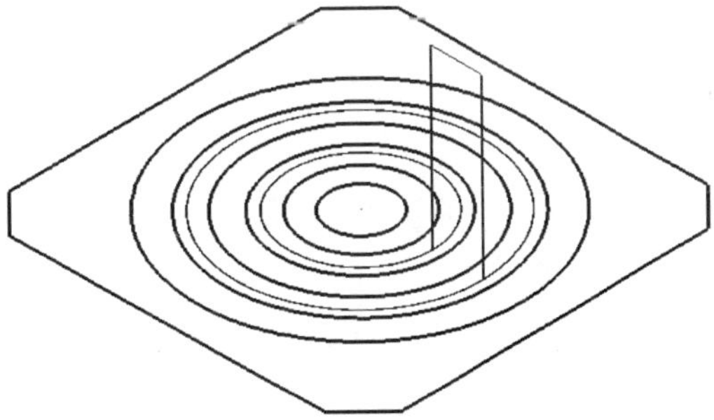

图 7-32　外形铣削精加工刀路

7.5.11　外形铣削精加工（ϕ34mm 和 ϕ66mm 外侧）

复制"第 10 步：外形铣削"精加工刀路，在刚刚生成的"第 11 步：外形铣削刀路"的目录下单击【图形】，系统弹出【串连管理】对话框，如图 7-33 所示。

选择上一步所选择的两串连边界，按键盘的【DEL】键，删除上一步所选的串连边界。在该对话框的空白处单击右键，选择【增加串连】命令，系统弹出【串连管理】对话框，如图 7-33 所示。

在绘图区选取从中心圆算起的第 3 和第 5 两个圆，注意要使它们的箭头方向保持一致，通过箭头方向可知刀具补偿为右补正（务必确保为右补正），如图 7-34 所示，单击确定按钮。

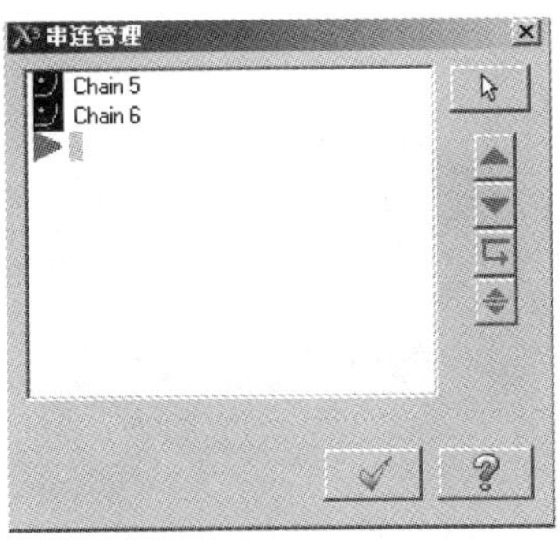

图 7-33　【串连管理】对话框

技术指导：这里要求箭头方向为右补正是为了对应第 10 步的刀具补偿也为右补正，从而避免修改刀具参数，减少工作量。

单击刀路重新计算按钮，系统重新生成刀具路径，如图 7-35 所示。

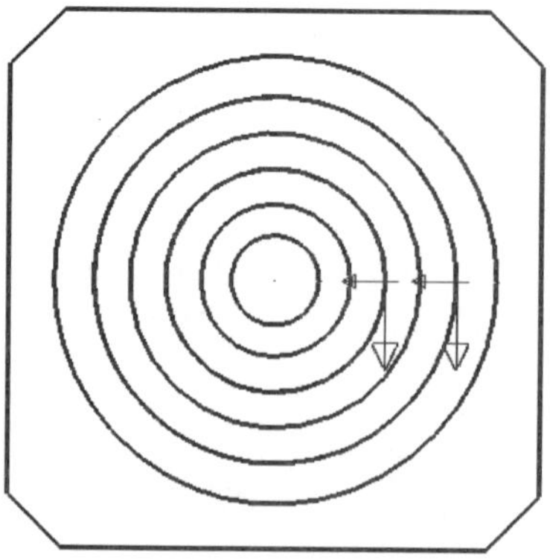

图 7-34　选择加工边界

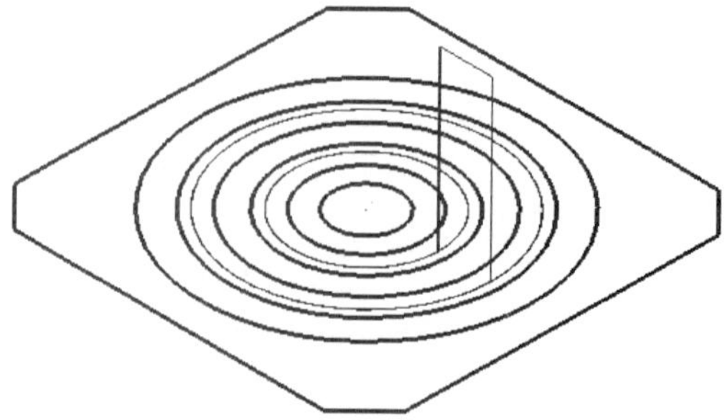

图 7-35　外形铣削精加工刀路

插入箭头按钮下移至加工群组名为 6R3 的目录下。

7.5.12　平行铣削精加工（倾斜曲面）

调出【层别管理】对话框，只打开第 3 图层（FACE 层）和第 7 图层（FACE _ CHECH 层）。

技术指导：第 7 图层（FACE _ CHECH 层）是通过先生成一条与倾斜侧面相平行的直线，再通过【绘图】/【曲面】/【牵引曲面】命令完成的，读者可自行尝试建立。

1）选择【刀具路径】/【曲面精加工】/【精加工平行铣削】命令，窗选筒管上表面，如图 7-36 所示，单击应用按钮。

系统弹出【刀具路径的曲面选取】对话框，如图 7-37 所示，在【干涉面】选项卡中单击选择按钮，选择第 7 图层的倾斜曲面，如图 7-38 所示，单击应用按钮。系统返回【刀具路径曲面选取】对话框，单击确定按钮。

图 7-36　选择加工面

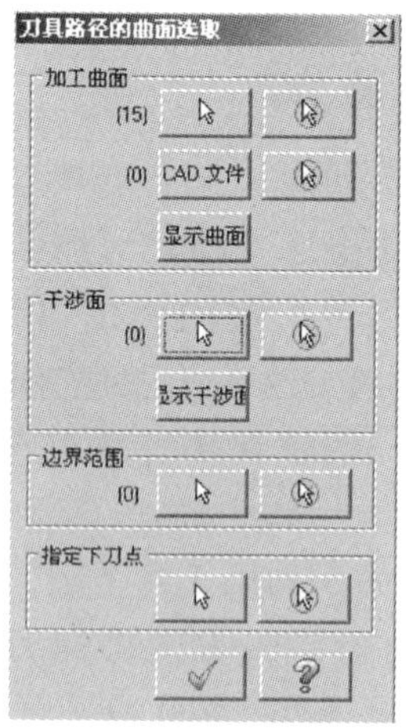

图 7-37　【刀具路径的曲面选取】对话框

图 7-38　选择干涉面

2）系统弹出【曲面精加工平行铣削】对话框，选择直径 6mm 的球头立铣刀。设置【进给率】为 600mm/min，【主轴转速】为 3500r/min，【进刀速率】为 200mm/min，【提刀速率】为2500mm/min，勾选【快速提刀】选项。

3）打开【曲面加工参数】选项卡，勾选【参考高度】并设置为10.0mm，【进给平面】为5.0mm。勾选所有【绝对坐标】选项，【加工面预留量】为0.0mm，【干涉面预留量】为0.1mm，如图7-39所示。

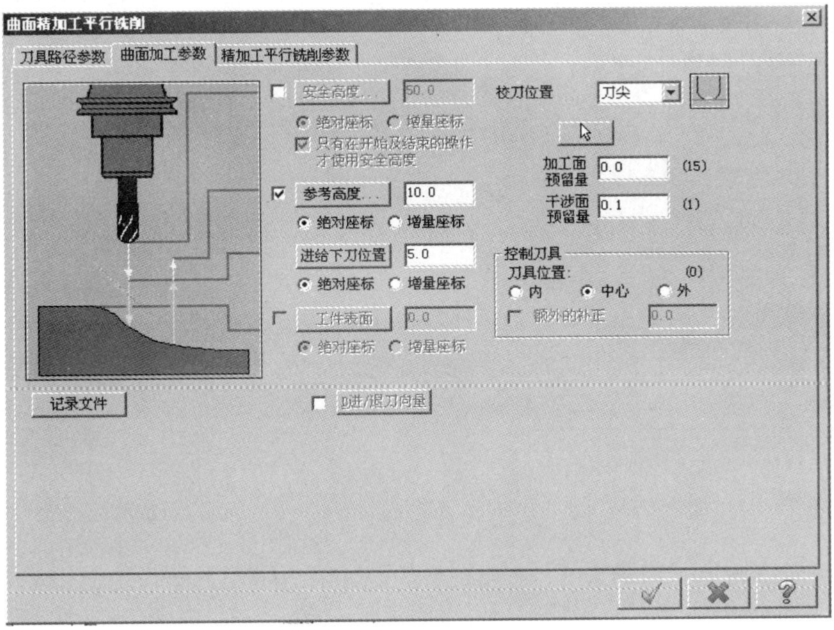

图7-39 曲面加工参数设置

4）打开【精加工平行铣削参数】选项卡，设置【整体误差】为0.01mm，【最大切削间距】为0.15mm，【切削方式】为【双向】，【加工角度】为45°，如图7-40所示。

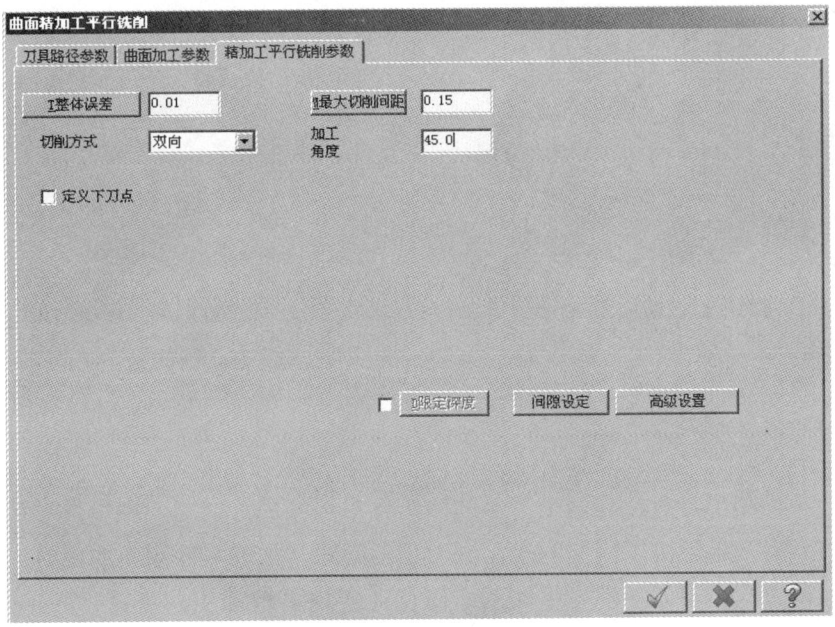

图7-40 精加工平行铣削参数设置

单击【间隙设定】按钮，系统弹出【刀具路径的间隙设置】对话框，勾选【切削顺序最佳化】复选框，其他参数默认，如图 7-41 所示，单击确定按钮 ✓。

单击【高级设置】按钮，系统弹出【高级设置】对话框，【在刀具在曲面（实体面）的边缘走圆角】选项中勾选【在所有的边缘】选项，如图 7-42 所示，单击确定按钮 ✓。

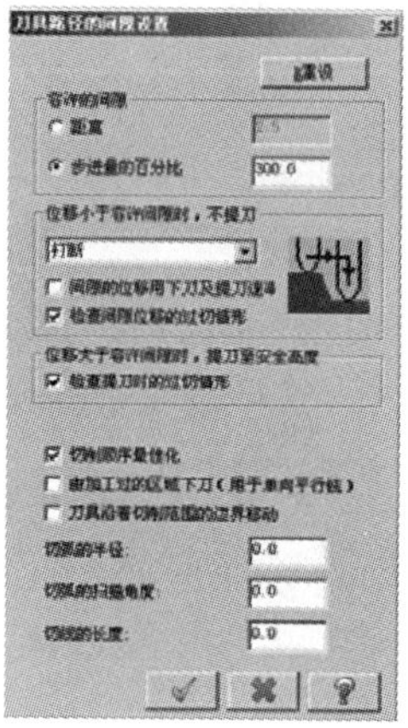

图 7-41　优化刀路

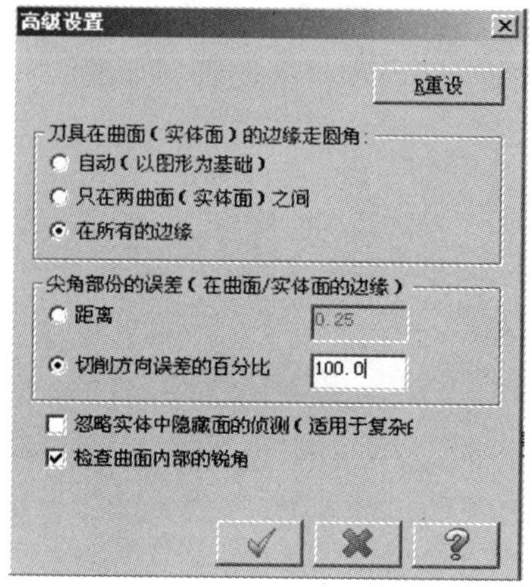

图 7-42　高级设置

单击【曲面精加工平行铣削】对话框中的确定按钮 ✓，生成刀具路径，如图 7-43 所示。

7.5.13　实体模拟加工

模拟结果如图 7-44 所示。

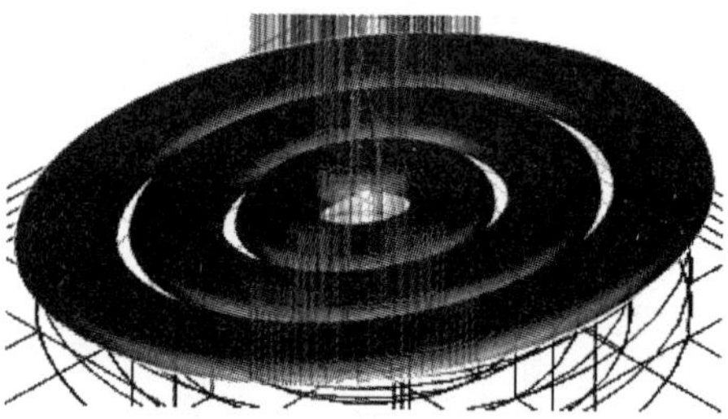

图 7-43　曲面平行铣精加工刀路

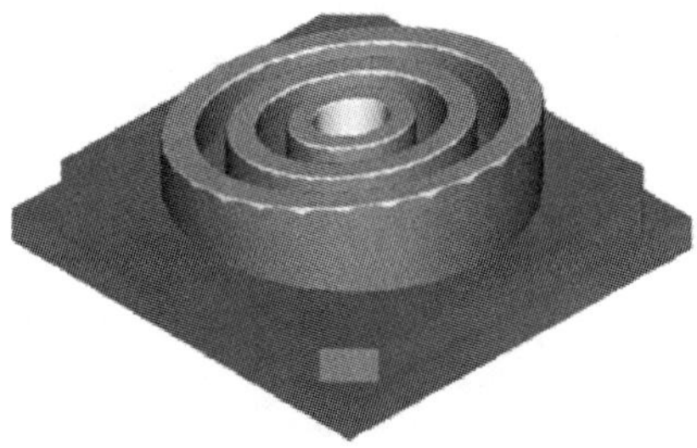

图 7-44　模拟结果

7.6　小结

本章结合零件图形特点，在两个窄小的凹槽环形区域进行加工，利用外形铣削提供的斜线渐降加工方式有效地解决了因空间小而进刀难的问题。加工零件倾斜曲面时，采用了曲面精加工平行铣削方式，不但实现了粗加工，而且还实现了精加工。可见，Mastercam 所提供的刀路方式只要灵活运用，粗加工与精加工的刀路方式产生的效果可以互换。

7.7 提高练习

打开随书光盘“练习文件/cha07/7－2. mcx－5”，图形如图 7-45 所示。

图 7-45　提高练习零件

第八章　装饰品编程实例

8.1　任务目标

➢ 提高编程及工艺处理能力。
➢ 掌握如何应用投影精加工对曲面进行雕刻加工。

8.2　任务导入

打开随书光盘“源文件/cha08/装饰品 . mcx－5”，图形如图 8-1 所示，打开第 1 图层。

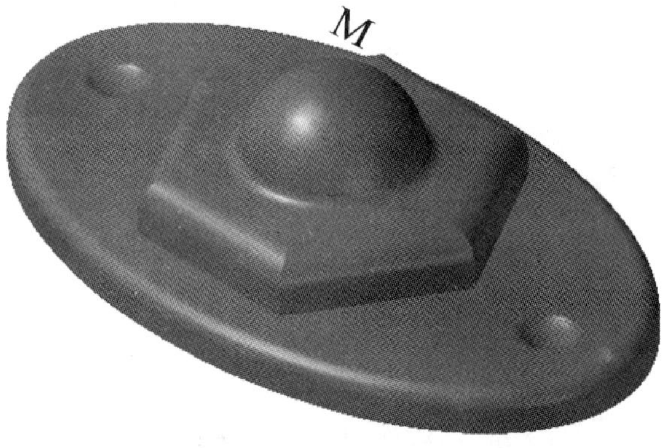

图 8-1　装饰品

8.3　任务分析

8.3.1　图形分析

通过 Mastercam X5 系统所提供的分析功能可知，该零件外形尺寸为 100mm × 60mm × 26mm，零件各不同特征分布明显，没有复杂曲面特征，属于比较规则的二维与三维曲面特征。

8.3.2　工艺分析

该零件图形特征不复杂，加工难度不大。凸半球曲面部分由于球的半径较小，采用放射状精加工可获得好的加工质量。对于字母“M”的曲面刻字，常采用投影精加工刀路。在加工正六边形倒圆角曲面之间的尖角部位时，应正确处理刀具路径的过渡，以保证加工质量，该尖角部位的加工是该零件的难点。

8.3.3　刀路规划

步骤 1：ϕ12mm 立铣刀对零件整体采用曲面挖槽粗加工，加工余量为 0. 25mm。

步骤 2：ϕ12mm 立铣刀对零件正六边形上表面采用曲面挖槽精加工，加工余量为 0. 0mm。

步骤 3：ϕ12mm 立铣刀对零件椭圆上表面采用曲面挖槽精加工，加工余量为 0. 0mm。

步骤 4：ϕ12mm 立铣刀对零件椭圆侧边采用外形铣削精加工，加工余量为 0. 0mm。

步骤 5：ϕ8mm 球头立铣刀对半凸球曲面及 *R*2mm 圆角曲面采用放射状精加工，加工余量为 0. 0mm。

步骤 6：ϕ8mm 球头立铣刀对椭圆边沿 *R*2. 5mm 圆角曲面采用等高外形精加工，加工余量为 0. 0mm。

步骤 7：ϕ8mm 球头立铣刀对正六边形下方 *R*4mm 圆角曲面采用平行铣削精加工，加工余量为 0. 0mm。

步骤 8：旋转复制步骤 7 刀路加工正六边形其余 *R*4mm 圆角曲面，加工余量为 0. 0mm。

步骤 9：ϕ4mm 球头立铣刀对左侧凹球曲面与倒圆角曲面采用放射状精加工，加工余量为 0. 0mm。

步骤 10：镜像复制步骤 9 刀路加工右侧凹球曲面与倒圆角曲面，加工余量为 0. 0mm。

步骤 11：ϕ4mm 球头立铣刀对凸半球倒 *R*2mm 圆角曲面，采用外形铣削精加工，加工余量为 0. 0mm。

步骤 12：ϕ0. 05mm 雕刻刀对字母“M”采用标准挖槽加工，加工余量为 0. 0mm。

步骤 13：ϕ0. 05mm 雕刻刀对凸半球曲面雕刻字母“M”采用投影精加工，加工余量为 0. 0mm。

8. 4 准备工作

8. 4. 1 选择机床

选择【机床类型】/【铣床】/【默认】命令。

8. 4. 2 模拟设置

调出【机器群组属性】对话框，设置【素材原点视角坐标】X0mm、Y0mm、Z0mm，材料大小为 X110mm、Y80mm、Z30mm。

8. 4. 3 刀具设置

通过选择【刀具路径】/【刀具管理器】命令，调出【刀具管理】对话框，建立直径为 12mm 的立铣刀，直径为 8mm 的球头铣刀和直径为 4mm 的球头铣刀，新建直径为 0. 05mm 的雕刻刀。

8. 4. 4 新建刀具路径群组

参照第三章介绍的方法，分别建立名称为 12R0、8R4、4R2 和 0. 05R0 的刀具路径群组。将▶移到群组名为 12R0 的目录下。

8. 5 刀路编制

8. 5. 1 曲面挖槽粗加工

1）选择【刀具路径】/【曲面粗加工】/【粗加工挖槽加工】命令，系统弹出【输入新 NC

名称】对话框，输入“装饰品”，单击确定按钮。

窗选所有曲面，单击应用按钮，系统弹出【刀具路径的曲面选取】对话框，如图 8-2 所示。

在【边界范围】选项卡处单击选择按钮，系统弹出【串连选项】对话框，在绘图区选取最大矩形边界，如图 8-3 所示。单击【串连选项】对话框中的确定按钮，系统弹出【刀具路径的曲面选取】对话框，再次单击该对话框的确定按钮。

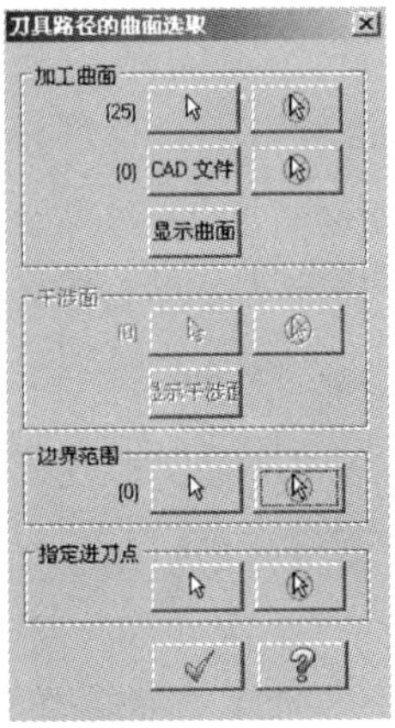

图 8-2 【刀具路径的曲面选取】对话框

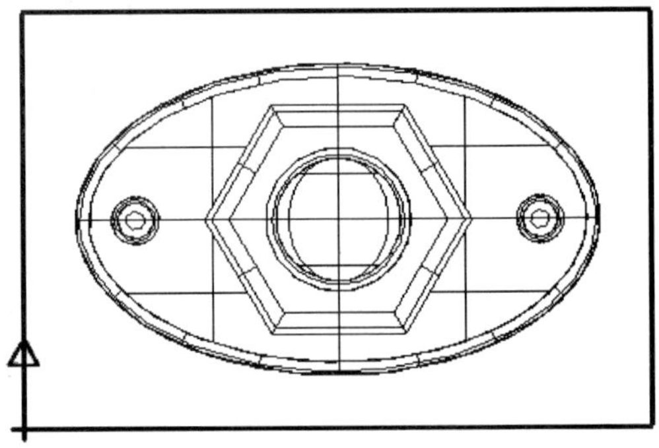

图 8-3 选择加工边界

2）系统弹出【曲面粗加工挖槽】对话框，选择直径为 12mm 的立铣刀，设置【进给率】为 1200mm/min，【主轴转速】为 2000r/min，【进刀速率】为 600mm/min，【提刀速率】为 2500mm/min，勾选【快速提刀】复选项，如图 8-4 所示。

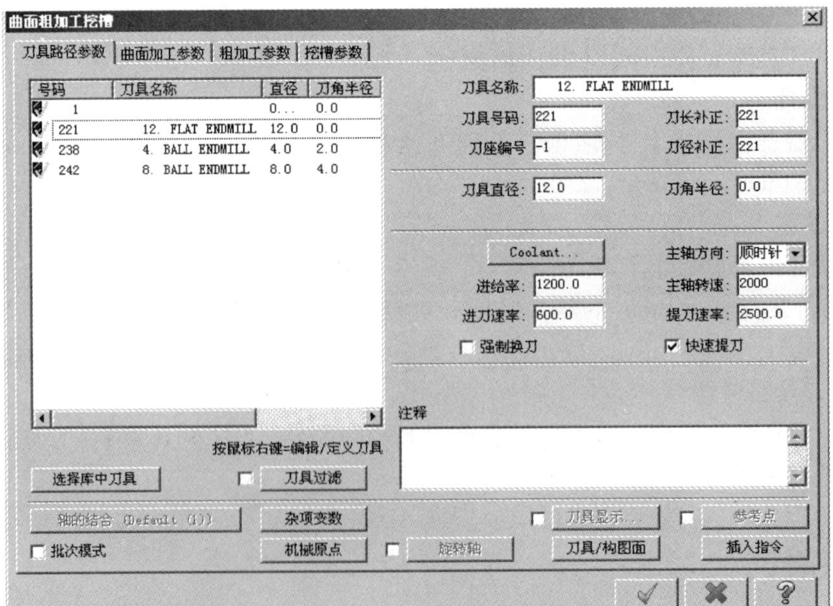

图 8-4 刀具选择与参数设置

3）打开【曲面加工参数】选项卡，勾选【参考高度】复选项并设置为10.0mm，【进给下刀位置】为5.0mm，勾选所有【绝对坐标】选项卡，设置【加工面预留量】为0.25mm，如图8-5所示。

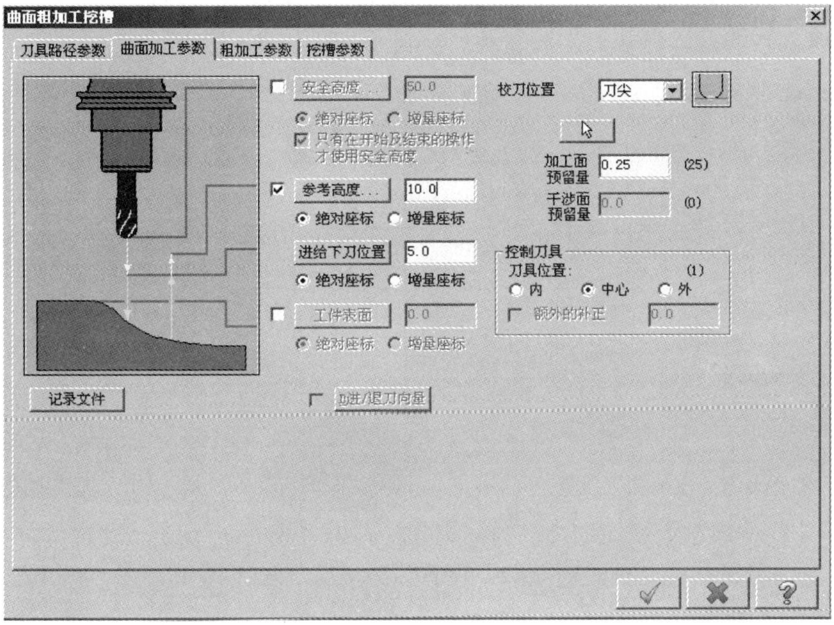

图8-5　曲面加工参数设置

4）打开【粗加工参数】选项卡，设置【整体误差】为0.025mm，设置【Z轴最大进给量】为0.5mm，勾选【由切削范围外下刀】选项，如图8-6所示。

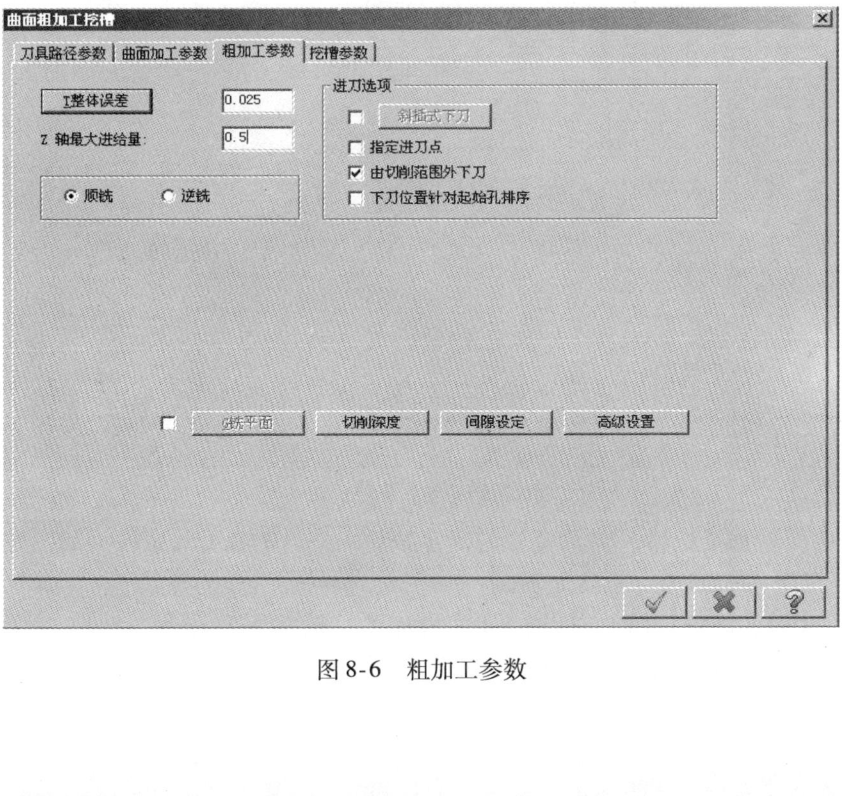

图8-6　粗加工参数

单击【切削深度】按钮，系统弹出【切削深度的设定】对话框，勾选【绝对坐标】复选项，设置【最高的位置】为 0.0mm，【最低的位置】为 –26.0mm，如图 8-7 所示，单击确定按钮。

单击【间隙设定】按钮，系统弹出【刀具路径的间隙设置】对话框，勾选【切削顺序最佳化】选项，其他参数默认，如图 8-8 所示，单击确定按钮。

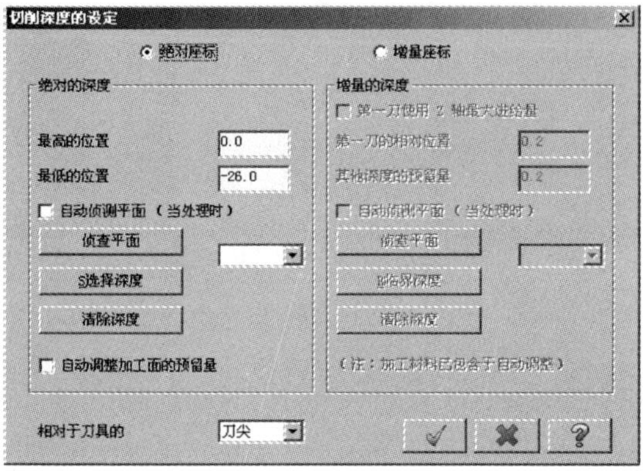

图 8-7　切削深度设置

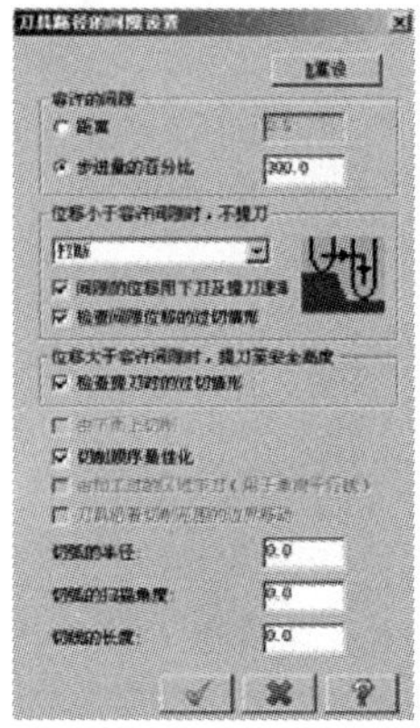

图 8-8　优化刀路

5）打开【挖槽参数】选项卡，选择切削方式为【等距环切】，设置【切削间距（直径%）】为 75。勾选【精加工】选项卡，设置【次数】为 1，【间距】为 0.25mm，其余参数默认，如图 8-9 所示。

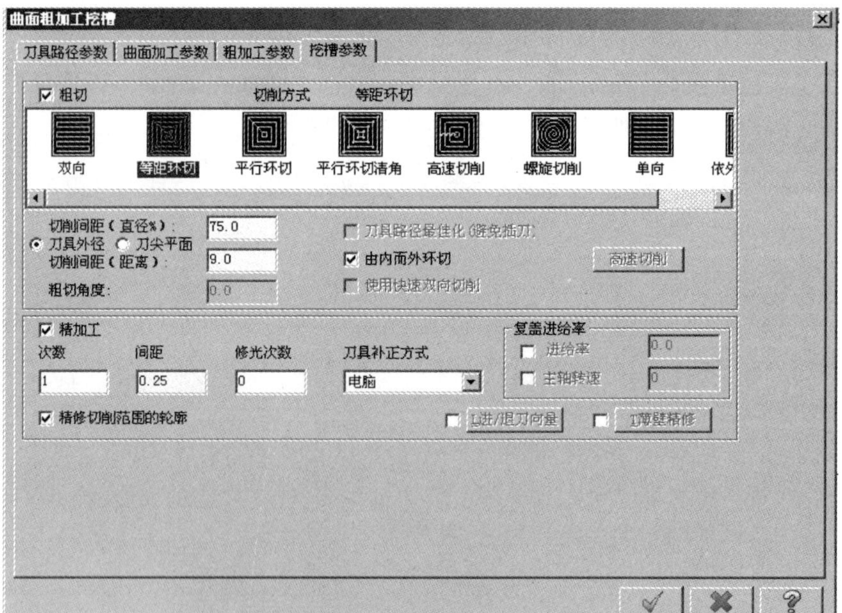

图 8-9　挖槽参数设置

单击【曲面粗加工挖槽】对话框中的确定按钮，生成刀具路径，如图 8-10 所示。

8.5.2　曲面挖槽精加工（六棱柱上表面）

1）选择【刀具路径】/【曲面粗加工】/【粗加工挖槽加工】命令，选取所有曲面，系统弹出【刀具路径的曲面选取】对话框，如图 8-11 所示。

在【边界范围】选项卡处单击选择按钮，系统弹出【串连选项】对话框，选取六边形边界，如图 8-12 所示。单击【串连选项】对话框中的确定按钮，系统弹出【刀具路径的曲面选取】对话框，单击该对话框的确定按钮。

2）系统弹出【曲面粗加工挖槽】对话框，选择直径为 12mm 的立铣刀，设置【进给率】为 400mm/min，【主轴转速】为 2500r/min，【进刀速率】为 200mm/min，【提刀速率】为 2500mm/min，勾选【快速提刀】复选项，其他选项都不勾选。

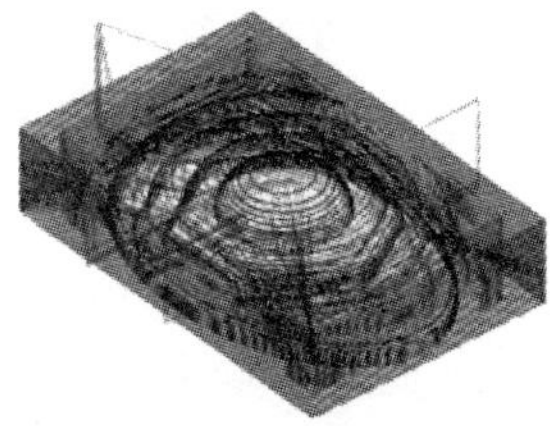

图 8-10　曲面挖槽粗加工刀路

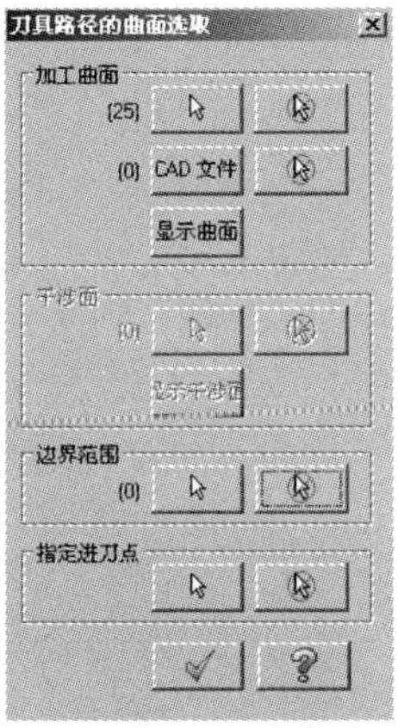

图 8-11　【刀具路径的曲面选取】对话框

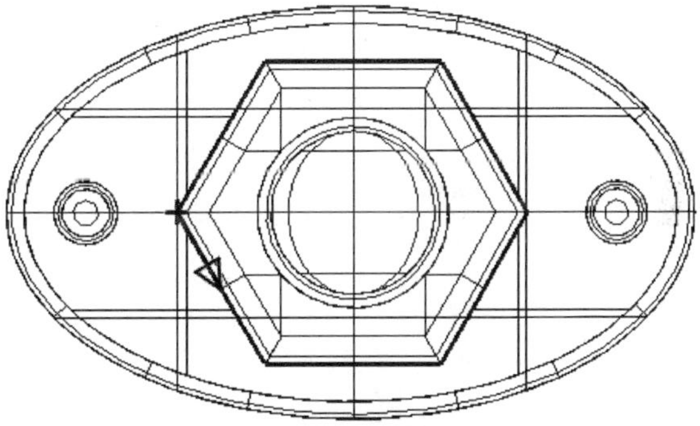

图 8-12　选择加工边界

3）打开【曲面加工参数】选项卡，勾选【参考高度】选项并设置为 10.0mm，【进给下刀位置】为 5.0mm，勾选所有【绝对坐标】选项，设置【加工面预留量】为 0.0mm。

4）打开【粗加工参数】选项卡，设置【整体误差】为 0.01mm，设置【Z 轴最大进给量】为 0.5mm，勾选【由切削范围外下刀】选项，如图 8-13 所示。

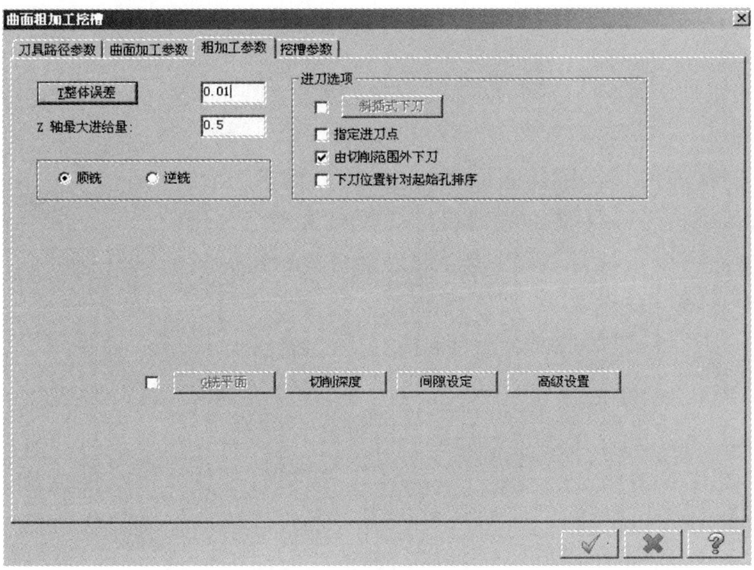

图 8-13　粗加工参数设置

单击【切削深度】按钮，系统弹出【切削深度的设定】对话框，勾选【绝对坐标】复选项，设置【最高的位置】为 -12.0mm，【最低的位置】为 -12.0mm，单击确定按钮 。

单击【间隙设定】按钮，系统弹出【刀具路径的间隙设置】对话框，勾选【切削顺序最佳化】选项，其他参数默认，单击确定按钮 。

5）打开【挖槽参数】选项卡，选择切削方式为【等距环切】，设置【切削间距（直径%）】为 50。勾选【精加工】选项卡，设置【次数】为 1，【间距】为 0.1mm，其余参数默认，如图 8-14 所示。

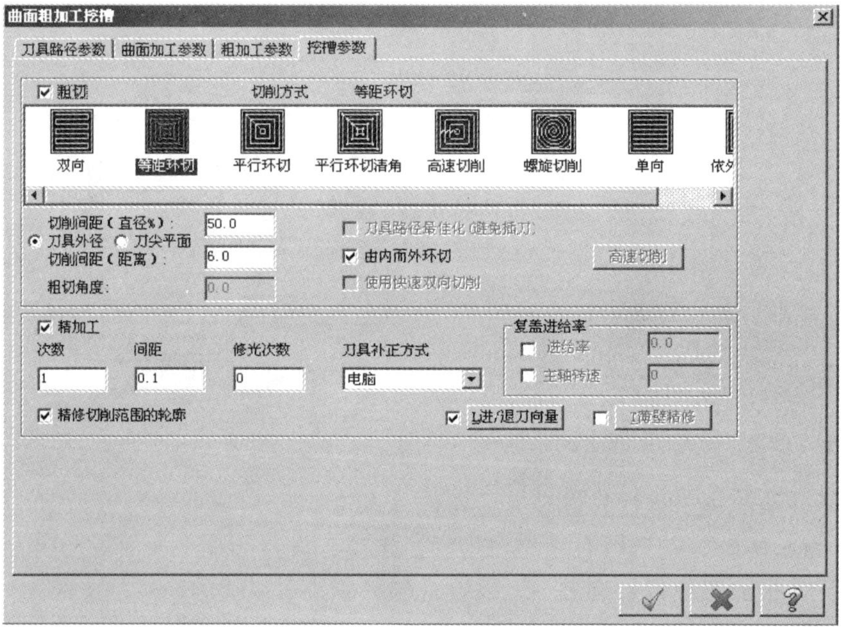

图 8-14　挖槽参数设置

单击【曲面粗加工挖槽】对话框中的确定按钮 ，生成刀具路径，如图 8-15 所示。

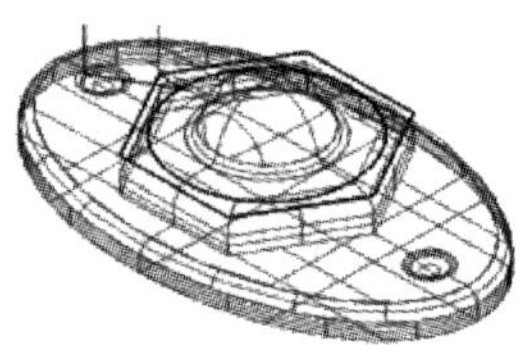

图 8-15　曲面挖槽精加工刀路

8.5.3　曲面挖槽精加工（椭圆体表面）

1）选择【刀具路径】/【曲面粗加工】/【挖槽粗加工】命令，窗选所有曲面，单击应用按钮 。系统弹出【刀具路径的曲面选取】对话框，如图 8-16 所示。

在【边界范围】选项卡处单击选择按钮 ，系统弹出【串连选项】对话框，选取最大的矩形，如图 8-17 所示。单击【串连选项】对话框中的确定按钮 ，系统弹出【刀具路径的曲面选取】对话框，单击该对话框的确定按钮 。

2）系统弹出【曲面粗加工挖槽】对话框，选择直径为 12mm 的立铣刀，设置【进给率】为 400mm/min，【主轴转速】为 2500r/min，【进刀速率】为 200mm/min，【提刀速率】为 2500 mm/min，勾选【快速提刀】选项，其他选项都不勾选。

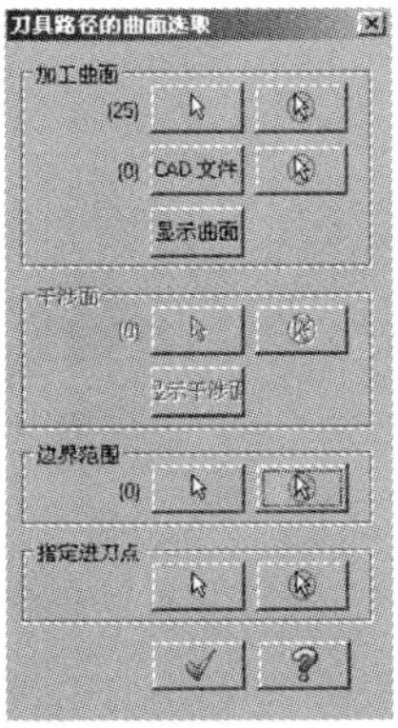

图 8-16 【刀具路径的曲面选取】对话框

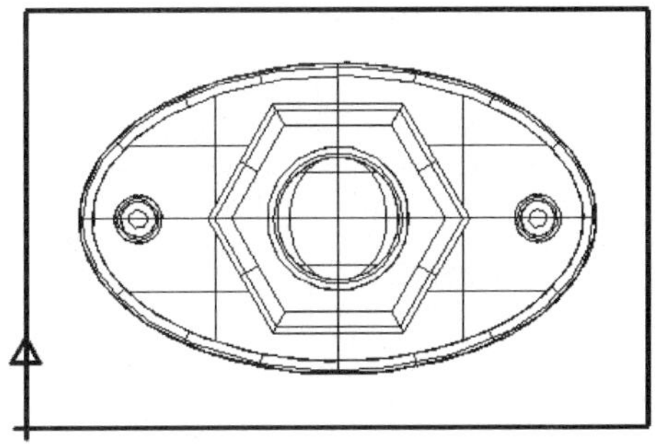

图 8-17　选择加工边界

3）打开【曲面加工参数】选项卡，勾选【参考高度】选项并设置为 10. 0mm，【进给下刀位置】为 5. 0mm，勾选所有【绝对坐标】选项，设置【加工面预留量】为 0. 0mm。

4）打开【粗加工参数】选项卡，设置【整体误差】为 0. 01mm，设置【Z 轴最大进给量】为 0. 5mm，勾选【由切削范围外下刀】复选项，如图 8-18 所示。

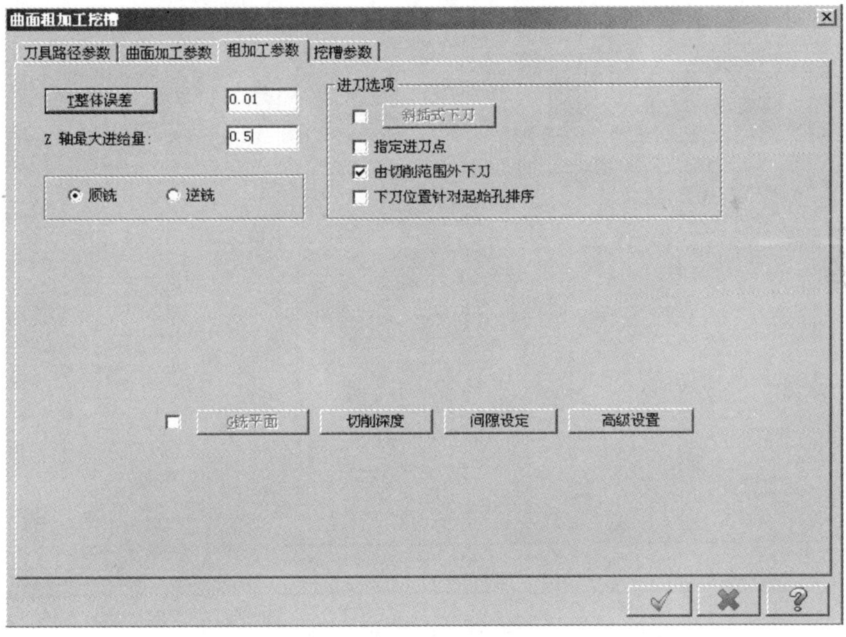

图 8-18　粗加工参数设置

单击【切削深度】按钮，系统弹出【切削深度的设定】对话框，勾选【绝对坐标】选项，设置【最高的位置】为 –20. 0mm，【最低的位置】为 –20. 0mm，如图 8-19 所示，单击确定按钮✔。

单击【间隙设定】按钮，系统弹出【刀具路径的间隙设置】对话框，勾选【切削顺序最佳化】复选项，其他参数默认，如图 8-20 所示，单击确定按钮✔。

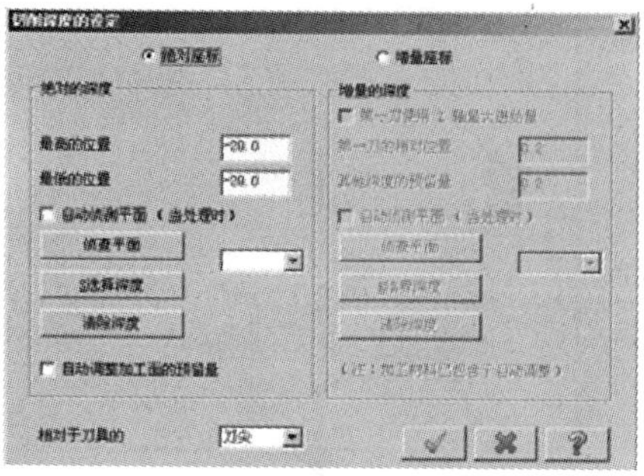

图 8-19　切削深度设置

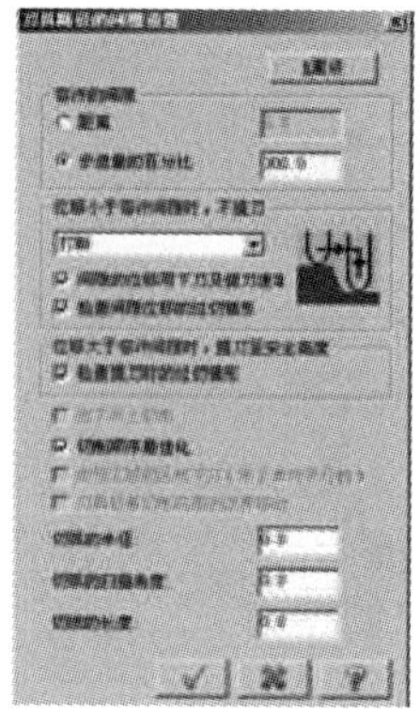

图 8-20　优化刀路

5）打开【挖槽参数】选项卡，选择切削方式为【等距环切】，设置【切削间距（直径%）】为 50。勾选【精加工】选项卡，设置【次数】为 1，【间距】为 0.1mm，其余参数默认，如图 8-21 所示。

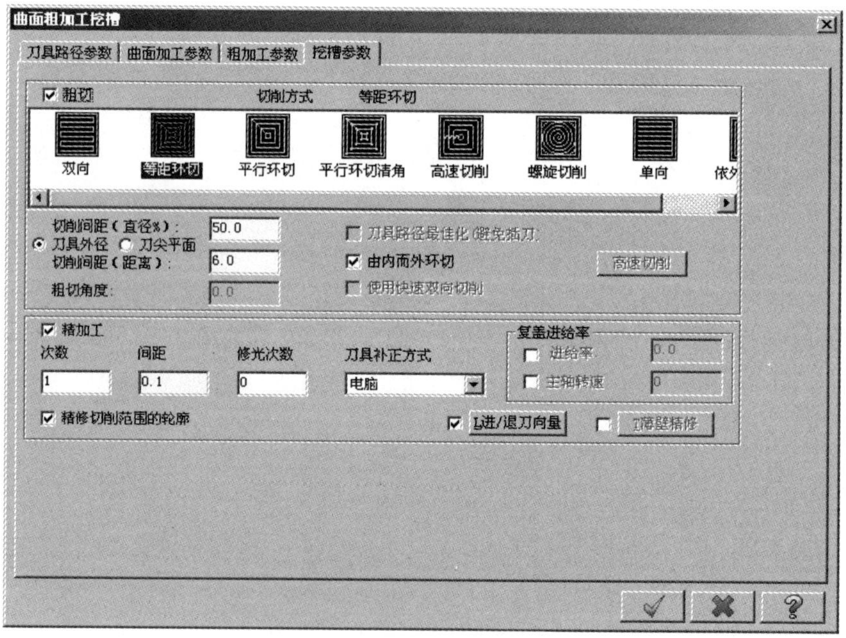

图 8-21　挖槽参数设置

单击【曲面粗加工挖槽】对话框中的确定按钮 ，生成刀具路径，如图 8-22 所示。

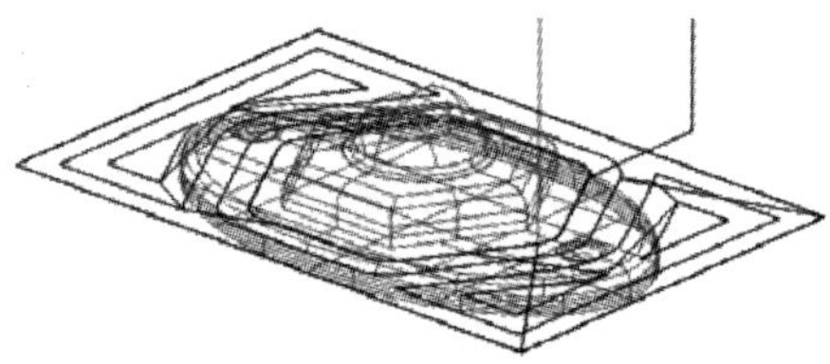

图 8-22　曲面挖槽精加工刀路

8.5.4　外形铣削精加工（椭圆体侧边）

1）选择【刀具路径】/【外形铣削】命令，系统弹出【串连选项】对话框，选取如图 8-23 所示的椭圆。根据箭头指向判断此时刀具补偿为左补正，单

击确定按钮 ✓ 。

2）系统弹出【2D 刀具路径－等高外形】对话框，打开【刀具】选项卡，选择直径为 12mm 的立铣刀，设置【进给速率】为 400.0mm/min，【下刀速率】为 100.0mm/min，【主轴转速】为 2500.0r/min，勾选【快速提刀】选项。

3）打开【切削参数】选项卡，设置【补正类型】为【电脑】，【补正方向】为【左补偿】，【外形铣类型】为【2D】，【壁边预留量】和【底面预留量】为 0.0mm，其他参数默认，如图 8-24 所示。

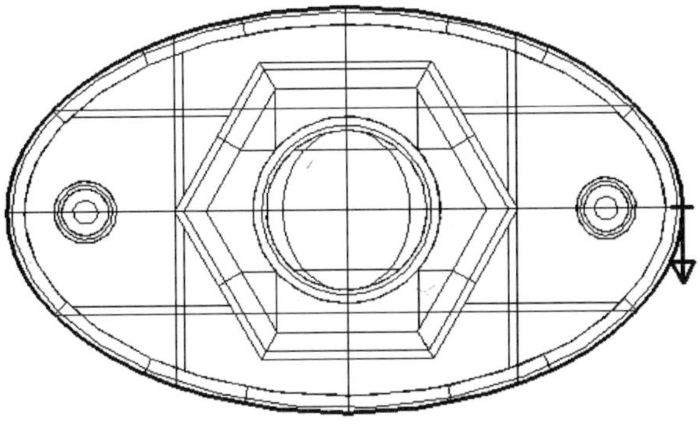

图 8-23　选择加工边界

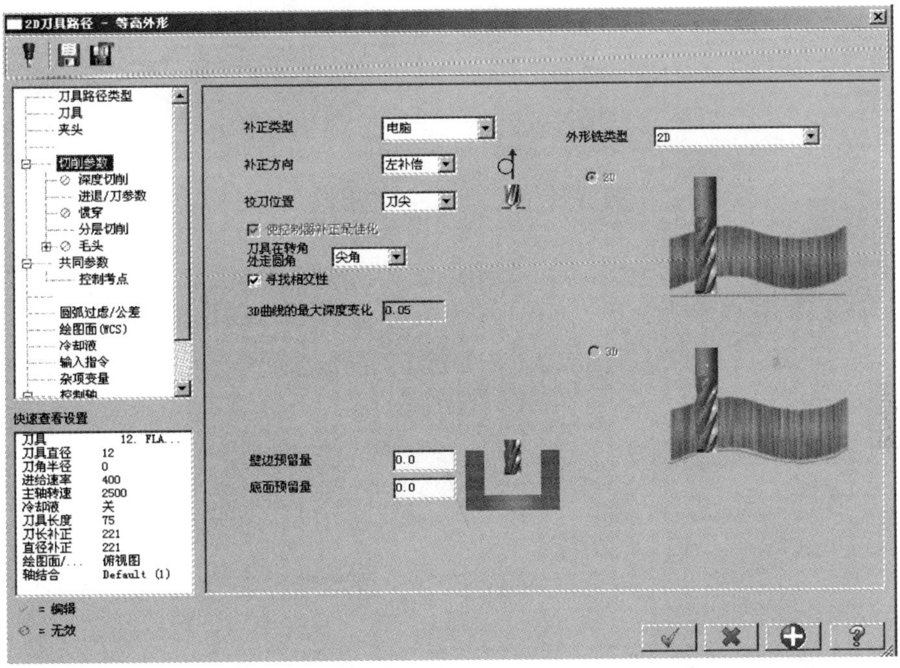

图 8-24　设置切削参数

4）打开【进/退刀参数】选项卡，选择【相切】选项，设置【长度】为 0%，【圆弧】/【半径】为 30%，【扫描】（角度）为 90.0°，单击按钮 ▸▸，即将进退刀参数设为一致。

5）打开【分层切削】选项卡，勾选【分层切削】选项，设置【粗加工】/【次数】为 2，【间距】为 5.0mm，【精加工】/【次数】为 0，勾选【不提刀】选项，其他参数默认。

6）单击【共同参数】选项，设置【参考高度】为 10.0mm，【进给下刀位置】为 5.0mm，【工件表面】为 0.2mm，【深度】为 －26.0mm，勾选所有【绝对坐

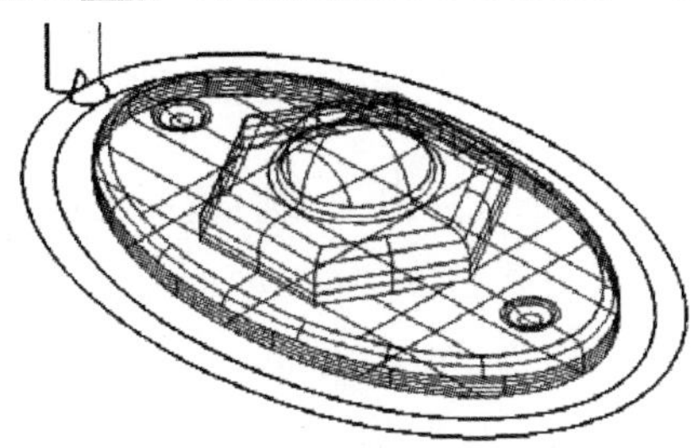

图 8-25　外形铣削精加工刀路

标】选项。

单击确定按钮 ✓ ，生成刀具路径，如图 8-25 所示。

单击插入箭头按钮▼下移至加工群组名为 8R4 的目录下。

8.5.5 放射状精加工（半凸球曲面与 *R*2mm 圆角曲面）

1）选择【刀具路径】/【曲面精加工】/【精加工放射状】命令，如图 8-26 所示。

选择中间凸半球与 *R*2mm 凹圆弧曲面，如图 8-27 所示，单击应用按钮。

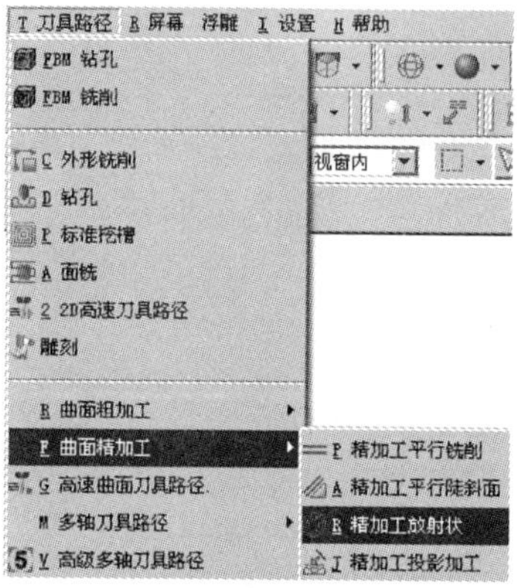

图 8-26　选择【精加工放射状】命令

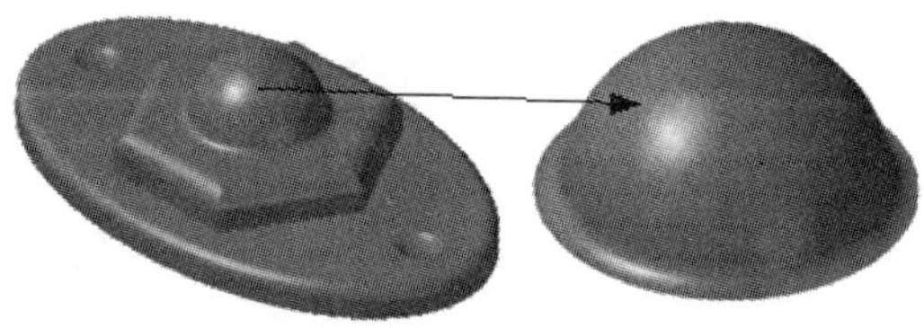

图 8-27　选择加工面

系统弹出【刀具路径的曲面选取】对话框，如图 8-28 所示。

在【干涉面】选项卡中单击【选择】按钮，选择与刚才所选加工曲面相连接的正六边形曲面，如图 8-29 所示，单击应用按钮。系统返回【刀具路径的曲面选取】对话框，单击确定按钮 ✓ 。

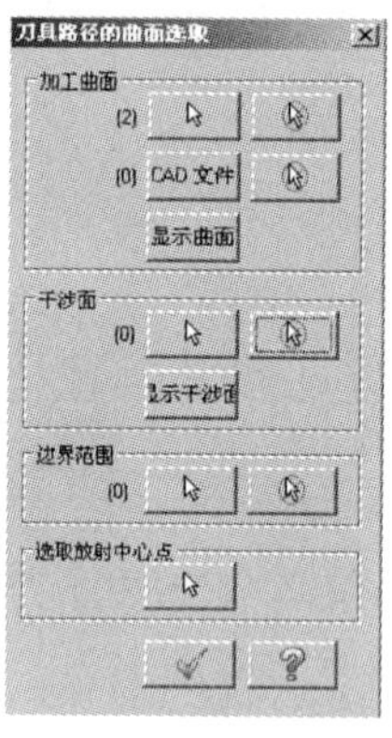

图 8-28　【刀具路径的曲面选取】对话框

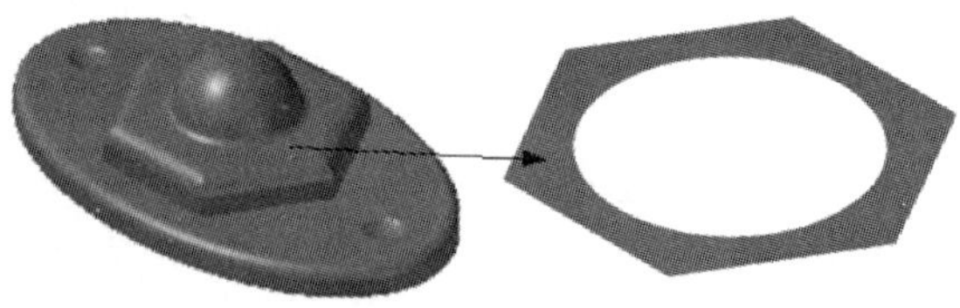

图 8-29　选择干涉面

2）系统弹出【曲面精加工放射状】对话框，选择刀具直径为 8mm 的球头立铣刀。设置【进给率】为 300mm/min，【主轴转速】为 3000r/min，【进刀速率】为 300mm/min，【提刀速率】为 2500mm/min。勾选【快速提刀】复选项，其他选项都不勾选，如图 8-30 所示。

3）打开【曲面加工参数】选项卡，勾选【参考高度】并设置为 10.0mm，【进给下刀

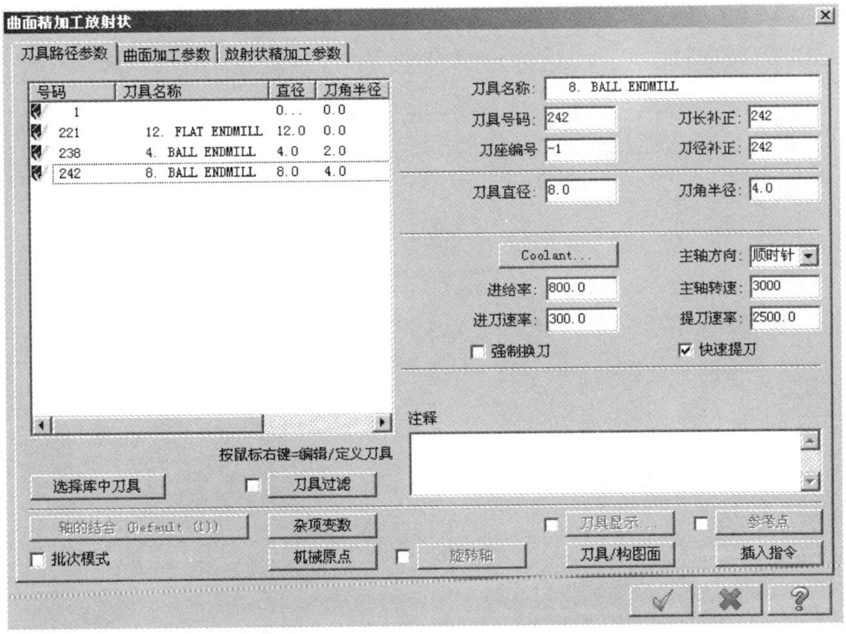

图 8-30　刀具选择与参数设置

位置】为5.0mm，【加工面预留量】为0.0mm，【干涉面预留量】都为0.1mm，如图8-31所示。

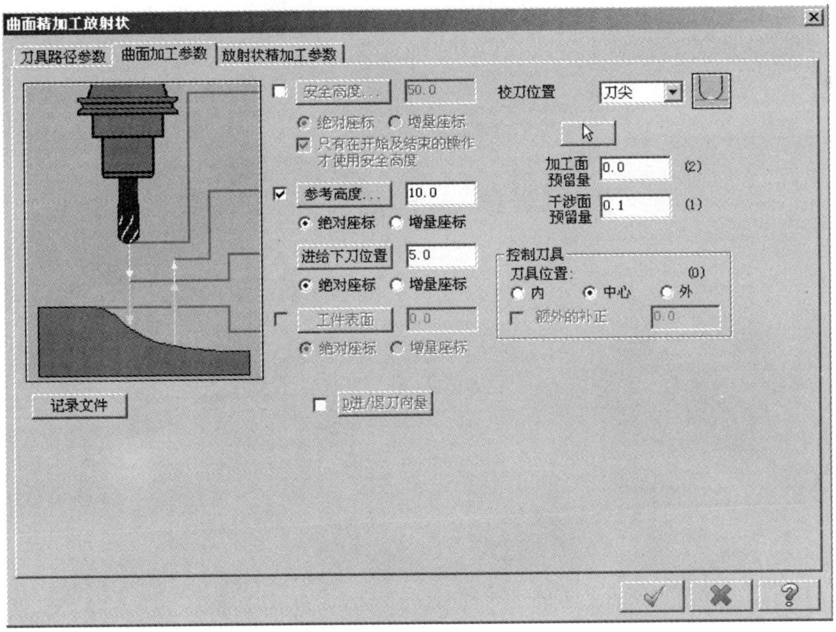

图 8-31　曲面加工参数设置

4）打开【放射状精加工参数】选项卡，设置【整体误差】为0.01mm，【最大角度增量】为0.5°，【起始补正距】为0.1mm，【切削方式】为【双向】，【开始角度】为－1°，【扫描角度】为360°。【起始点】选项勾选【由内而外】选项，如图8-32所示。

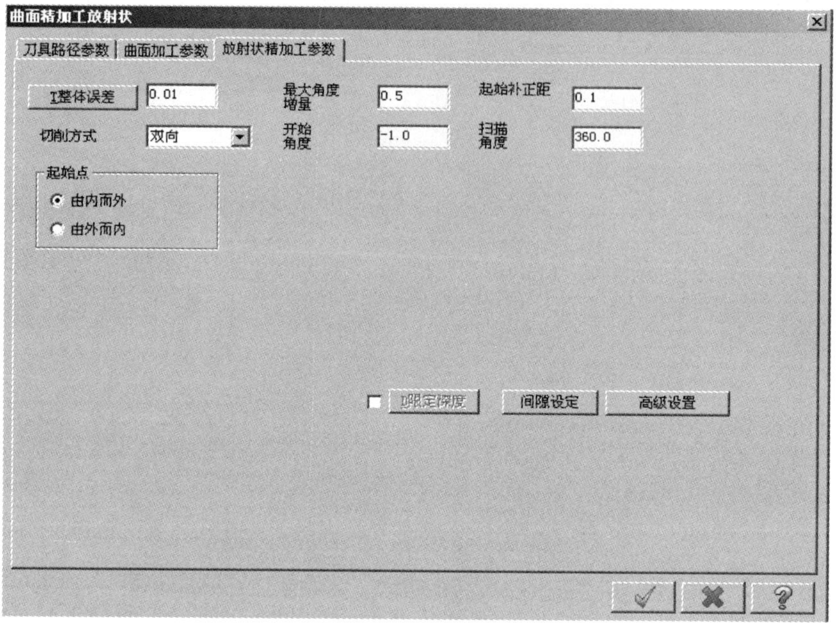

图 8-32　放射状精加工参数设置

单击【高级设置】按钮，系统弹出【高级设置】对话框，在【刀具在曲面（实体面）的边缘走圆角】选项中勾选【在所有的边缘】选项，如图 8-33 所示，单击确定按钮☑。

单击【曲面精加工放射状】对话框中的确定按钮☑，系统提示“选择放射中心”，在【自动抓取点】工具栏中选择原点坐标，生成刀具路径，如图 8-34 所示。

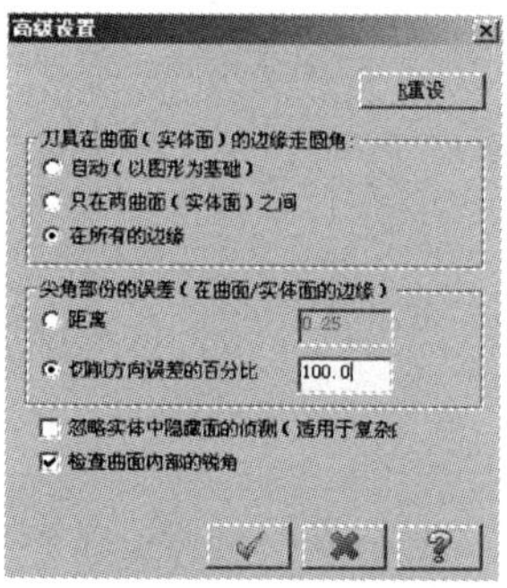

图 8-33　高级设置

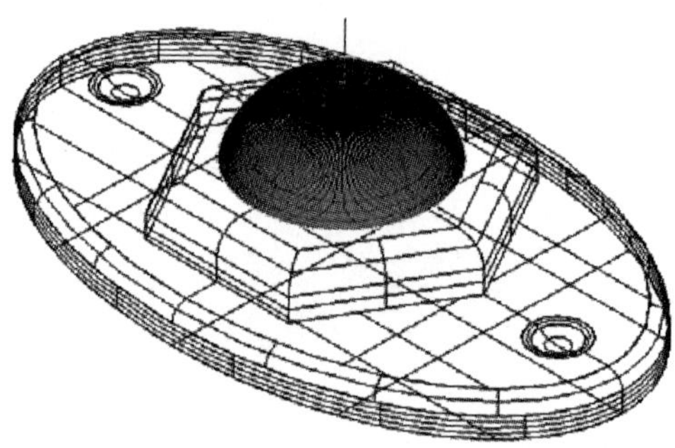

图 8-34　曲面放射状精加工刀路

8.5.6　等高外形精加工

1）选择【刀具路径】/【曲面精加工】/【精加工等高外形】命令，如图 8-35 所示。

选择倒 $R2.5$mm 圆角椭圆曲面部分，如图 8-36 所示，单击应用按钮☑。

系统弹出【刀具路径的曲面选取】对话框，如图 8-37 所示，单击确定按钮☑。

在【干涉面】选项卡中单击【选择】按钮，选择与刚才所选倒圆角椭圆曲面相连接的曲面，如图 8-38 所示，单击应用按钮☑。系统返回【刀具路径的曲面选取】对话框，单击确定按钮☑。

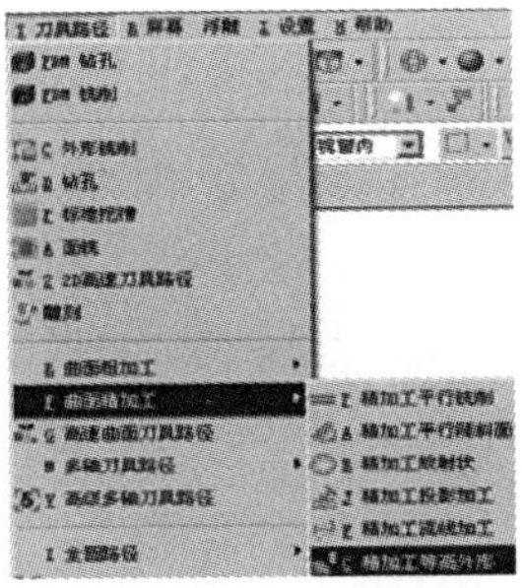

图 8-35　选择【精加工等高外形】命令

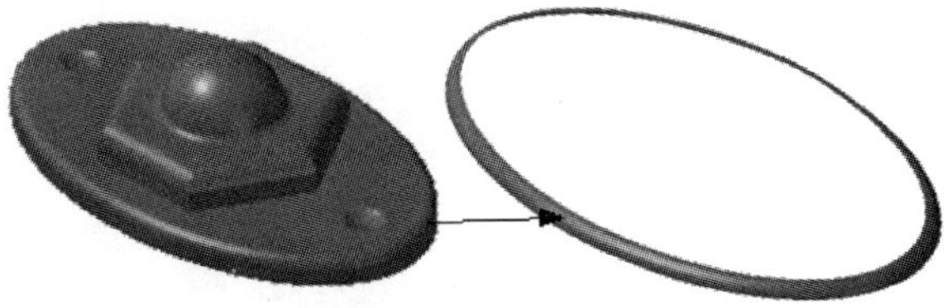

图 8-36　选择加工面

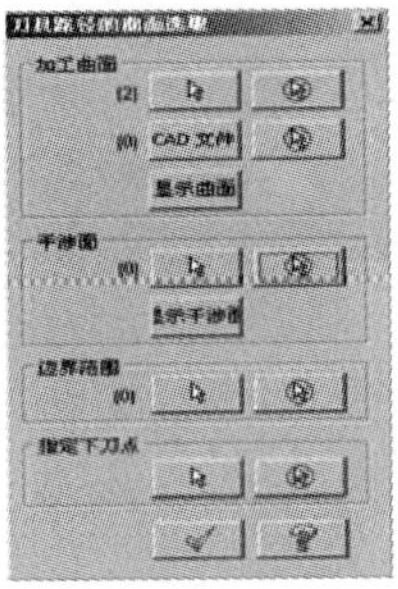

图 8-37　【刀具路径的曲面选取】对话框

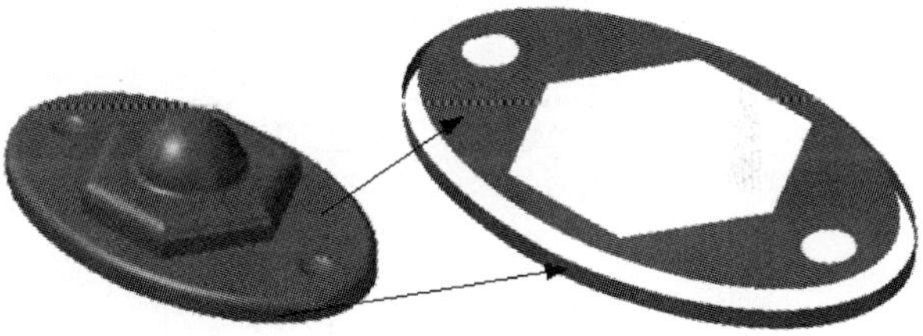

图 8-38　选择干涉面

2）系统弹出【曲面精加工等高外形】对话框，选择刀具直径为 8mm 的球头立铣刀，设置【进给率】为 800mm/min，【主轴转速】为 3000r/min，【进刀速率】为 200mm/min，【提刀速率】为 2500mm/min。勾选【快速提刀】复选项，其他选项都不勾选。

3）打开【曲面加工参数】选项卡，勾选【参考高度】并设置为 10.0mm，【进给下刀位置】为 5.0mm。勾选所有【绝对坐标】选项，设置【加工面预留量】为 0.0mm，【干涉面预留量】为 0.1mm。

4）打开【等高外形精加工参数】选项卡，设置【整体误差】为 0.01mm，【Z 轴最大进给量】为 0.1mm，勾选【切削顺序最佳化】和【浅平面加工】选项，其他参数默认，如图 8-39 所示。

单击【浅平面加工】按钮，系统弹出【浅平面加工设置】对话框，勾选【增加浅平区域的刀具路径】选项，设置【分层铣深的最小切削深度】为 0.05mm，【加工角度的极限】为 45°，如图 8-40 所示。

单击【高级设置】按钮，系统弹出【高级设置】对话框，在【刀具在曲面（实体面）的边缘走圆角】选项中勾选【在所有的边缘】选项，如图 8-41 所示，单击确定按钮✓。

单击【曲面精加工等高外形】对话框中的确定按钮✓，生成刀具路径，如图 8-42 所示。

8.5.7　平行铣削精加工

设置辅助曲面。调出【层别管理】对话框，只打开第 3 图层（SOLID 层），新建第 8 图层（FACE_ PAR 层），并设置第 8 图层为当前层。

选择【绘图】/【曲面】/【由实体生成曲面】命令，如图 8-43 所示。

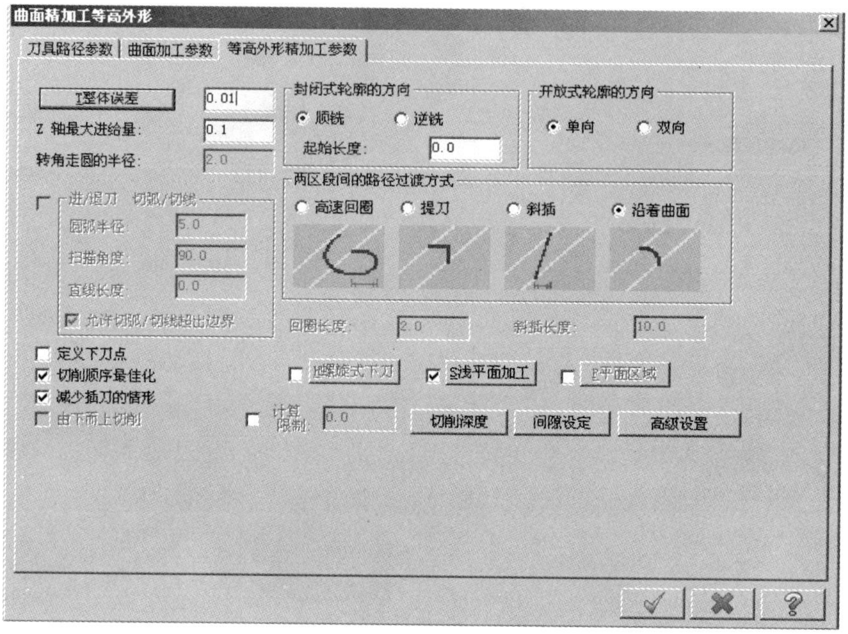

图 8-39　等高外形精加工参数设置

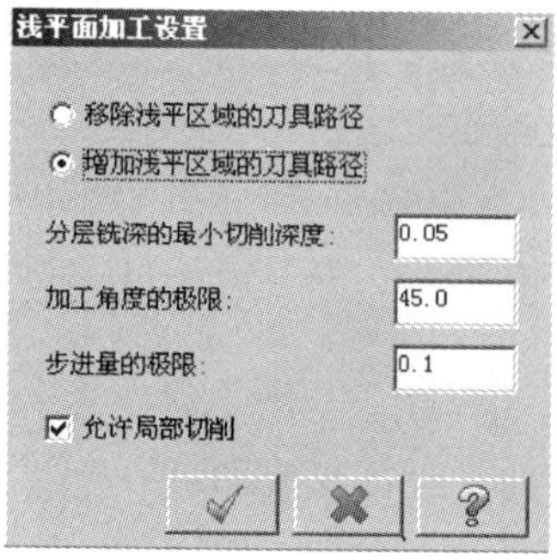

图 8-40　浅平面加工设置

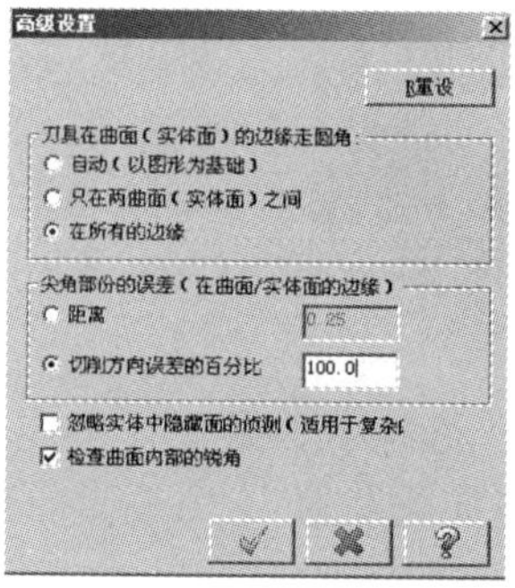

图 8-41　高级设置

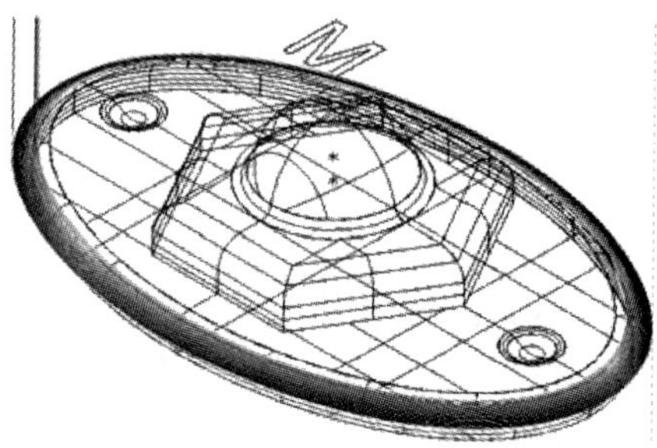

图 8-42　曲面等高外形精加工刀路

在【普通选项】工具栏中单击【选择面】按钮，选择如图 8-44 所指实体面，单击确定按钮，结果如图 8-44 所示。

打开【层别管理】对话框，关闭第 3 图层（SOLID 层）。

选择【绘图】/【任意线】/【绘制任意线】命令，如图 8-45 所示。

选中【俯视图】单选按钮，画一条经过原点且长度能覆盖曲面的铅垂线，如图 8-46 所示。

选择【绘图】/【曲面】/【修剪】/【修整至曲线】命令，如图 8-47 所示。

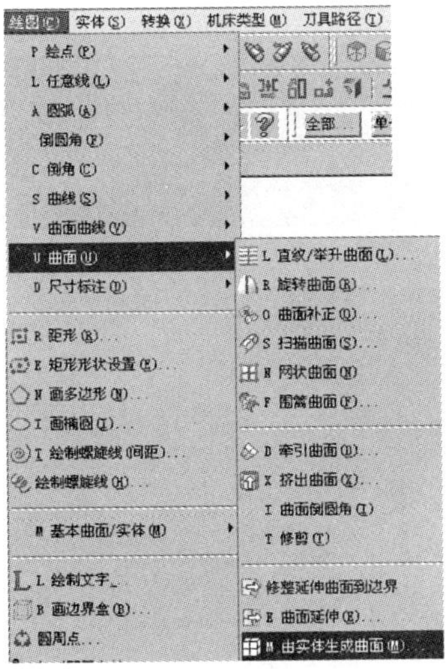

图 8-43　选择【由实体生成曲面】命令

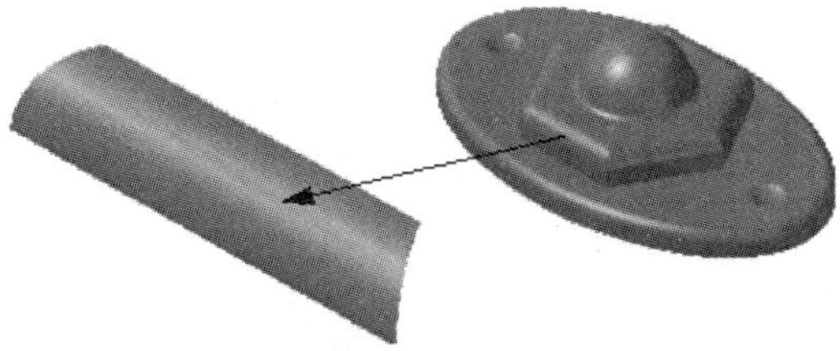

图 8-44　生成曲面

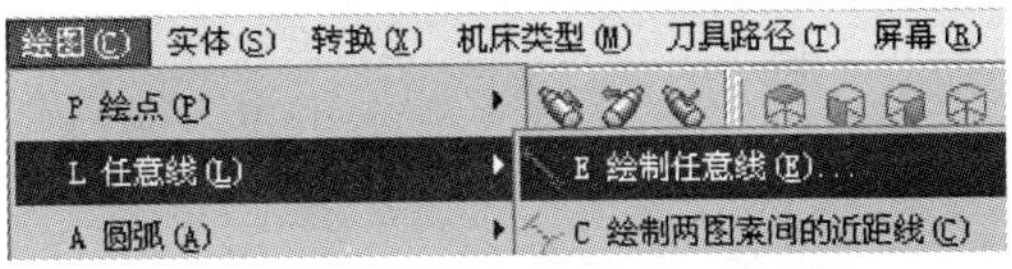

图 8-45　选择【绘制任意线】命令

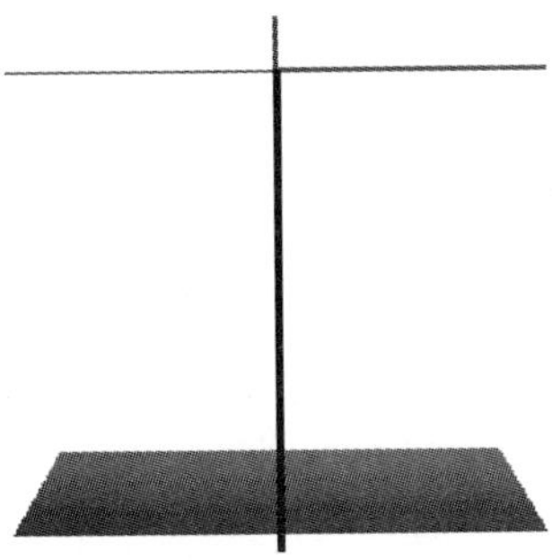

图 8-46　生成直线

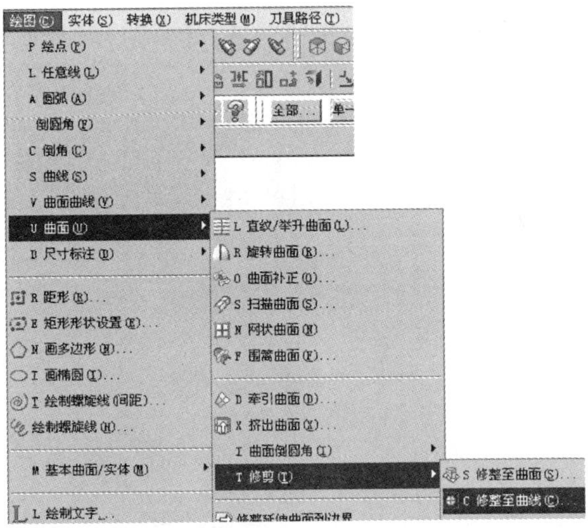

图 8-47　选择【修整至曲线】命令

选择刚生成的曲面，单击应用按钮，系统弹出【串连选项】对话框。选取刚生成的直线，单击确定按钮。系统提示“指出保留区域 - 选取曲面去修剪”，选择刚生成的曲面。系统提示“调整曲面修剪后保留的位置”，移动箭头到直线的左侧位置，如图 8-48 所示。

单击确定按钮，修剪结果如图 8-49 所示。

选择【绘图】/【曲面曲线】/【单一边界】命令，如图 8-50 所示。

选取刚修剪的曲面，移动箭头至如图 8-51 所示位置，单击确定按钮，生成一圆弧曲线，如图 8-51 所示。

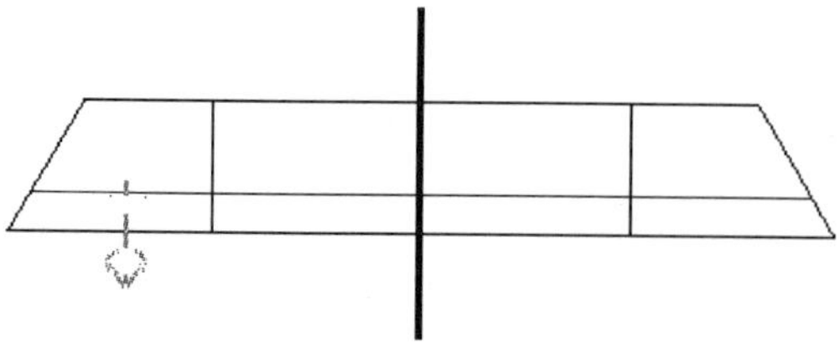

图 8-48　选择保留区域

图 8-49　修剪结果

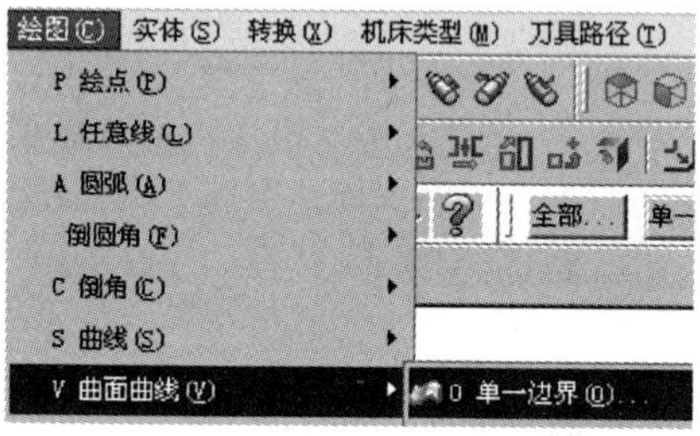

图 8-50　选择【单一边界】命令

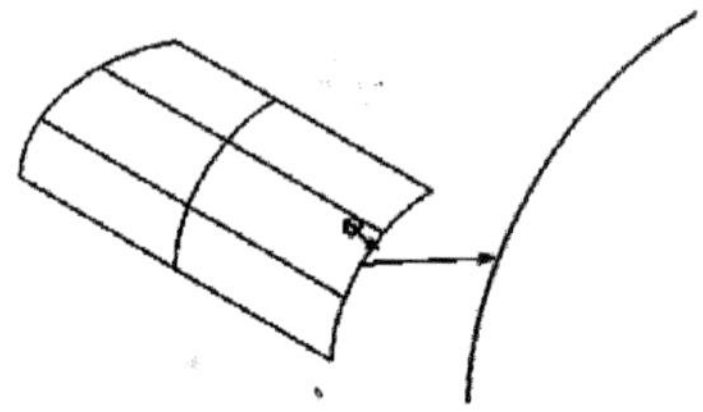

图 8-51　生成曲线

设置构图面为【右视图】，选择【绘图】/【曲面】/【牵引曲面】命令，如图 8-52 所示。

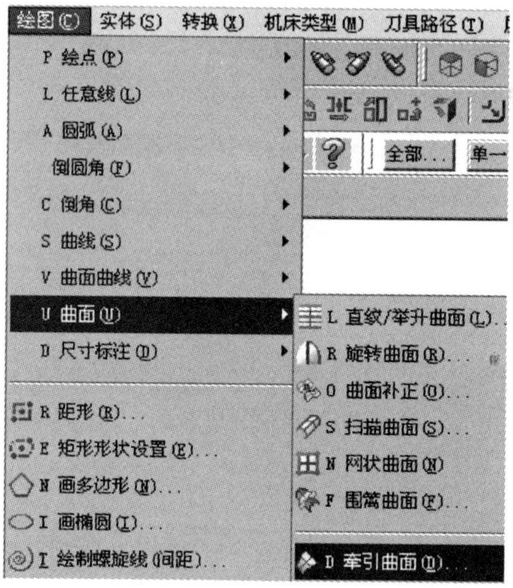

图 8-52　选择【牵引曲面】命令

系统弹出【串连选项】对话框，选取刚生成的圆弧曲线，单击确定按钮☑。系统弹出【牵引曲面】对话框，在【长度】选项设置【长度】为 15.0mm，如图 8-53 所示，单击确定按钮☑。

生成的曲面结果如图 8-54 所示。

选择【绘图】/【曲面】/【曲面延伸】命令，如图 8-55 所示。

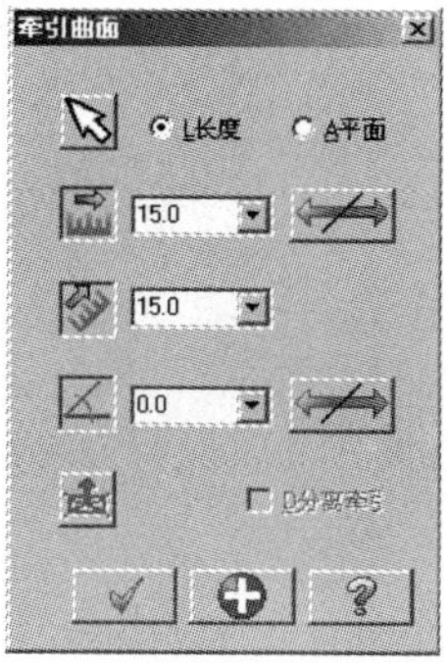

图 8-53　牵引曲面长度设置

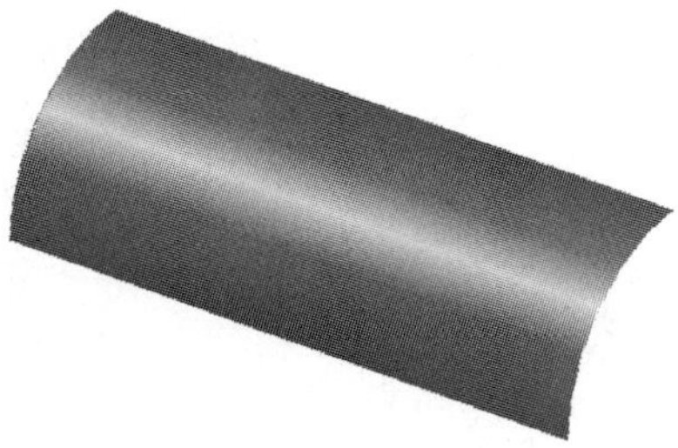

图 8-54　生成曲面

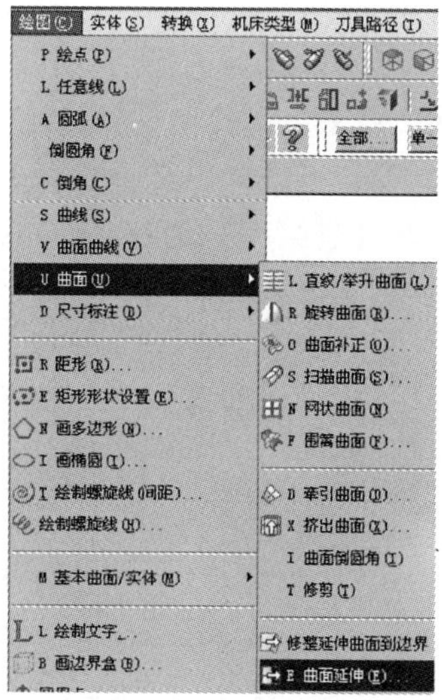

图 8-55　选择【曲面延伸】命令

在系统弹出的【曲面延伸】对话框中设置【长度】为 15.0mm，如图 8-56 所示。

图 8-56　曲面延伸长度设置

选取刚生成的曲面，移动箭头到曲面的左侧，单击确定按钮，曲面延伸结果如图 8-57所示。

图 8-57　曲面延伸结果

技术指导：如此构建曲面，从工艺角度考虑是为了使生成的刀路能覆盖原来的曲面，从而使所生成的刀路从外侧进刀，有效地保证零件该部分的尖角效果，读者应认真领会构建该曲面的意义。

设置构图面为【俯视图】。

多学一招：创建刀路时，当构图面不为【俯视图】时，则生成的刀路可能有误，如在另一个构图面生成错误的刀路。解决方法有两种：①创建刀路前将构图面改为【俯视图】；②在【刀具路径参数】选项卡中单击【刀具/构图面】按钮，在【刀具面/构图面的设定】对话框中将【工作坐标系统（WCS）】、【刀具平面】和【绘图平面】都设为【俯视图】，如

图 8-58 所示。

1）选择【刀具路径】/【曲面精加工】/【精加工平行铣削】命令，选择刚生成的曲面，单击应用按钮。系统弹出【刀具路径的曲面选取】对话框，单击确定按钮。

2）系统弹出【曲面精加工平行铣削】对话框，选择刀具直径为 6mm 的球头立铣刀。设置【进给率】为 600mm/min，【主轴转速】为 3000r/min，【进刀速率】为 300mm/min，【提刀速率】为 2500mm/min，勾选【快速提刀】选项，如图 8-59 所示。

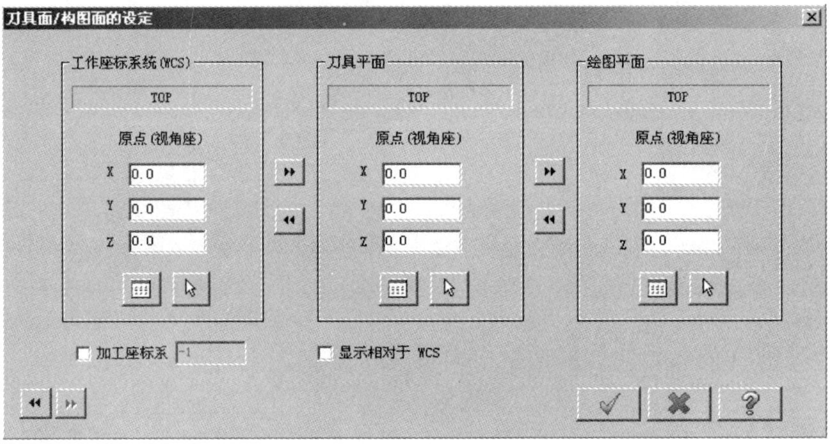

图 8-58　统一刀具面、构图面和绘图平面

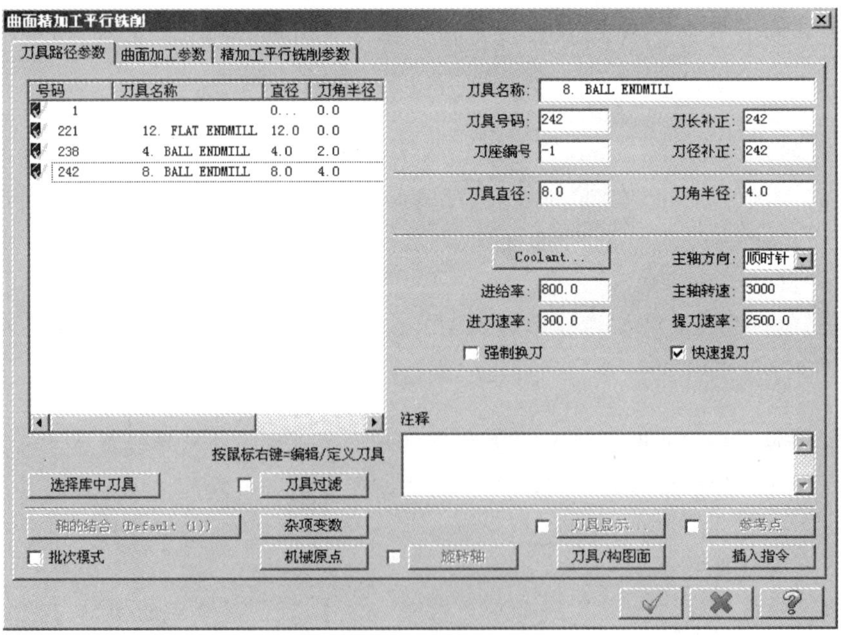

图 8-59　刀具选择与参数设置

单击【刀具/构图面】按钮，系统弹出【刀具面/构图面的设定】对话框，将【工作坐

标系统（WCS）】、【刀具平面】和【绘图平面】都设置为俯视图【TOP】，如图 8-58 所示。

3）打开【曲面加工参数】选项卡，勾选【参考高度】并设置为 10.0mm，【进给下刀位置】为 5.0mm。勾选所有【绝对坐标】选项，【加工面预留量】和【干涉面预留量】都为 0.0mm。

4）打开【精加工平行铣削参数】选项卡，设置【整体误差】为 0.01mm，【最大切削间距】为 0.15mm。【切削方式】为【双向】，【加工角度】为 0°。勾选【限定深度】选项，如图 8-60 所示。

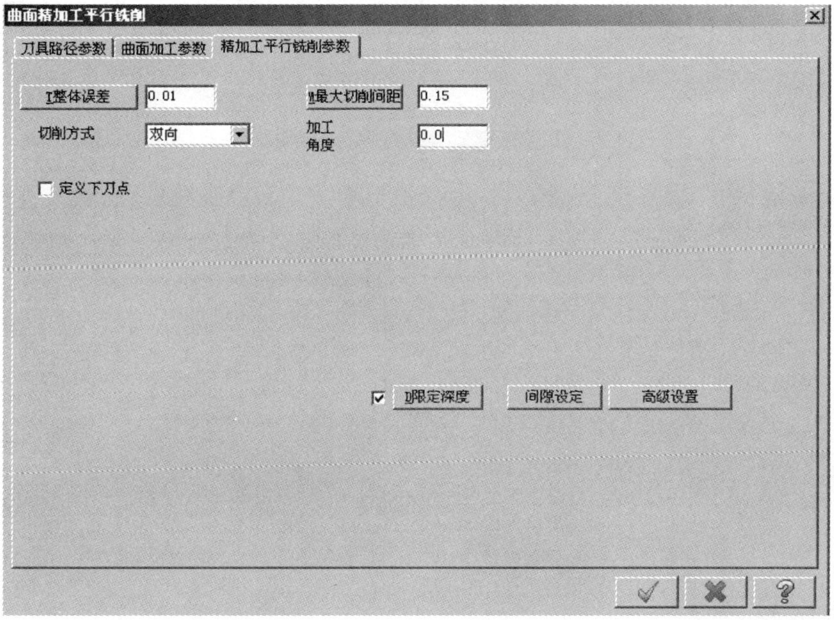

图 8-60　精加工平行铣削参数设置

单击【限定深度】按钮，系统弹出【限定深度】对话框，设置【相对于刀具的】为【刀尖】，【最高的位置】为 −10.0mm，【最低的位置】为 −19.1mm，如图 8-61 所示，单击确定按钮。

技术指导：这里设置【最低的位置】以保证刀具加工到椭圆上表面为宜，从而防止过切，当然也可以通过设置干涉面使刀路达到相同的效果。

单击【高级设置】按钮，系统弹出【高级设置】对话框，在【刀具在曲面（实体面）的边缘走圆角】选项中勾选【自动（以图形为基础）】，如图 8-62 所示，单击确定按钮。

技术指导：由于这里没有选择干涉曲面，所以不能选择【在所有的边缘】选项，否则将产生过切，读者可就这两个选项自行操作并对比产生的效果。

单击【曲面精加工平行铣】对话框中的确定按钮，生成刀具路径，如图 8-63 所示。

8.5.8　旋转复制刀具路径

1）选择【刀具路径】/【刀具路径转换】命令，如图 8-64 所示。

2）系统弹出【转换操作之参数设定】对话框，在【刀具路径转换的类型与方式】选项卡中设置【类型】为【旋转】，【方式】为【坐标】。在【原始操作】栏目下选择“第 7 步：曲面精加工平行铣削”刀路，如图 8-65 所示。

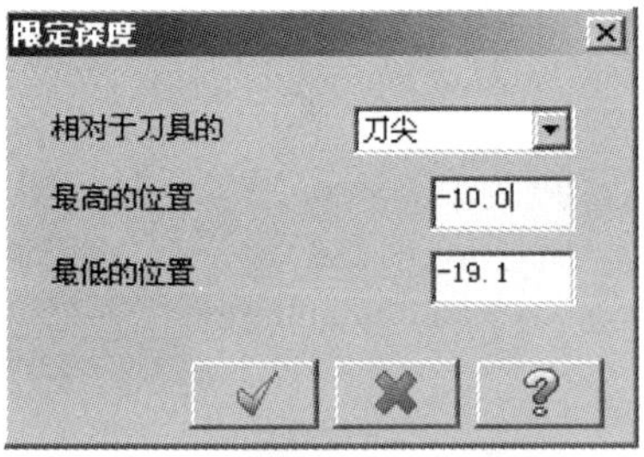

图 8-61　限定深度设置

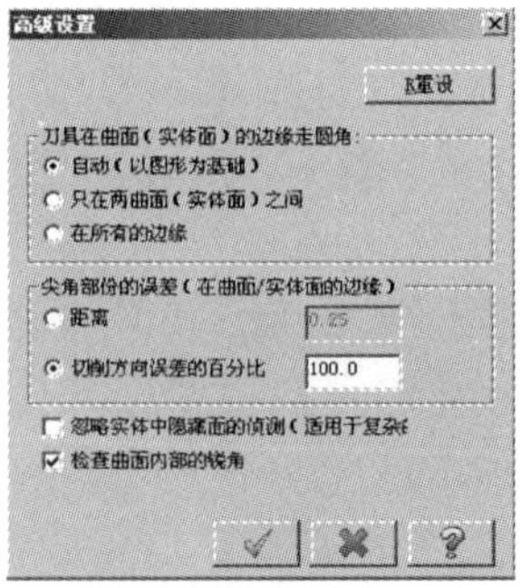

图 8-62　高级设置

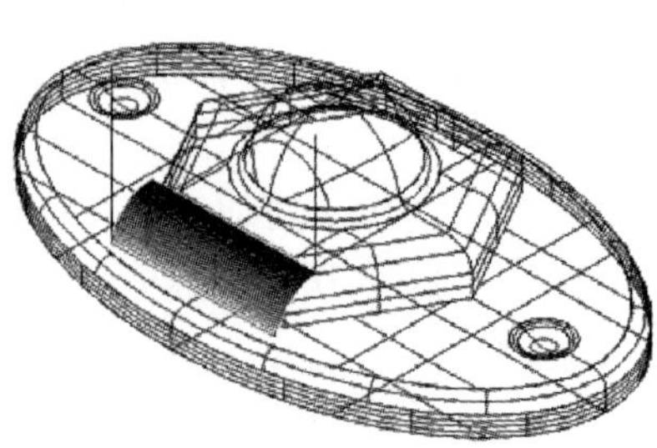

图 8-63　曲面平行铣精加工刀路

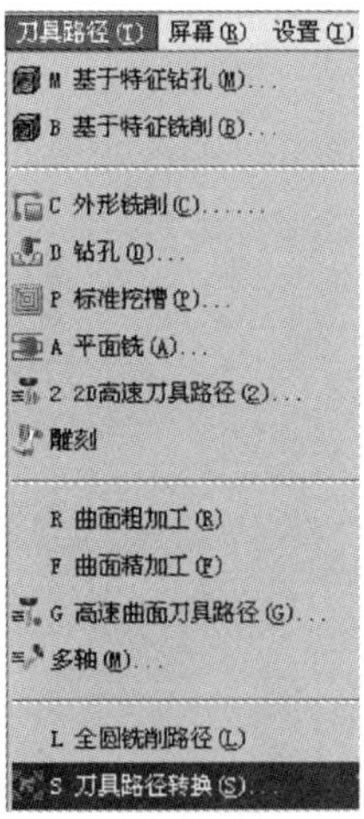

图 8-64　选择【刀具路径转换】命令

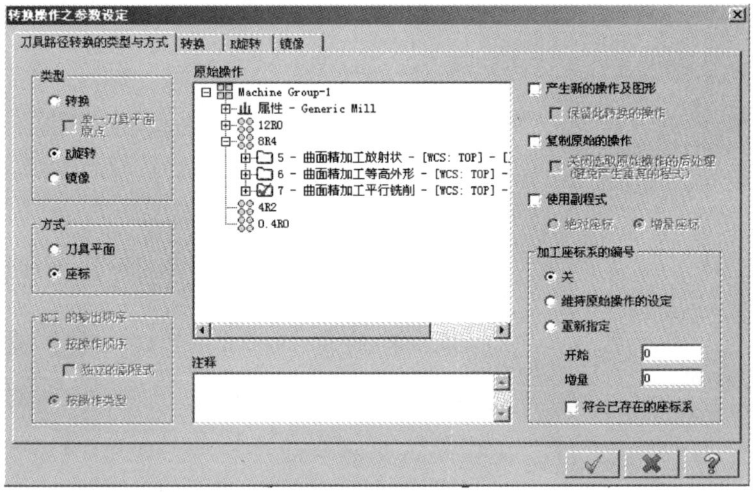

图 8-65　转换参数设置

3）打开【旋转】选项卡，设置【旋转的基准点】为【原点】，设置【次数】为 5.0，【起始角度】为 60°，【旋转角度】为 60°，如图 8-66 所示。

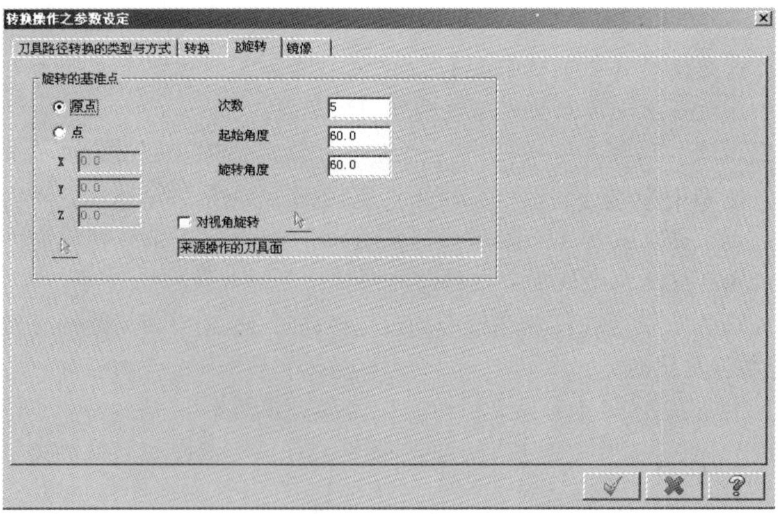

图 8-66　旋转设置

单击【转换操作之参数设定】对话框中的确定按钮，生成刀具路径，如图8-67所示。

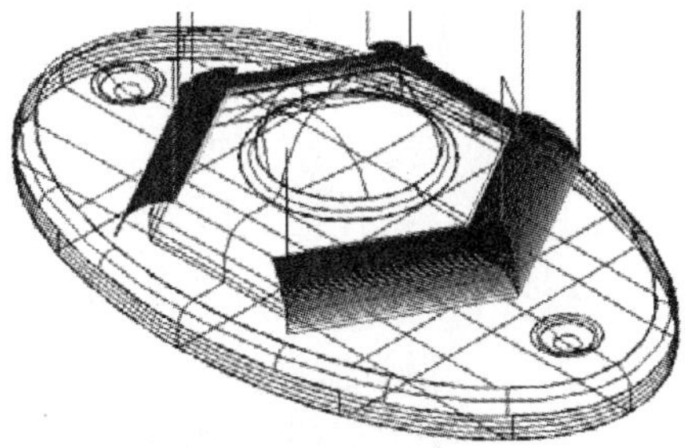

图8-67　镜像后的刀路

单击插入箭头按钮下移至加工群组名为4R2的目录下。

8.5.9　放射状精加工

调出【层别管理】对话框，关闭第8图层（FACE_PAR层），打开第6图层（CUR层）和第4图层（FACE层）。

1）选择【刀具路径】/【曲面精加工】/【精加工放射状】命令，选择图形左侧的凹球曲面与倒圆角曲面部分，如图8-68所示，单击应用按钮。

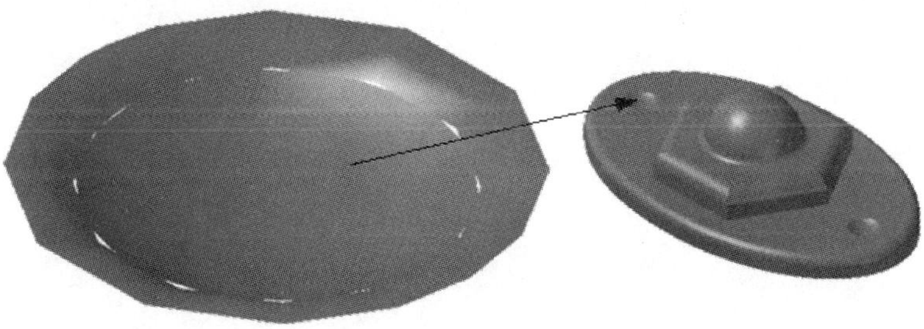

图8-68　选择加工面

系统弹出【刀具路径的曲面选取】对话框，如图8-69所示。

在【干涉面】选项卡中单击选择按钮，选择与刚才所选曲面相连接的曲面，如图8-70所示，单击应用按钮。系统返回【刀具路径的曲面选取】对话框，单击确定按钮。

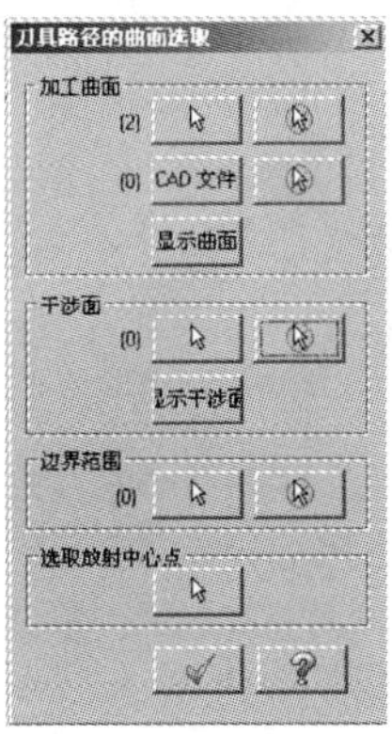

图8-69　【刀具路径的曲面选取】对话框

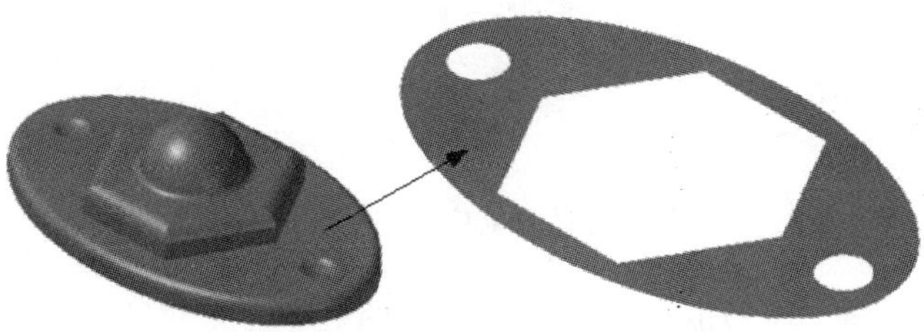

图8-70　选择干涉面

2）系统弹出【曲面精加工放射状】对话框，选择直径为4mm的球头立铣刀。设置【进给率】为200mm/min，【主轴转速】为4000r/min，【进刀速率】为100mm/min，【提刀速率】为2500mm/min。勾选【快速提刀】选项，其他选项都不勾选。

3）打开【曲面加工参数】选项卡，勾选【参考高度】并设置为10.0mm，【进给下刀位置】为5.0mm，【加工面预留量】为0.0mm，【干涉面预留量】为0.1mm。

4）打开【放射状精加工参数】选项卡，设置【整体误差】为0.01mm，【最大角度增量】为1°，【起始补正距】为0.1mm，【切削方式】为【双向】，【开始角度】为-1°，【扫描角度】为360°。勾选【起始点】为【由内而外】选项，如图8-71所示。

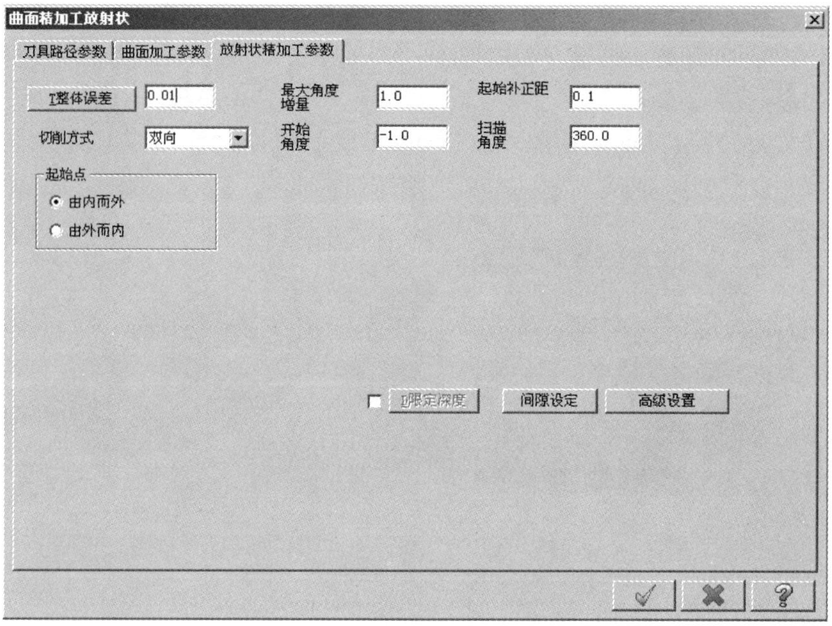

图8-71　放射状精加工参数设置

系统提示“选择放射中心”，选择刚调出来的左边小圆中心点，如图8-72所示。

单击【曲面精加工放射状】对话框中的确定按钮，生成刀具路径，如图8-73所示。

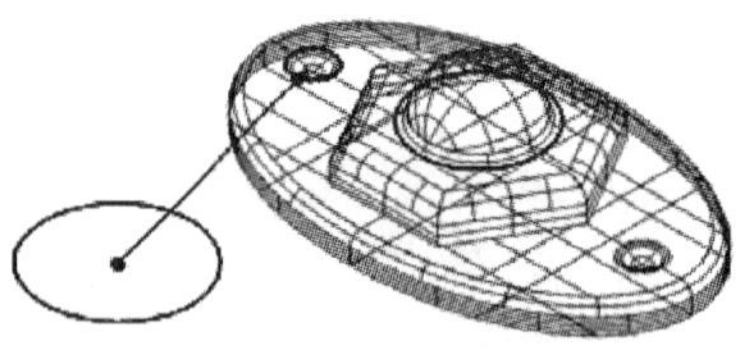

图8-72　选择放射中心点

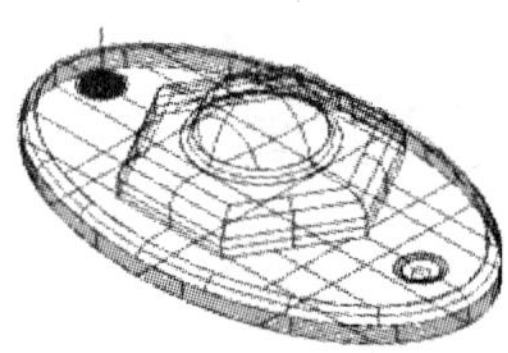

图8-73　曲面放射状精加工刀路

8.5.10　镜像放射状精加工刀具路径

1）选择【刀具路径】/【刀具路径转换】命令，系统弹出【转换操作之参数设定】对话框，在【刀具路径转换的类型与方式】选项卡中设置【类型】为【镜像】，【方式】为【坐标】。在【原始操作】栏目下选择“第9步：曲面精加工放射状”刀路，如图8-74所示。

2）打开【镜像】选项卡，在【镜像的方式】选项中选择【Y－轴】选项，如图8-75所示。

单击【转换操作之参数设定】对话框中的确定按钮，生成刀具路径，如图8-76

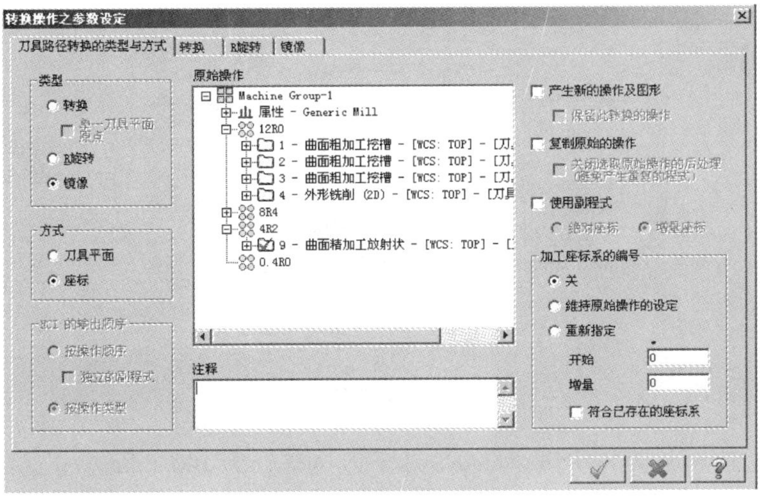

图 8-74　选择镜像方式

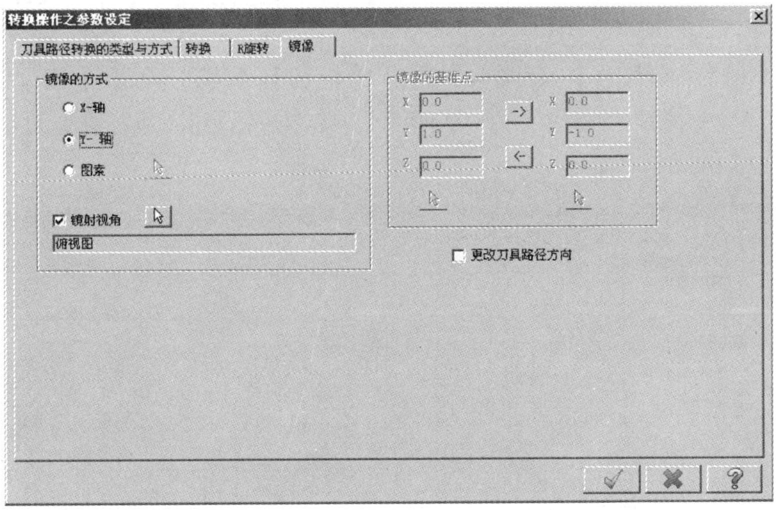

图 8-75　镜像轴设置

所示。

8.5.11　外形铣削精加工（ϕ27.7mm 圆）

调出【层别管理】对话框，打开第 7 图层（CUR2 层），调出加工轮廓线。

1）选择【刀具路径】/【外形铣削】命令，系统弹出【串连选项】对话框，选中【俯视图】单选按钮，选取最大凸半球倒圆角处的圆弧，如图 8-77 所示，根据箭头方向可知刀补方式为左补正，单击确定按钮 。

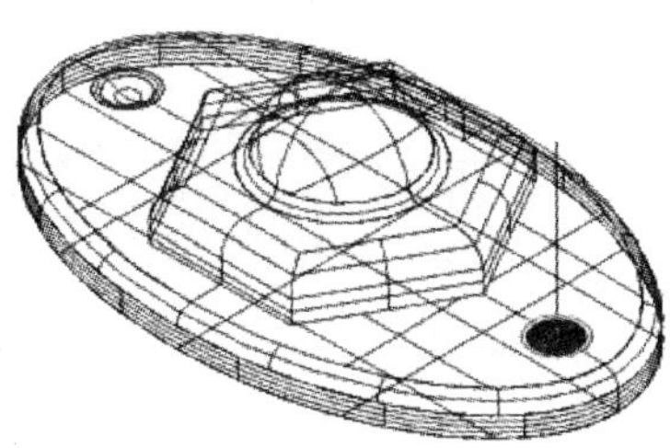

图 8-76　镜像后的刀路

2）系统弹出【2D 刀具路径 - 等高外形】对话框，打开【刀具】选项卡，选择直径为 4mm 的球头立铣

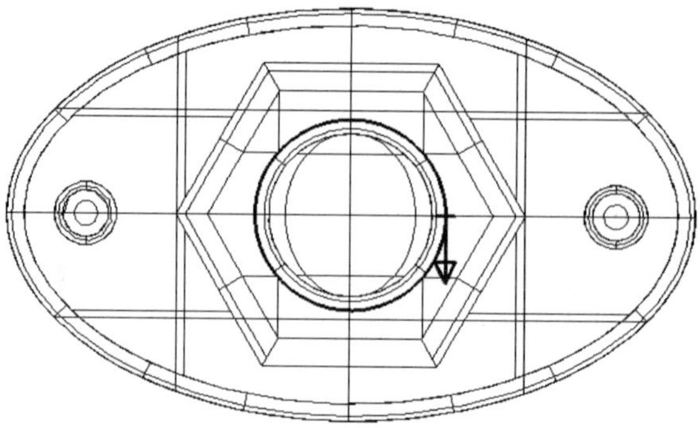

图 8-77　选择加工边界

刀，设置【进给速率】为 200.0mm/min，【下刀速率】为 100.0mm/min，【主轴转速】为 4000.0r/min，勾选【快速提刀】选项。

3）打开【切削参数】选项卡，设置【补正类型】为【关】，【补正方向】为【左补偿】，【外形铣类型】为【2D】，【壁边预留量】和【底面预留量】为 0.0mm，其他参数默认，如图 8-78 所示。

4）打开【进退/刀参数】选项卡，选择【相切】选项，设置【长度】为 0%，【圆弧】/【半径】为 30%，【扫描（角度）】为 90.0°，单击按钮，即将进退刀参数设为一致。

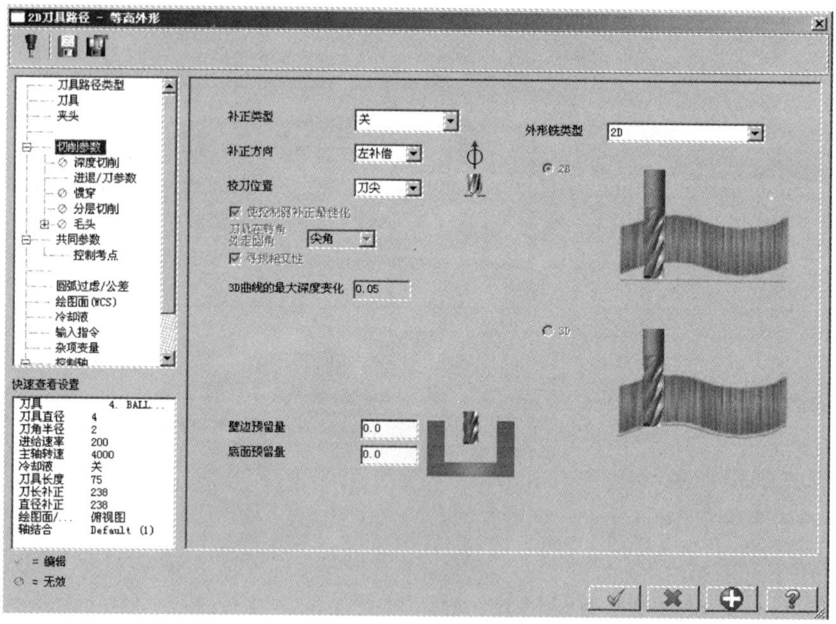

图 8-78　设置切削参数

5）单击【共同参数】选项，设置【参考高度】为 10.0mm，【进给下刀位置】为 5.0mm，【工件表面】为 0.2mm，【深度】为 -12.0mm，勾选所有【绝对坐标】选项。

单击确定按钮，生成刀具路径，如图 8-79 所示。

单击插入箭头按钮▼下移至加工群组名为0.05R0的目录下。

8.5.12 标准挖槽精加工

通过图层管理器，打开第2图层（M层）。

1）选择【刀具路径】/【标准挖槽】命令，系统弹出【串连选项】对话框，选取刚调出来的字母“M”的封闭轮廓，如图8-80所示，单击确定按钮✓。

2）系统弹出【2D刀具路径-标准挖槽】对话框，打开【刀具】选项卡，选择直径为0.05mm的雕刻刀，设置【进给率】为100mm/min，【主轴转速】为3500r/min，【下刀速率】为50mm/min，勾选【快速提刀】复选项。

3）打开【切削参数】选项卡，在【类型】选项的下拉列表中选择【标准】选项，设置【壁边预留量】与【底面预留量】为0.0mm，其他参数默认。

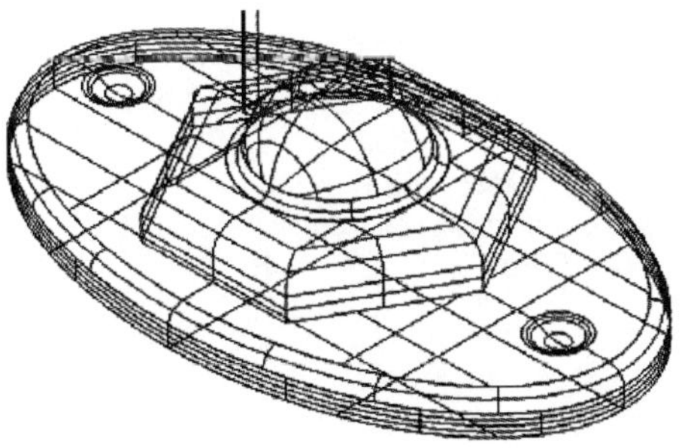

图8-79 外形铣削精加工刀路

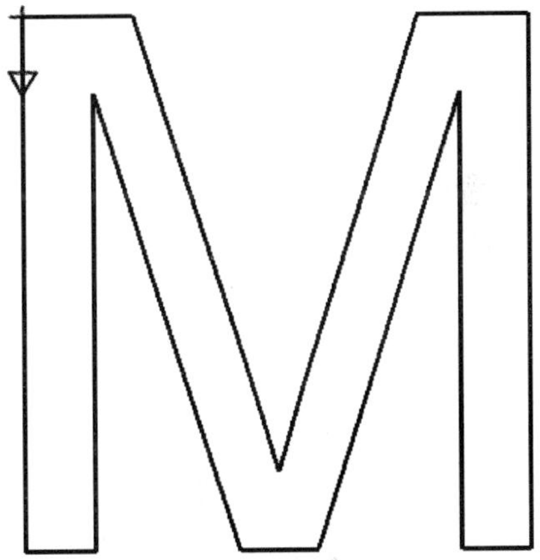

图8-80 选择加工边界

4）打开【粗加工】选项卡，勾选【粗加工】选项，选择【切削方式】为【双向】，设置【切削间距（直径%）】为50.0，其他参数默认，如图8-81所示。

5）单击【共同参数】选项，勾选【参考高度】并设置为10.0mm，【进给下刀位置】为5.0mm，【工件表面】为0.0mm，【深度】为-0.2mm，点选所有【绝对坐标】选项。

单击确定按钮✓，生成刀具路径，如图8-82所示。

8.5.13 投影精加工

1）选择【刀具路径】/【曲面精加工】/【精加工投影加工】命令，如图8-83所示。

选择凸半球曲面部分，如图8-84所示，单击应用按钮。

系统弹出【刀具路径的曲面选取】对话框，如图8-85所示，单击确定按钮✓。

2）系统弹出【曲面精加工投影】对话框，选择刀具直径为0.05mm的雕刻刀。设置【进给率】为50mm/min，【主轴转速】为4000r/min，【下刀速率】为30mm/min，【提刀速率】为500mm/min。勾选【快速提刀】选项，其他选项都不勾选。

3）打开【曲面加工参数】选项卡，勾选【参考高度】并设置为10.0mm，【进给下刀位置】为5.0mm。勾选所有【绝对坐标】选项，设置【加工面预留量】和【干涉面预留量】为0.0mm。

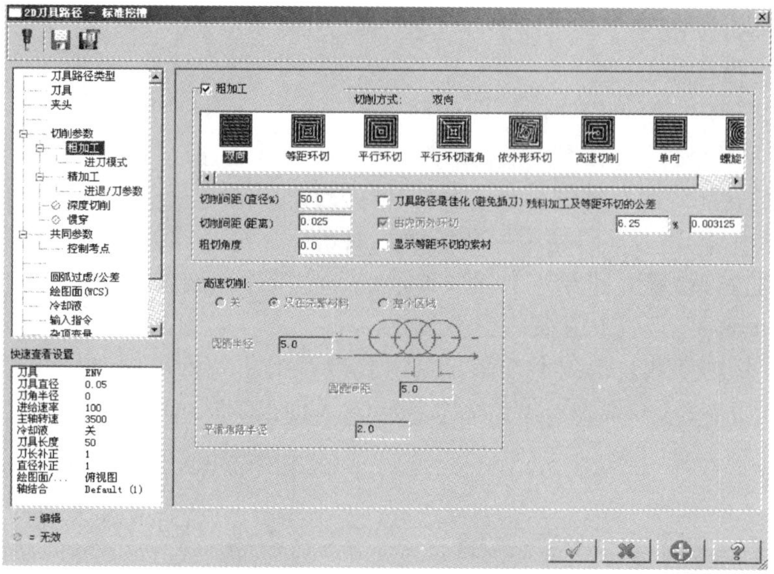

图 8-81　设置粗加工参数

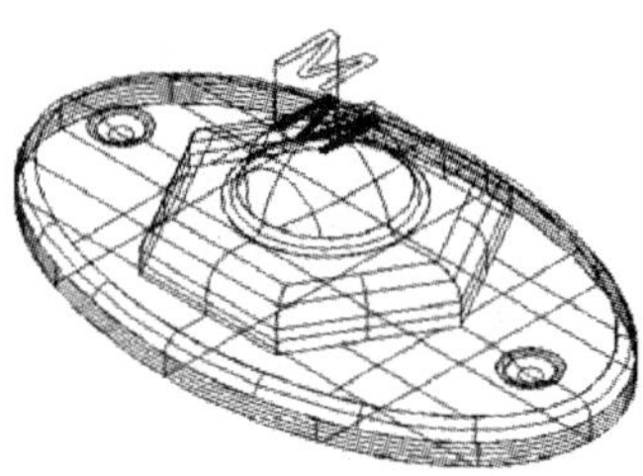

图 8-82　挖槽加工刀路

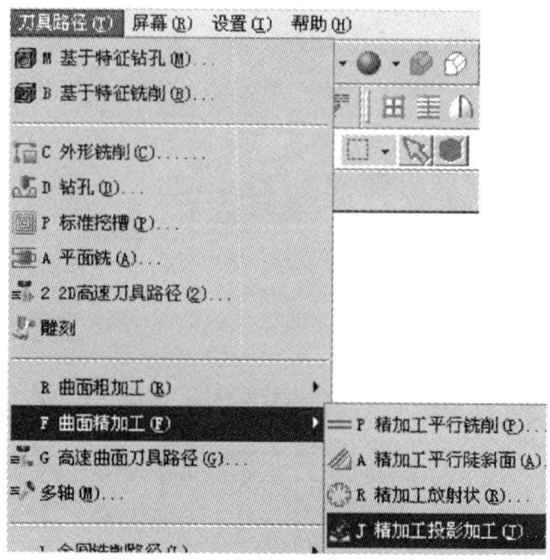

图 8-83　选择【精加工投影加工】命令

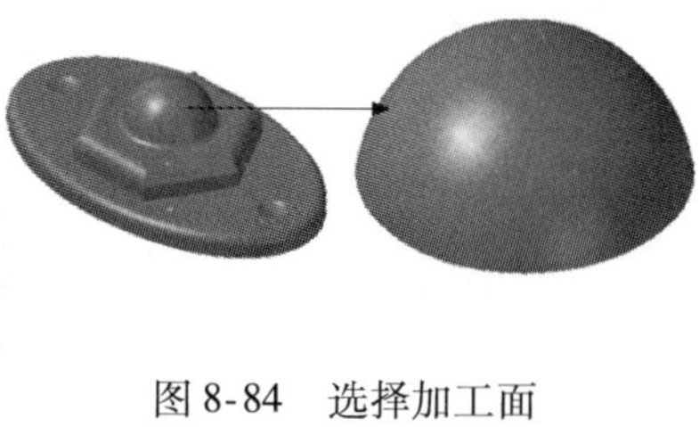

图 8-84　选择加工面

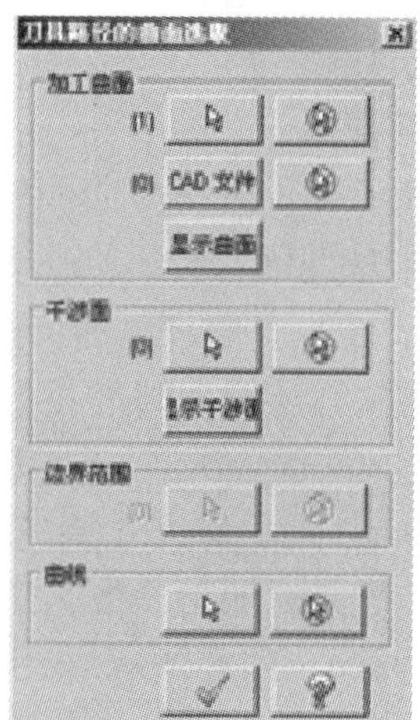

图 8-85　【刀具路径的曲面选取】对话框

4）打开【投影精加工参数】选项卡，设置【整体误差】为0.01mm，【投影方式】为【NCI】，勾选【增加深度】选项，在【原始操作】目录下选择“第12步：挖槽（标准）”刀路，如图8-86所示。

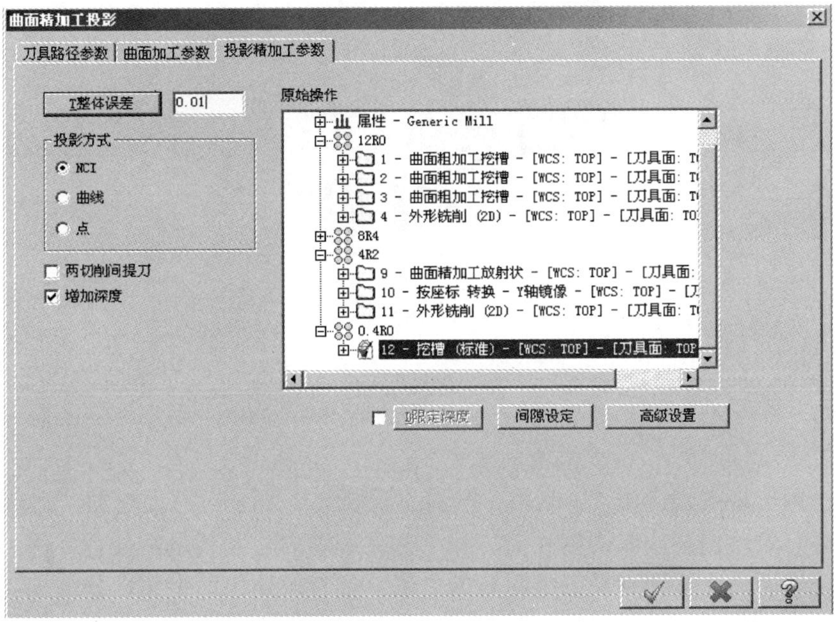

图8-86　投影精加工参数设置

在【曲面精加工投影】对话框中单击确定按钮☑，生成刀具路径，如图8-87所示。

在【刀具路径管理器】选项卡中只选择“第12步：加工刀具路径”，单击程序锁住按钮🔒，结果如图8-88所示。

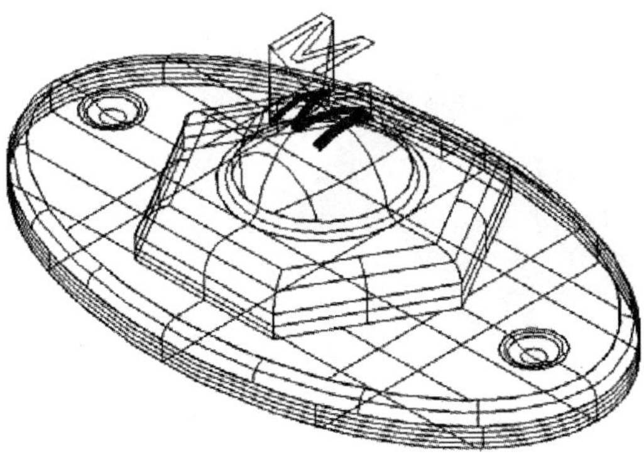

图8-87　曲面投影精加工刀路

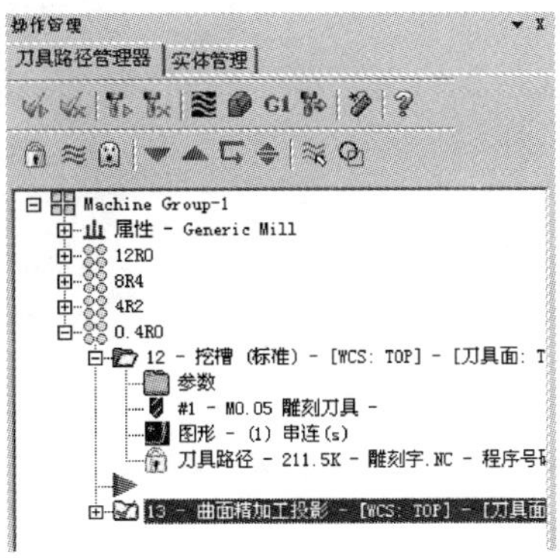

图8-88　锁住刀路

8.5.14　实体模拟加工

模拟结果如图8-89所示。

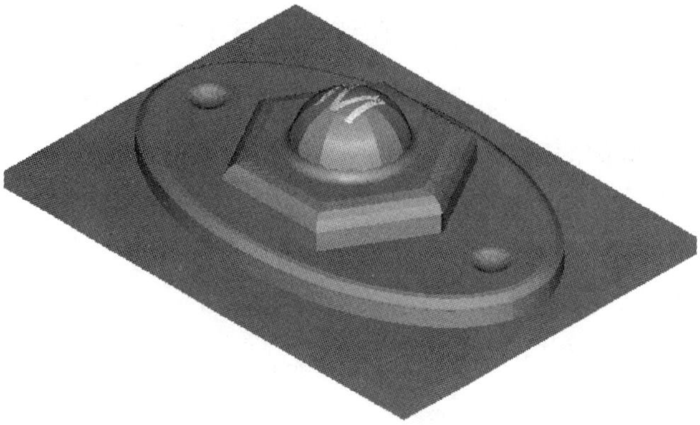

图 8-89　模拟结果

8.6　小结

本章结合图形特点，运用 Mastercam 提供的放射状精加工和投影精加工刀路对零件进行编程加工，可有效地提高读者的编程能力和工艺处理能力。尤其是在处理零件尖角部分加工时，通过构建辅助曲面达到延长刀具路径的方法，可有效地保证尖角部分的加工。

8.7　提高练习

打开随书光盘“练习文件/cha08/8 - 2. mcx - 5”，图形如图 8-90 所示。

图 8-90　提高练习零件

第九章 双心模型编程实例

9.1 任务目标

➢ 提高三维曲面常规编程能力。
➢ 掌握曲面平行铣削精加工刀路的应用。

9.2 任务导入

打开随书光盘“源文件/cha09/双心模型 . mcx – 5”，图形如图 9-1 所示，打开第 1 图层。

图 9-1 双心模型

9.3 任务分析

9.3.1 图形分析

通过 Mastercam X5 系统所提供的分析功能可知，该零件外形尺寸为 90mm × 45mm × 15mm，零件上表面是两个心形曲面，主体由两层二维心形轮廓组成，图形构成比较规则。

9.3.2 工艺分析

该零件二维外形不复杂，曲面变化不明显，加工难度一般。为获得好的加工质量，保证加工后零件的外形轮廓能很好地表现出来，这里选用较小尺寸的刀具，同时需兼顾小尺寸刀具的切削量。加工路线划分为粗加工、半精加工和精加工三步。

9.3.3 刀路规划

步骤 1：ϕ12mm 立铣刀对零件整体采用曲面挖槽粗加工，加工余量为 0. 3mm。

步骤 2：ϕ12mm 立铣刀对零件采用标准挖槽半精加工，加工余量为 0. 1mm。

步骤 3：ϕ12mm 立铣刀对零件双心形轮廓采用外形铣削半精加工，加工余量为 0. 1mm。

步骤 4：ϕ6mm 球头立铣刀对零件整体采用平行铣削半精加工，加工余量为 0.15mm。

步骤 5：ϕ4mm 立铣刀对零件双心形轮廓采用外形铣削精加工，加工余量为 0.0mm。

步骤 6：ϕ4mm 球头立铣刀对零件整体采用平行铣削精加工，加工余量为 0.0mm。

9.4 准备工作

9.4.1 选择机床

选择【机床类型】/【铣床】/【默认】命令。

9.4.2 模拟设置

调出【机器群组属性】对话框，设置【素材原点视角坐标】X0mm、Y0mm、Z0mm，材料大小为 X100mm、Y65mm、Z35mm。

9.4.3 刀具设置

通过选择【刀具路径】/【刀具管理器】命令，调出【刀具管理】对话框，建立直径为 12mm 的立铣刀，直径为 6mm 的球头铣刀，直径为 4mm 的立铣刀和直径为 4mm 的球头铣刀。

9.4.4 新建刀具路径群组

参照第三章介绍的方法，分别建立名称为 12R0、6R3、4R0 和 4R2 的刀具路径群组，并将▶移到群组名为 12R0 的目录下。

9.5 刀路编制

9.5.1 曲面挖槽粗加工

调出【层别管理】对话框，打开第 6 图层（rec 层），调出加工边界。

1）选择【刀具路径】/【曲面粗加工】/【粗加工挖槽加工】命令，系统弹出【输入新 NC 名称】对话框，输入“双心模型”，单击确定按钮✓。

窗选所有曲面，单击应用按钮●，系统弹出【刀具路径的曲面选取】对话框，如图 9-2所示。

在【边界范围】选项卡处单击选择按钮↖，系统弹出【串连选项】对话框，如图9-3 所示。

在绘图区选取最大的矩形边界，如图 9-4 所示。单击【串连选项】对话框中的确定按钮✓，系统弹出【刀具路径的曲面选取】对话框，单击该对话框的确定按钮✓。

2）系统弹出【曲面粗加工挖槽】对话框，选择直径为 12mm 的立铣刀，设置【进给率】为 1000mm/min，【主轴转速】为 2000r/min，【进刀速率】为 500mm/min，【提刀速率】为 2500mm/min，勾选【快速提刀】复选项，如图 9-5 所示。

3）打开【曲面加工参数】选项卡，勾选【参考高度】选项并设置为 10.0mm，【进给下刀位置】为 5.0mm，勾选所有【绝对坐标】选项，设置【加工面预留量】为 0.3mm，如图 9-6 所示。

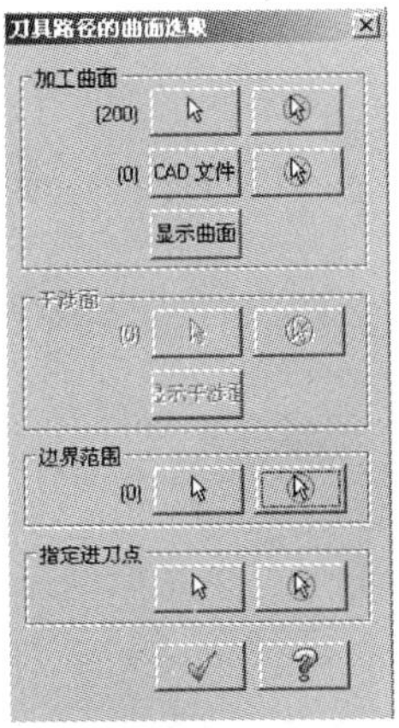

图 9-2 【刀具路径的曲面选取】对话框

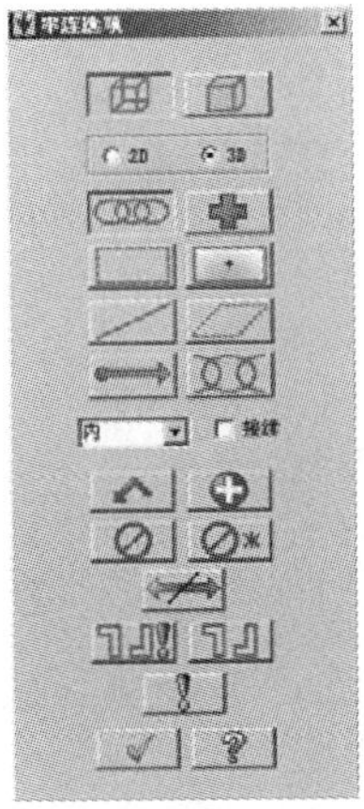

图 9-3 【串连选项】对话框

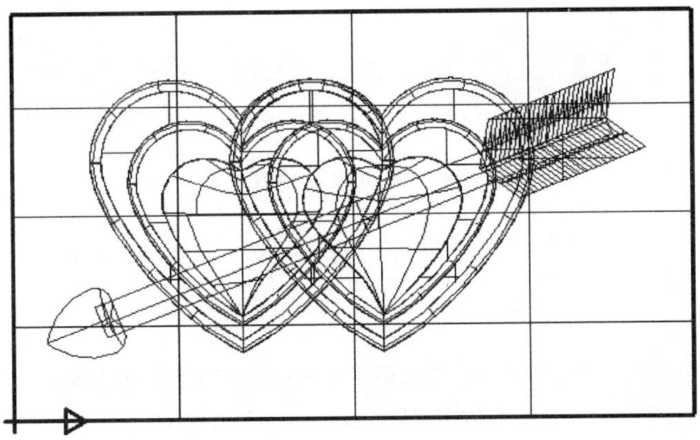

图 9-4 选择加工边界

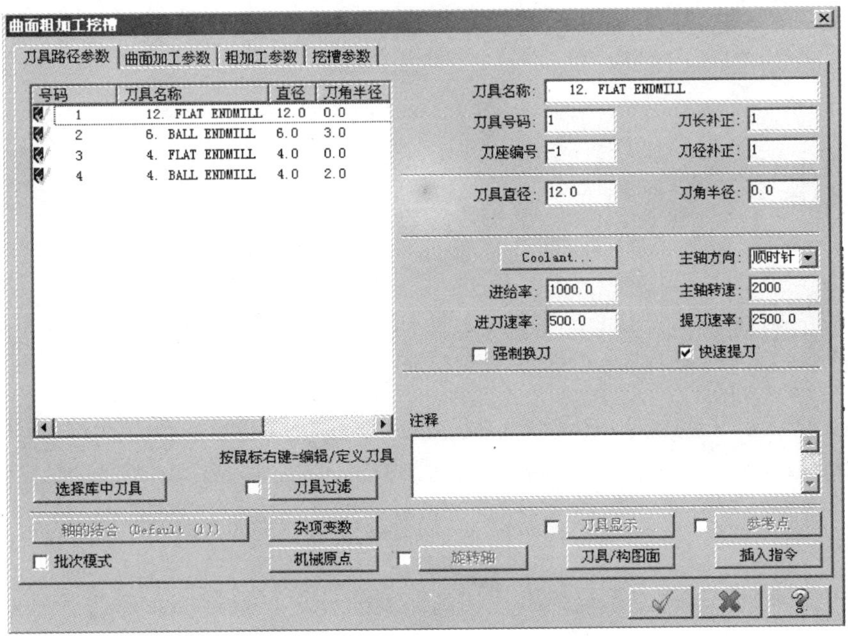

图 9-5 刀具选择与参数设置

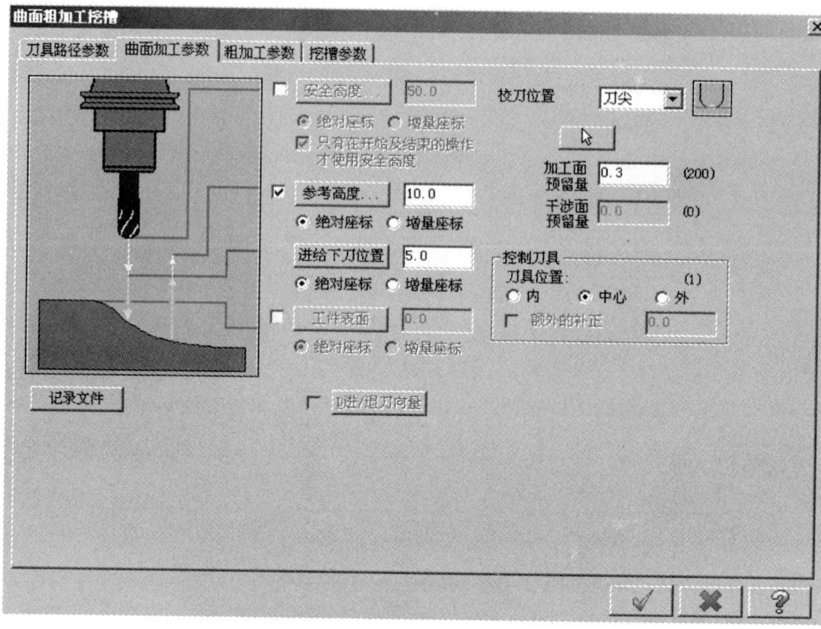

图 9-6 曲面加工参数设置

4）打开【粗加工参数】选项卡，设置【整体误差】为 0.025mm，【Z 轴最大进给量】为 0.5mm，勾选【由切削范围外下刀】选项，如图 9-7 所示。

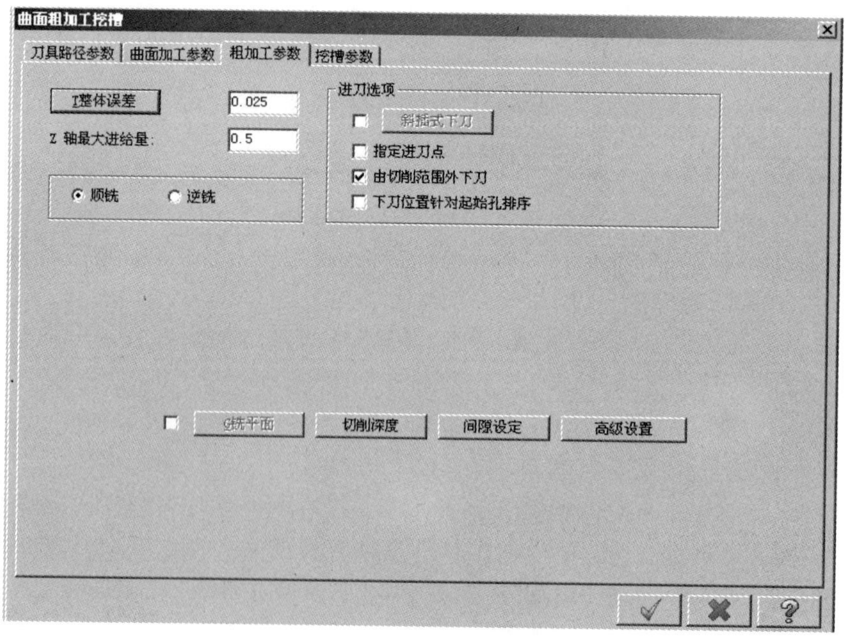

图 9-7 粗加工参数设置

单击【切削深度】按钮，系统弹出【切削深度的设定】对话框，勾选【绝对坐标】选项，设置【最高的位置】为 0.0mm，【最低的位置】为 –14.225mm，如图 9-8 所示，单击确定按钮。

单击【间隙设定】按钮，系统弹出【刀具路径的间隙设置】对话框，勾选【切削顺序最佳化】复选项，如图 9-9 所示，单击确定按钮。

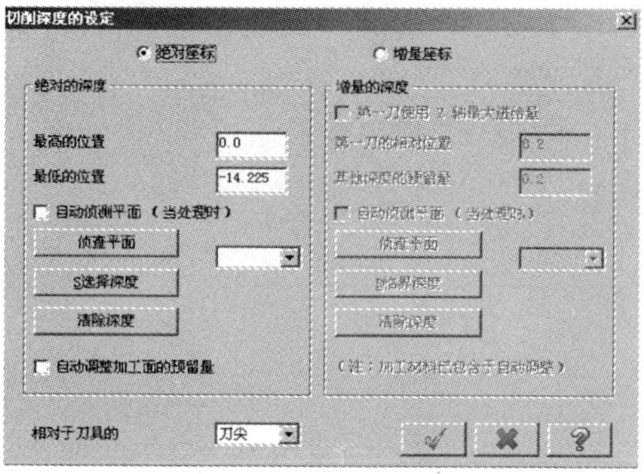

图 9-8　切削深度设置

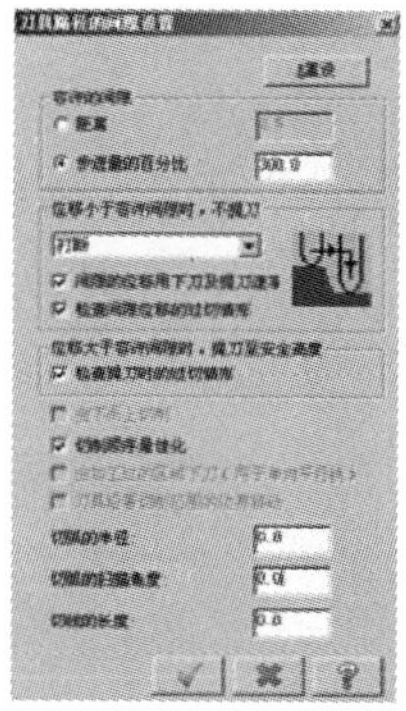

图 9-9　优化刀路

5）打开【挖槽参数】选项卡，选择切削方式为【等距环切】，设置【切削间距（直径%）】为 70%。勾选【精加工】选项，设置【次数】为 1，【间距】为 0.25mm，如图 9-10所示。

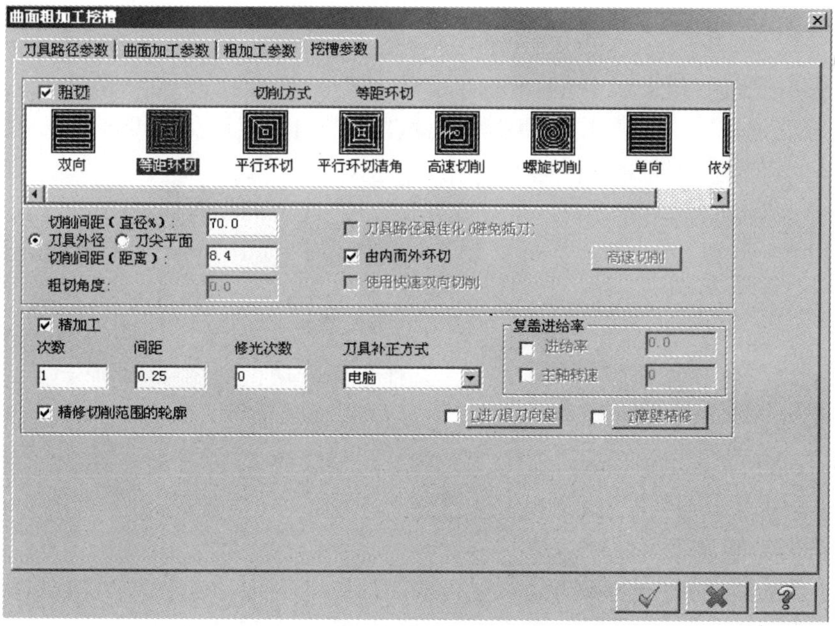

图 9-10　挖槽参数设置

单击【曲面粗加工挖槽】对话框中的确定按钮，生成刀具路径，如图 9-11 所示。

9.5.2 标准挖槽半精加工

调出【层别管理】对话框，关闭第 3 图层（surface 层），打开第 5 图层（3d_cur 层）。

技术指导：第 5 图层（3d_cur 层）的三条边界线为双心模型的曲面边界线，可通过选择【绘图】/【曲面曲线】/【单一边界】命令生成，读者可尝试自行创建。

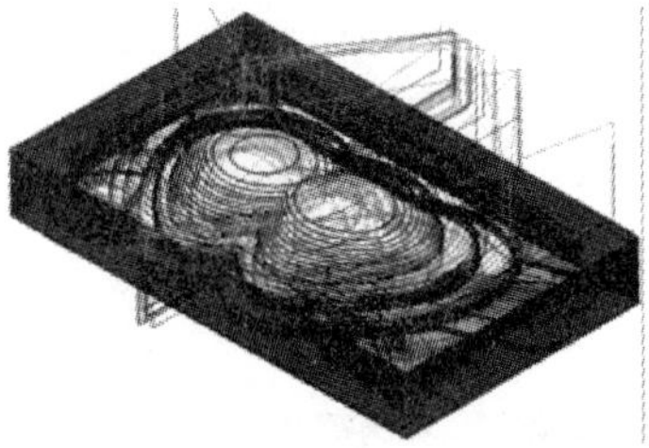

图 9-11 曲面粗加工挖槽刀路

1）选择【刀具路径】/【标准挖槽】命令，系统弹出【串连选项】对话框，在绘图区选取刚调出来的矩形和其中的最大内轮廓，如图 9-12 所示，单击确定按钮。

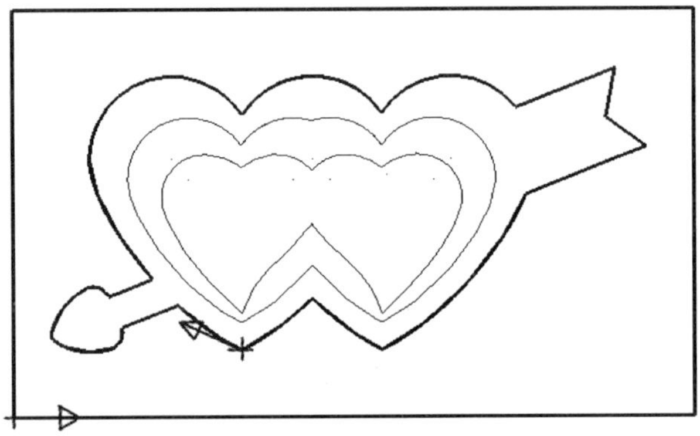

图 9-12 选择加工边界

2）系统弹出【2D 刀具路径 - 标准挖槽】对话框，打开【刀具】选项卡，选择直径为 12mm 的立铣刀，设置【进给率】为 400mm/min，【主轴转速】为 2500r/min，【进刀速率】为 100mm/min，勾选【快速提刀】选项。

3）打开【切削参数】选项卡，在【挖槽类型】选项的下拉列表中选择【平面加工】选项，设置【壁边预留量】为 0.1mm，【底面预留量】为 0.0mm，其他参数默认，如图 9-13所示。

4）打开【粗加工】选项卡，勾选【粗加工】选项，选择【切削方式】为【等距环切】，设置【切削间距（直径%）】为 75.0，其他参数默认，如图 9-14 所示。

5）单击【共同参数】选项，勾选【参考高度】并设置为 10.0mm，【进给下刀位置】为 5.0mm，【工件表面】为 0.0mm，【深度】为 -14.525mm，点选所有【绝对坐标】选项。

单击确定按钮，生成刀具路径，如图 9-15 所示。

9.5.3 外形铣削半精加工

1）选择【刀具路径】/【外形铣削】命令，系统弹出【串连选项】对话框，在绘图区选取两条内外形曲线，如图 9-16 所示，注意两条曲线的箭头方向要一致，通过箭头方向可知刀具补偿为左补正，单击确定按钮。

技术指导：这两条外形线都是 3D 线，虽然它们所在的平面深度不同，但是系统在生成刀路的时候会自动根据它们所在的深度生成刀具路径，因此针对这种情况可以不考虑其所在深度。

2）系统弹出【2D 刀具路径 - 等高外形】对话框，打开【刀具】选项卡，选择直径为

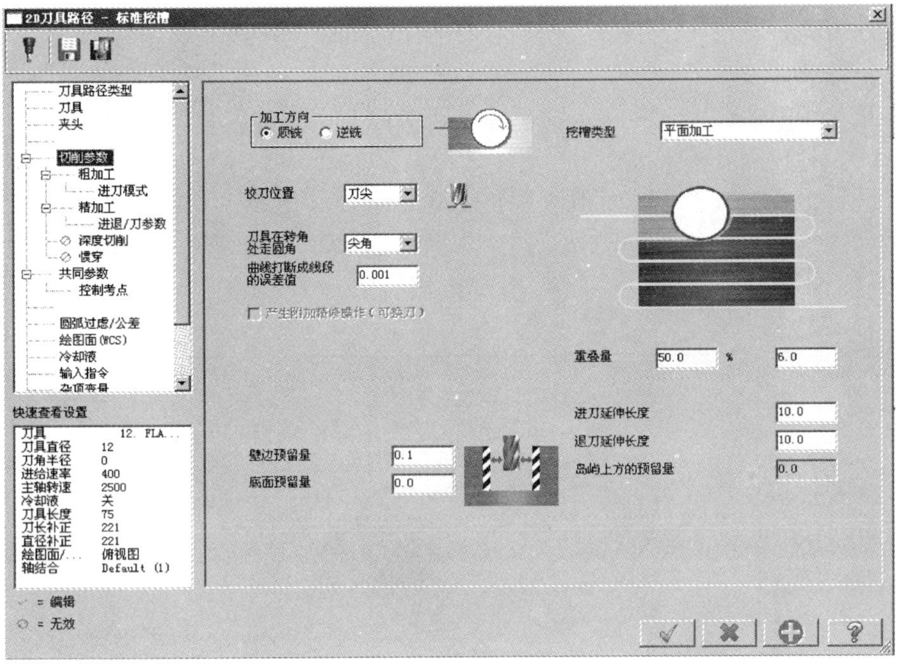

图 9-13　切削参数选项卡

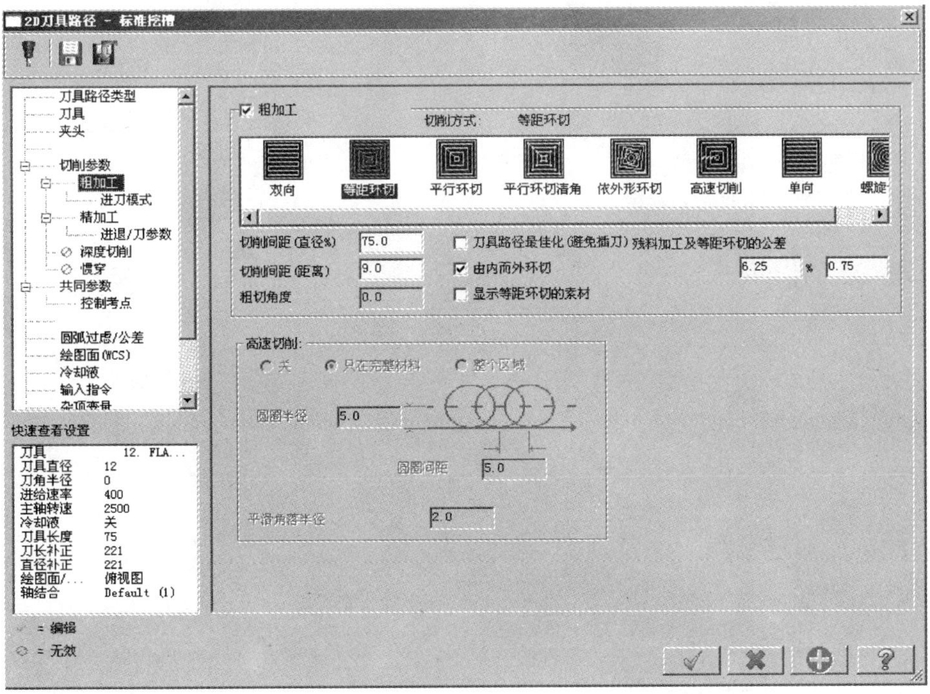

图 9-14　粗加工选项卡

12mm 的立铣刀，设置【进给速率】为 400.0mm/min，【下刀速率】为 100.0mm/min，【主轴转速】为 2500.0r/min，勾选【快速提刀】选项。

3）打开【切削参数】选项卡，设置【补正类型】为【电脑】，【补正方向】为【左补偿】，【外形铣类型】为【3D】，【壁边预留量】为 0.1mm，【底面预留量】为 0.0mm，其他参数默认，如图 9-17 所示。

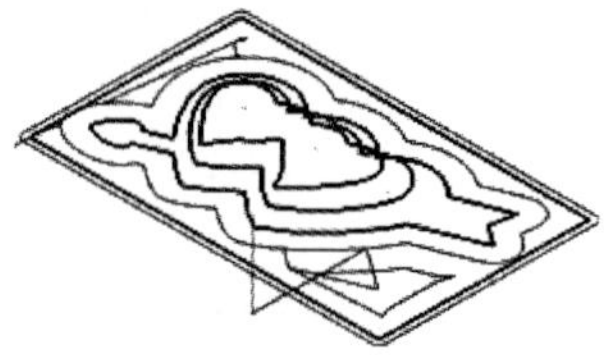

图 9-15　标准挖槽精加工刀路

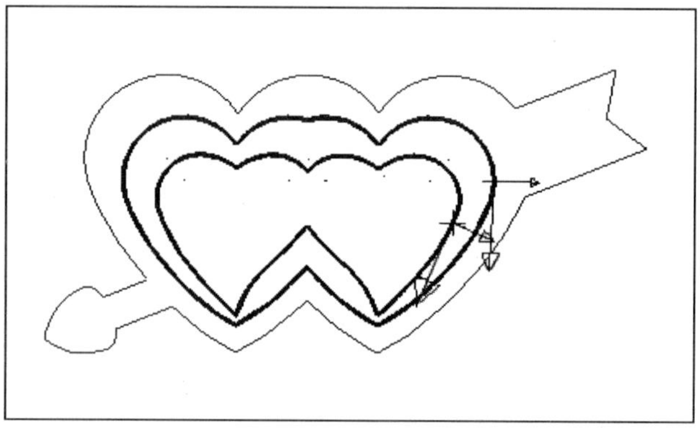

图 9-16　选择加工边界

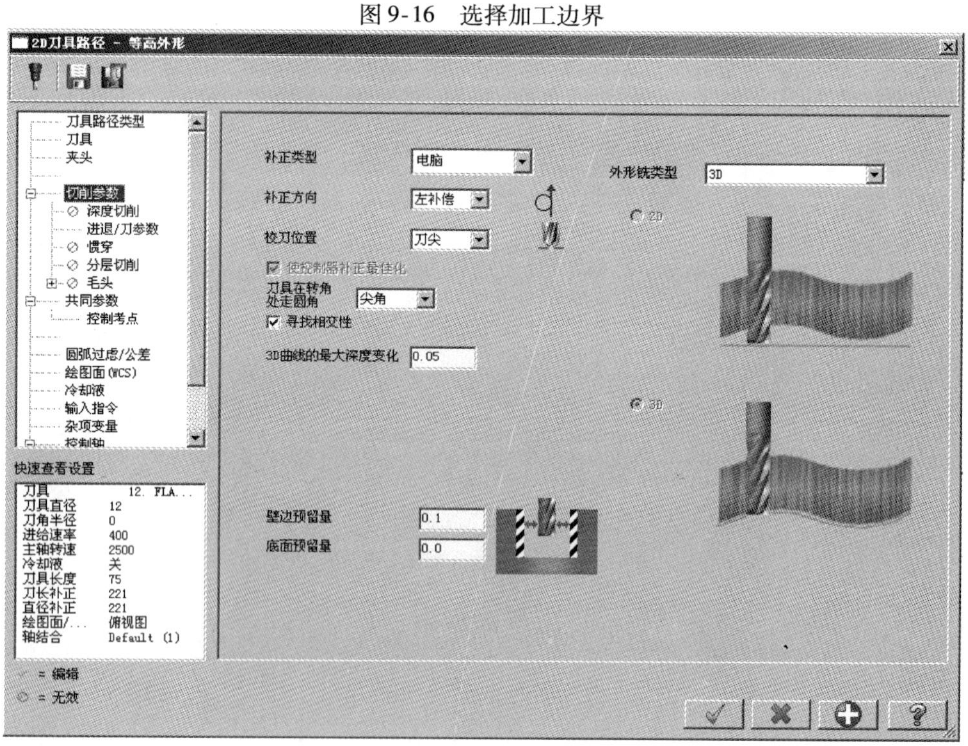

图 9-17　设置切削参数

4）打开【进/退刀参数】选项卡，选择【相切】选项，设置【长度】为 0%，【圆弧】/【半径】为 30%，【扫描】（角度）为 90.0°，单击按钮，即将进退刀参数设为一致。

5）单击【共同参数】选项，设置【参考高度】为 10.0mm，【进给下刀位置】为 5.0mm，【工件表面】为 0.0mm，勾选所有【绝对坐标】选项，其他参数默认，如图 9-18 所示。

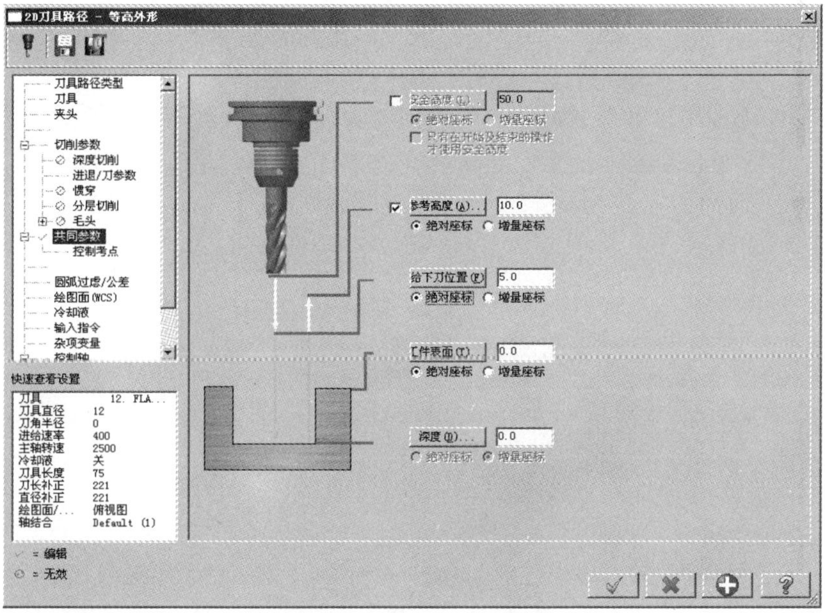

图 9-18　设置共同参数

单击确定按钮，生成刀具路径，如图 9-19 所示。

单击插入箭头按钮下移至加工群组名为 6R3 的目录下。

9.5.4　平行铣削半精加工（整体曲面）

调出【层别管理】对话框，打开第 3 图层（surface 层）。

1）选择【刀具路径】/【曲面精加工】/【精加工平行铣削】命令，如图 9-20 所示。

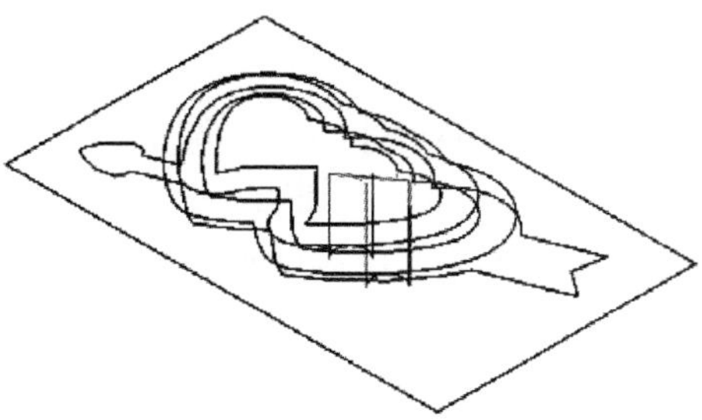

图 9-19　外形铣削刀路

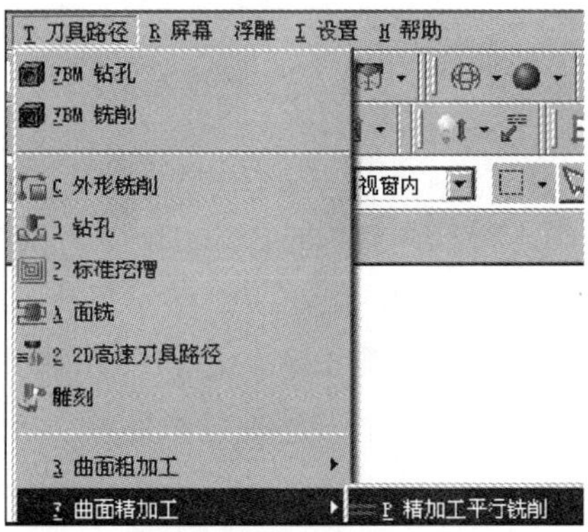

图 9-20　选择【精加工平行铣削】命令

窗选所有曲面，单击应用按钮。

系统弹出【刀具路径的曲面选取】对话框，如图 9-21 所示，单击确定按钮。

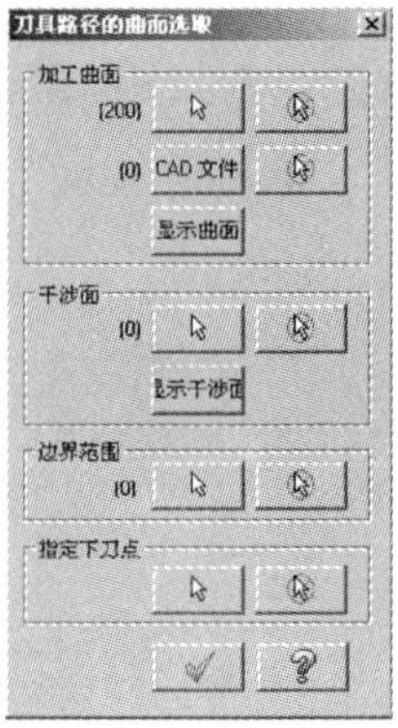

图 9-21 【刀具路径的曲面选取】对话框

2）系统弹出【曲面精加工平行铣削】对话框，选择直径为 6mm 的球头立铣刀。设置【进给率】为 600mm/min，【主轴转速】为 3000r/min，【进刀速率】为 100mm/min，【提刀速率】为 2500mm/min，勾选【快速提刀】选项。

3）打开【曲面加工参数】选项卡，勾选【参考高度】并设置为 10.0mm，【进给下刀位置】为 5.0mm。勾选所有【绝对坐标】选项，【加工面预留量】为 0.15mm，【干涉面预留量】为 0.0mm，如图 9-22 所示。

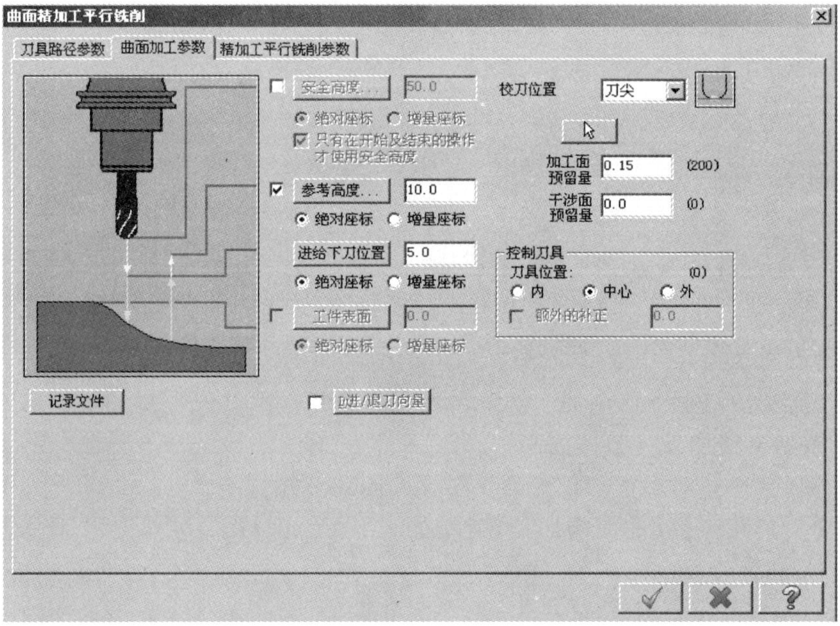

图 9-22 曲面加工参数设置

4）打开【精加工平行铣削参数】选项卡，设置【整体误差】为 0.025mm，【最大切削间距】为 0.3mm，【切削方式】为【双向】，【加工角度】为 45°，如图 9-23 所示。

单击【间隙设定】按钮，系统弹出【刀具路径的间隙设置】对话框，勾选【切削顺序最佳化】复选框，其他参数默认，单击确定按钮。

单击【曲面精加工平行铣削】对话框中的确定按钮，生成刀具路径，如图 9-24 所示。

单击插入箭头按钮下移至加工群组名为 4R0 的目录下。

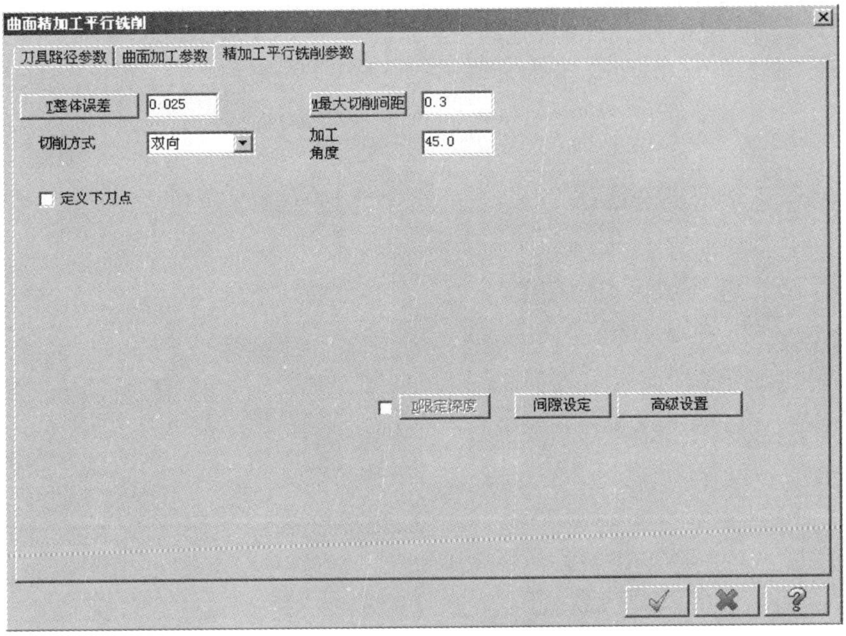

图 9-23　精加工平行铣削参数设置

图 9-24　曲面平行铣精加工刀路

图 9-25　选择加工边界

9.5.5　外形铣削精加工

1）选择【刀具路径】/【外形铣削】命令，在绘图区选取三条内轮廓曲线，如图 9-25 所示，注意两条曲线的箭头方向要一致，通过箭头方向可知刀补为左补正，并执行确定操作。

2）系统弹出【2D 刀具路径 - 等高外形】对话框，打开【刀具】选项卡，选择直径为 4mm 的立铣刀，设置【进给速率】为 200.0mm/min，【下刀速率】为 100.0mm/min，【主轴转速】为 3500.0r/min，勾选【快速提刀】选项。

3）打开【切削参数】选项卡，设置【补正类型】为【电脑】，【补正方向】为【左补偿】，【外形铣类型】为【3D】，【壁边预留量】为 0.0mm，【底面预留量】为 0.0mm，其他参数默认，如图 9-26 所示。

4）打开【进/退刀参数】选项卡，选择【相切】选项，设置【长度】为 0%，【圆弧】/【半径】为 30%，【扫描】（角度）为 90.0°，单击按钮 ⏩，即将进退刀参数设为一致。

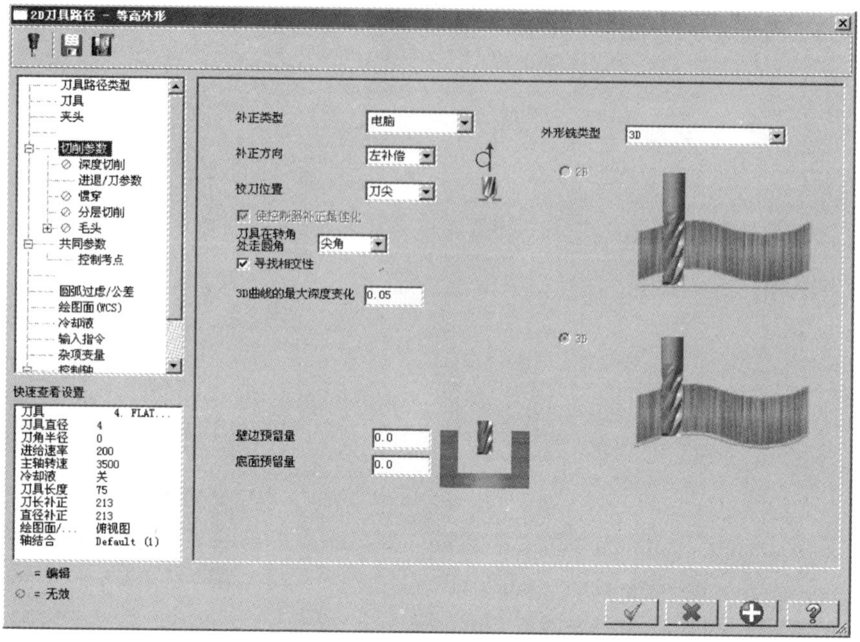

图 9-26　设置切削参数

5）单击【共同参数】选项，设置【参考高度】为 10.0mm，【进给下刀位置】为 5.0mm，【工件表面】为 0.0mm，勾选所有【绝对坐标】选项，其他参数默认，如图 9-27 所示。

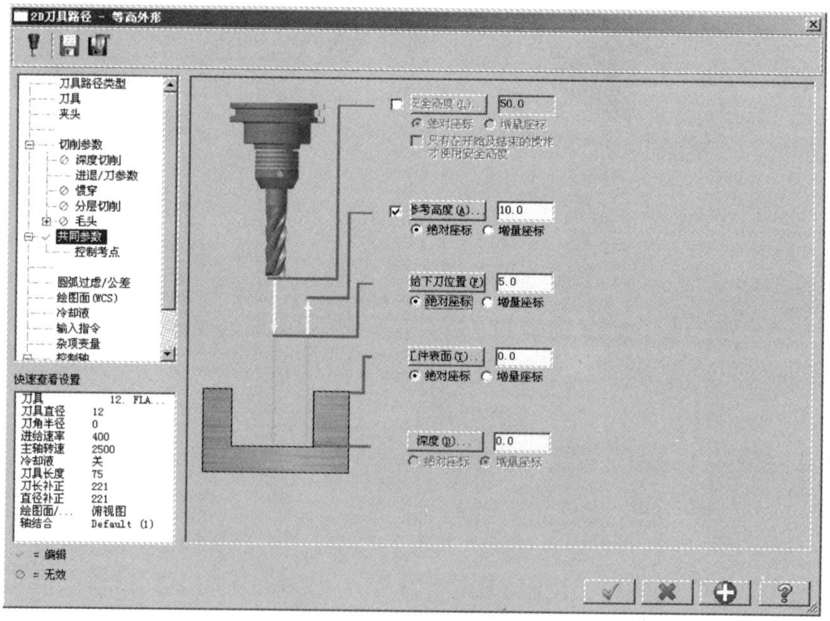

图 9-27　设置共同参数

单击确定按钮，生成刀具路径，如图 9-28 所示。

单击插入箭头按钮▼下移至加工群组名为4R2的目录下。

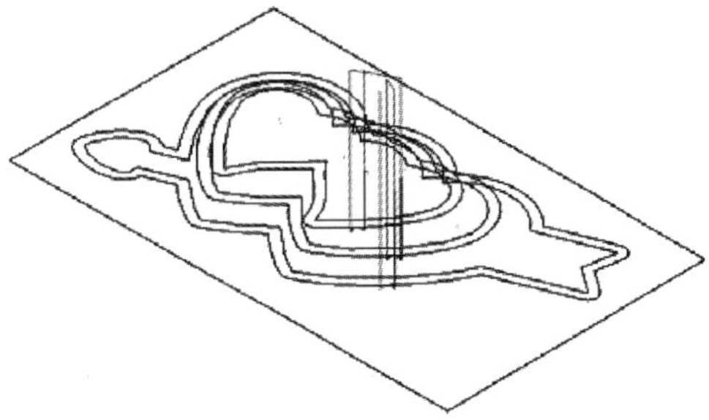

图 9-28　外形铣削精加工刀路

9.5.6　平行铣削精加工（整体曲面）

1）选择【刀具路径】/【曲面精加工】/【精加工平行铣削】命令，选择所有的曲面，并执行确定操作。

2）系统弹出【曲面精加工平行铣】对话框，选择直径为4mm的球头立铣刀。设置【进给率】为600mm/min，【主轴转速】为3500r/min，【进刀速率】为200mm/min，【提刀速率】速度为2500mm/min，勾选【提刀速率】选项。

3）打开【曲面加工参数】选项卡，勾选【参考高度】并设置为10.0mm，【进给下刀位置】为5.0mm。勾选所有【绝对坐标】选项，【加工面预留量】和【干涉面预留量】都为0.0mm，如图9-29所示。

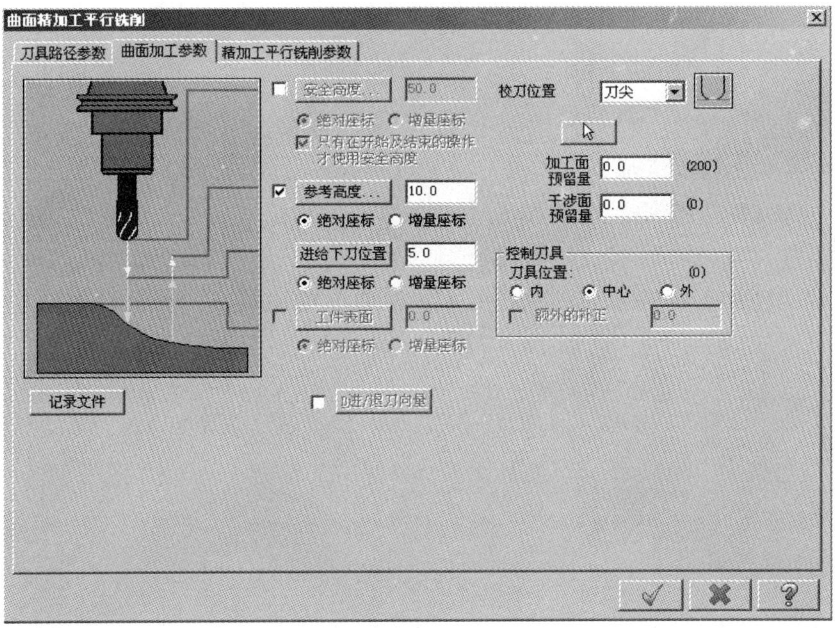

图 9-29　曲面加工参数设置

4）打开【精加工平行铣削参数】选项卡，设置【整体误差】为0.01mm，【最大切削间距】为0.08mm，【切削方式】为【双向】，【加工角度】为45°，如图9-30所示。

多学一招：这里和前面相同，没有设置切削深度。在生成刀具路径后，通过观察刀具路径可知，该球头立铣刀对所有曲面都进行了加工。由于球头立铣刀加工平底的效率和效果都比较差，可通过设置【限定深度】以实现不加工平底面的效果。由于【加工面预留量】为

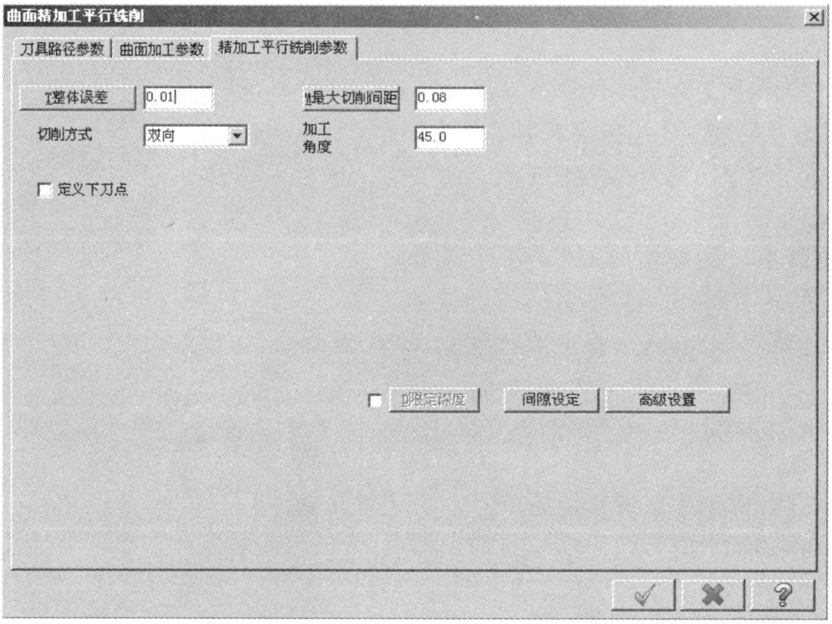

图 9-30　精加工平行铣削参数设置

0.0mm，只需在【限定深度】对话框中将【最低的位置】设成比该平底面的切削深度高 0.02mm 即可，如可将【最高的位置】设成 14.51mm，比原来的深度 14.525mm 高出 0.015mm。通过改变切削深度，可有效地控制刀路的加工范围。

单击【间隙设定】按钮，系统弹出【刀具路径的间隙设置】对话框，勾选【切削顺序最佳化】复选框，其他参数默认，如图 9-31 所示，单击确定按钮。

单击【曲面精加工平行铣削】对话框中的确定按钮，生成刀具路径，如图 9-32 所示。

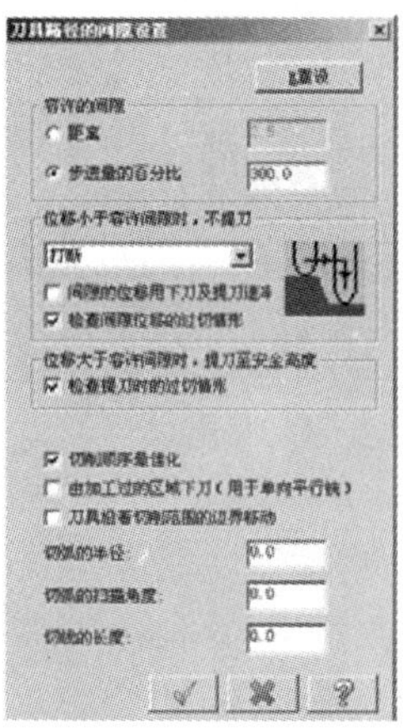

图 9-31　优化刀路

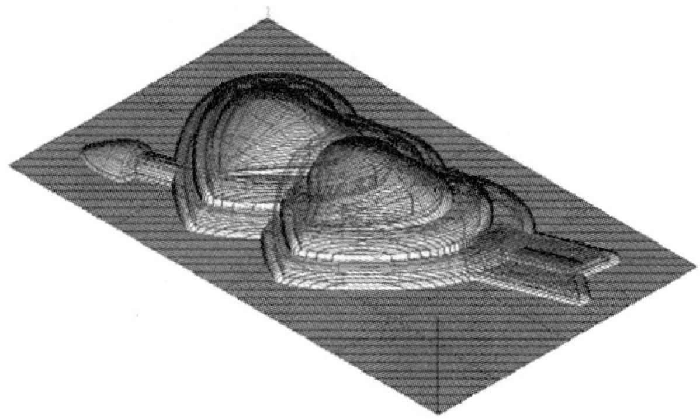

图 9-32　平行铣削精加工刀路

9.5.7 实体模拟加工

模拟结果如图 9-33 所示。

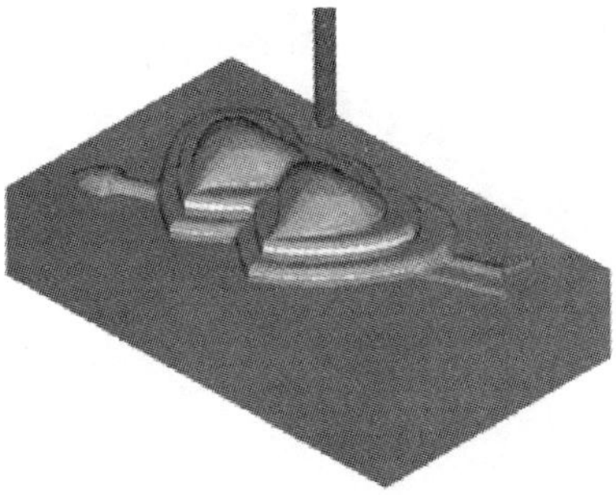

图 9-33 模拟结果

9.6 小结

本章零件加工难度一般，采用了常规的挖槽、外形铣削和平行铣削刀路，这三种刀路的适用性是比较强的。同时，结合零件图形特点，为保证加工效果，采用小尺寸刀具进行精加工，将加工路线划分为粗加工、半精加工和精加工三步，以有效地保证加工质量。

9.7 提高练习

打开随书光盘“练习文件/cha09/9 - 2. mcx - 5”，图形如图 9-34 所示。

图 9-34 提高练习零件

第十章　座机盖编程实例

10.1　任务目标

- 提高区域划分与刀具路径的控制能力，特别是等高外形刀路的应用。
- 掌握环绕等距刀路与残料清角刀路的应用。

10.2　任务导入

打开随书光盘“源文件/cha10/座机盖 . mcx –5”，图形如图 10-1 所示，打开第 1 图层。

图 10-1　座机盖

10.3　任务分析

10.3.1　图形分析

通过 Mastercam X5 系统所提供的分析功能，得知该零件外形尺寸为 100mm × 80mm × 30mm，零件曲面区域较平缓，最大凹槽中凸出的部分是一拔模斜度为 10°的曲面，底面为一圆弧曲面，且该曲面四周有 *R*3mm 的倒圆，小凹槽是 *R*5mm 的圆弧凹槽曲面，槽深为 10mm。

10.3.2　工艺分析

该零件曲面部分较平缓，最大凹槽曲面的中间部分由于变化相对较大，且具有一定的拔模斜度，是该零件的加工难点，针对这种情况将其划分为单独区域加工。对于四周 *R*3mm 的倒圆曲面，为提高加工效率先用大尺寸刀具进行加工，再用小尺寸刀具进行清角加工。

10.3.3 刀路规划

步骤1：ϕ12mm 立铣刀对零件外形轮廓采用外形铣削粗加工，加工余量为0.3mm。

步骤2：ϕ12mm 立铣刀对零件外形轮廓采用外形铣削精加工，加工余量为0.0mm。

步骤3：ϕ12mm 立铣刀对零件上表面采用平行铣削粗加工，加工余量为0.25mm。

步骤4：ϕ12mm 立铣刀对零件大凹槽采用曲面挖槽粗加工，加工余量为0.25mm。

步骤5：ϕ6mm *R*1mm 圆角铣刀对零件小凹槽采用曲面挖槽粗加工，加工余量为0.25mm。

步骤6：ϕ8mm 球头立铣刀对零件上表面采用环绕等距精加工，加工余量为0.0mm。

步骤7：ϕ8mm 球头立铣刀对零件小凹槽采用环绕等距精加工，加工余量为0.0mm。

步骤8：ϕ8mm 球头立铣刀对零件大凹槽拔模曲面采用等高外形精加工，加工余量为0.0mm。

步骤9：ϕ8mm 球头立铣刀对零件大凹槽底面采用平行铣削精加工，加工余量为0.0mm。

步骤10：ϕ5mm 球头立铣刀对零件上的 *R*3mm 倒圆曲面采用残料清角精加工，加工余量为0.0mm。

10.4 准备工作

10.4.1 选择机床

选择【机床类型】/【铣床】/【默认】命令。

10.4.2 模拟设置

调出【机器群组属性】对话框，设置【素材原点视角坐标】X0mm、Y0mm、Z0mm，材料大小为X100mm、Y80mm、Z30mm。

10.4.3 刀具设置

通过选择【刀具路径】/【刀具管理器】命令，调出【刀具管理】对话框，建立直径为12mm 的立铣刀，直径为6mm、刀角半径为1mm 的圆角铣刀，直径为8mm 的球头立铣刀和直径为5mm 的球头立铣刀。

10.4.4 新建刀具路径群组

参照第三章介绍的方法，分别建立名称为12R0、6R1、8R4 和5R2.5 的刀具路径群组，并将▶移到群组名为12R0 的目录下。

10.5 刀路编制

10.5.1 外形铣削粗加工

1）选择【刀具路径】/【外形铣削】命令，系统弹出【输入新 NC 名称】对话框，输入“座机盖”，单击确定按钮✓。

系统弹出【串连选项】对话框，在绘图区正下方选取最大轮廓线，如图10-2 所示。根据箭头指向判断此时刀具补偿为左补偿，单击确定按钮✓。

2）系统弹出【2D 刀具路径 - 等高外形】对话框，单击【刀具】选项，选择直径为

12mm 的立铣刀。设置【进给速率】为 1000mm/min，【主轴转速】为 1300r/min，【下刀速率】为 500mm/min，勾选【快速提刀】选项，其他选项都未予勾选，如图 10-3 所示。

3）单击【切削参数】选项，设置【补正方向】为【左补偿】，【外形铣类型】为【2D】，【壁边预留量】和【底面预留量】为 0.3mm，其他参数默认，如图 10-4 所示。

4）单击【深度切削】选项，勾选【深度切削】选项，设置【最大粗切步进量】为 0.5mm，勾选【不提刀】选项，如图 10-5 所示。

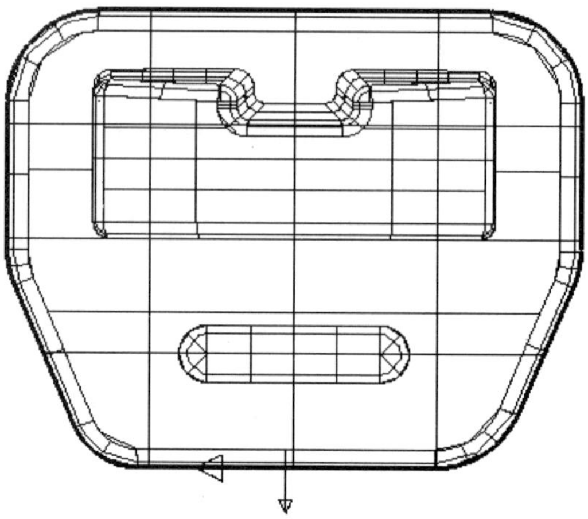

图 10-2　选择最大轮廓线

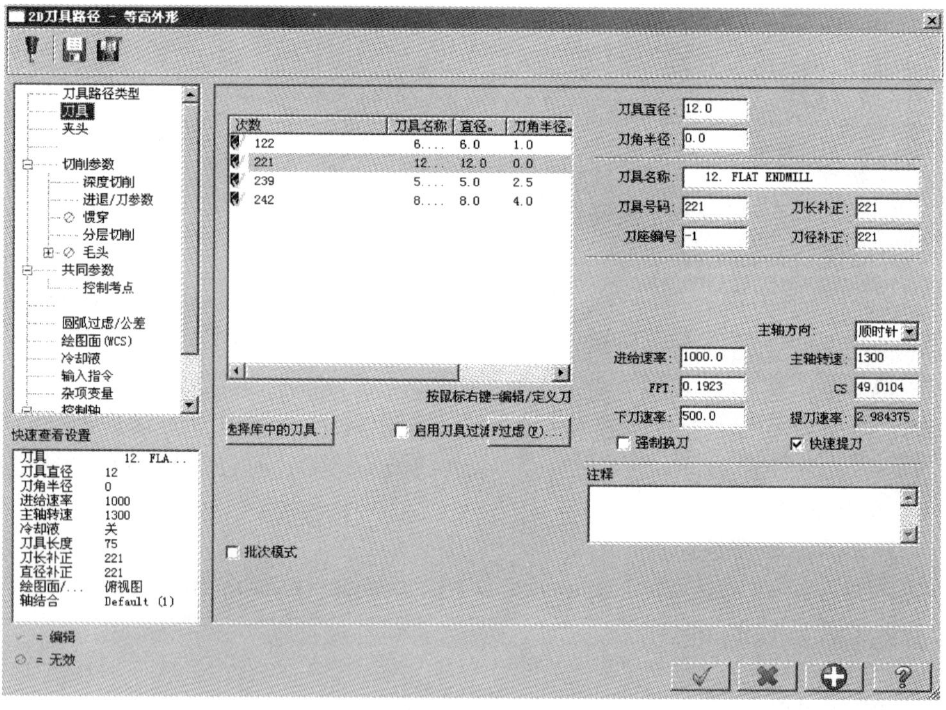

图 10-3　设置刀具参数

5）单击【进/退刀参数】选项，选择【相切】选项，设置【长度】为 0%，【圆弧】/【半径】为 30%，【扫描】（角度）为 90.0°，单击按钮 ⏩，即将进退刀参数设为一致。

6）单击【分层切削】选项，勾选【分层切削】选项，设置【粗加工】/【次数】为 2，【间距】为 5.0mm，【精加工】/【次数】为 0，勾选【不提刀】选项，其他参数默认。

7）单击【共同参数】选项，设置【参考高度】为 10.0mm，【进给下刀位置】为 5.0mm，【工件表面】为 0.0mm，【深度】为 −29.18mm，并分别选择对应的【绝对坐标】选项。

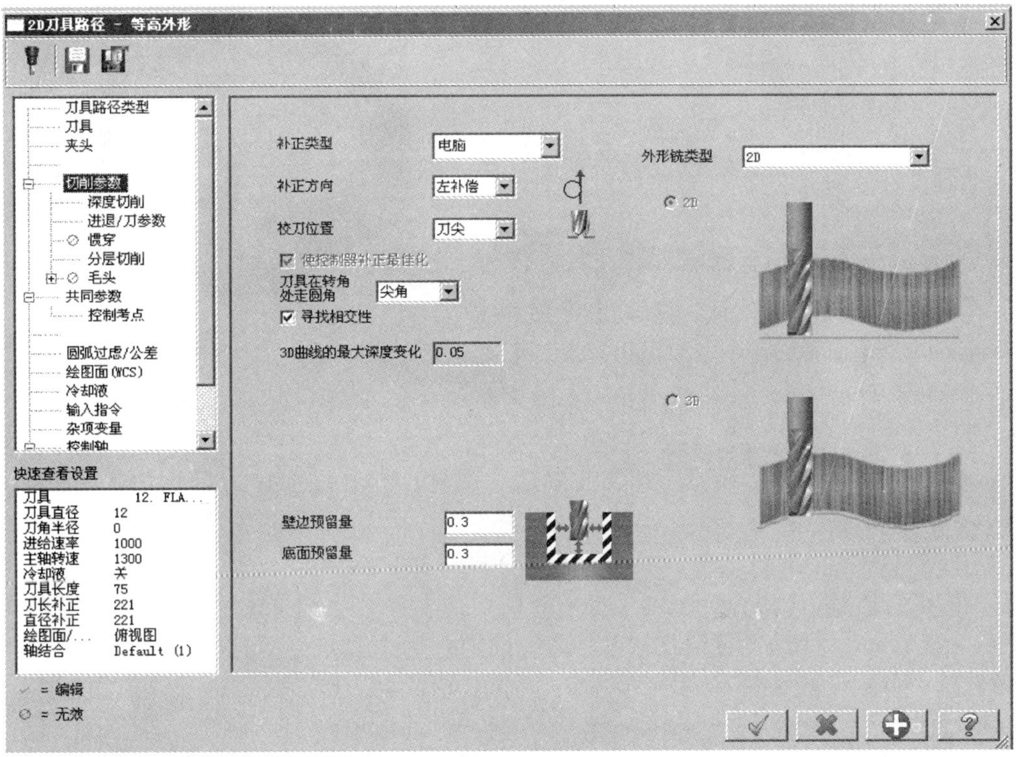

图 10-4 设置切削参数

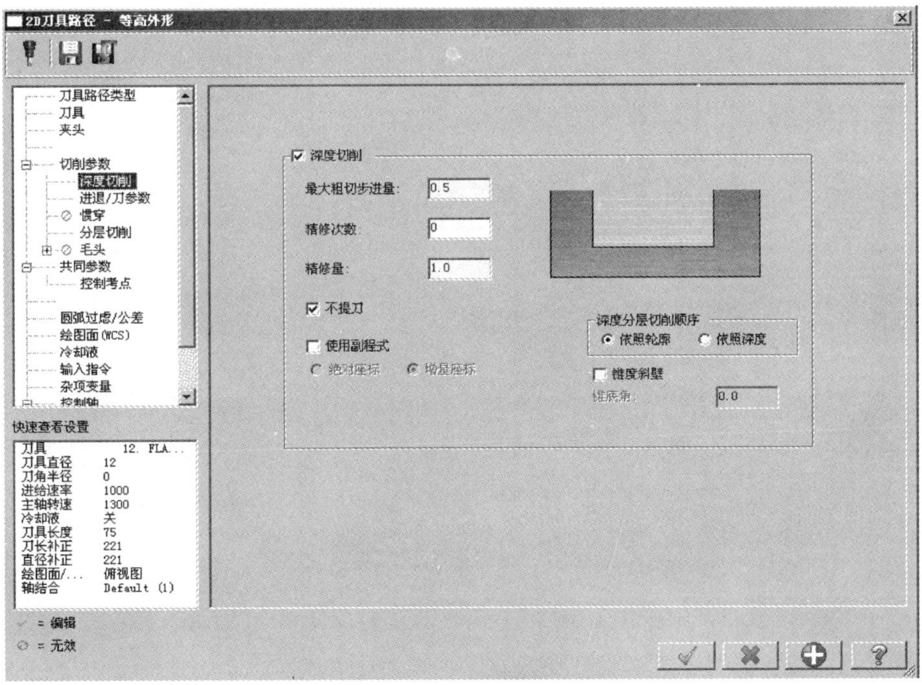

图 10-5 设置深度切削参数

单击【2D 刀具路径 - 等高外形】对话框中的确定按钮，生成刀具路径，如图 10-6 所示。

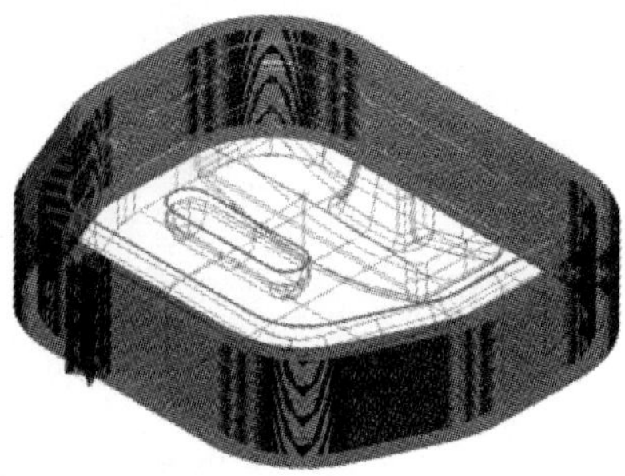

图 10-6　外形铣削粗加工刀路

10.5.2　外形铣削精加工

1）复制“第 1 步：外形铣削”刀路，在刚生成的“第 2 步：外形铣削”刀路的目录下单击【参数】选项。

2）系统弹出【2D 刀具路径 - 等高外形】对话框，单击【刀具】选项卡，修改【进给率】为 400mm/min，【主轴转速】为 2500r/min，【下刀速率】为 200mm/min，勾选【快速提刀】选项。

3）单击【切削参数】选项，修改【壁边预留量】和【底面预留量】为 0.0mm，其他参数默认。

4）单击【深度切削】选项，取消勾选【深度切削】选项。

5）单击【分层切削】选项，勾选【分层切削】选项，设置【粗加工】/【次数】为 2，【间距】为 5.0mm，【精加工】/【次数】为 2，【间距】为 0.15mm，勾选【不提刀】选项，其他参数默认，参数设置如图 10-7 所示。

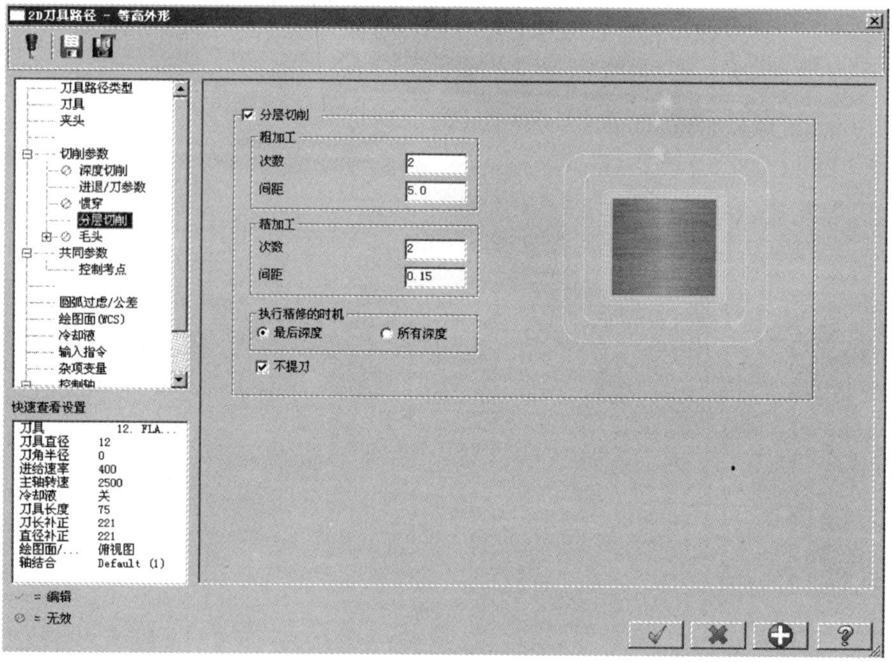

图 10-7　设置分层切削参数

技术指导：由于精加工时背吃刀量比较大，因此将原来 0.3mm 的加工余量细分为两次加工，以获得好的加工质量。

单击【2D 刀具路径 - 等高外形】对话框中的确定按钮，单击重新计算刀路按钮，系统重新生成刀具路径，如图 10-8 所示。

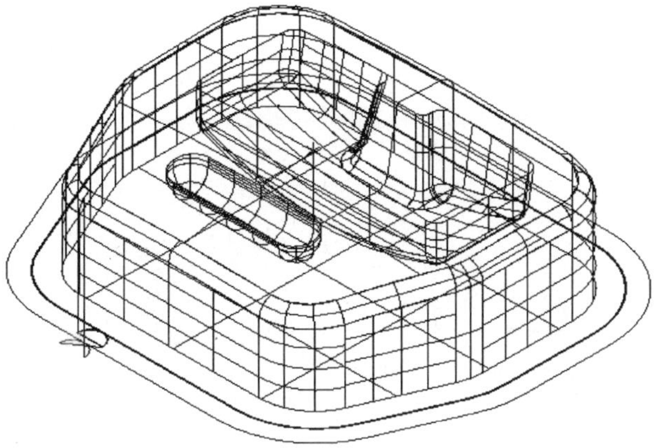

图 10-8　外形铣削精加工刀路

10.5.3　平行铣削粗加工

调出【层别管理】对话框，打开第 4 图层（face_hold 层），将两个凹槽用曲面封起来。

技术指导：这两个曲面可通过【绘图】/【曲面】/【填补内孔】命令生成，读者可自行尝试建立。

多学一招：在对曲面加工采用三维曲面挖槽、等距环切等刀路时，为减少跳刀，加快刀路的生成速度，生成流畅的刀路，常对一些凹槽部位进行曲面“封顶”。

1）选择【刀具路径】/【曲面精加工】/【精加工平行铣削】命令，如图 10-9 所示。选择所有曲面，单击应用按钮。

系统弹出【刀具路径的曲面选取】对话框，如图 10-10 所示，单击确定按钮。

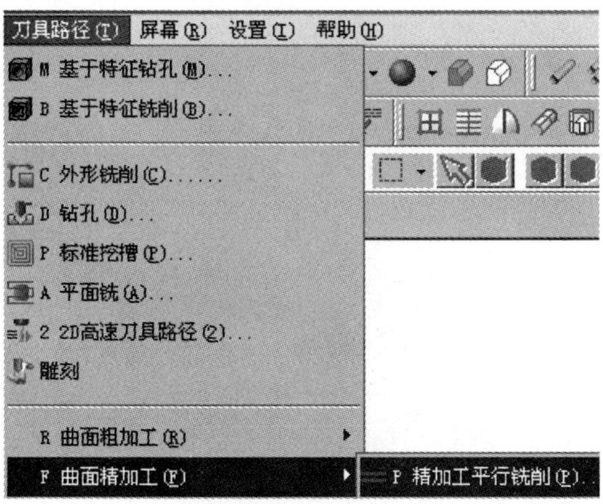

图 10-9　选择【精加工平行铣削】命令

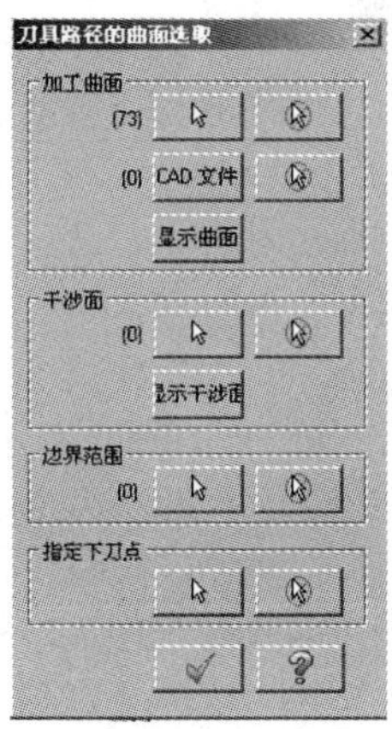

图 10-10　【刀具路径的曲面选取】对话框

2）系统弹出【曲面精加工平行铣削】对话框，选择直径 12mm 的立铣刀。设置【进给速率】为 1000mm/min，【主轴转速】为 1400r/min，【进刀速率】为 200mm/min，【提刀速率】为 2500mm/min，勾选【快速提刀】选项。

3）打开【曲面加工参数】选项，勾选【参考高度】选项并设置为 10.0mm，设置【进给下刀位置】为5.0mm。并分别选择对应的【绝对坐标】选项，设置【加工面预留量】为0.25mm，【干涉面预留量】为0.0mm，如图10-11所示。

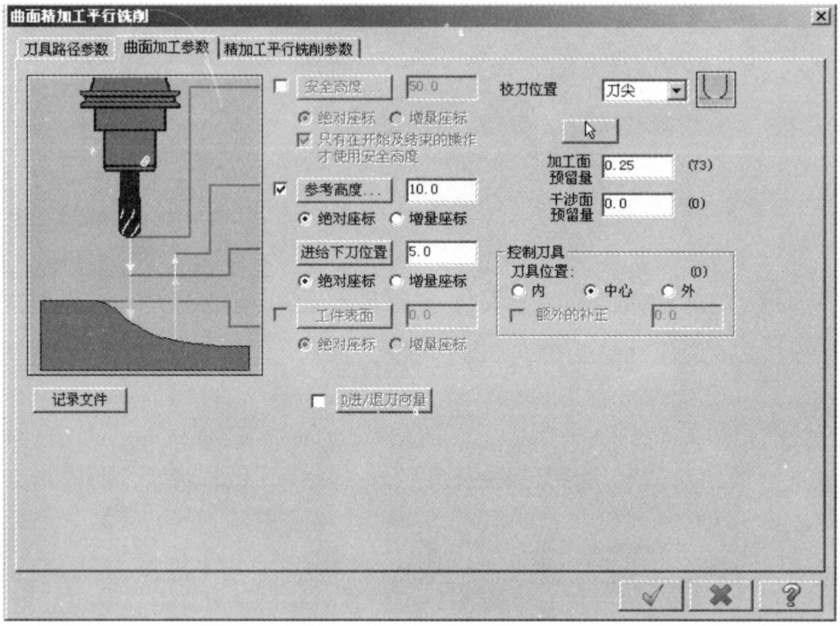

图10-11 曲面加工参数设置

4）打开【精加工平行铣削参数】选项卡，设置【整体误差】为0.03mm，【最大切削间距】为0.5mm，【切削方式】为【双向】，【加工角度】为45°，勾选【限定深度】选项，如图10-12所示。

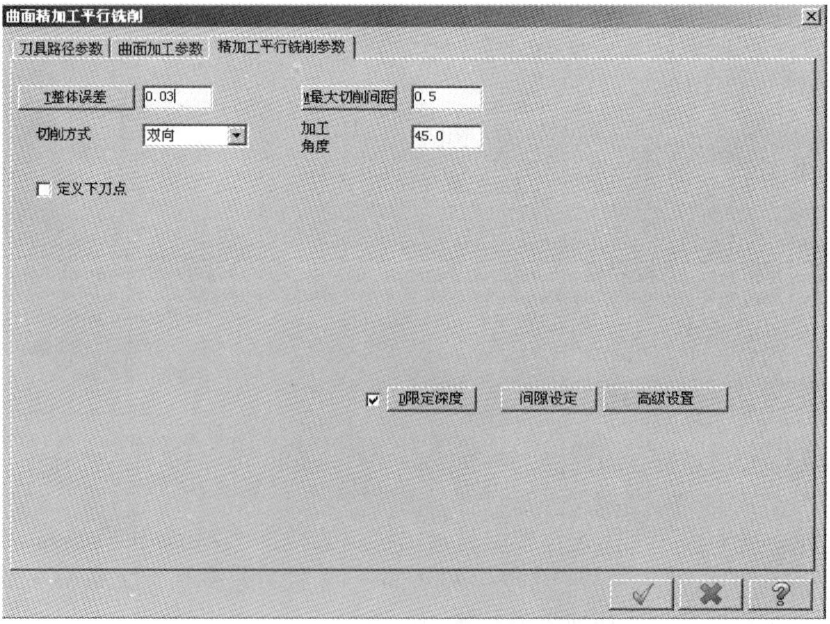

图10-12 精加工平行铣削参数设置

单击【限定深度】按钮，系统弹出【限定深度】对话框，设置【最高的位置】为1.0mm，【最低的位置】为 -15.0mm，如图 10-13 所示，单击确定按钮。

多学一招：当设置的【最高的位置】等于或小于所要加工的工件表面深度时，生成的刀路将会在该区域出现较多的跳刀。针对这种情况，可以将【最高的位置】设置得比所要加工的工件表面大一些，以避免过多的跳刀。读者可将这里的【最高的位置】分别设置为0.0mm 与 1.0mm，自行对比这两种不同设置的效果。

单击【高级设置】按钮，系统弹出【高级设置】对话框，在【刀具在曲面（实体面）的边缘走圆角】中选择【在所有的边缘】选项，如图 10-14 所示，单击确定按钮。

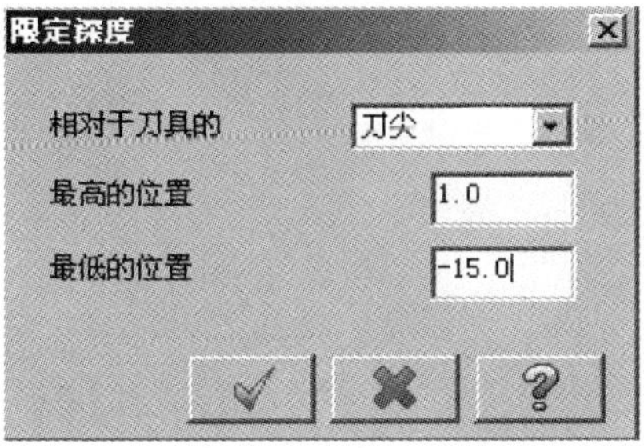

图 10-13　限定深度设置

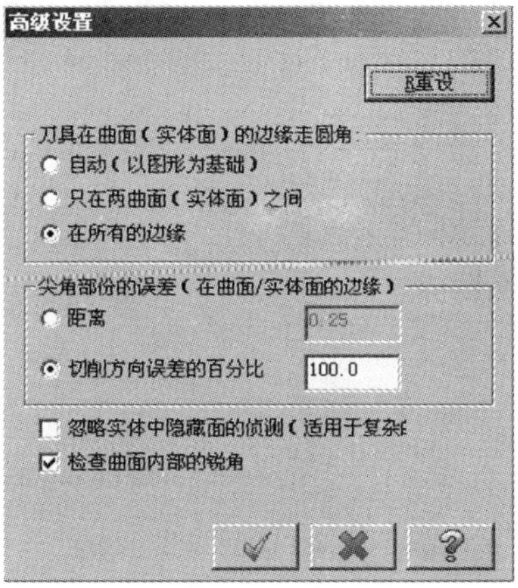

图 10-14　高级设置

单击【曲面精加工平行铣削】对话框中的确定按钮，生成刀具路径，如图 10-15 所示。

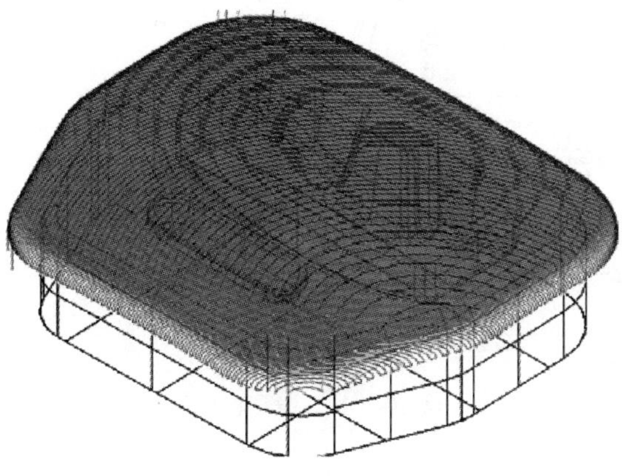

图 10-15　平行铣削粗加工刀路

技术指导：对于前面的粗加工，还可以采用挖槽方式，同样可以取得一样的效果。

10.5.4　曲面挖槽粗加工（大凹槽）

1）调出【层别管理】对话框，打开第 6 图层（cur 层），关闭第 4 图层（face_hold 层）。

技术指导：这一曲线可通过【绘图】/【曲面曲线】/【单一边界】命令生成，读者可自行建立。

选择【刀具路径】/【曲面粗加工】/【粗加工挖槽加工】命令，如图 10-16 所示。

窗选所有曲面，单击确定按钮，系统弹出【刀具路径的曲面选取】对话框，如图 10-17所示。

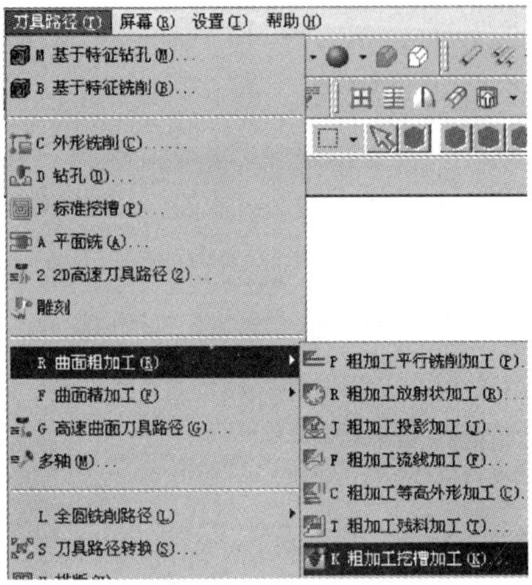

图 10-16　选择【粗加工挖槽加工】命令

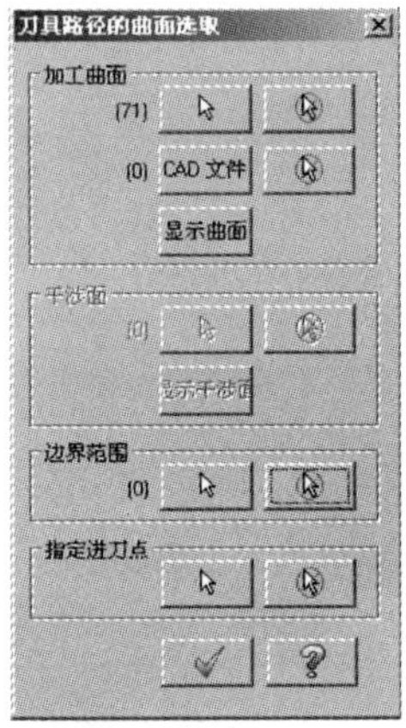

图 10-17　【刀具路径的曲面选取】对话框

单击【边界范围】下的选择按钮，系统弹出【串连选项】对话框，在绘图区选取第 6 图层的曲面边界线，如图 10-18 所示。单击【串连选项】对话框中的确定按钮，系统弹出【刀具路径的曲面选取】对话框，再单击该对话框的确定按钮。

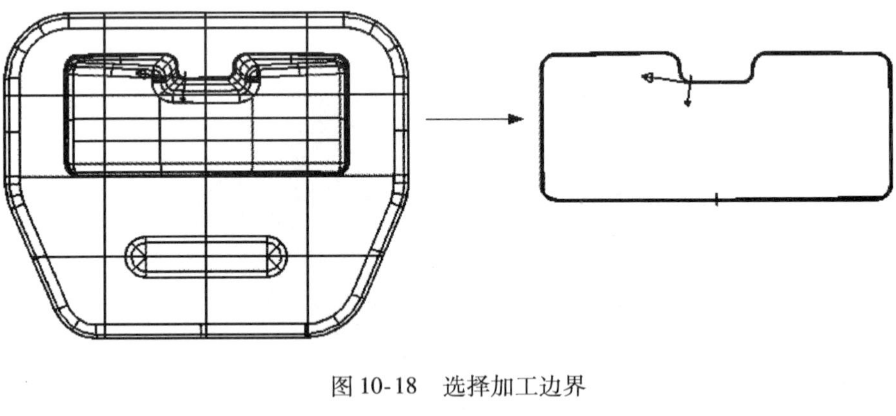

图 10-18　选择加工边界

2）系统弹出【曲面粗加工挖槽】对话框，选择直径为 12mm 的立铣刀，设置【进给速率】为 1000mm/min，【主轴转速】为 1400r/min，【进刀速率】为 200mm/min，【提刀速率】为 2500mm/min，勾选【快速提刀】选项，其他选项都不勾选。

3）打开【曲面加工参数】选项卡，勾选【参考高度】复选项并设置为 10. 0mm，【进给下刀位置】为 5. 0mm，并分别选择对应的【绝对坐标】选项，设置【加工面预留量】为 0. 25mm。

4）打开【粗加工参数】选项卡，设置【整体误差】为 0.025mm，设置【Z 轴最大进给量】为 0.5mm，只勾选【螺旋式下刀】复选项，如图 10-19 所示。

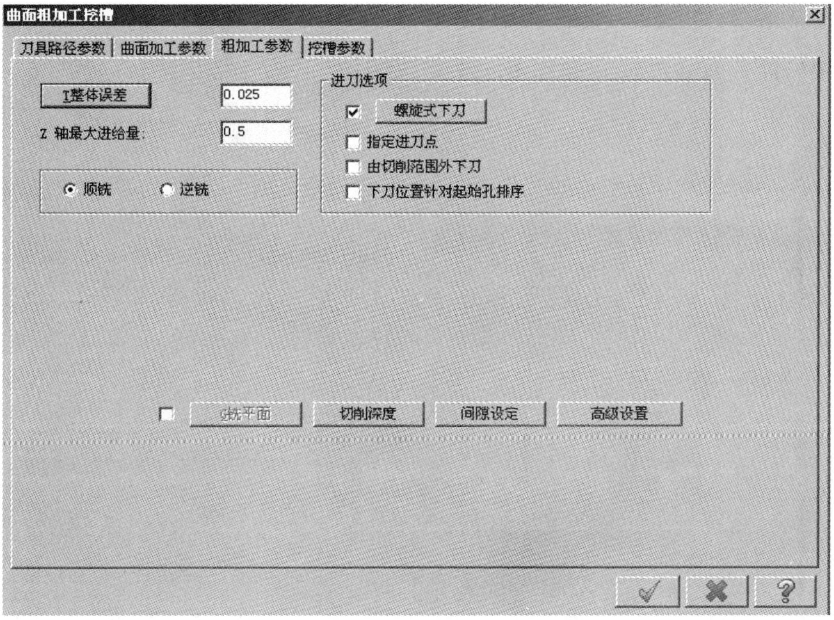

图 10-19　粗加工参数设置

技术指导： 由于这里是加工封闭凹槽，不能勾选【由切削范围外下刀】选项，否则会发生过切。

单击【螺旋式下刀】按钮，系统弹出【螺旋/斜插式下刀参数】对话框。设置【最小半径】为 1.2mm，【最大半径】为 3.6mm，【Z 方向开始螺旋】为 0.3mm，【XY 方向预留间隙】为 1.0mm。勾选【沿着边界渐降下刀】和【只在螺旋失败时采用】选项，设置【如果长度超过】为 10.0mm。在【如果所有进刀方法都失败时】下勾选【垂直下刀】选项，在【进刀采用的进给率】选项卡中选择【下刀速率】，如图 10-20 所示，单击确定按钮✓。

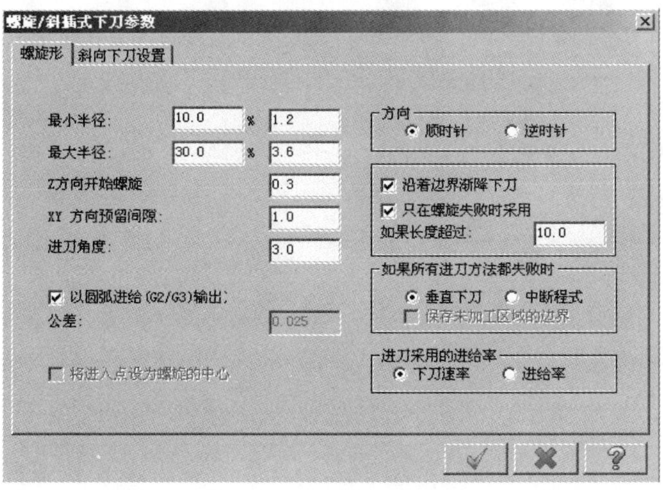

图 10-20　螺旋式下刀设置

单击【切削深度】按钮，系统弹出【切削深度的设定】对话框，选择【绝对坐标】选项，设置【最高的位置】为 -1.0mm，【最低的位置】为 -20.0mm，如图 10-21 所示，单击确定按钮。

单击【间隙设定】按钮，系统弹出【刀具路径的间隙设置】对话框，勾选【切削顺序最佳化】选项，其他参数默认，如图 10-22 所示，单击确定按钮。

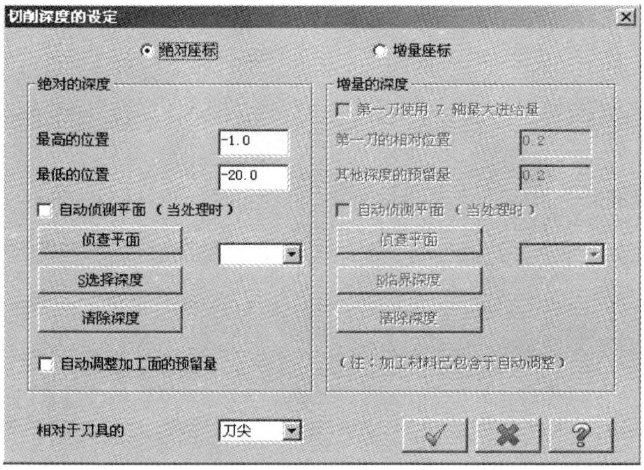

图 10-21　切削深度设定

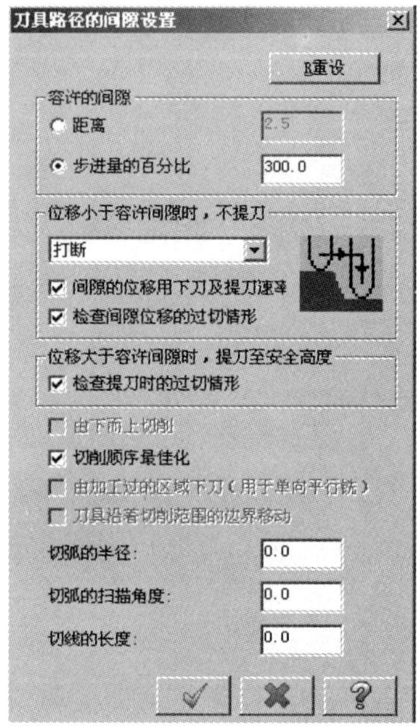

图 10-22　优化刀路

5）打开【挖槽参数】选项卡，设置切削方式为【等距环切】，【切削间距（直径%）】为 60%。勾选【精加工】选项，设置【次数】为 1，【间距】为 0.25mm，如图 10-23 所示。

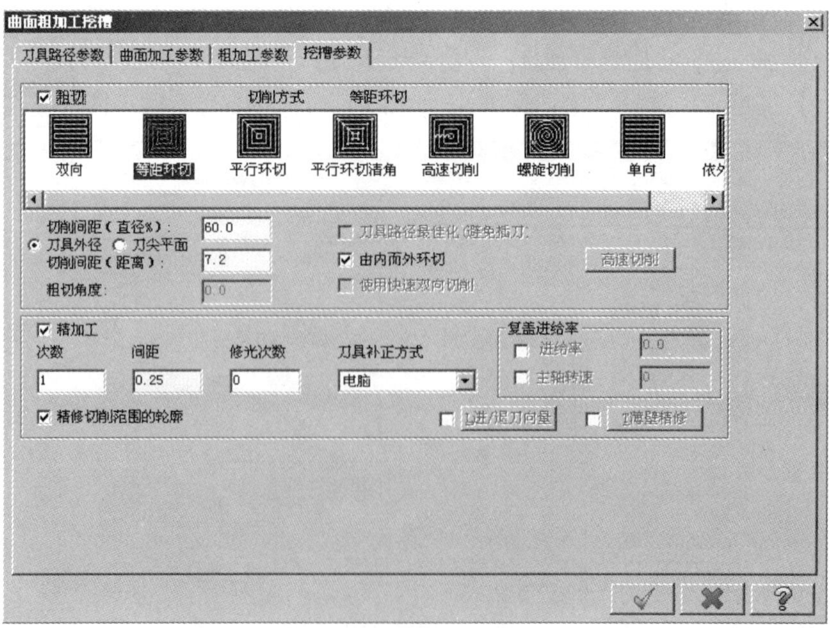

图 10-23　挖槽参数设置

单击【曲面粗加工挖槽】对话框中的确定按钮，生成刀具路径，如图 10-24 所示。

单击插入箭头按钮下移至加工群组名为 6R1 的目录下。

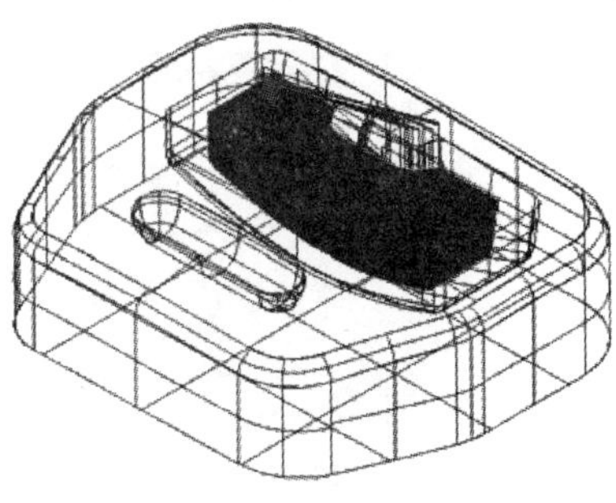

图 10-24　挖槽粗加工刀路

10.5.5　曲面挖槽粗加工（跑道形槽）

1）选择【刀具路径】/【曲面粗加工】/【粗加工挖槽加工】命令，窗选所有曲面，单击应用按钮。系统弹出【刀具路径的曲面选取】对话框，在【边界范围】选项卡处单击选择按钮，系统弹出【串连选项】对话框。

在绘图区选取零件正下方的“U 形跑道”边界线，如图 10-25 所示。单击【串连选项】对话框中的确定按钮，系统弹出【刀具路径的曲面选取】对话框，单击该对话框的确定按钮。

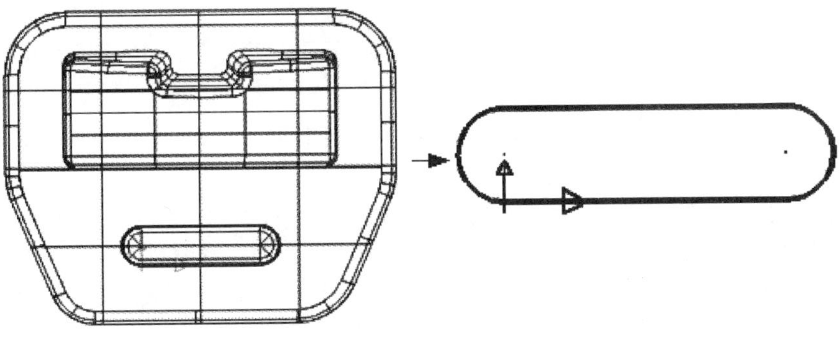

图 10-25　选择加工边界

2）系统弹出【曲面粗加工挖槽】对话框，选择直径为 6mm 的圆角铣刀。设置【进给速率】为 300mm/min，【主轴转速】为 1800r/min，【进刀速率】为 100mm/min，【提刀速率】为 2500mm/min，勾选【快速提刀】复选项。

3）打开【曲面加工参数】选项卡，勾选【参考高度】复选项并设置为 10.0mm，【进给下刀位置】为 5.0mm，并分别选择对应的【绝对坐标】选项，设置【加工面预留量】为 0.25mm，如图 10-26 所示。

4）打开【粗加工参数】选项卡，设置【整体误差】为 0.025mm，设置【Z 轴最大进给量】为 0.5mm/行程，只勾选【斜插式下刀】复选项，如图 10-27 所示。

单击【斜插式下刀】按钮，系统弹出【螺旋/斜插式下刀参数】对话框。打开【斜向下刀设置】选项卡，设置【最小长度】为 1.2mm，【最大长度】为 3.0mm，【Z 方向开始螺旋】为 0.3mm，【XY 方向预留间隙】为 1.0mm。在【如果斜插下刀失败】中选择【垂直下刀】选项，在【进刀采用的进给率】中选择【下刀速率】选项，如图 10-28 所示，单击确定按钮。

单击【切削深度】按钮，系统弹出【切削深度的设定】对话框，勾选【绝对坐标】选项，设置【最高的位置】为 −2.0mm，【最低的位置】为 −10.0mm，单击确定按钮。

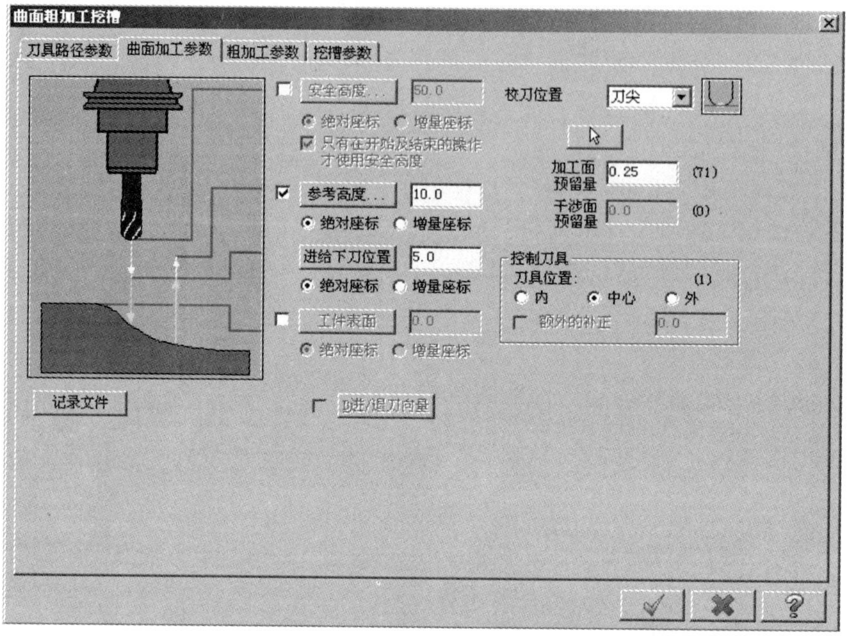

图 10-26　曲面加工参数设置

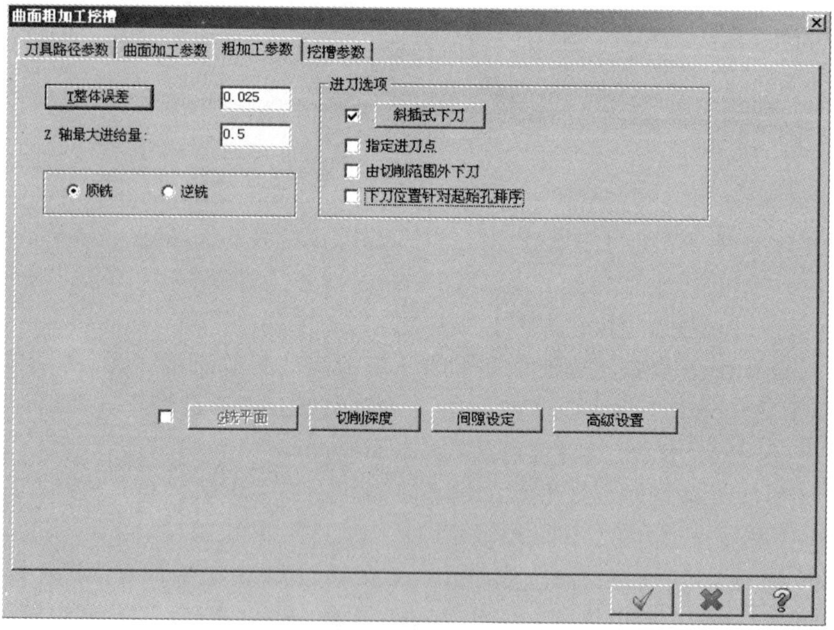

图 10-27　粗加工参数设置

5）打开【挖槽参数】选项卡，选择切削方式为【等距环切】，设置【切削间距（直径%）】为60%。勾选【精加工】选项，设置【次数】为1，【间距】为0.25mm，如图10-29所示。

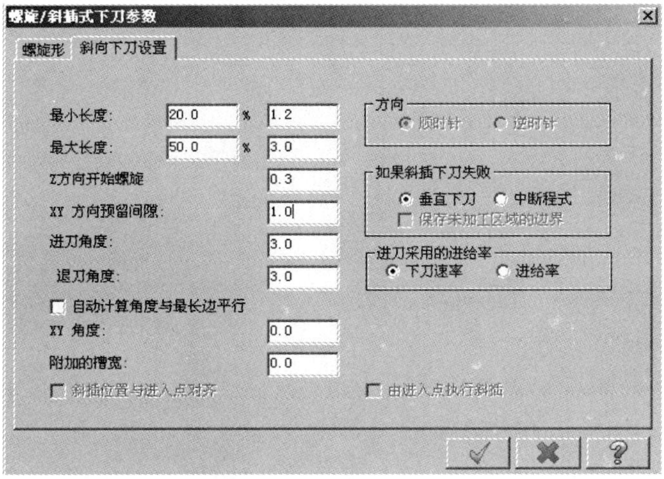

图 10-28　螺旋式下刀设置

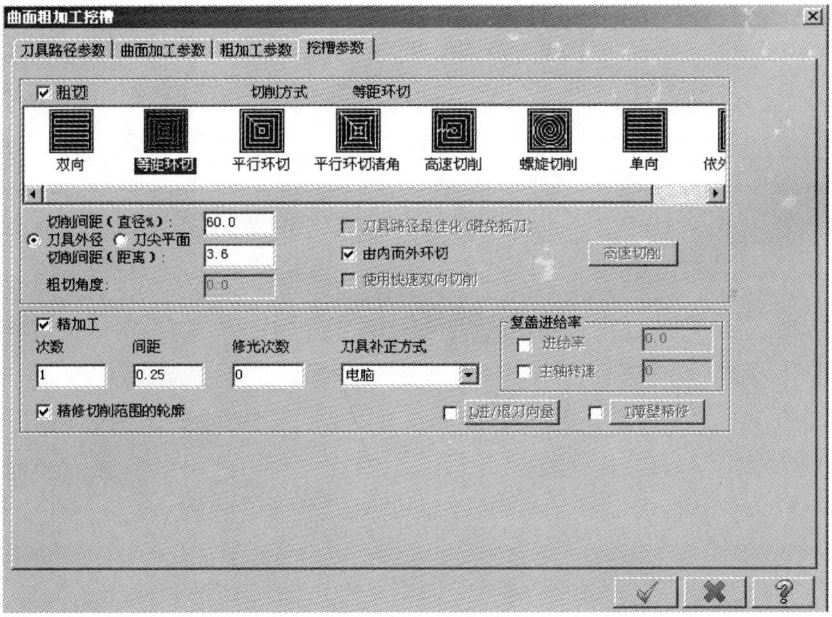

图 10-29　挖槽参数设置

单击【曲面粗加工挖槽】对话框中的确定按钮，生成刀具路径，如图 10-30 所示。

单击插入箭头按钮下移至加工群组名为 8R4 的目录下。

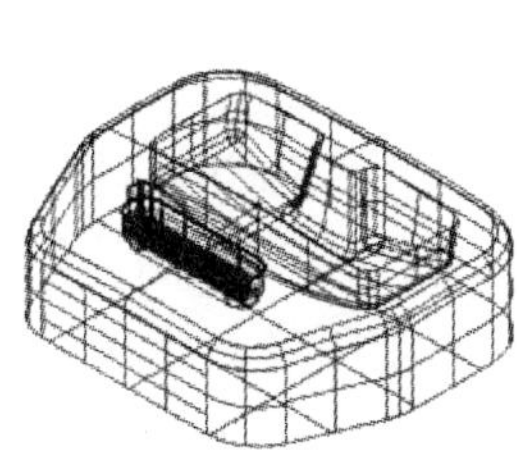

图 10-30　挖槽粗加工刀路

10.5.6　环绕等距精加工（上表面）

调出【层别管理】对话框，打开第 4 图层（face_ hold 层）。

1）选择【刀具路径】/【曲面精加工】/【精加工环绕等距

加工】命令，如图 10-31 所示，窗选所有曲面，单击应用按钮。系统弹出【刀具路径的曲面选取】对话框，单击确定按钮。

2）系统弹出【曲面精加工环绕等距】对话框，选择直径为 8mm 的球头立铣刀，设置【进给速率】为 800mm/min，【主轴转速】为3000r/min，【进刀速率】为 100mm/min，【提刀速率】为2500mm/min，勾选【快速提刀】选项，其他选项都不勾选。

3）打开【曲面加工参数】选项卡，勾选【参考高度】选项并设置为 10.0mm，【进给下刀位置】为 5.0mm，并分别选择对应的【绝对坐标】选项，设置【加工面预留量】和【干涉面预留量】都为 0.0mm，如图 10-32 所示。

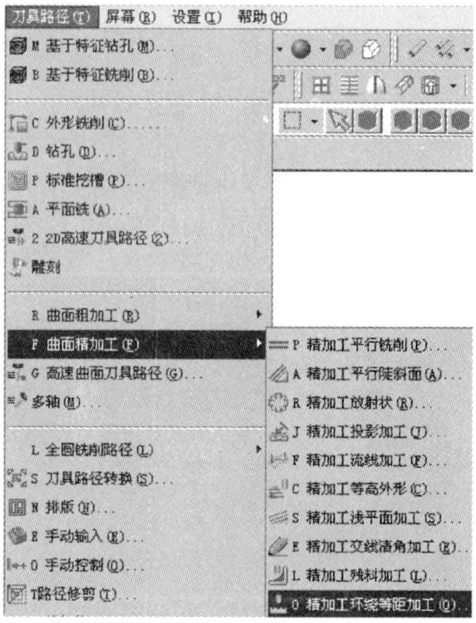

图 10-31　选择【精加工环绕等距加工】命令

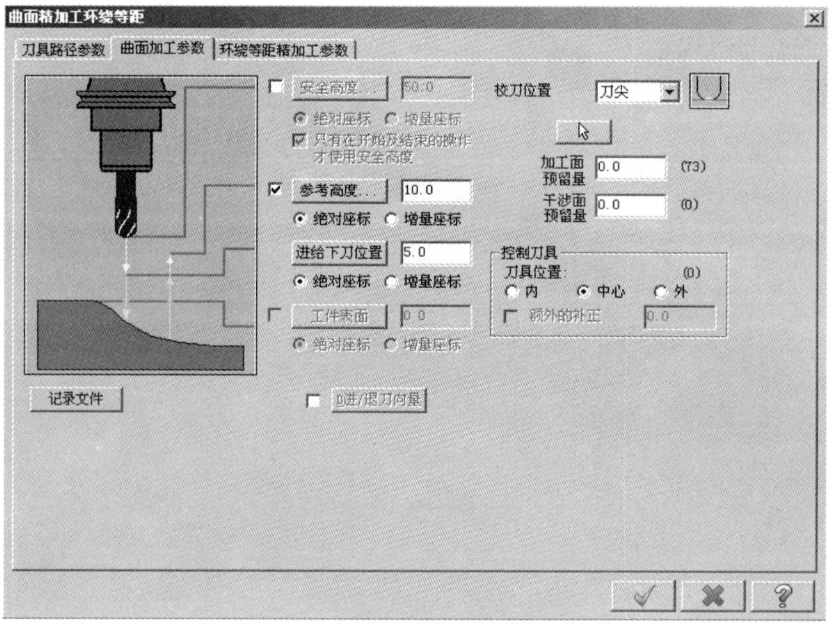

图 10-32　曲面加工参数设置

4）打开【环绕等距精加工参数】选项卡，设置【整体误差】为 0.01mm，设置【最大切削间距】为 0.2mm，【斜线角度】为 0°，勾选【定义下刀点】和【由内而外环切】选项，勾选【限定深度】选项，如图 10-33 所示。

技术指导：在判断要不要勾选【由内而外环切】选项时，应根据刀具在由内或由外加工时刀具所加工的余量与走刀的过渡情况而定，以防止断刀，读者可对比“步骤 7：环绕等距精加工”参数的设定方法。

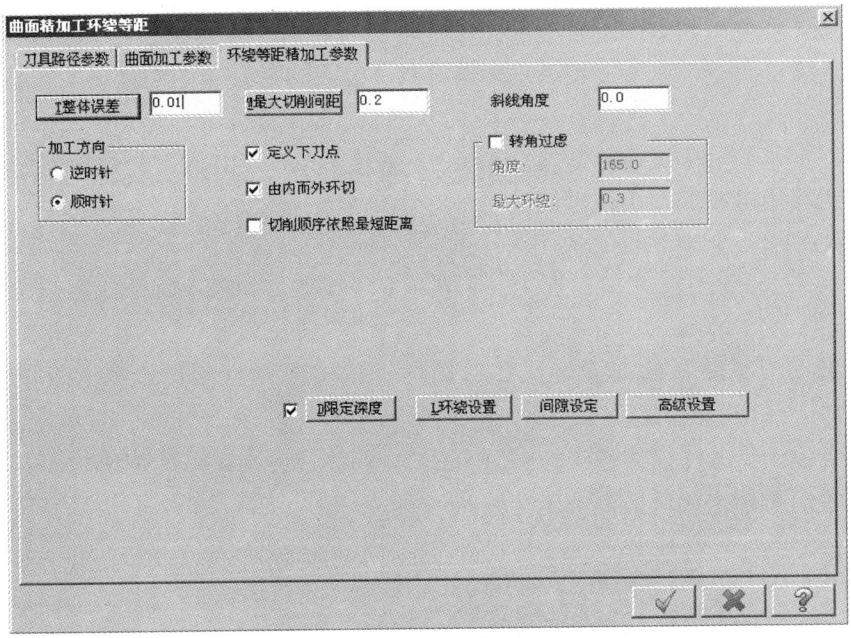

图 10-33　环绕等距精加工参数设置

单击【限定深度】按钮，系统弹出【限定深度】对话框，勾选【绝对坐标】选项，设置【最高的位置】为 1.0mm，【最低的位置】为 -10.0mm，单击确定按钮。

单击【间隙设定】按钮，系统弹出【刀具路径的间隙设置】对话框，勾选【切削顺序最佳化】复选项，其他参数默认，单击确定按钮。

单击【高级设置】按钮，系统弹出【高级设置】对话框，在【刀具在曲面（实体面）的边缘走圆角】中选择【在所有的边缘】选项，如图 10-34 所示，单击确定按钮。

单击【曲面精加工环绕等距】对话框中的确定按钮，系统提示选择一下刀点，选择系统坐标原点，生成刀具路径，如图 10-35 所示。

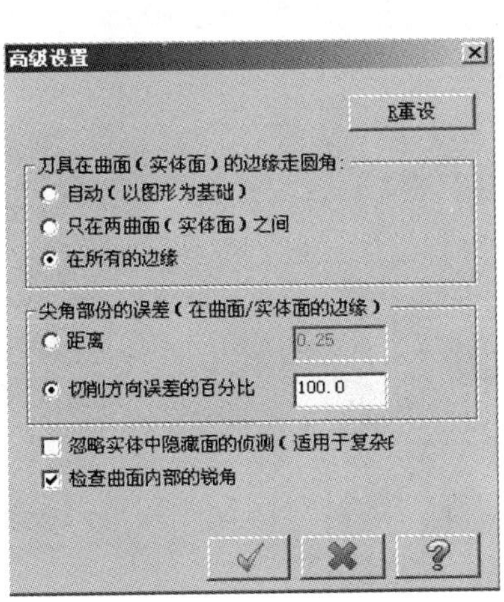

图 10-34　高级设置

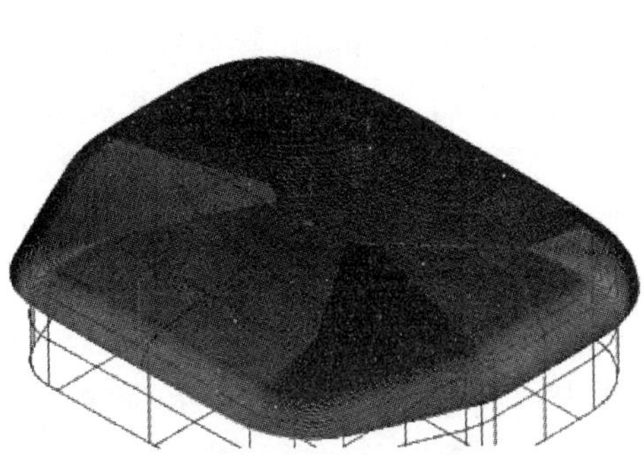

图 10-35　曲面环绕等距精加工刀路

实战经验：环绕等距刀路适用于加工比较平缓的曲面，在曲面上生成相对均匀的刀路，可取得较好的表面质量。不足之处是在圆角部位，其残留的余量会明显增大，而且各个刀路环与环之间的扩大过渡中会形成一些明显刀痕，这一点在模拟仿真时已经反映出来。但对比平行铣刀路，加工相对平缓的曲面（如本例），环绕等距刀路仍具有一定的优势。

10.5.7 环绕等距精加工（小凹槽）

调出【层别管理】对话框，关闭第 4 图层（face_hold 层）。

1）选择【刀具路径】/【曲面精加工】/【精加工环绕等距加工】命令，窗选所有曲面，单击应用按钮。

系统弹出【刀具路径的曲面选取】对话框，在【边界范围】选项卡处单击选择按钮，系统弹出【串连选项】对话框，在绘图区选取零件正下方的“U 形跑道”边界线，如图 10-36 所示。单击【串连选项】对话框中的确定按钮，系统弹出【刀具路径的曲面选取】对话框，再单击该对话框的确定按钮。

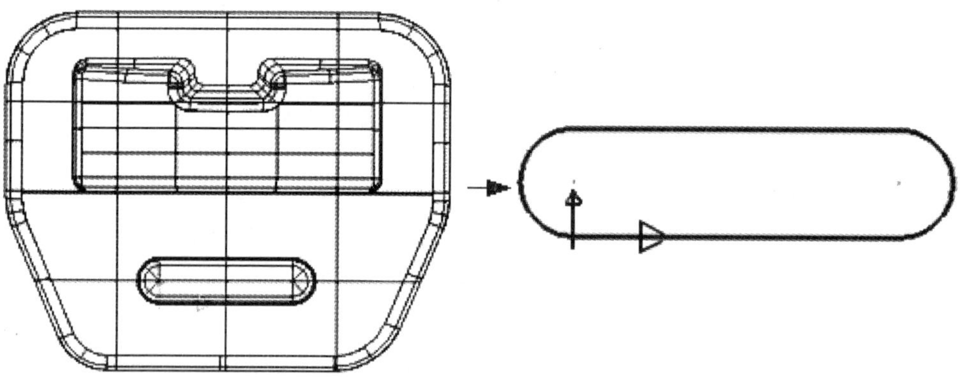

图 10-36　选择加工边界

2）系统弹出【曲面精加工环绕等距】对话框，选择直径为 8mm 的球头立铣刀，设置【进给速率】为 800mm/min，【主轴转速】为 3000r/min，【进刀速率】为 100mm/min，【提刀速率】为 2500mm/min，勾选【快速提刀】选项，其他选项都不勾选。

3）打开【曲面加工参数】选项卡，勾选【参考高度】复选项并设置为 10.0mm，【进给下刀位置】为 5.0mm，并分别选择对应的【绝对坐标】选项，设置【加工面预留量】和【干涉面预留量】都为 0.0mm，如图 10-37 所示。

4）打开【环绕等距精加工参数】选项卡，设置【整体误差】为 0.01mm，设置【最大切削间距】为 0.2mm，【斜线角度】为 0°，勾选【限定深度】选项，如图 10-38 所示。

单击【限定深度】按钮，系统弹出【限定深度】对话框，设置【最高的位置】为 1.0mm，【最低的位置】为 −10.0mm，如图 10-39 所示，单击确定按钮。

单击【间隙设定】按钮，系统弹出【刀具路径的间隙设置】对话框，勾选【切削顺序最佳化】复选项，其他参数默认，如图 10-40 所示，单击确定按钮。

单击【高级设置】按钮，系统弹出【高级设置】对话框，在【刀具在曲面（实体面）的边缘走圆角】中选择【在所有的边缘】选项，单击确定按钮。

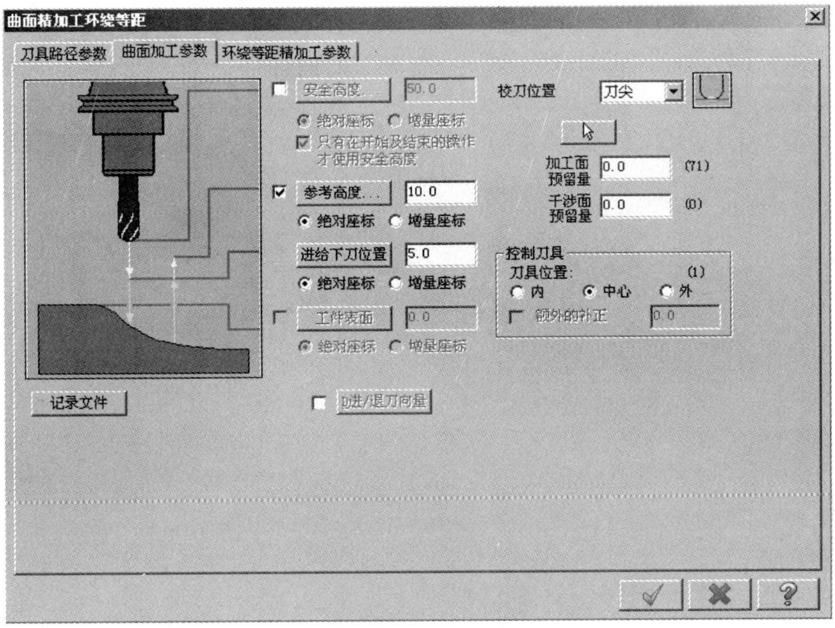

图 10-37　曲面加工参数设置

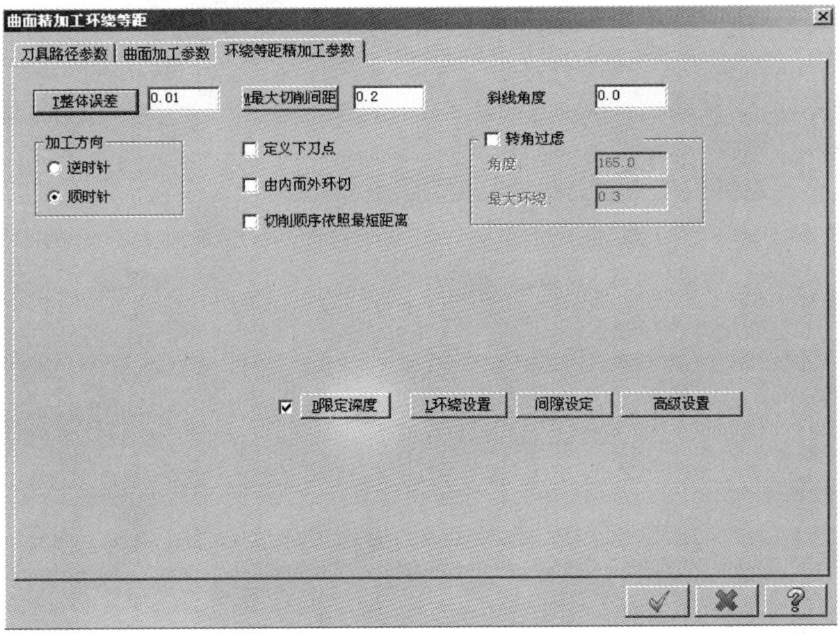

图 10-38　环绕等距精加工参数设置

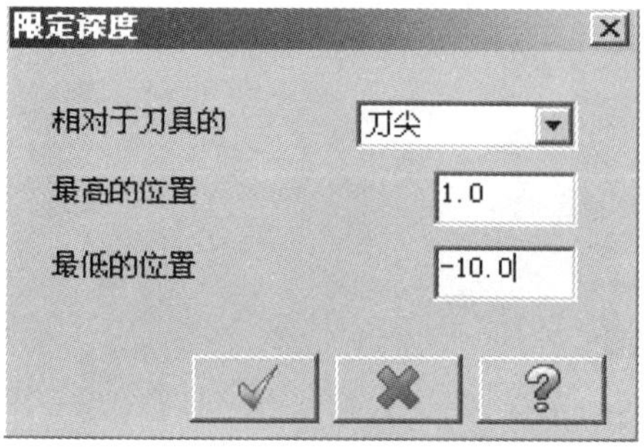

图 10-39　限定深度设置

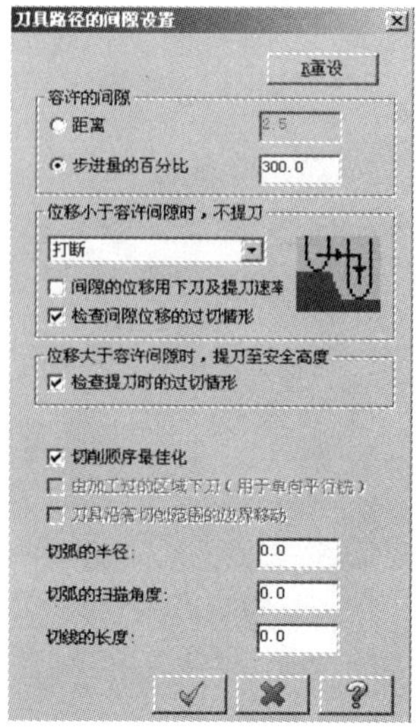

图 10-40　优化刀路

单击【曲面精加工环绕等距】对话框中的确定按钮，生成刀具路径，如图 10-41 所示。

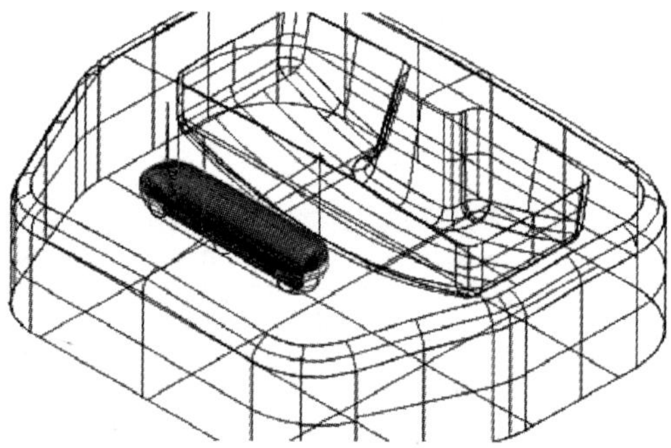

图 10-41　曲面环绕等距精加工刀路

10.5.8　等高外形精加工

1）选择【刀具路径】/【曲面精加工】/【精加工等高外形】命令，如图 10-42 所示。

选取凹槽的凸出曲面与圆角曲面部位，如图 10-43 所示，单击应用按钮。

系统弹出【刀具路径的曲面选取】对话框，如图 10-44 所示，单击确定按钮。

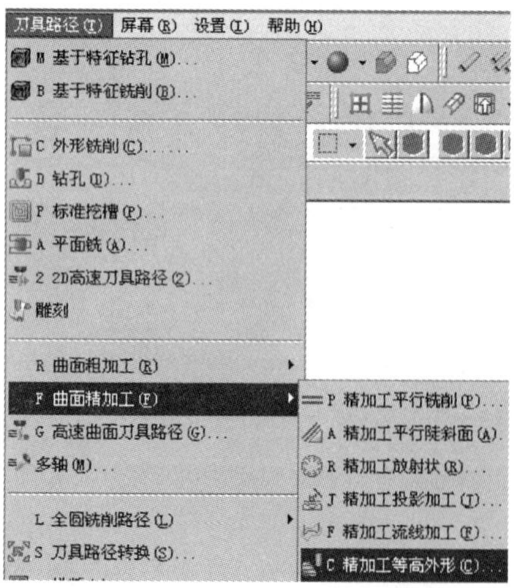

图 10-42　选择【精加工等高外形】命令

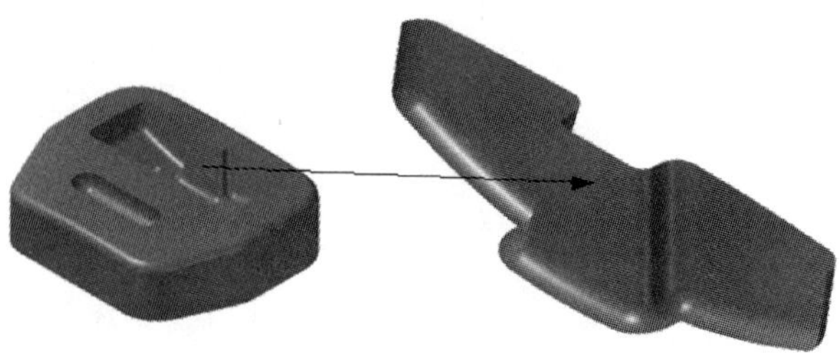

图 10-43　选择加工面

10 CHAPTER

在【干涉面】选项卡中单击选择按钮，选择与刚才所选加工曲面相连接的所有曲面，如图 10-45 所示，单击应用按钮。系统返回【刀具路径的曲面选取】对话框，单击确定按钮。

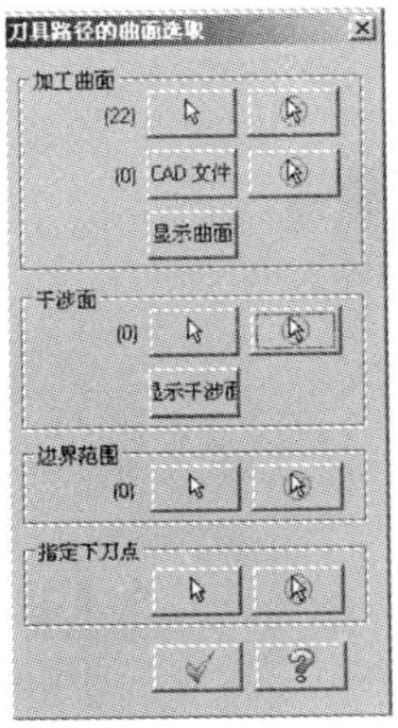

图 10-44 【刀具路径的曲面选取】对话框

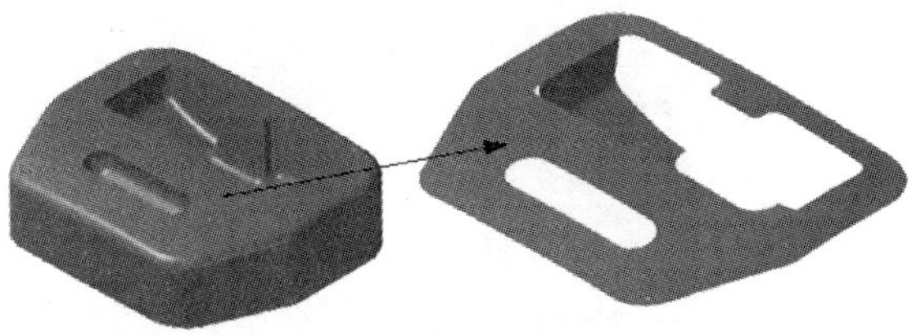

图 10-45 选择干涉面

2）系统弹出【曲面精加工等高外形】对话框，选择直径为 8mm 的球头立铣刀，设置【进给速率】为 800mm/min，【主轴转速】为 3000r/min，【进刀速率】为 200mm/min，【提刀速率】为 2500mm/min。勾选【快速提刀】选项，其他选项都不勾选。

3）打开【曲面加工参数】选项卡，勾选【参考高度】并设置为 10. 0mm，【进给下刀位置】为 5. 0mm。并分别选择对应的【绝对坐标】选项，设置【加工面预留量】为 0. 0mm，【干涉面预留量】为 0. 1mm，如图 10-46 所示。

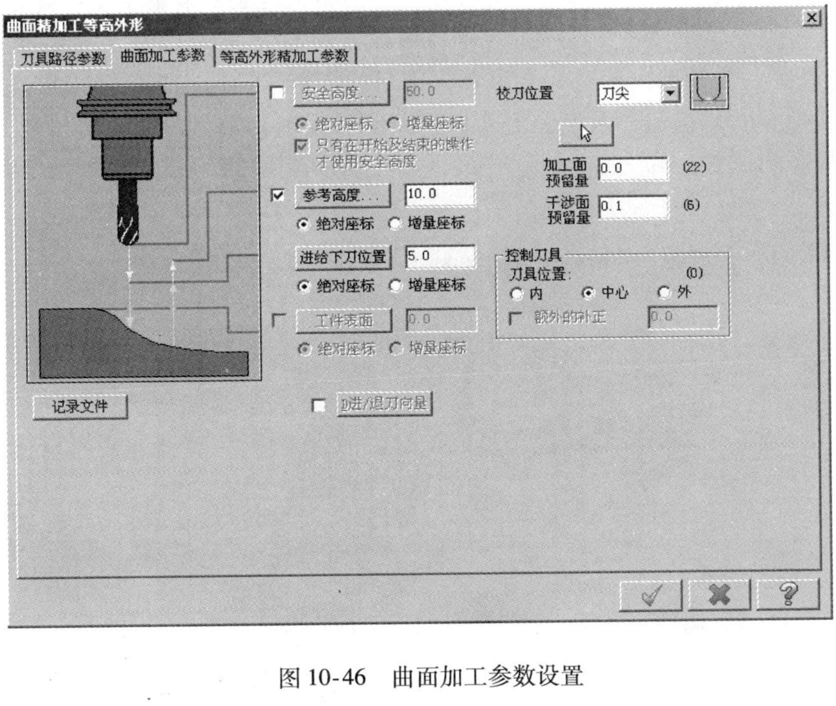

图 10-46 曲面加工参数设置

4）打开【等高外形精加工参数】选项卡，设置【整体误差】为0.01mm，【Z轴最大进给量】为0.2mm/r。【开放式轮廓的方向】中选择【双向】，勾选【进/退刀 切弧/切线】选项，设置【圆弧半径】为3.0mm，【扫描角度】为30°，【直线长度】为0.0mm，勾选【允许切弧/切线超出边界】选项。勾选【切削顺序最佳化】选项，参数设置如图10-47所示。

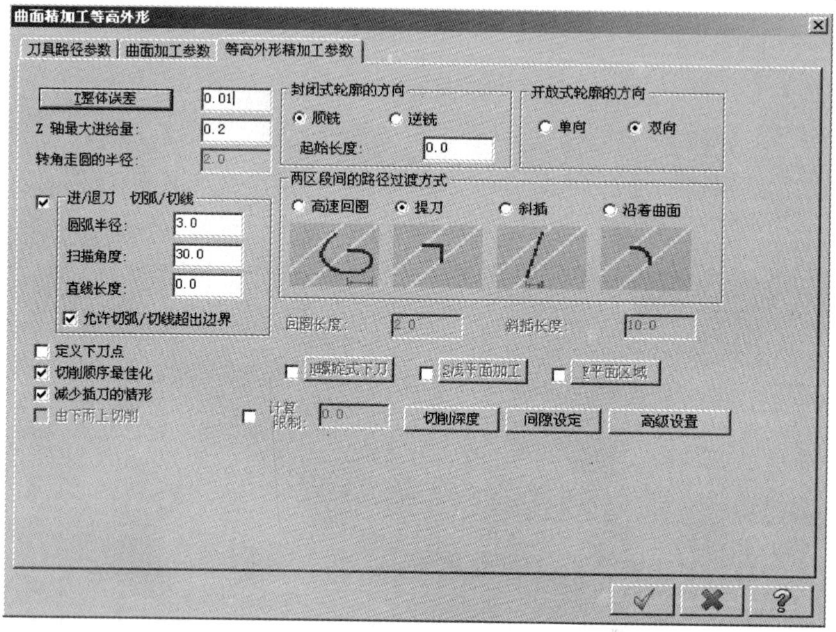

图10-47　等高外形精加工参数设置

多学一招：在等高外形精加工中，为避免过多跳刀，可采用有如下几种设置方法：①走刀方式设为双向铣；②必要时，将进/退刀的圆弧半径设得大一些；③在高级设置中选择“刀具在所有曲面（实体面）的边缘走圆角”选项；④对某一区域再次进行细分区域加工。

单击【切削深度】按钮，系统弹出【切削深度的设定】对话框。选择【绝对坐标】选项，设置【最高的位置】为－1.0mm，【最低的位置】为－20.0mm，如图10-48所示，单击确定按钮✓。

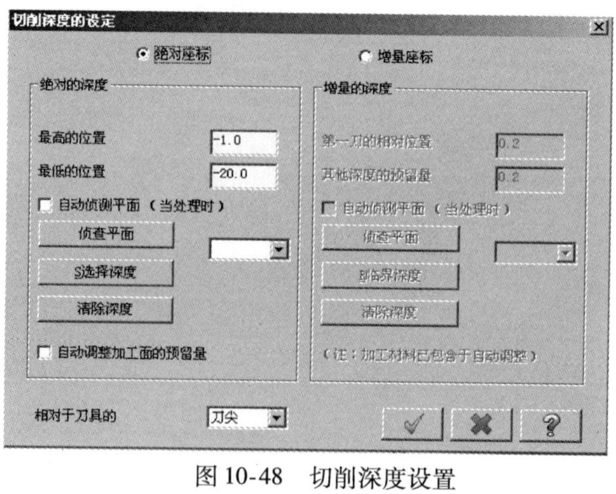

图10-48　切削深度设置

单击【高级设置】按钮，系统弹出【高级设置】对话框，在【刀具在曲面（实体面）的边缘走圆角】中选择【在所有的边缘】单选项，如图 10-49 所示，单击确定按钮。

单击【曲面精加工等高外形】对话框中的确定按钮，生成刀具路径，如图 10-50 所示。

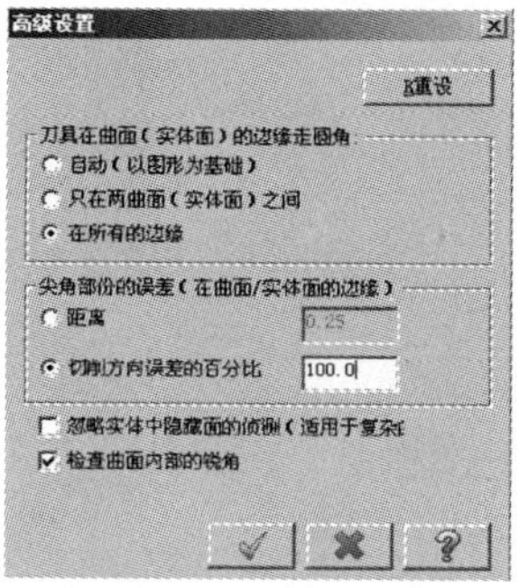

图 10-49　高级设置

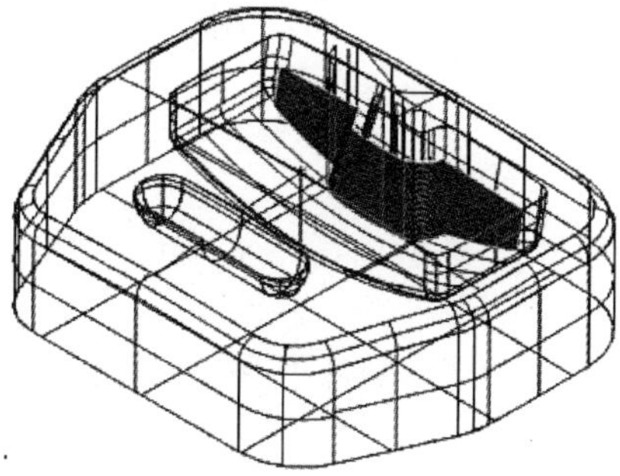

图 10-50　等高外形精加工刀路

10.5.9　平行铣削精加工

1）选择【刀具路径】/【曲面精加工】/【精加工平行铣削】命令，选择零件大凹槽底面与圆角曲面，如图 10-51 所示，单击应用按钮。

系统弹出【刀具路径的曲面选取】对话框，如图 10-52 所示。

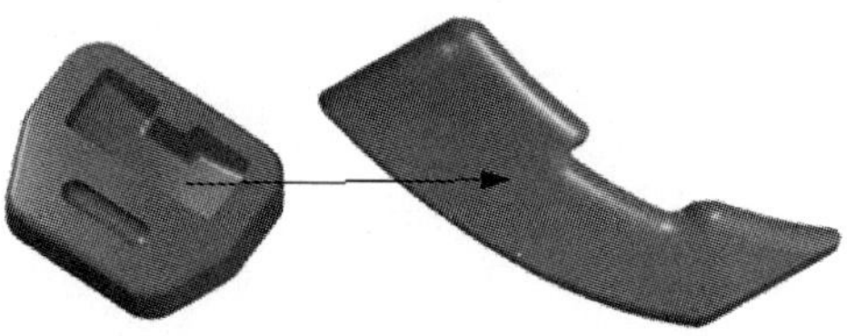

图 10-51　选择加工面

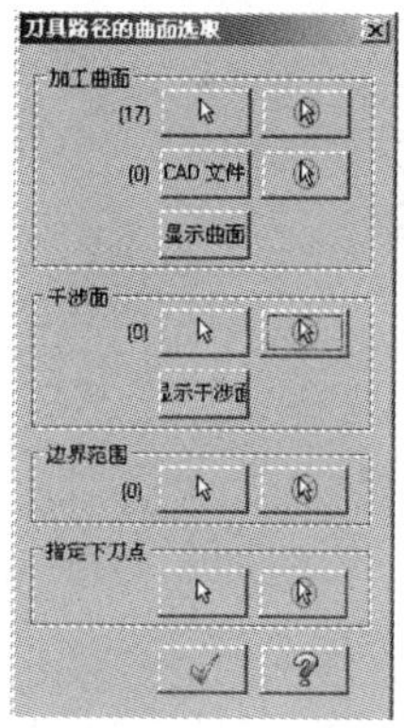

图 10-52　【刀具路径的曲面选取】对话框

在【干涉面】选项卡中单击选择按钮，选择与刚才所选加工曲面相连接的所有曲面，如图 10-53 所示，单击应用按钮。系统返回【刀具路径的曲面选取】对话框，单击确定按钮。

2）系统弹出【曲面精加工平行铣削】对话框，选择直径为 8mm 的球头立铣刀，设置【进给速率】为 800mm/min，【主轴转速】为 3000r/min，【进刀速率】为 200mm/min，【提刀速率】为 2500mm/min，勾选【快速提刀】选项。

3）打开【曲面加工参数】选项卡，勾选【参考高度】并设置为 10.0mm，【进给下刀位置】为 5.0mm。分别选择对应的【绝对坐标】选项，【加工面预留量】为 0.0mm，【干涉

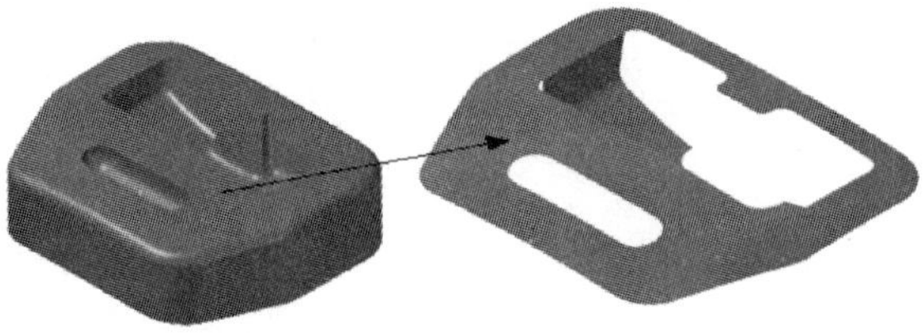

图 10-53　选择干涉面

面预留量】为 0.1mm，如图 10-54 所示。

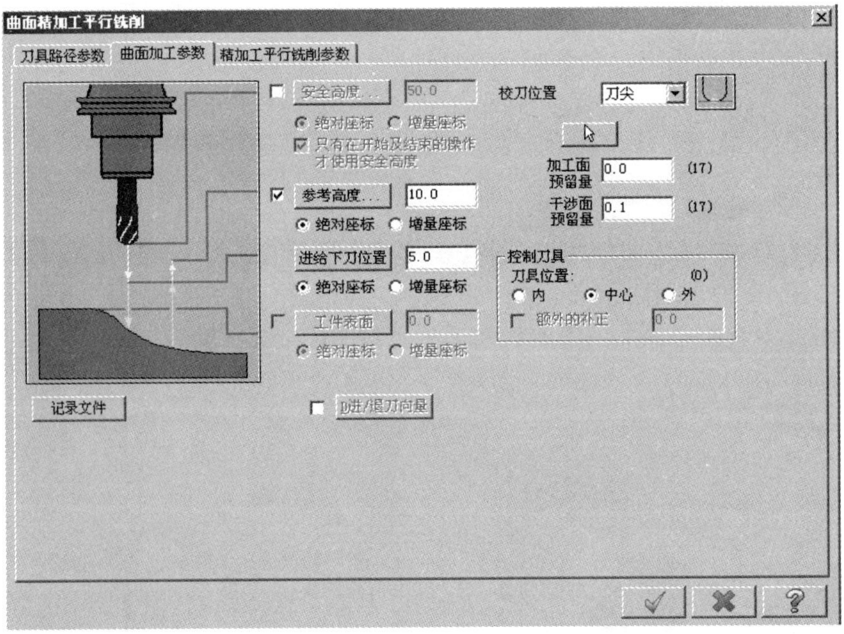

图 10-54　曲面加工参数设置

4）打开【精加工平行铣削参数】选项卡，设置【整体误差】为 0.01mm，【最大切削间距】为 0.2mm。【切削方式】为【双向】，【加工角度】为 0.0°，勾选【限定深度】选项，如图 10-55 所示。

单击【限定深度】按钮，系统弹出【限定深度】对话框，设置【最高的位置】为 -10.0mm，【最低的位置】为 -20.0mm，如图 10-56 所示，单击确定按钮 ✓。

单击【间隙设定】按钮，系统弹出【刀具路径的间隙设置】对话框，勾选【切削顺序最佳化】选项，其他参数默认，如图 10-57 所示，单击确定按钮 ✓。

单击【高级设置】按钮，系统弹出【高级设置】对话框，在【刀具在曲面（实体面）的边缘走圆角】中选择【在所有的边缘】选项，如图 10-58 所示，单击确定按钮 ✓。

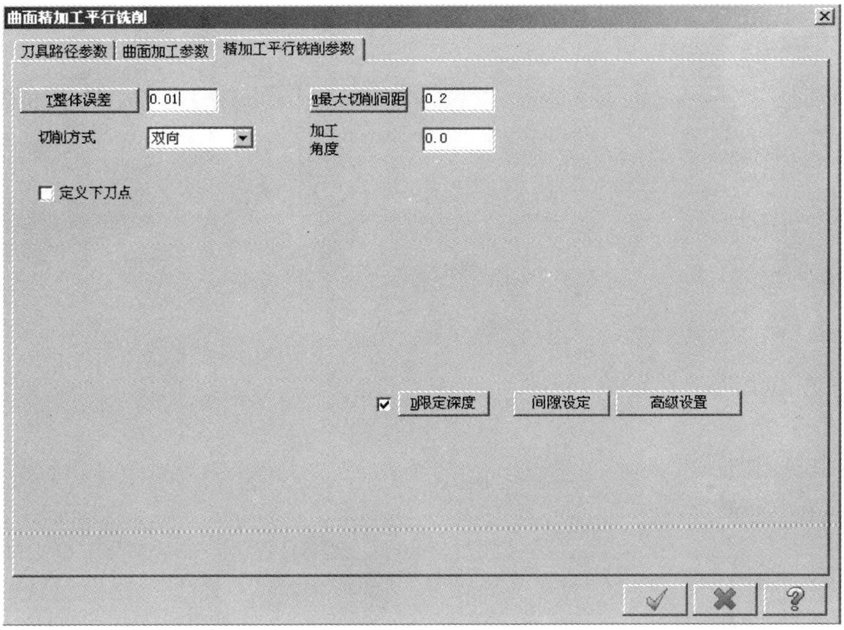

图 10-55　精加工平行铣削参数设置

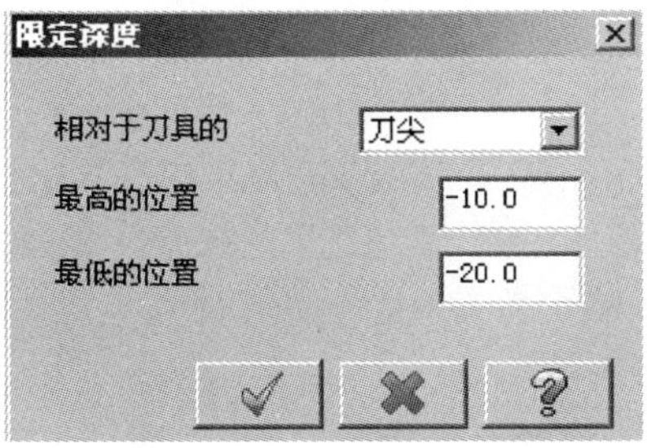

图 10-56　限定深度设置

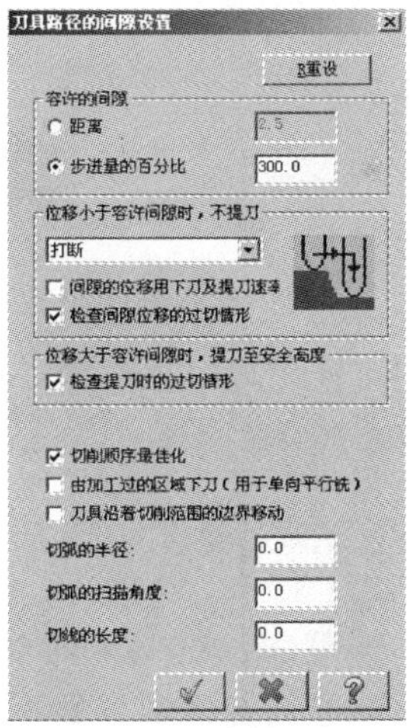

图 10-57　优化刀路

单击【曲面精加工平行铣削】对话框中的确定按钮，生成刀具路径，如图 10-59 所示。

单击插入箭头按钮下移至加工群组名为 5R2.5 的目录下。

10.5.10　残料清角精加工

1）选择【刀具路径】/【曲面精加工】/【精加工残料加工】命令，如图 10-60 所示。

选择所有曲面，单击应用按钮。系统弹出【刀具路径的曲面选取】对话框，如图 10-61 所示。

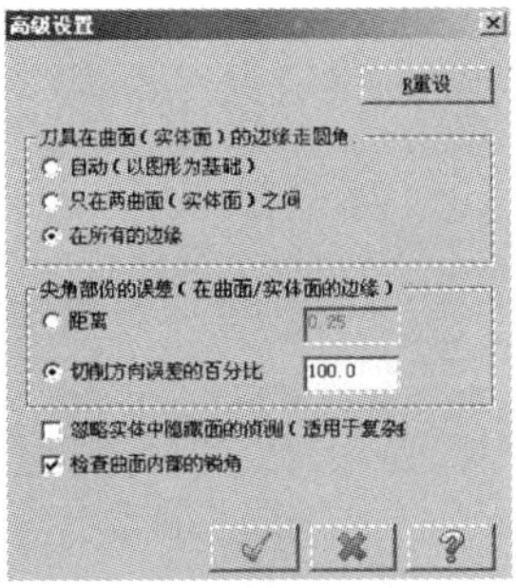

图 10-58　高级设置

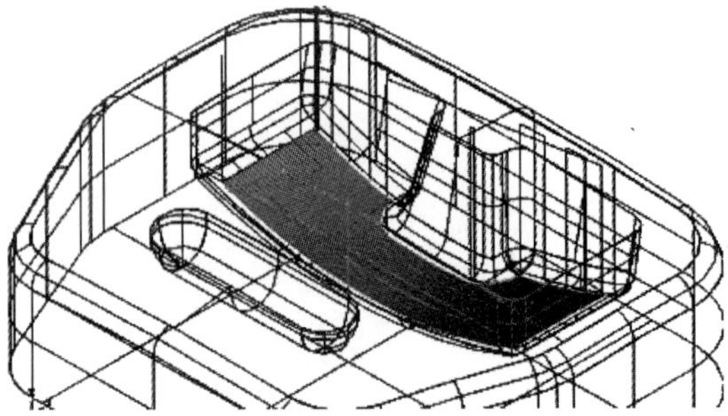

图 10-59　曲面平行铣精加工刀路

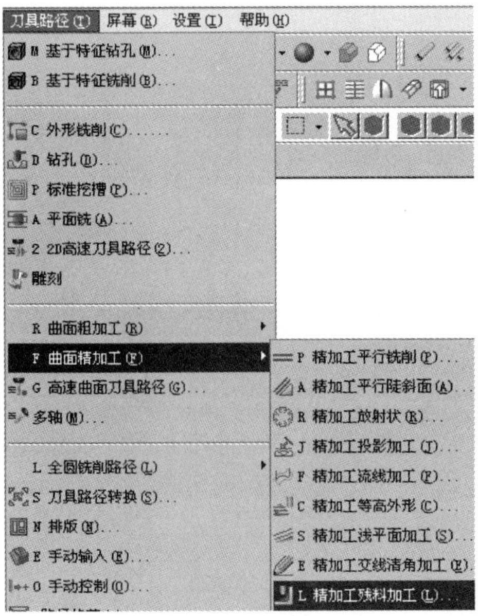

图 10-60　选择【精加工残料加工】命令

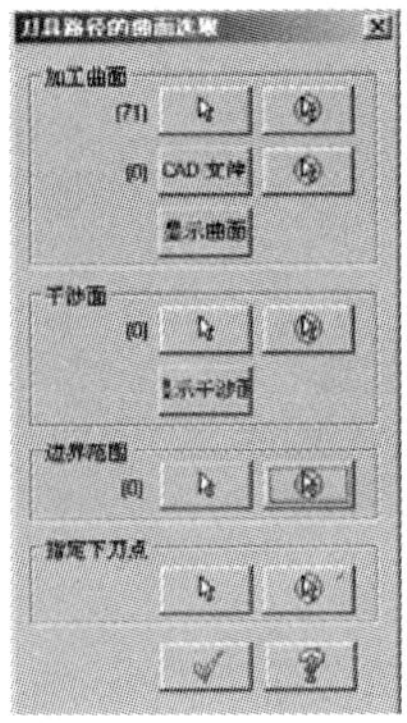

图 10-61　【刀具路径的曲面选取】对话框

在【边界范围】选项卡处单击选择按钮，系统弹出【串连选项】对话框，在绘图区选取第 6 图层的曲面边界线，如图 10-62 所示。单击【串连选项】对话框中的确定按钮，系统弹出【刀具路径的曲面选取】对话框，再单击该对话框的确定按钮。

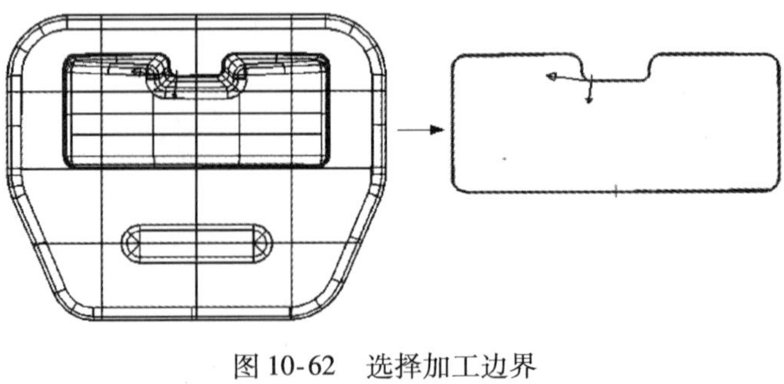

图 10-62　选择加工边界

2）系统弹出【曲面精加工残料清角】对话框，选择直径为5mm的球头立铣刀，设置【进给速率】为300mm/min，【主轴转速】为3500r/min，【进刀速率】为50mm/min，【提刀速率】为1000mm/min，勾选【快速提刀】复选项。

3）打开【曲面加工参数】选项卡，勾选【参考高度】并设置为10.0mm，【进给下刀位置】为5.0mm。并分别选择对应的【绝对坐标】选项，【加工面预留量】为0.0mm，如图10-63所示。

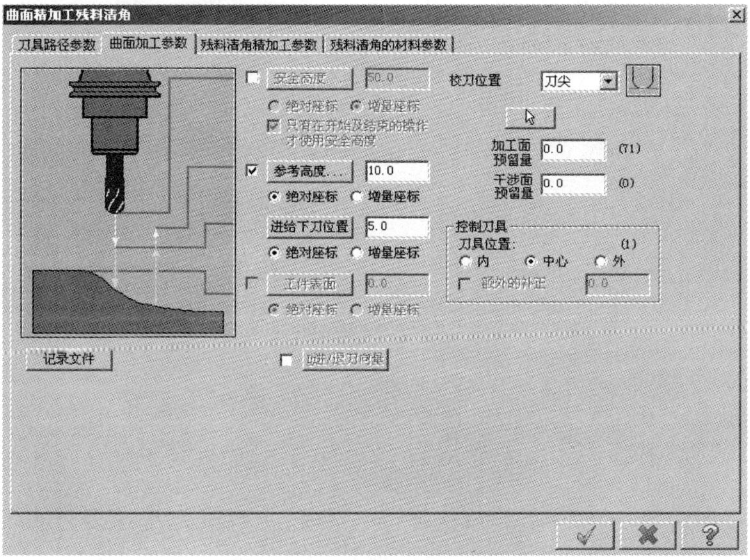

图10-63 曲面加工参数设置

4）打开【残料清角精加工参数】选项卡，设置【整体误差】为0.01mm，【最大切削间距】为0.15mm。【切削方式】为【双向】，勾选【混合路径（在中断角度上方用等高切削，下方则用环绕切削）】选项，设置【中断的角度】为90.0°，【延伸的长度】为0.0mm，如图10-64所示。

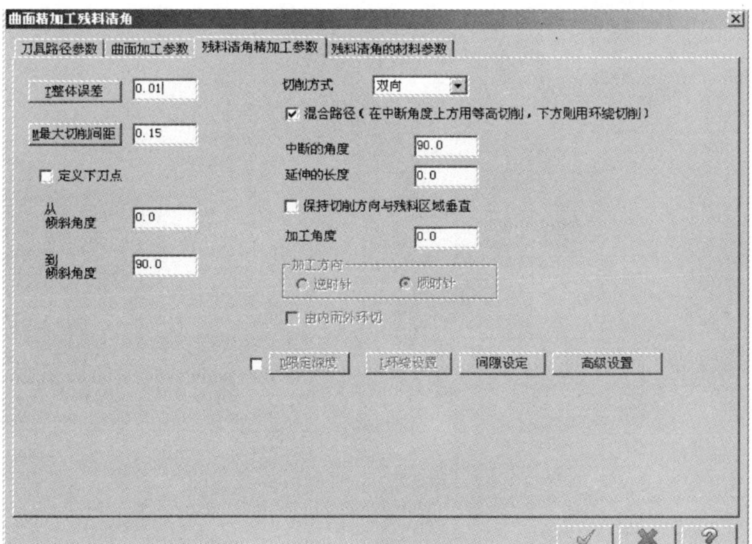

图10-64 残料清角精加工参数设置

单击【间隙设定】按钮，系统弹出【刀具路径的间隙设置】对话框，勾选【切削顺序最佳化】选项，其他参数默认，如图 10-65 所示，单击确定按钮。

单击【高级设置】按钮，系统弹出【高级设置】对话框，在【刀具在曲面（实体面）的边缘走圆角】选项中选择【在所有的边缘】选项，如图 10-66 所示，单击确定按钮。

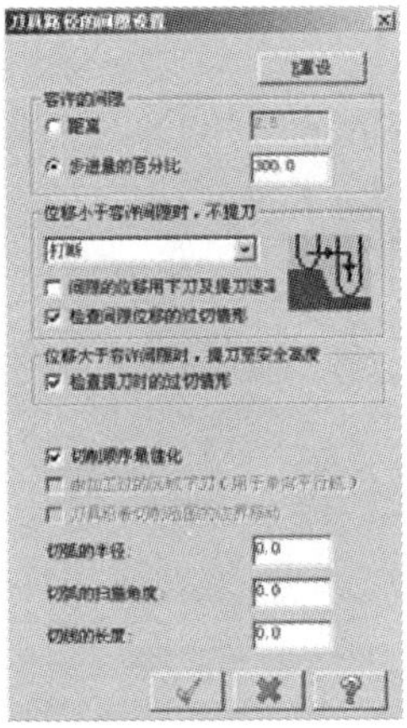

图 10-65　优化刀路

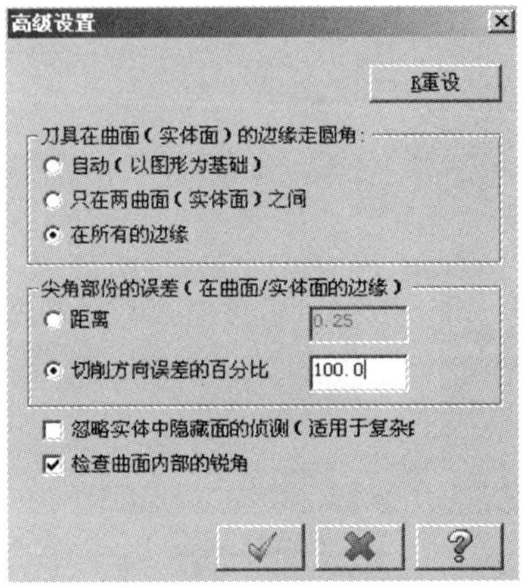

图 10-66　高级设置

5）打开【残料清角的材料参数】选项卡，设置【粗铣刀具的刀具直径】为 10.0mm，【粗铣刀具的刀角半径】为 5.0mm，【重叠距离】为 0.0mm，如图 10-67 所示。

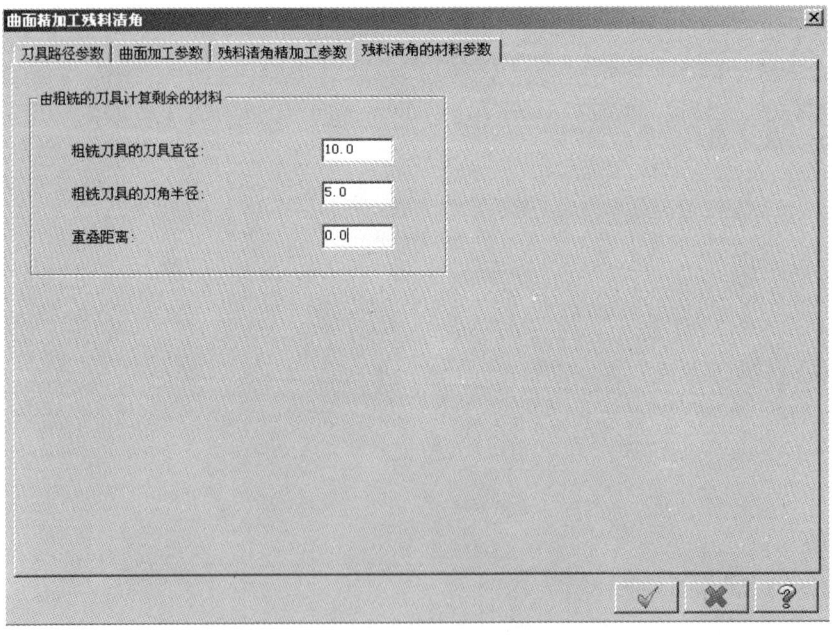

图 10-67　残料清角的材料参数设置

技术指导：先前用了 $R4$mm 球头立铣刀进行精加工，在清角时，应把【粗铣刀具的刀角半径】设得大一些，这样生成的清角刀路会覆盖前面的刀具路径，如这里直径为 5mm 的球头立铣刀刀具路径将会覆盖 R4mm 已加工的部分，不会产生断线。

单击【曲面精加工残料清角】对话框中的确定按钮 ，生成刀具路径，如图 10-68 所示。

实战经验：采用残料清角刀路加工时，需注意过切现象的检查。

10.5.11 实体模拟加工

模拟结果如图 10-69 所示。

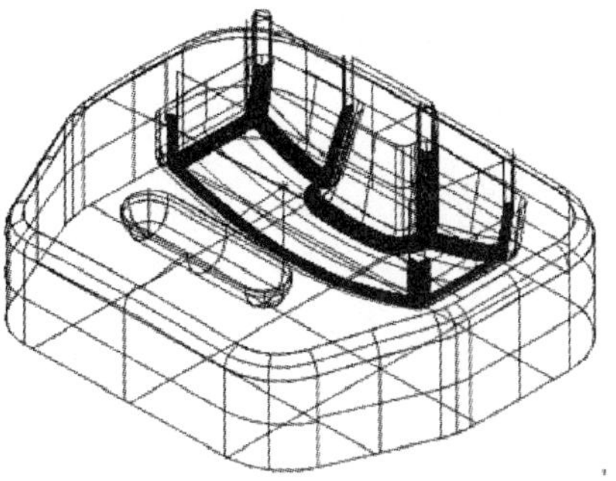

图 10-68 残料清角精加工刀路

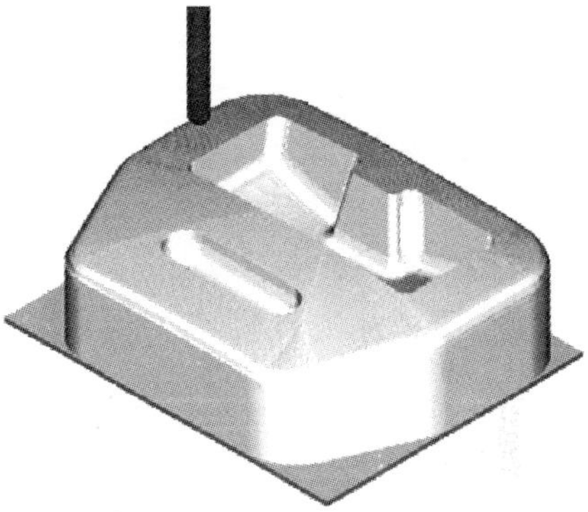

图 10-69 模拟结果

10.6 小结

本章结合零件图形特点灵活地进行加工区域的划分，并结合零件特点采用了环绕等距精加工、残料清角精加工和等高外形精加工的刀路。通过这三种刀路的应用，有助于读者对这三种刀路参数的具体意义进行深入理解，从而提高读者的编程能力。

10.7 提高练习

打开随书光盘"练习文件/cha10/10－2. mcx－5"，图形如图 10-70 所示。

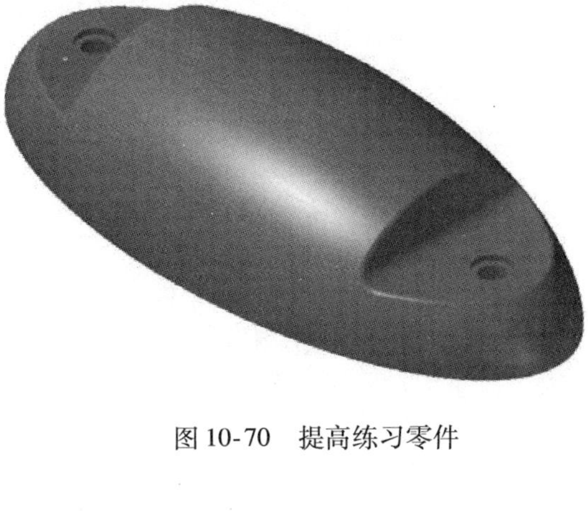

图 10-70 提高练习零件

第十一章　双面加工编程实例

11.1　任务目标

➢ 掌握双面加工编程方法。
➢ 体验二维高速加工刀路。

11.2　任务导入

打开随书光盘“源文件/cha11/双面加工 . mcx – 5”，图形如图 11-1 所示，打开第 1 图层。

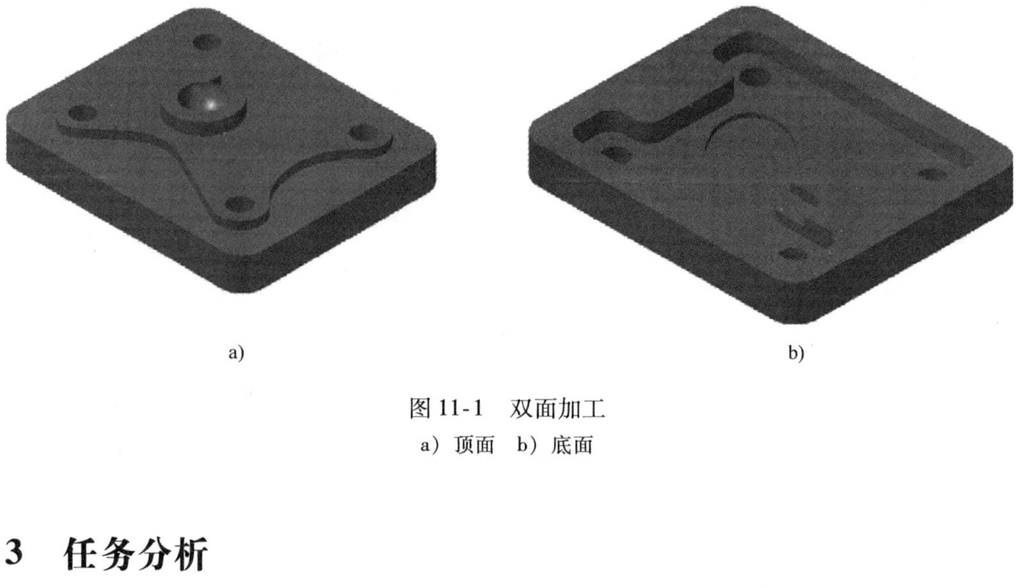

a)　　　　b)

图 11-1　双面加工
a）顶面　b）底面

11.3　任务分析

11.3.1　图形分析

通过 Mastercam X5 系统所提供的分析功能可知，该零件外形尺寸为 120mm × 100mm × 26mm。零件图形构成简单，基本上都由规则的二维图形构成，需要注意的是底面和顶面各自的图形并不对称。

11.3.2　工艺分析

零件图形构成简单，可直接采用方便快捷的二维刀路。在双面加工中需特别注意加工顺序，零件底面为平底面，顶面为凸台。考虑装夹需要，先加工底面，后加工顶面。零件最大轮廓的厚度为16.0mm，顶面凸台的高度为13.2mm，可利用此高度装夹。加工零件底面最大外轮廓时，加工高度应大于16.0mm，如取18.0mm，将最大轮廓的厚度一次性加工到位，避免因反面加工装夹而产生二次走刀，形成明显的刀具接痕。同时，需注意该零件底面和顶面各自的图形均不对称，因此在翻转至另一面进行加工时，需做好标记，避免因编程时翻转方向与实际加工翻转方向不一致而导致零件报废。

加工毛坯厚度为30mm，除去零件总体厚度26.0mm后，还有4.0mm的剩余厚度，加工时需特别注意剩余厚度，否则容易造成因吃刀量过大而发生弹刀或断刀的现象。

11.3.3 刀路规划

步骤1：ϕ50mm面铣刀对零件底表面采用面铣削加工，加工余量为0.0mm。

步骤2：ϕ16mm$R$1mm圆角铣刀对零件底面轮廓采用外形铣削粗加工，加工余量为0.3mm。

步骤3：ϕ16mm$R$1mm圆角铣刀对零件底面最大凹槽采用标准挖槽粗加工，加工余量为0.25mm。

步骤4：ϕ16mm$R$1mm圆角铣刀对零件底面椭圆凹槽采用标准挖槽粗加工，加工余量为0.25mm。

步骤5：ϕ10mm立铣刀对零件底面最大凹槽采用标准挖槽精加工，加工余量为0.0mm。

步骤6：ϕ10mm立铣刀对零件底面椭圆凹槽采用标准挖槽精加工，加工余量为0.0mm。

步骤7：ϕ10mm立铣刀对零件底面轮廓采用外形铣削精加工，加工余量为0.0mm。

步骤8：ϕ10mm钻头钻孔，深度为-22.0mm。

步骤9：ϕ16mm$R$1mm圆角铣刀对零件顶面圆凸台采用二维高速粗加工，加工余量为0.25mm。

步骤10：ϕ16mm$R$1mm圆角铣刀对零件顶面凸台采用二维高速粗加工，加工余量为0.25mm。

步骤11：ϕ16mm$R$1mm圆角铣刀对零件中间圆表面采用面铣削精加工，加工余量为0.0mm。

步骤12：ϕ10mm立铣刀对零件顶面圆凸台采用二维高速精加工，加工余量为0.0mm。

步骤13：ϕ10mm立铣刀对零件顶面凸台采用二维高速精加工，加工余量为0.0mm。

步骤14：ϕ8mm立铣刀对零件中间凹球采用曲面挖槽粗加工，加工余量为0.25mm。

步骤15：ϕ8mm立铣刀对零件中间凹槽采用外形铣削粗/精加工，加工余量为0.0mm。

步骤16：ϕ12mm球头立铣刀对零件中间凹球采用环绕等距精加工，加工余量为0.0mm。

11.4 准备工作

11.4.1 选择机床

选择【机床类型】/【铣床】/【默认】命令。

11.4.2 模拟设置

调出【机器群组属性】对话框，设置【素材原点视角坐标】X0mm、Y0mm、Z0.5mm，材料大小为X121mm、Y101mm、Z28mm。

11.4.3 刀具设置

通过选择【刀具路径】/【刀具管理器】命令，调出【刀具管理】对话框，建立直径为50mm 的面铣刀，直径为 16mm、圆角半径为 1mm 的圆角铣刀，直径为 10mm 的平底立铣刀，直径为 8mm 的平底立铣刀，直径为 10mm 的钻头和直径为 12mm 的球头立铣刀。

11.4.4 新建刀具路径群组

参照第三章介绍的方法，分别建立名称为 1 - 50R0、1 - 16R1、1 - 10R0、1 - DRILL10R5、2 - 16R1、2 - 10R0、2 - 8R0 和 2 - 12R6 的刀具路径群组，将▶移到群组名为 1 - 50R0 的目录下。

11.5 刀路编制

完成曲面复制。通过【层别管理】对话框，新建第 6 图层（face _ top 层），并将其设置为当前图层，同时打开所有图层。

选择零件左侧曲面，如图 11-2 所示的 *A* 面。

图 11-2 选择 *A* 面

在系统状态栏中的【系统颜色】工具栏上单击右键，如图 11-3 所示。

图 11-3 改变颜色

系统弹出【颜色】对话框，在【颜色】选项卡的【当前颜色】选项框中输入“11”，如图 11-4 所示，单击确定按钮☑。

技术指导：对颜色进行修改是为了后续的旋转操作，在【当前颜色设置】中选择与当前颜色不一样的颜色，以示区别，不至于旋转后分不清方位，而导致实操加工时，正、反两面发生错位。

将构图面设置为右视图，选择【转换】/【旋转】命令，如图 11-5 所示。

窗选所有打开的图素，单击应用按钮。系统弹出【旋转】对话框，选择【复制】选项，输入【旋转角度】为 180°，在【属性】选项中勾选【使用新的图素属性】选项，输入新的图层 6，颜色 5（紫色），如图 11-6 所示，单击确定按钮☑。

清除颜色后，旋转复制结果如图 11-7 所示。调出【层别管理】对话框，只打开第 6 图层（face _ top 层），并将曲面颜色修改为其他颜色，以使曲面与轮廓线的颜色不同，便于操作。

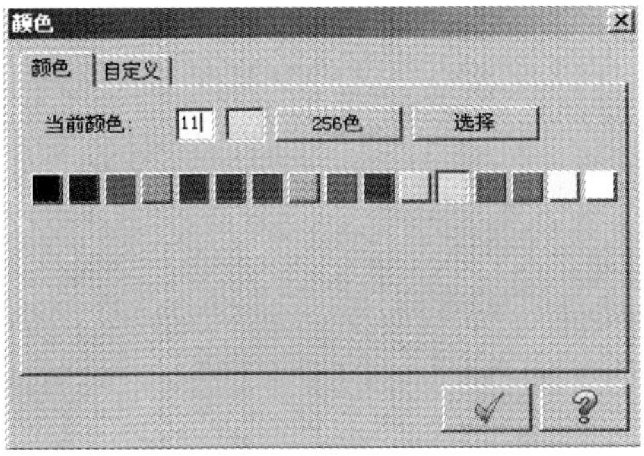

图 11-4　颜色设置

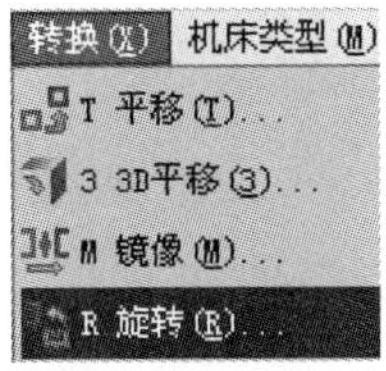

图 11-5　选择【旋转】命令

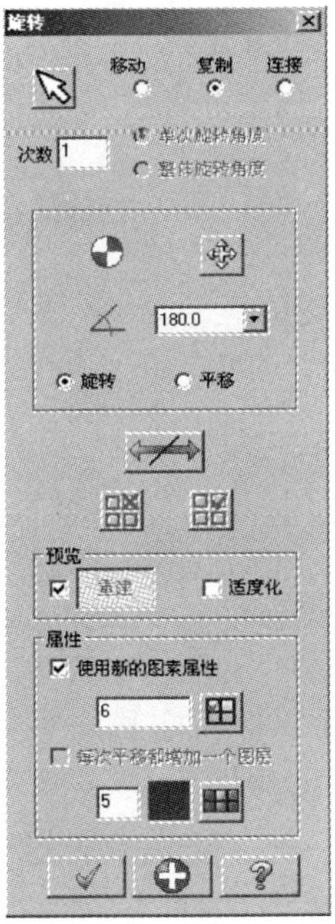

图 11-6　旋转设置

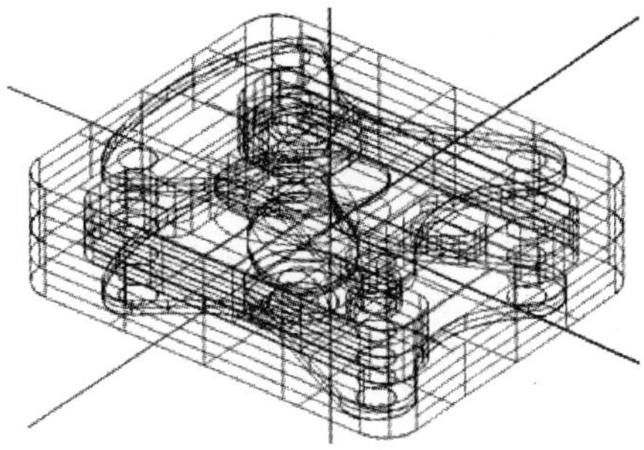

图 11-7　旋转复制结果

实战经验：除了刚才对零件一面修改颜色做记号外，加工的时候还要特别注意旋转方向应与编程时的旋转方向一致，不能出错，否则会因为正、反两面图形不一致而导致工件报废（因为这里零件形状不对称）。这里构图面为右视图，旋转轴是 Y 轴，操作的结果是将原零件绕着 Y 轴顺时针旋转 180°。

选择【转换】/【平移】命令，如图 11-8 所示。

图 11-8　选择【平移】命令

将构图面设置为俯视图，系统提示选择旋转图素，选择所有打开的图素，单击应用按钮 。系统弹出【平移】对话框，勾选【移动】选项，在【直角坐标】选项中的 Z 轴处输入 Z－26.0mm，如图 11-9 所示，单击确定按钮，平移结果如图 11-10 所示。

图 11-9　平移设置

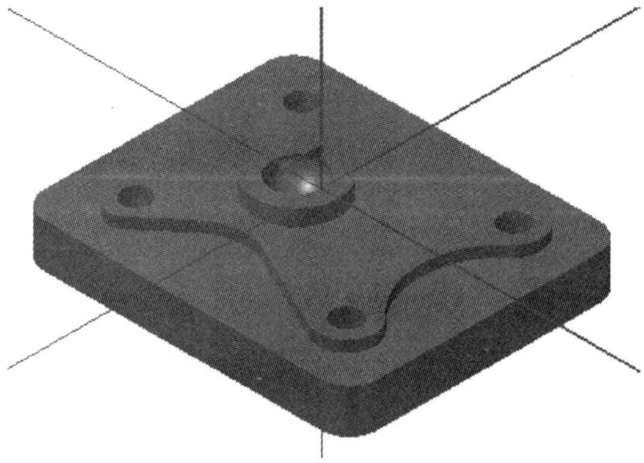

图 11-10　平移结果

11.5.1　面铣削精加工（底面）

调出层别管理对话框，关闭第 6 图层（face _ top 层）。

1）选择【刀具路径】/【面铣】命令，系统弹出【输入新 NC 名称】对话框，输入“双面加工”，单击确定按钮。

系统弹出【串连选项】对话框，在绘图区选取大矩形，如图 11-11 所示，单击确定按钮。

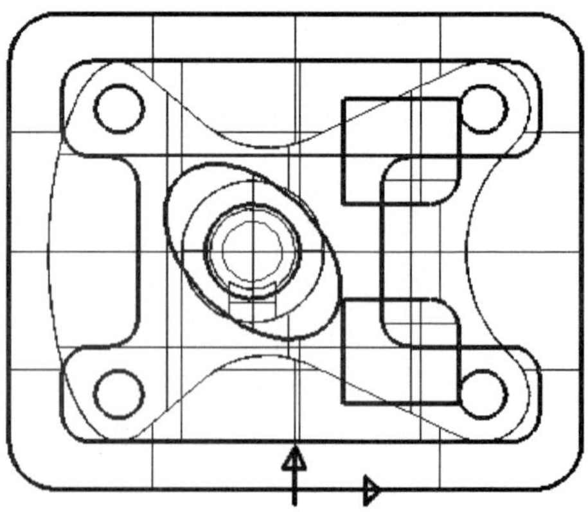

图 11-11　选择加工边界

2）系统弹出【平面加工】对话框，选择直径为 50mm 的面铣刀。设置【进给率】为 400mm/min，【主轴转速】为 3000r/min，【下刀速率】为 200mm/min，勾选【快速提刀】选项，其他选项都不勾选。

3）打开【切削参数】选项卡，在【类型】选项的下拉列表中选择【双向】选项，设置【底面预留量】为 0.0mm，设置【横向超出量】为 6.0mm，【纵向超出量】为 6.0mm，【进刀延伸长度】为 6.0mm，【退刀延伸长度】为 6.0mm，【最大步进量】为 6.0mm，铣削方式为【顺铣】，【粗切角度】为 0.0mm，在【切削之间位移】选项的下拉列表中选择【高速回圈】选项，如图 11-12 所示。

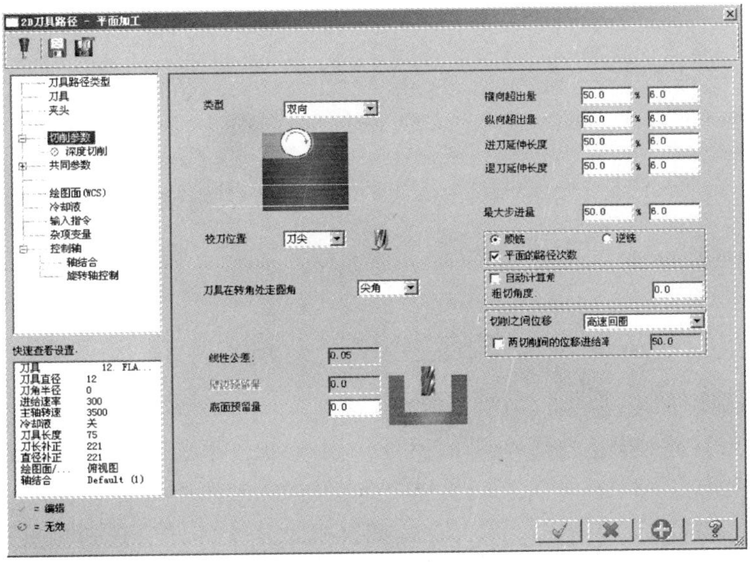

图 11-12　设置切削参数

4）单击【共同参数】选项，勾选【参考高度】并设置为 10.0mm，【进给下刀位置】为 5.0mm，【工件表面】为 0.5mm，【深度】为 0.0mm，点选所有【绝对坐标】选项，如图 11-13 所示。

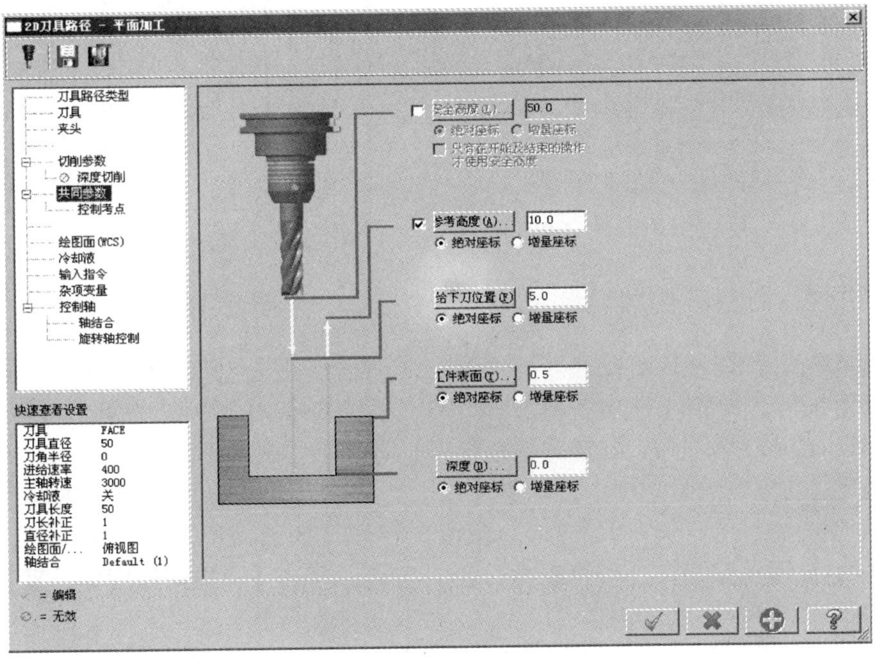

图 11-13　设置共同参数

单击确定按钮，生成刀具路径，如图 11-14 所示。

单击插入箭头按钮下移至加工群组名为 1－16R1 的目录下。

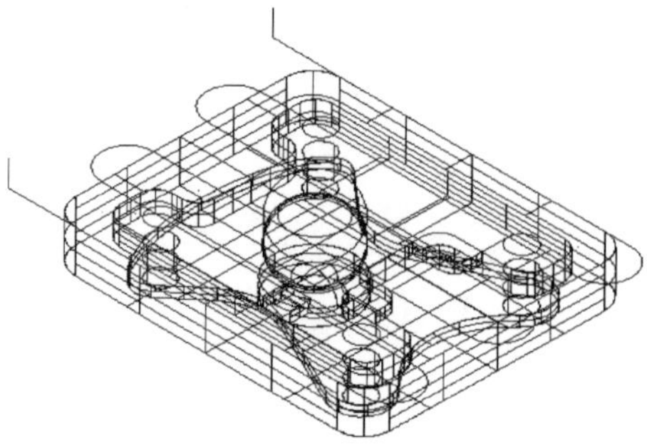

图 11-14　平面铣削刀路

11.5.2　外形铣削粗加工（底面轮廓）

1）选择【刀具路径】/【外形铣削】命令，系统弹出【串连选项】对话框，如图11-15所示。

单击选中【俯视图】单选按钮，在绘图区选取最大矩形，通过箭头方向可知刀具补偿形式为左补正，如图 11-16 所示，单击确定按钮。

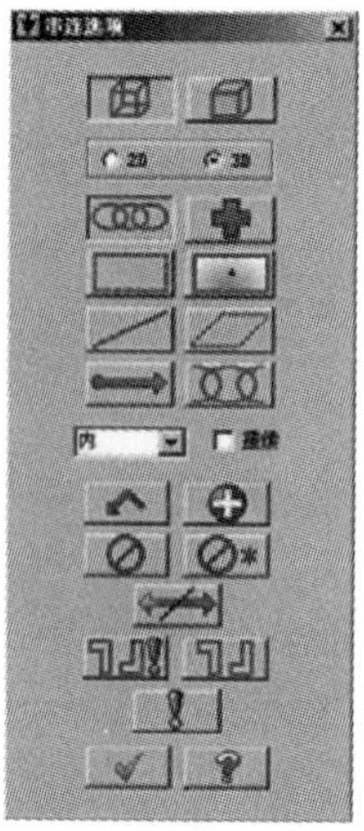

图 11-15 【串连选项】对话框

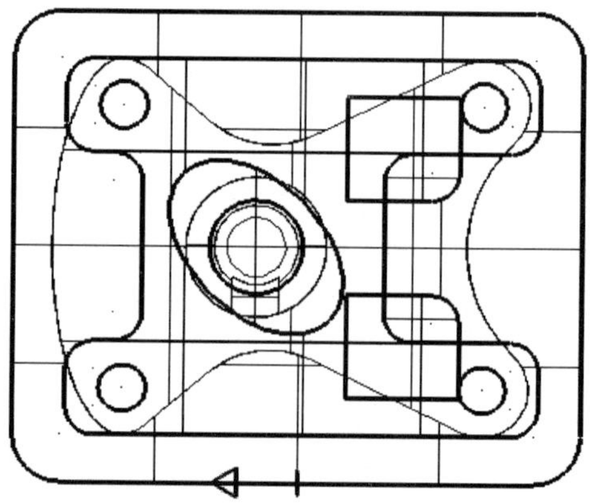

图 11-16　选择加工边界

2）系统弹出【2D 刀具路径 - 等高外形】对话框，打开【刀具】选项卡，选择直径为16mm 的圆角铣刀，设置【进给速率】为 500.0mm/min，【下刀速率】为 500.0mm/min，【主轴转速】为 1000.0r/min，勾选【快速提刀】选项，如图 11-17 所示。

3）打开【切削参数】选项卡，设置【补正类型】为【电脑】，【补正方向】为【左补偿】，【外形铣类型】为【斜降】，【壁边预留量】和【底面预留量】为 0.3mm，设置【斜插的位移方式】为【深度】，【斜降深度】为 1.0mm，勾选【在最终深度处补平】选项，其他参数默认，如图 11-18 所示。

4）打开【进退/刀参数】选项卡，选择【相切】选项，设置【长度】为 30%，【圆弧】/【半径】为 30%，【扫描】（角度）为 90.0°，单击按钮，即将进退刀参数设为一致，如图 11-19 所示。

5）单击【共同参数】选项，设置【参考高度】为 10.0mm，【进给下刀位置】为5.0mm，【工件表面】为 0.0mm，【深度】为 -18.0mm，勾选所有【绝对坐标】选项。

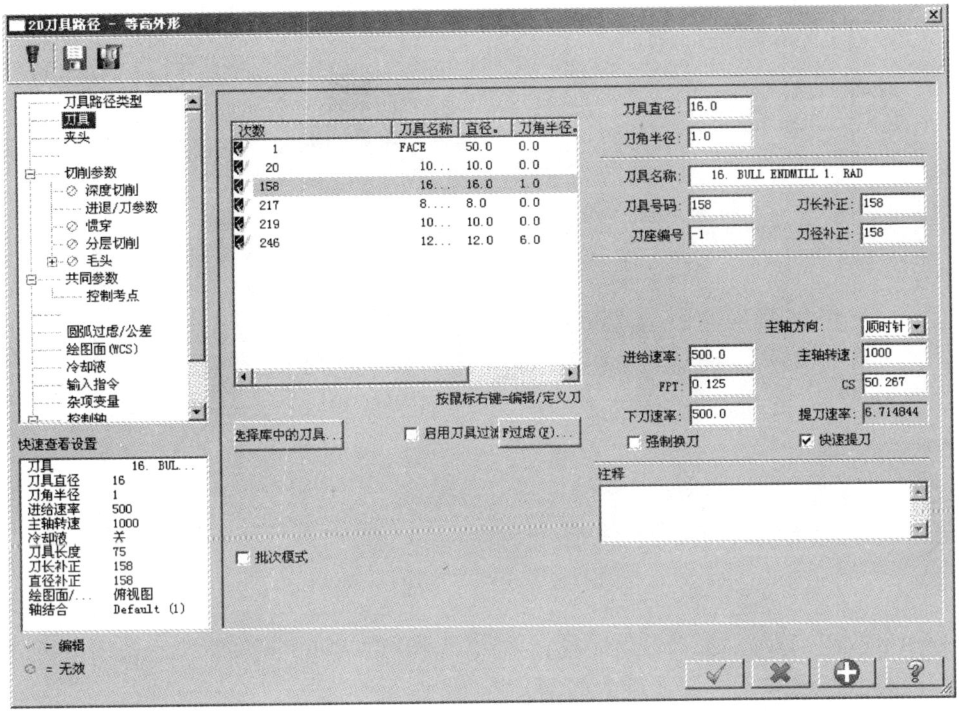

图 11-17　设置刀具参数

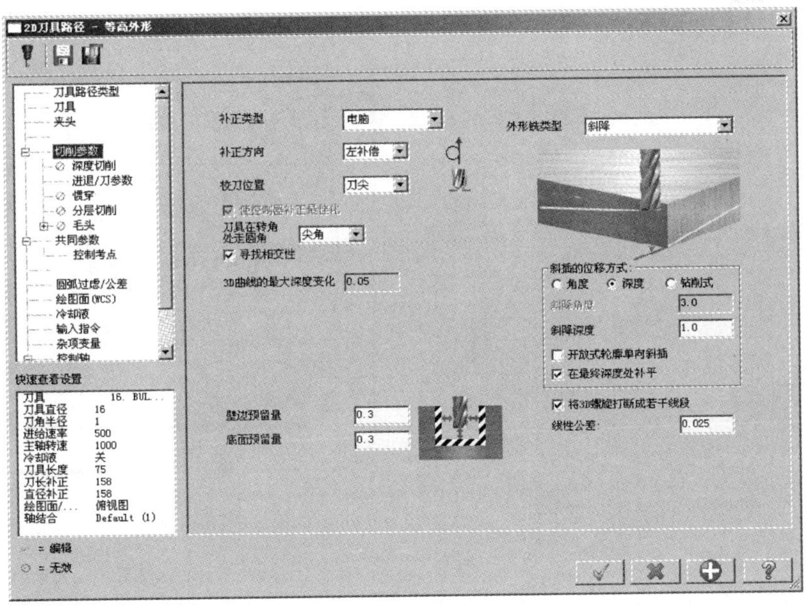

图 11-18　设置切削参数

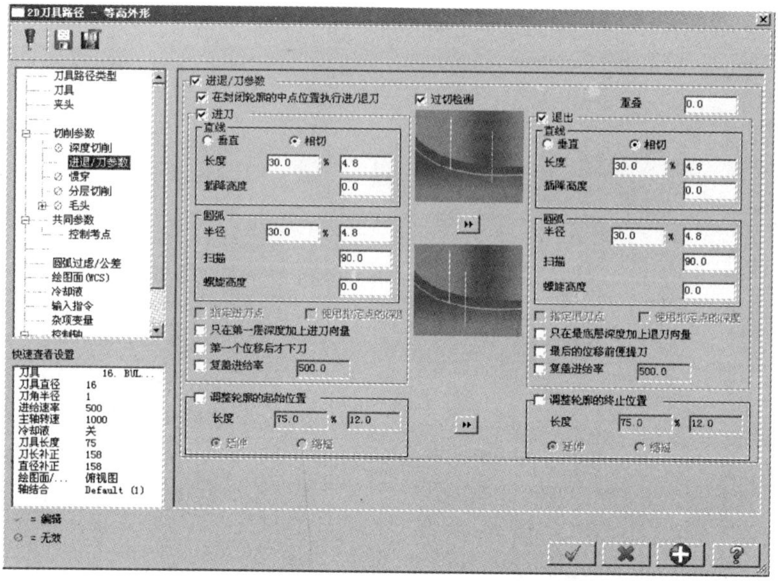

图 11-19　设置进退刀参数

单击确定按钮，生成刀具路径，如图 11-20 所示。

11.5.3　标准挖槽粗加工（底面最大凹槽）

1）选择【刀具路径】/【标准挖槽】命令，系统弹出【串连选项】对话框，选中【俯视图】单选按钮，在绘图区选取最大凹槽封闭轮廓，如图 11-21 所示，单击确定按钮。

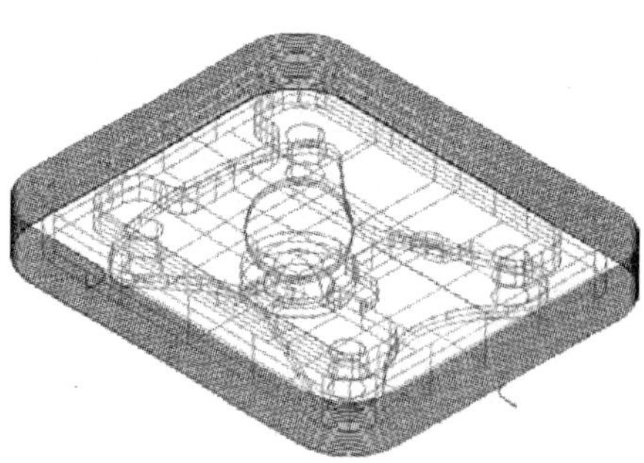

图 11-20　外形铣削刀路

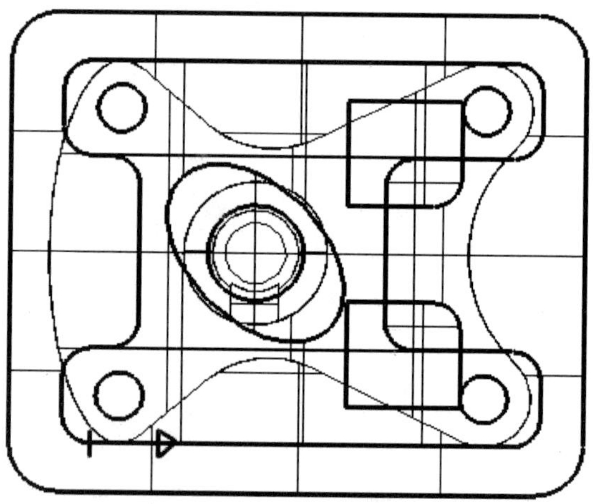

图 11-21　选择加工边界

2）系统弹出【2D 刀具路径 - 标准挖槽】对话框，选择直径为 16mm 的圆角铣刀，设置【进给率】为 1000mm/min，【主轴转速】为 1000r/min，【下刀速率】为 500mm/min，勾选【快速提刀】选项，其他选项都不勾选。

3）打开【切削参数】选项卡，在【挖槽类型】选项的下拉列表中选择【标准】选项，设置【壁边预留量】为0.5mm，【底面预留量】为0.25mm，其他参数默认，如图11-22所示。

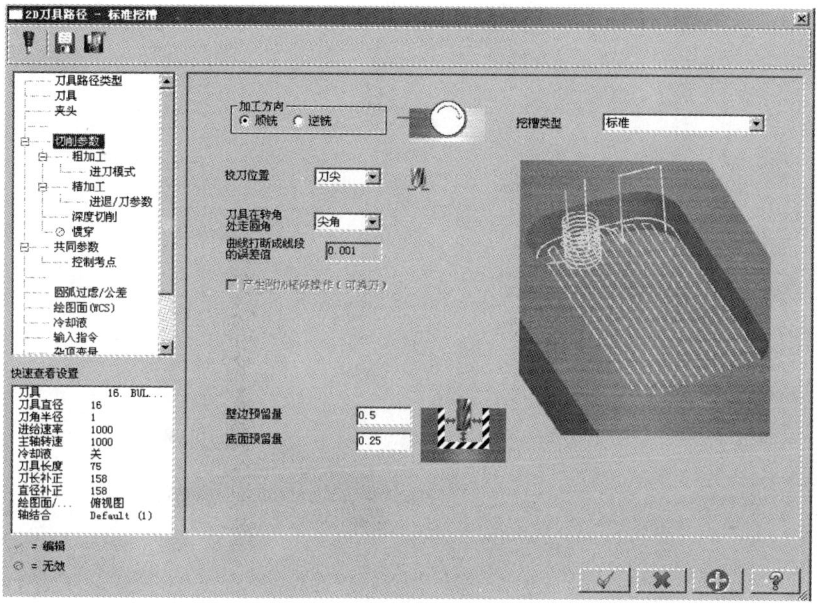

图11-22　切削参数选项卡

4）打开【粗加工】选项卡，勾选【粗加工】选项，选择【切削方式】为【等距环切】，设置【切削间距（直径%）】为75.0，其他参数默认，如图11-23所示。

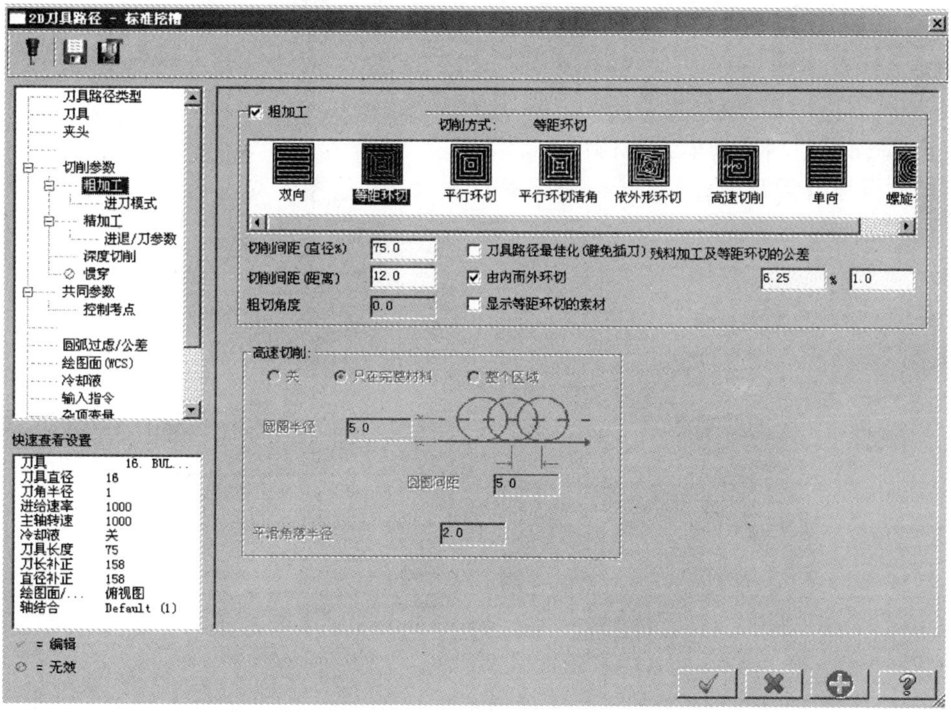

图11-23　粗加工选项卡

5）打开【深度切削】选项卡，勾选【深度切削】选项，设置【最大粗切步进量】为0.5mm，其他参数默认，如图11-24所示。

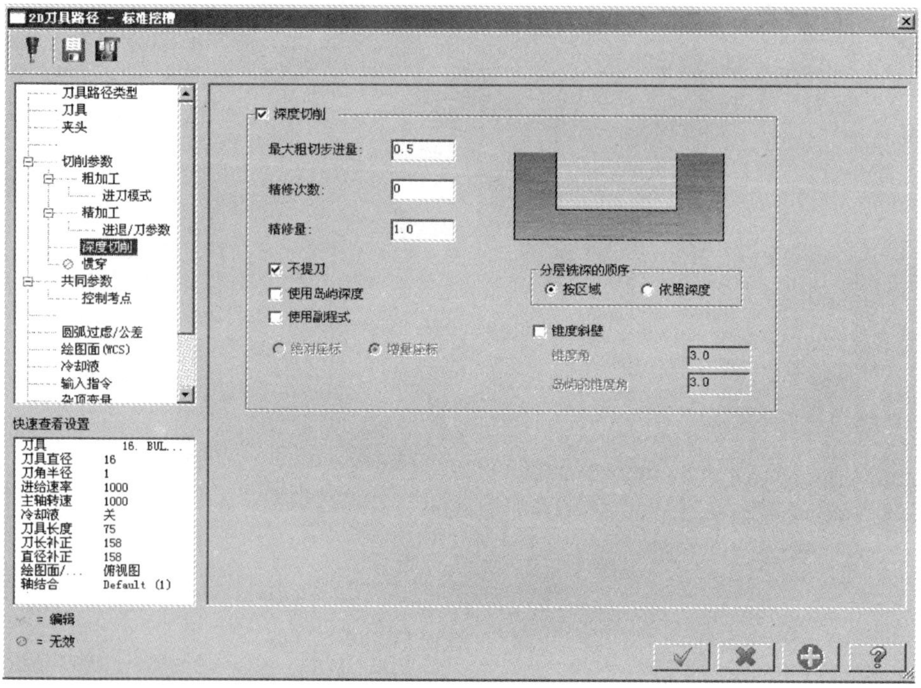

图11-24　设置深度切削参数

6）单击【共同参数】选项，勾选【参考高度】并设置为10.0mm，【进给下刀位置】为5.0mm，【工件表面】为0.0mm，【深度】为-8.0mm，点选所有【绝对坐标】选项。

单击确定按钮，生成刀具路径，如图11-25所示。

11.5.4　标准挖槽粗加工（底面椭圆凹槽）

1）采用选择【刀具路径】/【标准挖槽】命令，在绘图区选取椭圆，如图11-26所示，并执行确定。

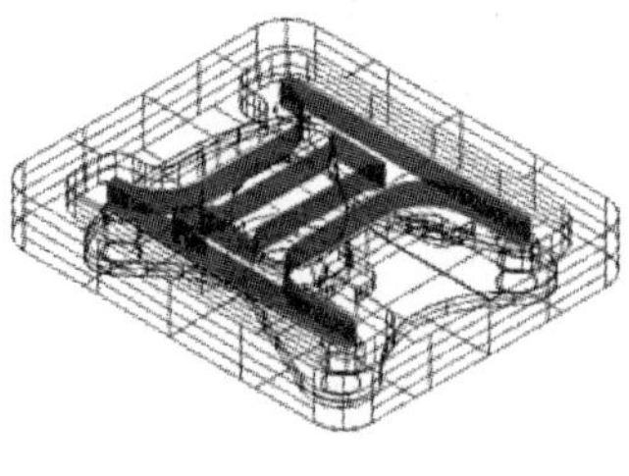

图11-25　标准挖槽粗加工刀路

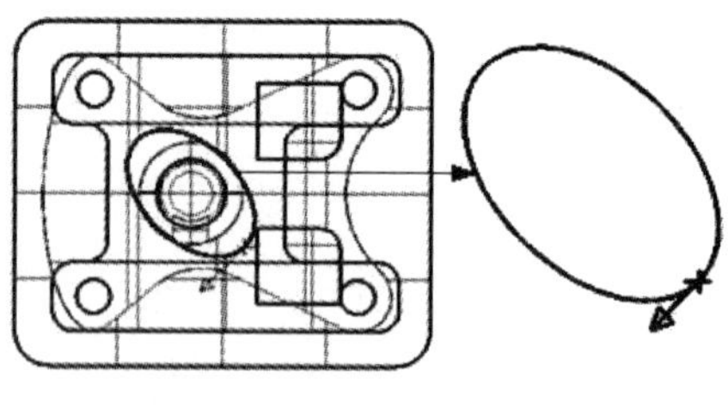

图11-26　选择加工边界

2）系统弹出【2D刀具路径 - 标准挖槽】对话框，选择直径为16mm的圆角铣刀，设置【进给率】为1000mm/min，【主轴转速】为1000r/min，【下刀速率】为500mm/min，勾选【快速提刀】选项，其他选项都不勾选。

3）打开【切削参数】选项卡，在【挖槽类型】选项的下拉列表中选择【标准】选项，设置【壁边预留量】和【底面预留量】为0.25mm，其他参数默认，如图11-27所示。

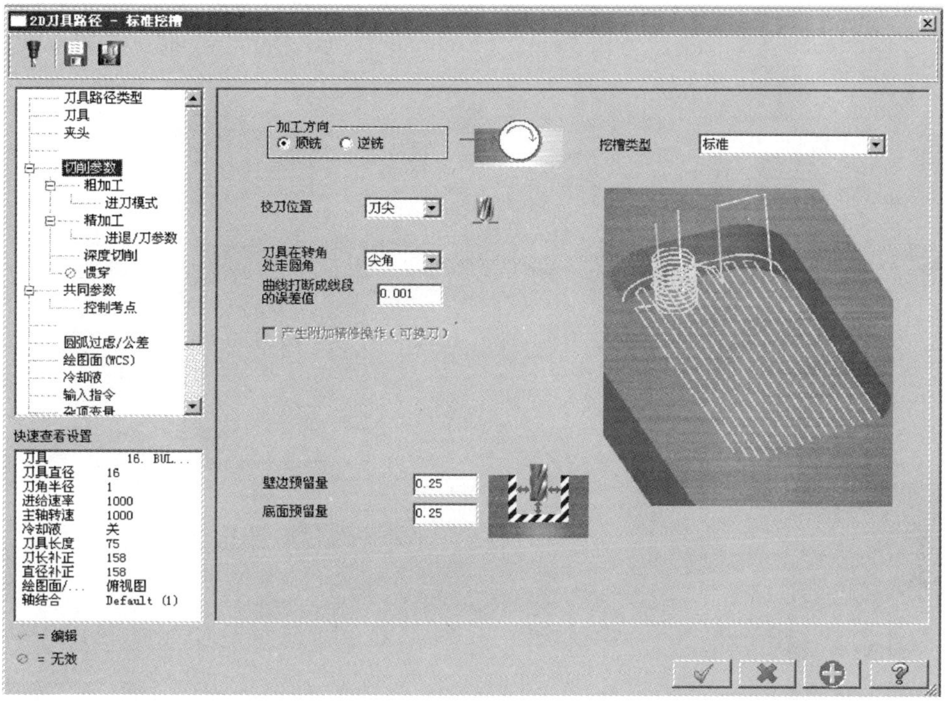

图 11-27 切削参数选项卡

4）打开【粗加工】选项卡，勾选【粗加工】选项，选择【切削方式】为【等距环切】，设置【切削间距（直径%）】为 50.0，其他参数默认，如图 11-28 所示。

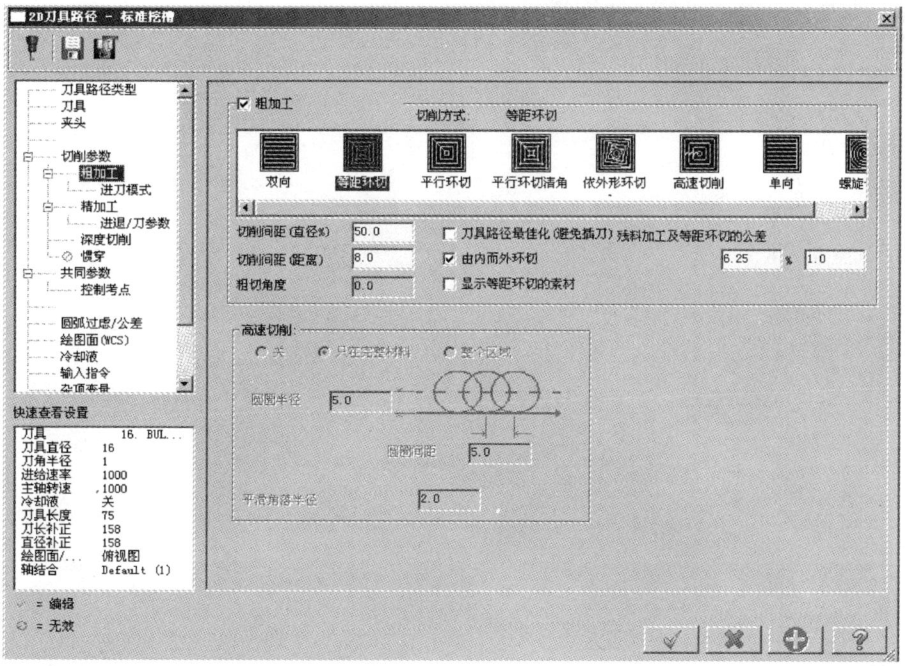

图 11-28 粗加工选项卡

打开【进刀模式】选项卡，点选【螺旋形】选项，设置【最小半径】为 1.6mm，【最大半径】为 4.8mm，【Z 高度】为 0.3mm，【XY 间距】为 1.0mm，【垂直进刀角度】为 3°。其他参数默认，如图 11-29 所示。

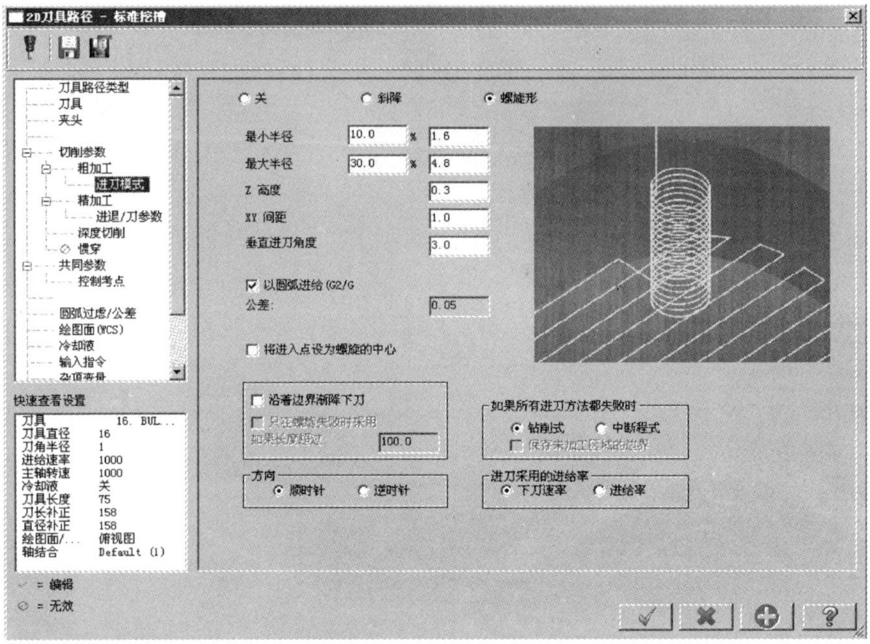

图 11-29　设置进刀参数

5）打开【深度切削】选项卡，勾选【深度切削】选项，设置【最大粗切步进量】为 0.8mm，其他参数默认，如图 11-30 所示。

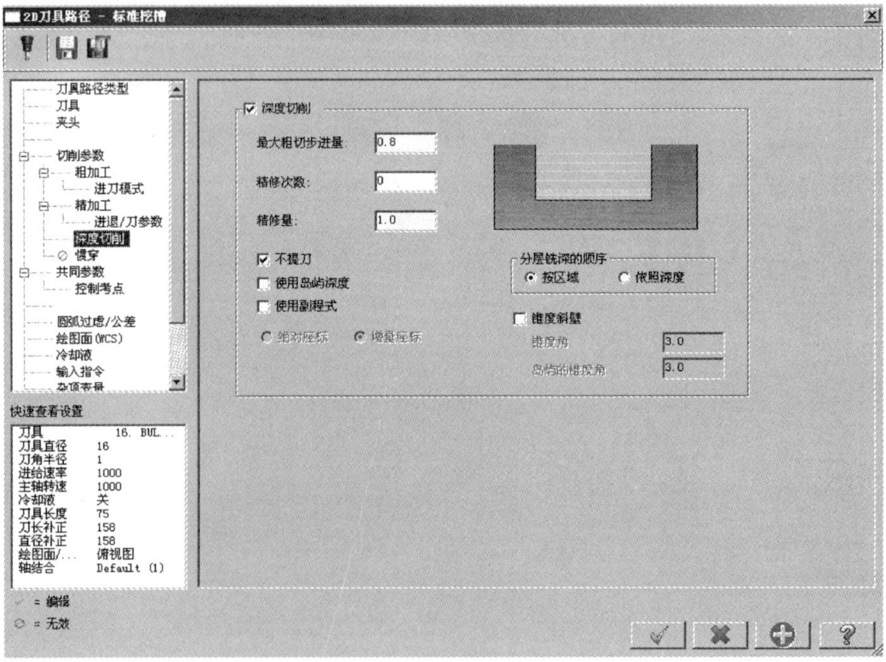

图 11-30　设置深度切削参数

11 CHAPTER

6）单击【共同参数】选项，勾选【参考高度】并设置为10.0mm，【进给下刀位置】为5.0mm，【工件表面】为－8.0mm，【深度】为－10.0mm，点选所有【绝对坐标】选项。

单击确定按钮，生成刀具路径，如图11-31所示。

单击插入箭头按钮下移至加工群组名为1－10R0的目录下。

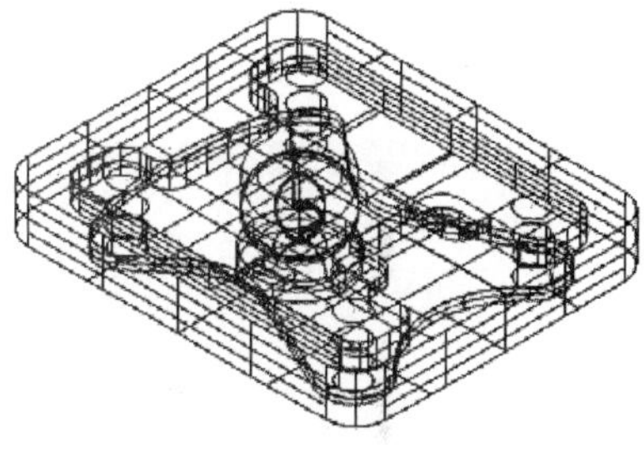

图11-31　标准挖槽粗加工刀路

11.5.5　标准挖槽精加工（底面最大凹槽）

1）复制“第3步：挖槽（标准）”刀路，在刚刚生成的“第5步：挖槽（标准）”刀路的目录下单击【参数】选项。

2）系统弹出【2D刀具路径－标准挖槽】对话框，选择直径为10mm的立铣刀，设置【进给率】为400mm/min，【主轴转速】为3000r/min，【下刀速率】为200mm/min，勾选【快速提刀】选项，其他选项都不勾选。

3）打开【切削参数】选项卡，修改【壁边预留量】和【底面预留量】为0.0mm，其他参数默认。

4）打开【粗加工】选项卡，勾选【粗加工】选项，选择【切削方式】为【等距环切】，设置【切削间距（直径%）】为50.0，其他参数默认，如图11-32所示。

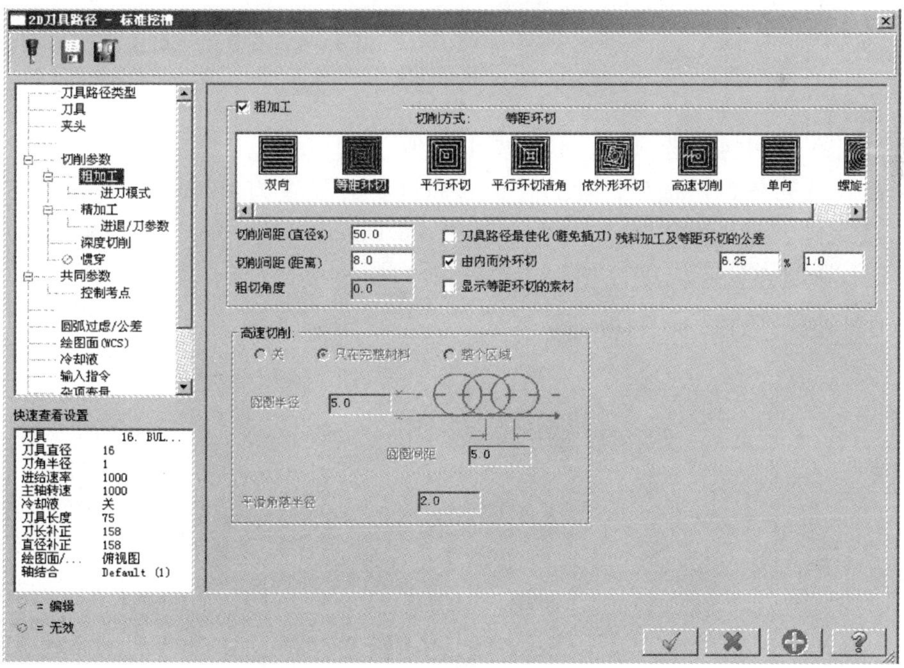

图11-32　粗加工选项卡

5）打开【进刀模式】选项卡，点选【关】选项。

6）打开【精加工】选项卡，勾选【精加工】复选项，设置【次数】为1，【间距】为

0.25mm。分别勾选【精修外边界】、【不提刀】和【只在最后深度才执行一次精修】选项，如图 11-33 所示。

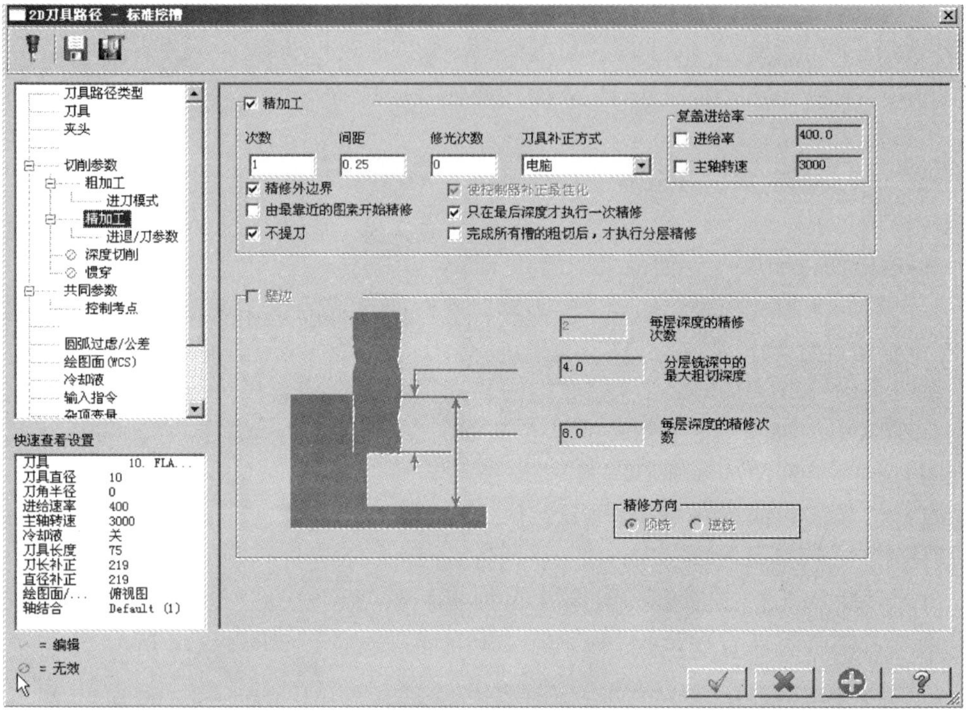

图 11-33　设置精加工参数

7）打开【深度切削】选项卡，不勾选【深度切削】选项。

8）单击【共同参数】选项，勾选【参考高度】并设置为 10.0mm，【进给下刀位置】为 5.0mm，【工件表面】为 0.0mm，【深度】为 -8.0mm，点选所有【绝对坐标】选项。

单击【2D 刀具路径 - 标准挖槽】对话框中的确定按钮，单击重新计算刀路按钮，生成刀具路径，如图 11-34 所示。

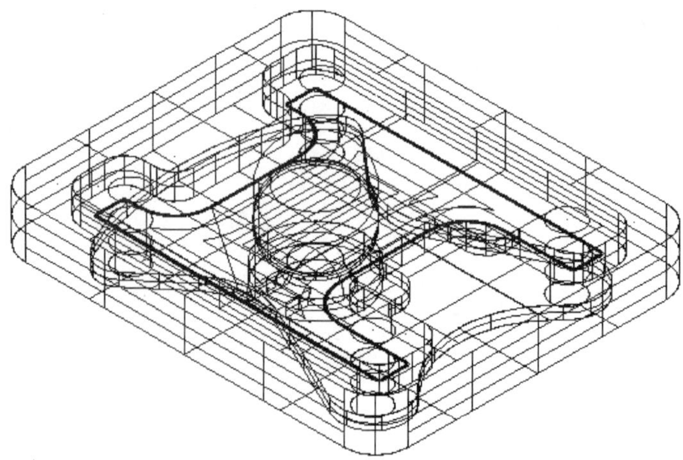

图 11-34　标准挖槽精加工刀路

11.5.6 标准挖槽精加工（立铣刀加工底面椭圆凹槽）

1）复制“第4步：挖槽（标准）”刀路，在刚刚生成的“第6步：挖槽（标准）”刀路的目录下单击【参数】选项。

2）系统弹出【2D刀具路径-标准挖槽】对话框，选择直径为10mm的立铣刀，设置【进给率】为400mm/min，【主轴转速】为3000r/min，【下刀速率】为200mm/min，勾选【快速提刀】选项，其他选项都不勾选。

3）打开【切削参数】选项卡，修改【壁边预留量】和【底面预留量】为0.0mm，其他参数默认。

4）打开【粗加工】选项卡，勾选【粗加工】选项，选择【切削方式】为【等距环切】，设置【切削间距（直径%）】为50.0，其他参数默认，如图11-35所示。

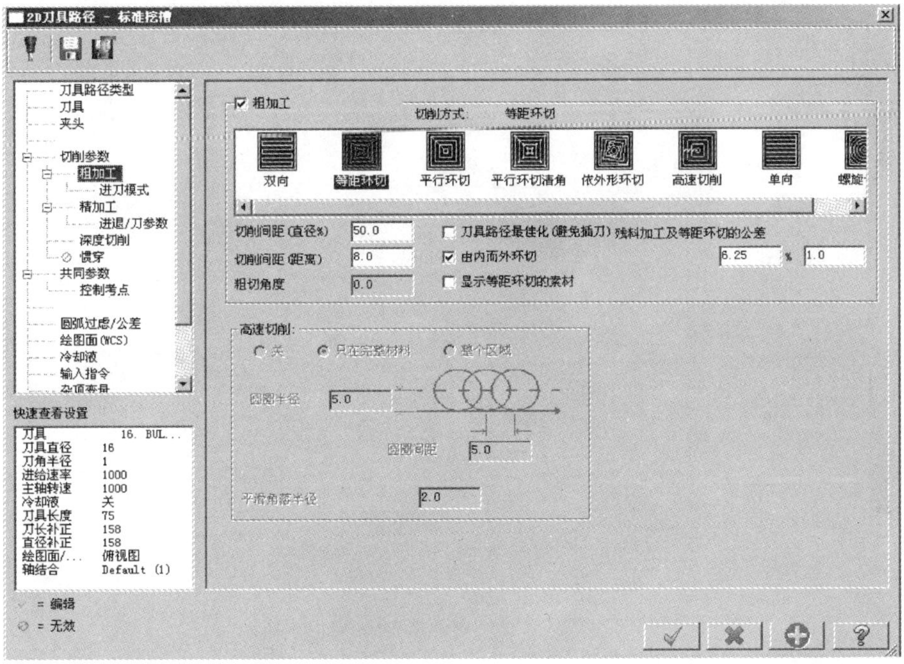

图11-35　粗加工选项卡

5）打开【进刀模式】选项卡，点选【关】选项。

6）打开【深度切削】选项卡，不勾选【深度切削】选项。

7）单击【共同参数】选项，勾选【参考高度】并设置为10.0mm，【进给下刀位置】为5.0mm，【工件表面】为0.5mm，【深度】为-10.0mm，点选所有【绝对坐标】选项。

单击【挖槽（标准）】对话框中的确定按钮，单击重新计算刀路按钮，生成刀具路径，如图11-36所示。

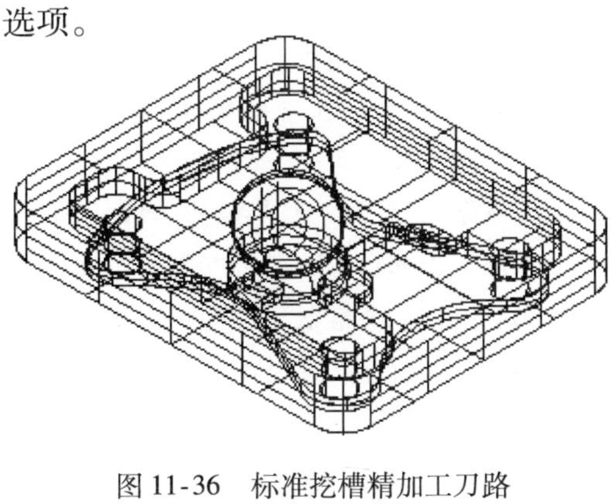

图11-36　标准挖槽精加工刀路

11.5.7　外形铣削精加工（底面轮廓）

1）复制“第 2 步：外形铣削”刀路，在刚刚生成的“第 7 步：外形铣削”刀路的目录下单击【参数】选项。

2）系统弹出【2D 刀具路径 - 等高外形】对话框，打开【刀具】选项卡，选择直径为 10mm 的立铣刀，设置【进给率】为 400mm/min，【主轴转速】为 3000r/min，【下刀速率】为 400mm/min，勾选【快速提刀】选项，其他选项都不勾选。

3）打开【切削参数】选项卡，设置【补正类型】为【电脑】，【补正方向】为【左补偿】，【外形铣类型】为【2D】，【壁边预留量】和【底面预留量】为 0.0mm，其他参数默认，如图 11-37 所示。

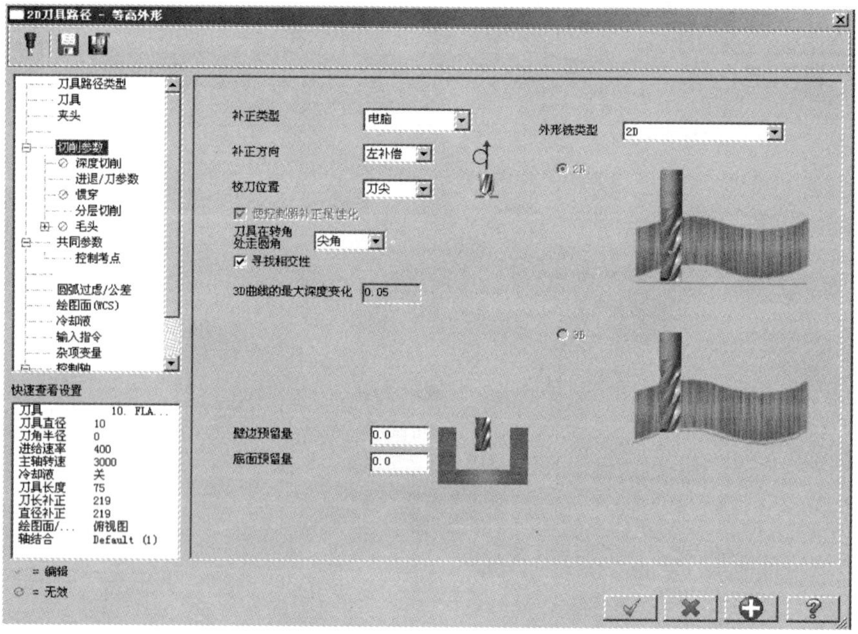

图 11-37　设置切削参数

4）打开进/退刀参数选项卡，选择【相切】选项，设置【长度】为 30%，【圆弧】/【半径】为 30%，【扫描】（角度）为 90.0°，单击按钮，即将进退刀参数设为一致。

5）打开【分层切削】选项卡，勾选【分层切削】选项，设置【粗加工】/【次数】为 2，【间距】为 0.15mm，【精加工】/【次数】为 0，勾选【不提刀】选项，其他参数默认，如图 11-38 所示。

技术指导： 这里由于直径为 10mm 的立铣刀深度比较大，为了减少吃刀量，取得好的加工质量，将 0.3mm 的余量分为两次加工。

6）单击【共同参数】选项，设置【参考高度】为 10.0mm，【进给下刀位置】为 5.0mm，【工件表面】为 0.0mm，【深度】为 -18.0mm，点选所有【绝对坐标】选项，其他参数默认。

单击【2D 刀具路径 - 等高外形】对话框中的确定按钮，单击重新计算刀路按钮，

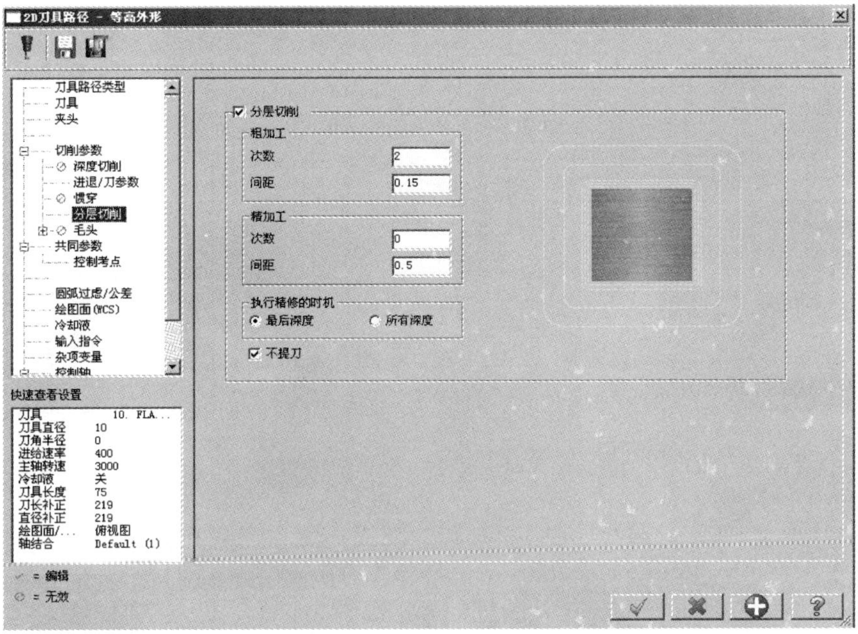

图 11-38　设置分层切削参数

生成刀具路径，如图 11-39 所示。

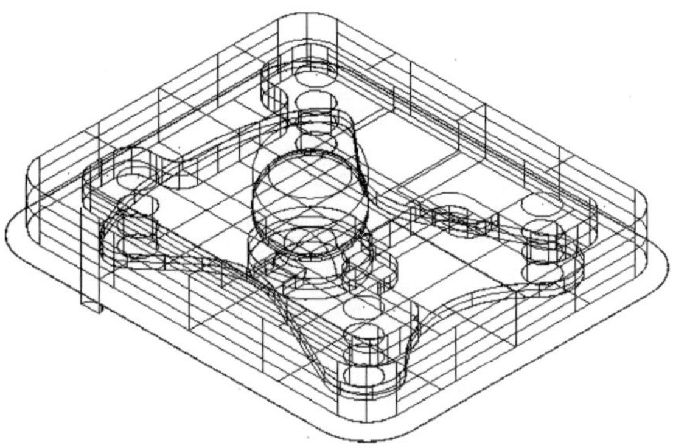

图 11-39　外形铣削精加工刀路

单击插入箭头按钮▼下移至加工群组名为 1 - DRILL10R5 的目录下。

11.5.8　钻孔

1）选择【刀具路径】/【钻孔】命令，如图 11-40 所示。

系统弹出【选取钻孔的点】对话框，如图 11-41 所示。

选中四个通孔的圆心，如图 11-42 所示，单击确定按钮☑。

多学一招：*在选择中心点的时候要特别注意选取正确，可通过在【自动抓取点】工具栏处选择圆心模式，特别是当图形复杂时，采用不同的捕捉模式进行过滤选择能有效地提高工作效率。*

图 11-40　选择【钻孔】命令

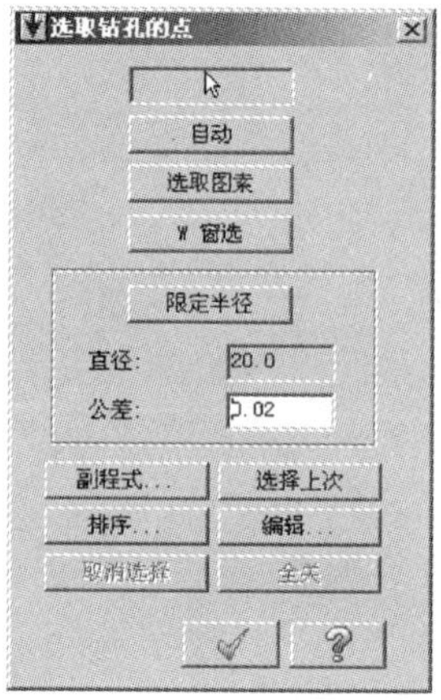

图 11-41　【选取钻孔的点】对话框

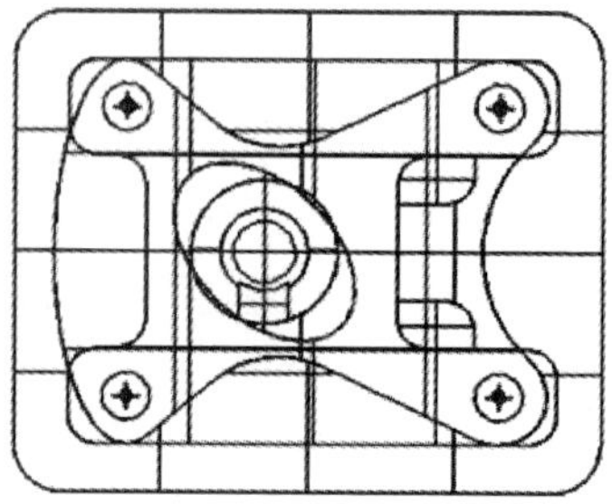

图 11-42　选择钻孔点

2）系统弹出【2D 刀具路径－钻孔/全圆铣削深孔钻－无啄孔】对话框，单击【刀具】选项，选取直径为 10mm 的钻头，设置【进给率】为 100mm/min，【主轴转速】为 900r/min，其他参数默认。

3）打开【切削参数】选项卡，在【循环】选项的下拉列表中选择【深孔啄钻（G83）】选项，设置【Peck】为 3.0mm，如图 11-43 所示。

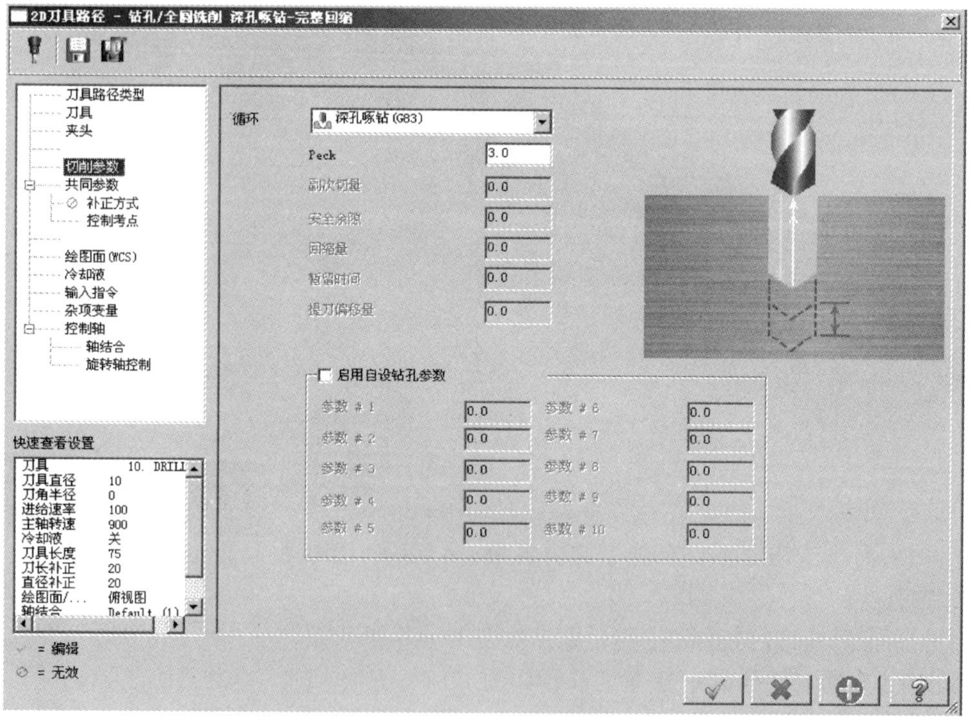

图 11-43　设置钻孔切削参数

4）打开【共同参数】选项卡，设置【参考高度】为 10.0mm，【工件表面】为 5.0mm，【深度】为 −22.0mm，点选所有【绝对坐标】选项。

技术指导：对于深孔加工，一般使用啄式钻孔方式。由于是加工通孔，所以应将孔加工深度设得比通孔的实际深度大，或者通过设置【刀尖补正】选项实现深度的增加。

单击确定按钮，生成刀具路径，如图 11-44 所示。

单击插入箭头按钮下移至加工群组名为 2－16R1 的目录下。

11.5.9　二维高速粗加工（顶面圆凸台）

调出【层别管理】对话框，打开第 2 图层（2 _ contour 层）和第 6 图层（face _ top 层），关闭其他图层。

1）选择【刀具路径】/【2D 高速刀具路径】命令，如图 11-45 所示，系统弹出【串连选项】对话框，如图 11-46 所示。

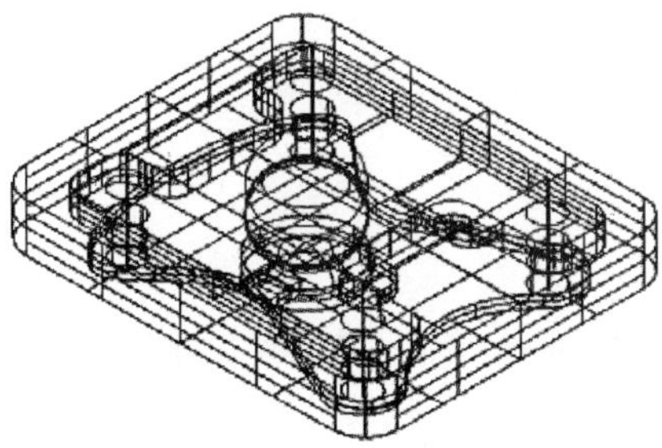

图 11-44　钻孔刀路

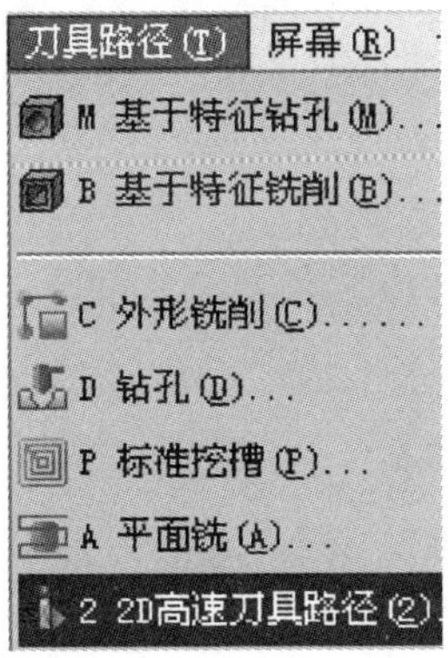

图 11-45　选择【高速刀具路径】命令

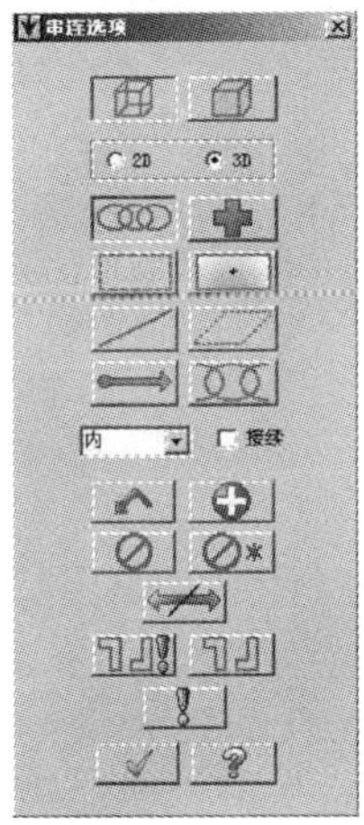

图 11-46　【串连选项】对话框

在绘图区选取最大矩形和中间直径为 30mm 的整圆，如图 11-47 所示，单击确定按钮。

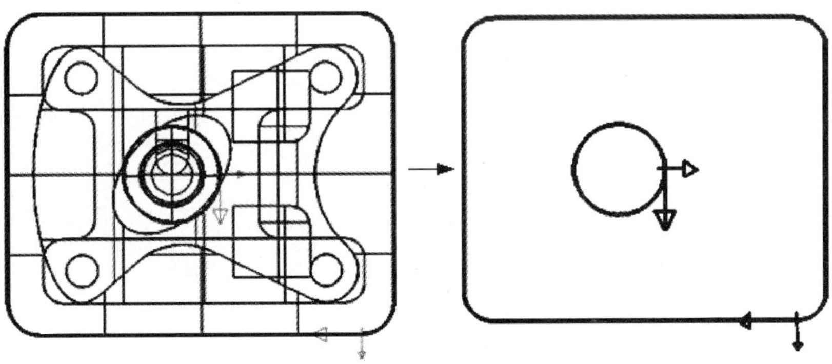

图 11-47　选择加工边界

2）系统弹出【2D 高速刀具路径－中心除料铣削】对话框，打开【刀具路径类型】选项卡，选择【中心除料铣削】，如图 11-48 所示。

3）打开【刀具】选项卡，选择直径为 16mm 的圆角铣刀，设置【进给率】为

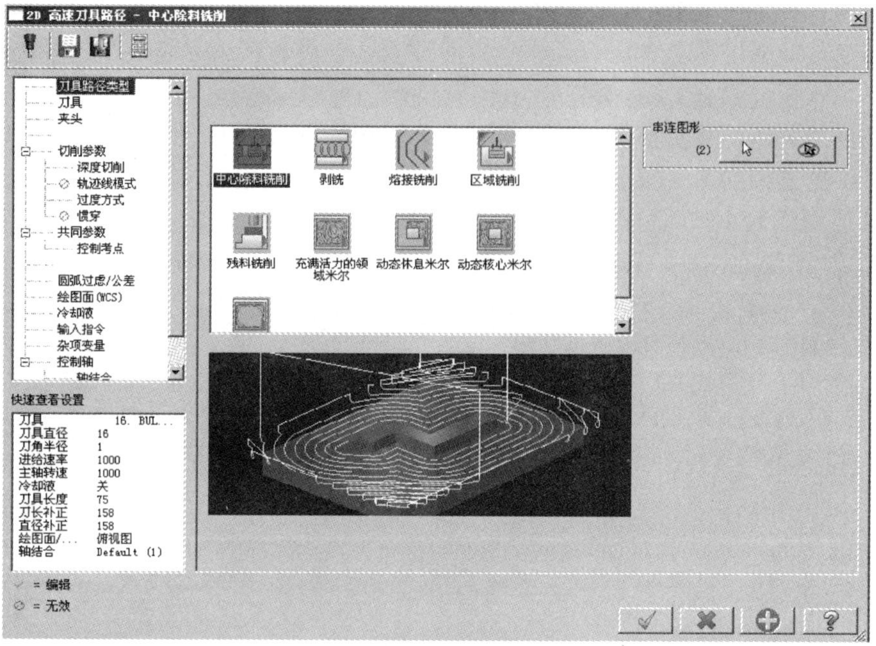

图 11-48　选择中心除料铣削

1000mm/min，【主轴转速】为 1000r/min，【进刀速率】为 500mm/min。勾选【快速提刀】复选项，其他选项都不勾选，如图 11-49 所示。

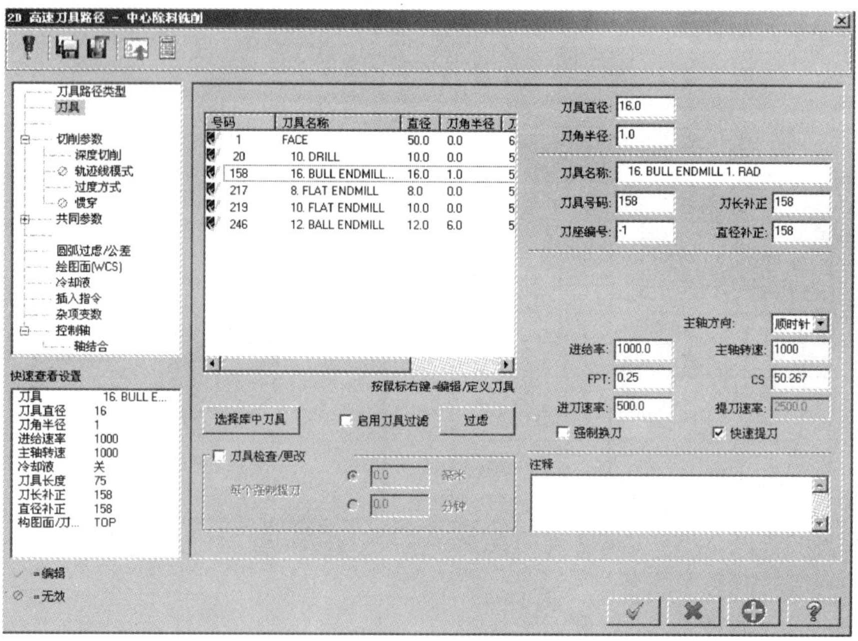

图 11-49　刀具选择与参数设置

4）打开【切削参数】选项卡，设置【切削方式】为【顺铣】，【校刀位置】为【刀尖】。在【XY 步进量】选项卡中设置【最小距离】为 4.4mm，【最大距离】为 8.0mm。设置【壁边预留量】和【底面预留量】为 0.25mm，其他参数默认，如图 11-50 所示。

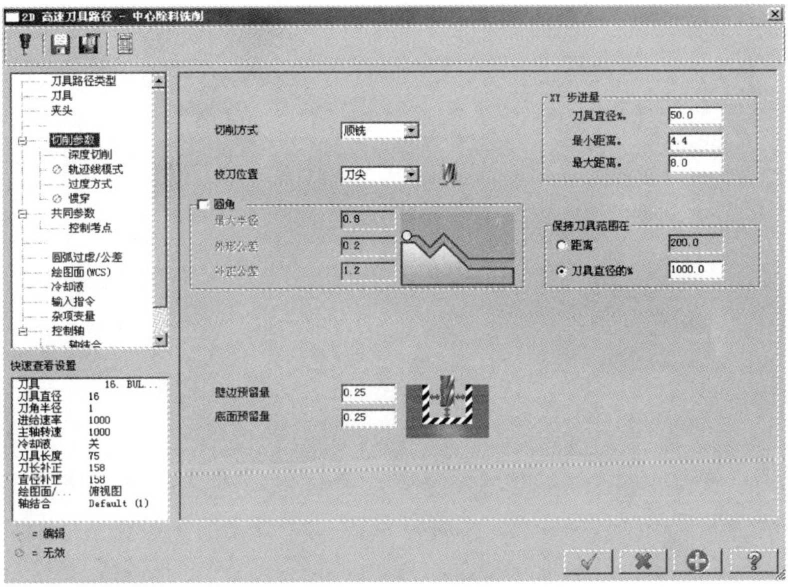

图 11-50　切削参数设置

5）打开【深度切削】选项卡，勾选【深度切削】复选项，设置【最大粗切步进量】为 0.6mm，勾选【不提刀】选项，如图 11-51 所示。

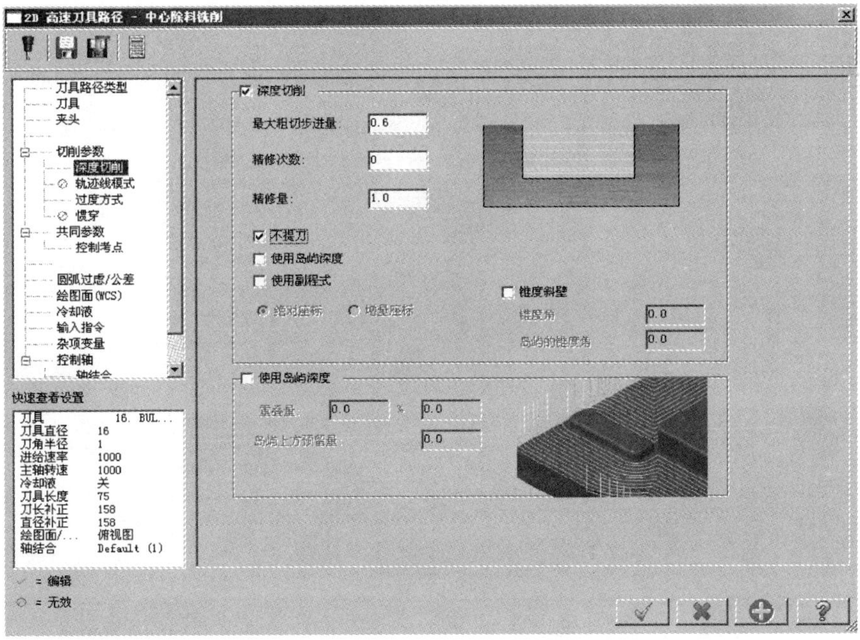

图 11-51　深度切削设置

6）打开【过度方式】选项卡，设置【进入方式】为【螺旋进刀】，【半径】为 9.5mm。

在【进刀采用的进给率】中选择【下刀速率】选项，如图 11-52 所示。

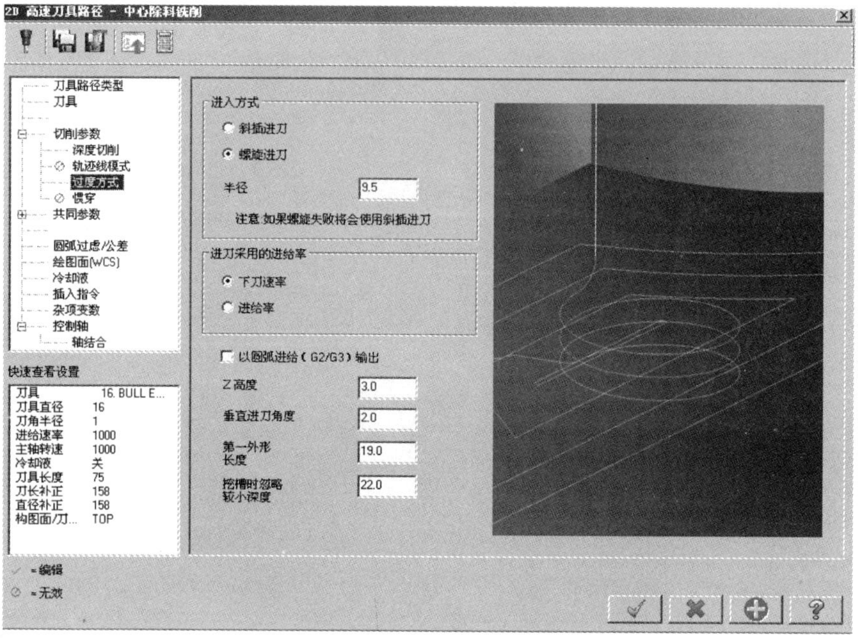

图 11-52 螺旋进刀设置

7）打开【共同参数】选项卡，勾选【参考高度】和所有【绝对坐标】选项。设置【参考高度】为 10.0mm，【进给下刀位置】为 5.0mm，【工件表面】为 4.0mm，如图 11-53 所示。

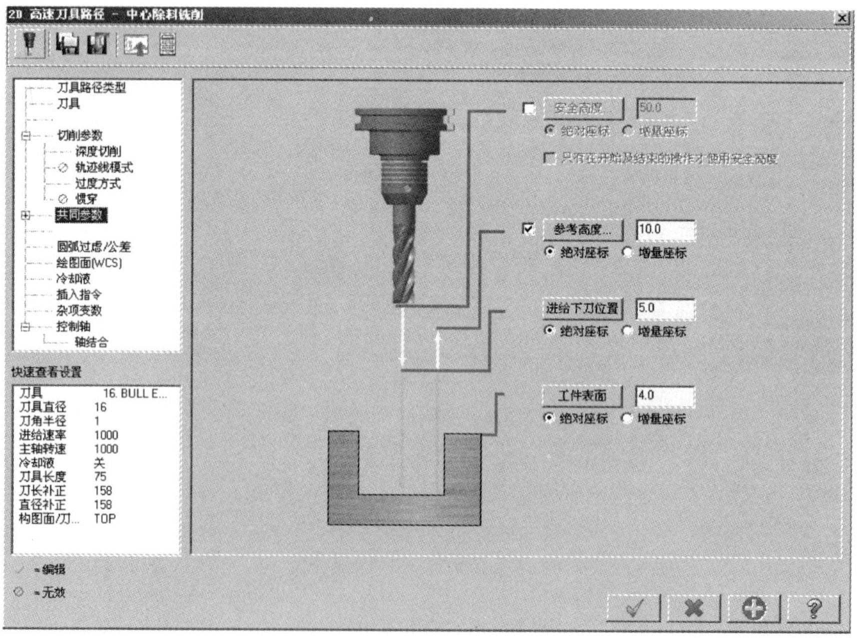

图 11-53 共同参数设置

技术指导：这里工件表面高度设置为 4.0mm，是根据加工毛坯的大小，以及零件底面加工时所留下的余量计算而得到的。结合这里编程设置的数值，在设置实际加工对刀参数时应注意 Z0 点的设置，应在毛坯上表面下方 -4.0mm 处设置 Z0，或从零件底面算起，Z0 在高为 26.0mm 的平面上，此时确定工件坐标系，要特别注意 Z0 的设置应从底面算起，否则容易引起撞刀。

单击【2D 高速刀具路径 - 中心除料铣削】对话框中的确定按钮，生成刀具路径，如图 11-54 所示。

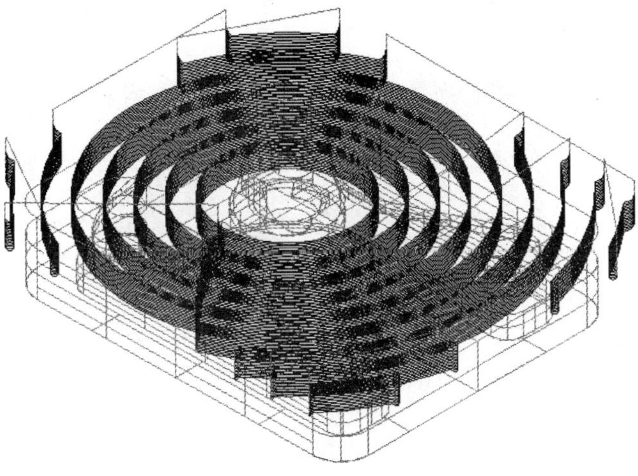

图 11-54　中心除料铣削粗加工刀路

11.5.10　二维高速粗加工（顶面凸台）

1）选择【刀具路径】/【2D 高速刀具路径】命令，在绘图区选取最大矩形和中间最大轮廓线，如图 11-55 所示，并执行确定操作。

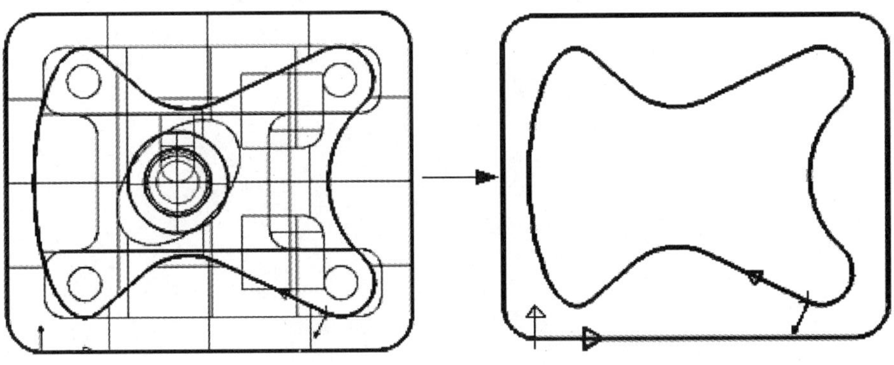

图 11-55　选择加工边界

2）系统弹出【2D 高速刀具路径 - 中心除料铣削】对话框，打开【刀具路径类型】选项卡，选择【中心除料铣削】，如图 11-56 所示。

3）打开【刀具】选项卡，选择直径为 16mm 的圆角铣刀。设置【进给率】为 1000mm/min，【主轴转速】为 1000r/min，【下刀速率】为 500mm/min。勾选【快速提刀】选项，其他选项都不勾选。

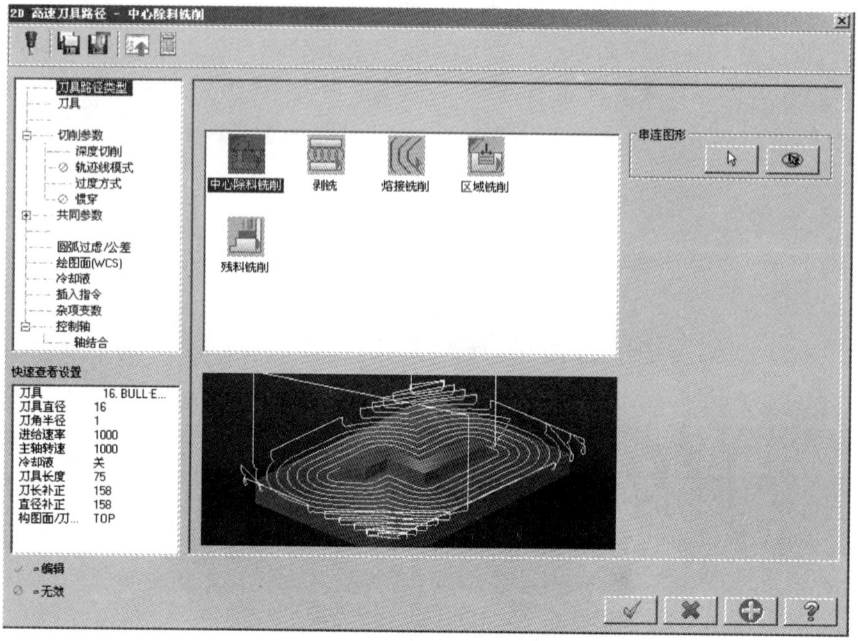

图 11-56　选择中心除料铣削

4）打开【切削参数】选项卡，设置【切削方式】为【顺铣】，【校刀位置】为【刀尖】。在【XY 步进量】选项卡中设置【最小距离】为 4.4mm，【最大距离】为 8.0mm。设置【壁边预留量】和【底面预留量】为 0.25mm，其他参数默认，如图 11-57 所示。

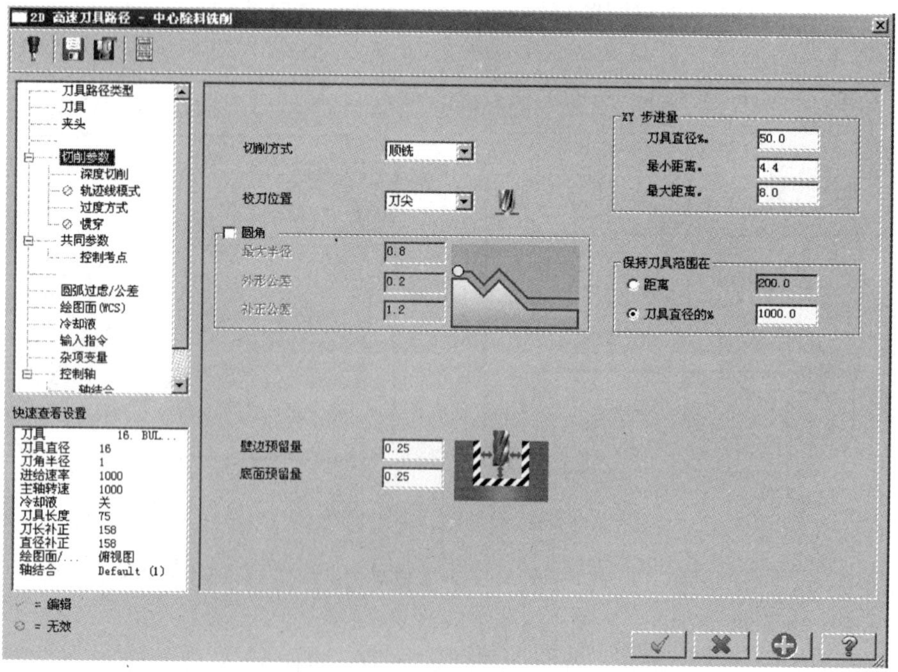

图 11-57　切削参数设置

5）打开【深度切削】选项卡，勾选【深度切削】选项，设置【最大粗切步进量】为0.6mm，勾选【不提刀】复选项，如图11-58所示。

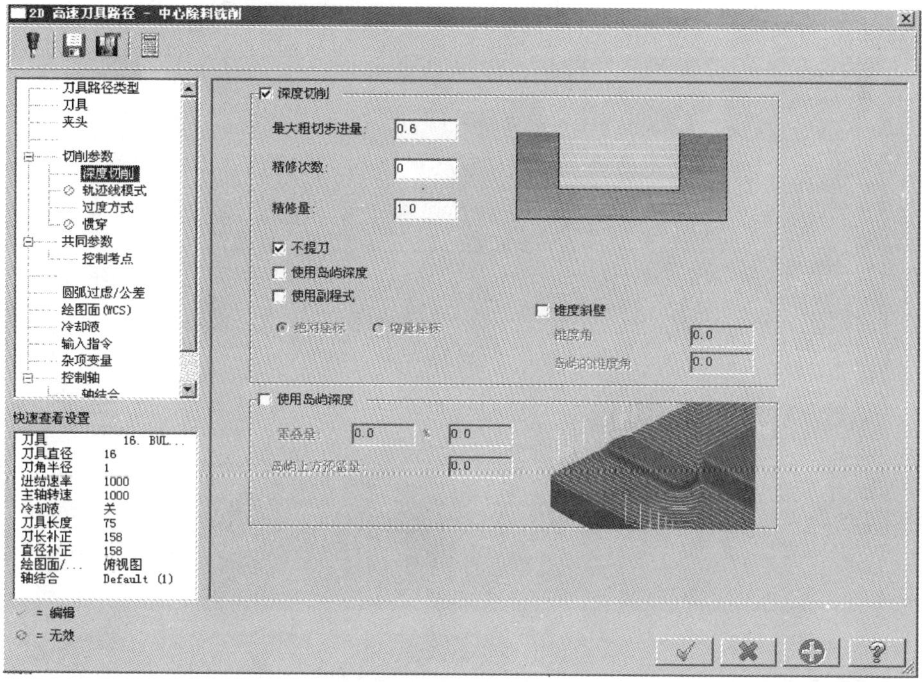

图11-58　深度切削设置

6）打开【过度方式】选项卡，在【进入方式】选项卡中选择【螺旋进刀】，设置【半径】为9.5mm。在【进刀采用的进给率】选项卡中选择【下刀速率】选项，如图11-59所示。

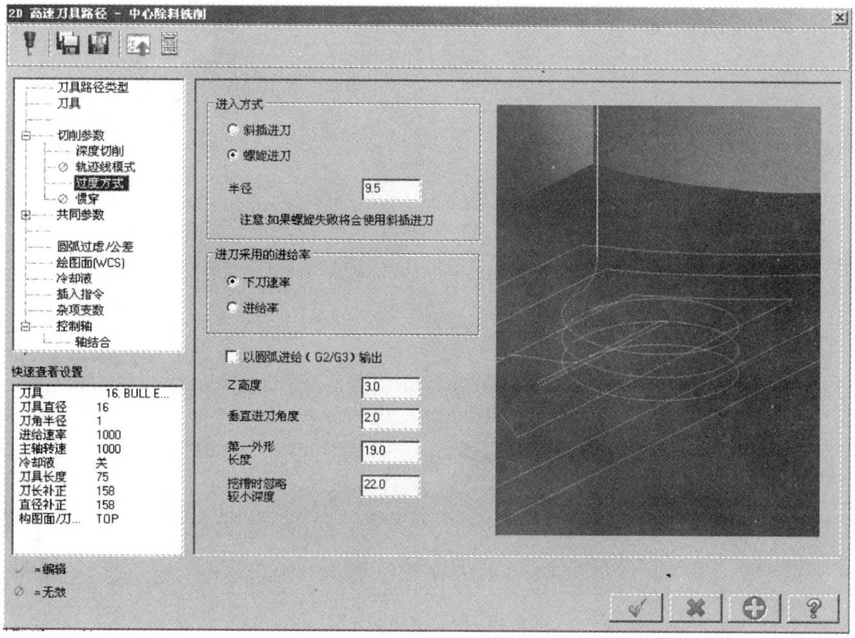

图11-59　螺旋下刀设置

7）打开【共同参数】选项卡，勾选【参考高度】和所有【绝对坐标】选项。设置【参考高度】为 10.0mm，【进给下刀位置】为 5.0mm，【工件表面】为 -6.0mm，如图 11-60所示。

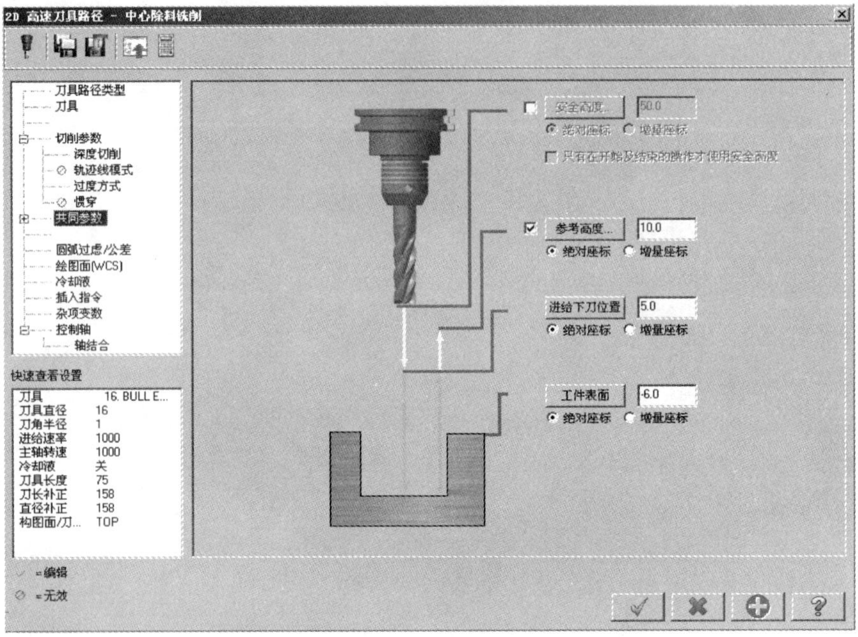

图 11-60　共同参数设置

8）打开【圆弧过滤/公差】选项卡，在【过滤】选项卡中设置【外形公差】为 0.2mm，【补正公差】为 1.2mm，【整体的误差】为 0.013mm，如图 11-61 所示。

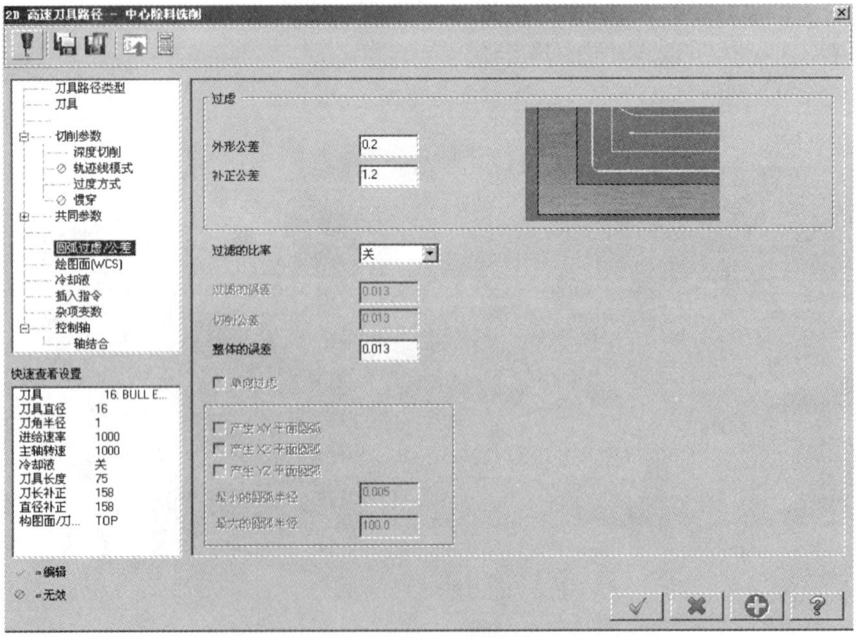

图 11-61　过滤设置

单击【2D 高速刀具路径 – 中心除料铣削】对话框中的确定按钮，生成刀具路径，如图 11-62 所示。

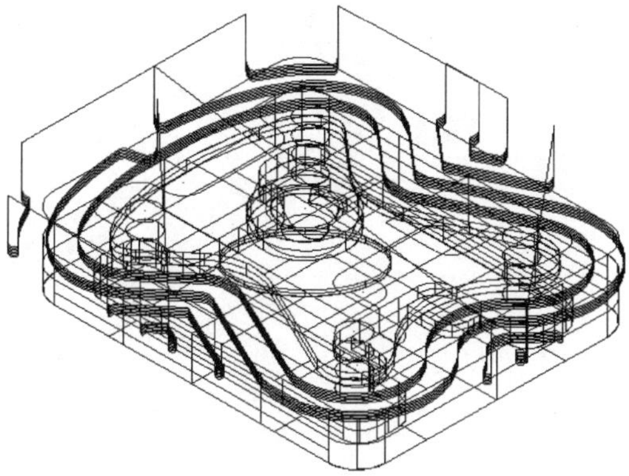

图 11-62　中心除料铣削粗加工刀路

11.5.11　面铣削精加工（中间圆表面）

1）选择【刀具路径】/【面铣】命令，系统弹出【串连选项】对话框，在绘图区选取直径为 20mm 的圆，如图 11-63 所示，单击确定按钮。

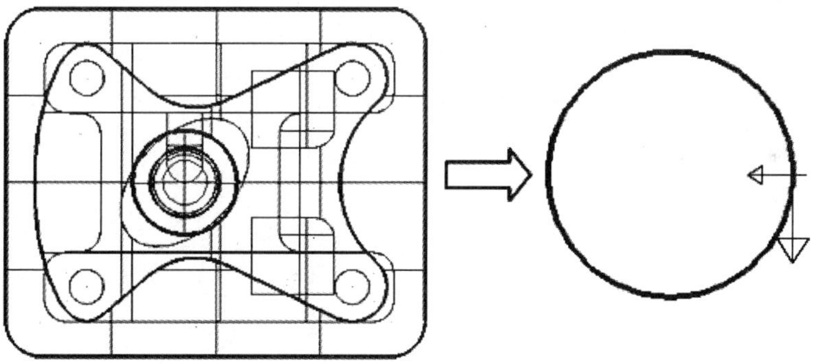

图 11-63　选择加工边界

2）系统弹出【2D 刀具路径 – 平面加工】对话框，选择直径为 16mm 的圆角铣刀。设置【进给率】为 500mm/min，【主轴转速】为 1500r/min，【下刀速率】为 500mm/min。勾选【快速提刀】选项，其他选项都不勾选。

3）打开【切削参数】选项卡，点选【参考高度】选项并设置为 10.0mm，【进给下刀位置】为 5.0mm，【工件表面】为 4.0mm，【深度】设为 0.0mm，【Z 方向的预留量】为 0.0mm。点选所有【绝对坐标】和【分层铣深】复选项，设置【最大距离】为刀具直径的 50%。

4）打开【切削参数】选项卡，在【类型】选项的下拉列表中选择【双向】选项，设置【底面预留量】为 0.0mm，设置【横向超出量】为 8.0mm，【纵向超出量】为 8.0mm，【进刀延伸长度】为 8.0mm，【退刀延伸长度】为 8.0mm，【最大步进量】为 8.0mm，铣削方式为【顺铣】，【粗切角度】为 0.0mm，在【切削之间位移】选项的下拉列表中选择【高速回圈】选项，如图 11-64 所示。

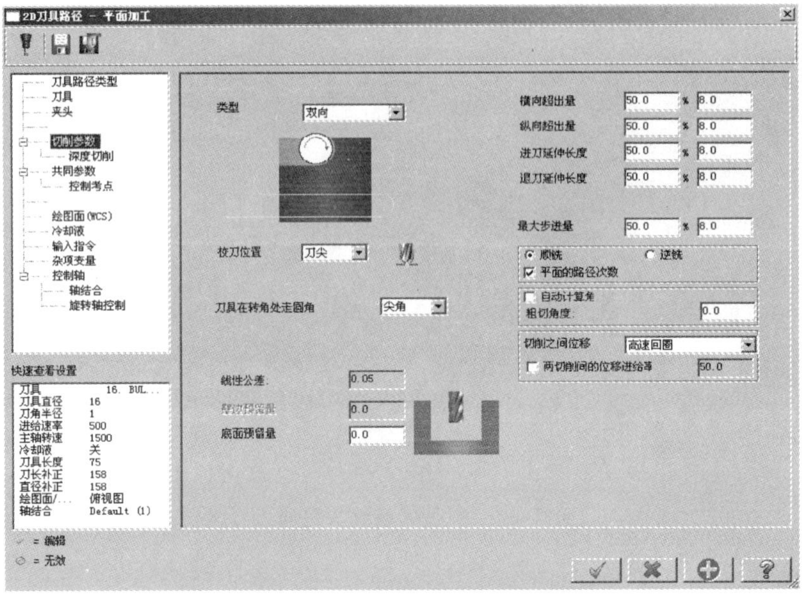

图 11-64　平面铣削加工参数

5）打开【深度切削】选项卡，勾选【深度切削】选项，设置【最大粗切步进量】为 0.5mm，【精修次数】为 1，勾选【不提刀】选项，如图 11-65 所示。

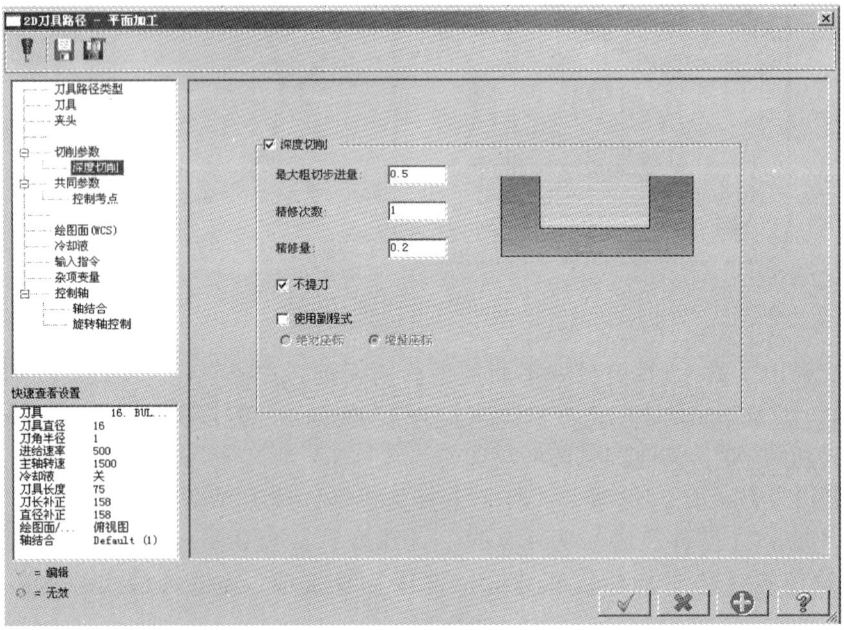

图 11-65　设置深度切削参数

6）单击【共同参数】选项，勾选【参考高度】并设置为 10.0mm，【进给下刀位置】为 5.0mm，【工件表面】为 4.0mm，【深度】为 0.0mm，点选所有【绝对坐标】选项。

单击确定按钮，生成刀具路径，如图 11-66 所示。

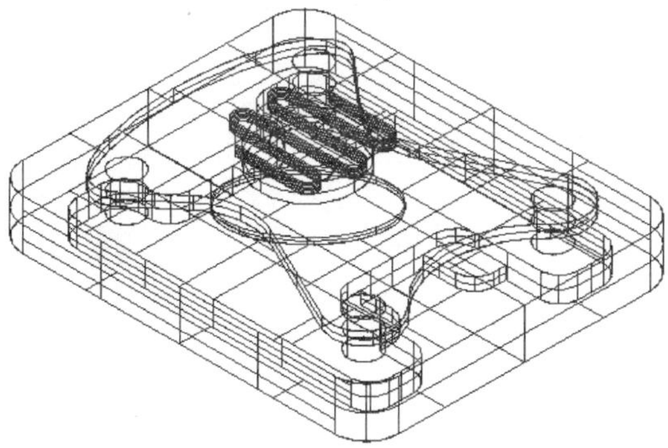

图 11-66　平面铣削加工刀路

单击插入箭头按钮▼下移至加工群组名为 2 - 10R0 的目录下。

11.5.12　二维高速精加工（顶面圆凸台）

1）复制“第 9 步：2D 高速加工—中心除料铣削”刀路，在刚刚生成的“第 12 步：2D 高速刀具路径 - 中心除料铣削”刀路的目录下单击【参数】选项。

2）系统弹出【2D 高速刀具路径 - 区域铣削】对话框，打开【刀具路径类型】选项卡，选择【区域铣削】，如图 11-67 所示。

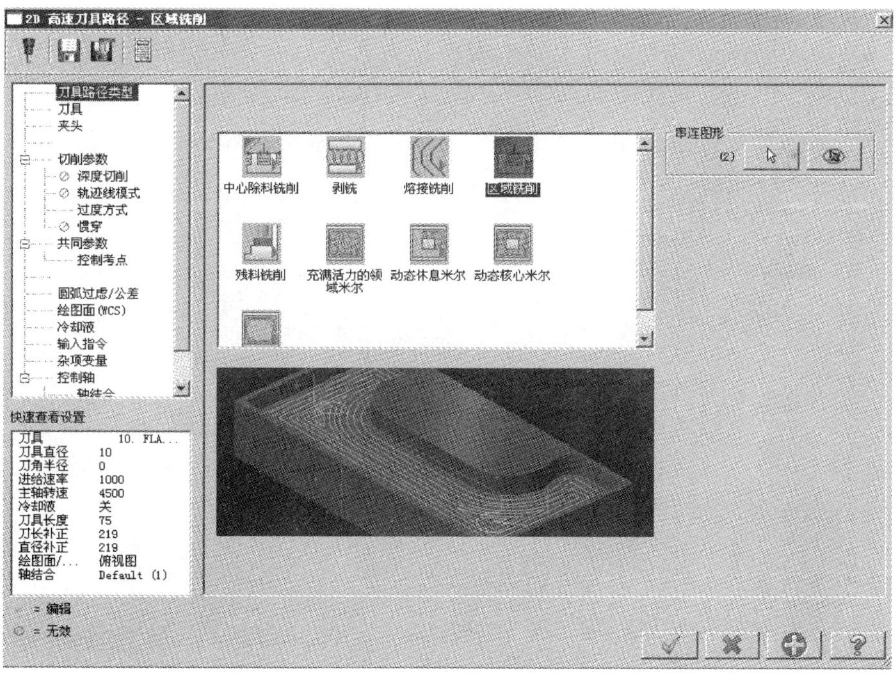

图 11-67　选择区域铣削

3）打开【刀具】选项卡，选择直径为 10mm 的立铣刀，设置【进给率】为 1000mm/min，【主轴转速】为 4500r/min，【进刀速率】为 500mm/min。勾选【快速提刀】选项，其他选项都不勾选，如图 11-68 所示。

4）打开【切削参数】选项卡，设置【切削方式】为【顺铣】，【校刀位置】为【刀

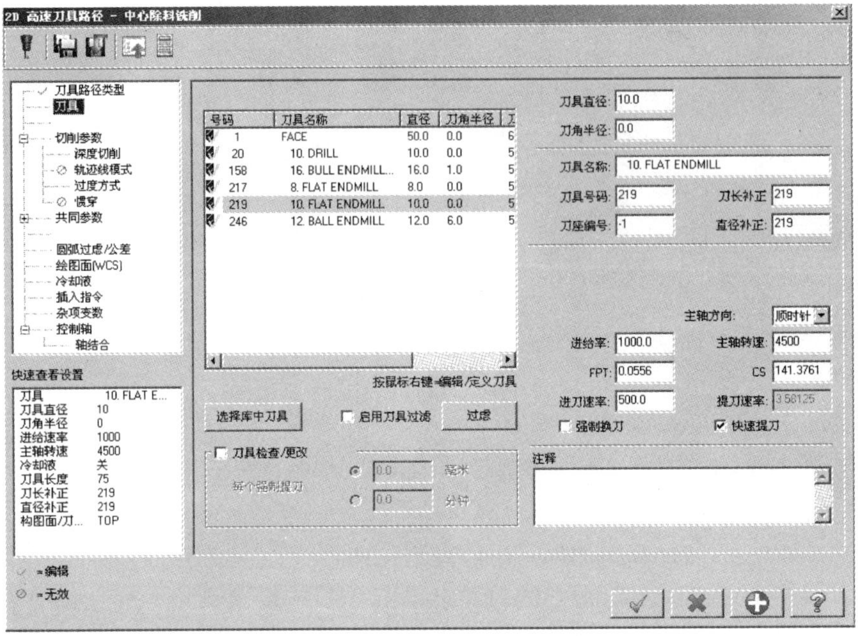

图 11-68 刀具选择与参数设置

尖】。在【XY 步进量】选项中设置【最小距离】为 2.475mm，【最大距离】为 4.5mm。设置【壁边预留量】和【表面预留量】为 0.0mm，如图 11-69 所示。

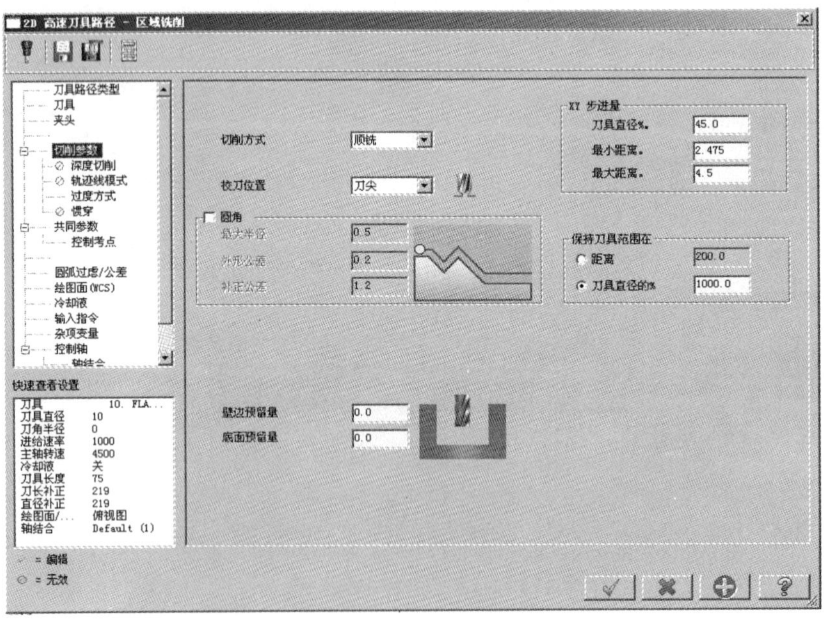

图 11-69 切削参数设置

5）打开【深度切削】选项卡，不勾选【深度切削】选项，如图 11-70 所示。

6）打开【共同参数】选项卡，勾选【参考高度】和所有【绝对坐标】选项。设置

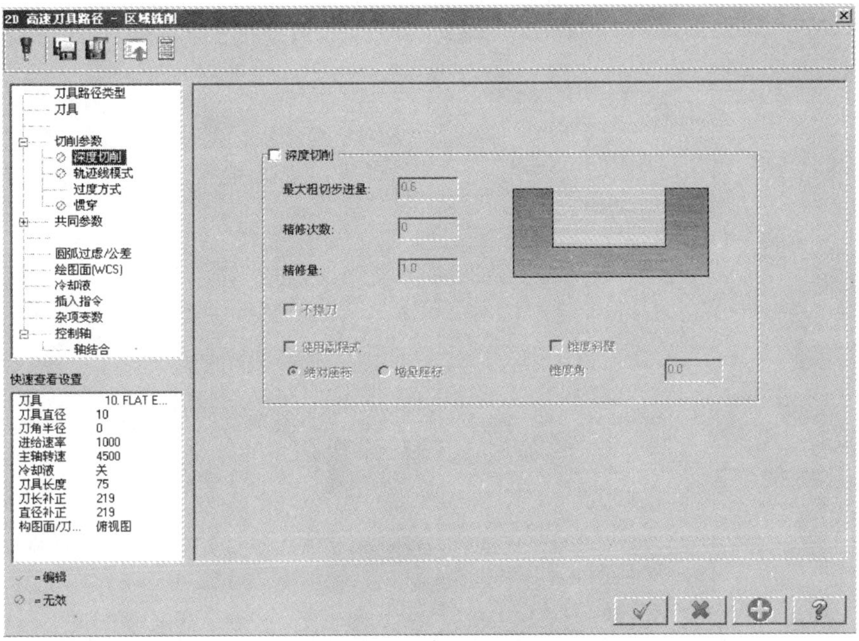

图 11-70　深度切削设置

【参考高度】为 10.0mm，【进给下刀位置】为 5.0mm，【工件表面】为 -6.0mm，其他参数默认。

单击【2D 高速刀具路径 - 中心除料铣削】对话框中的确定按钮，单击重新计算刀路按钮，生成刀具路径，如图 11-71 所示。

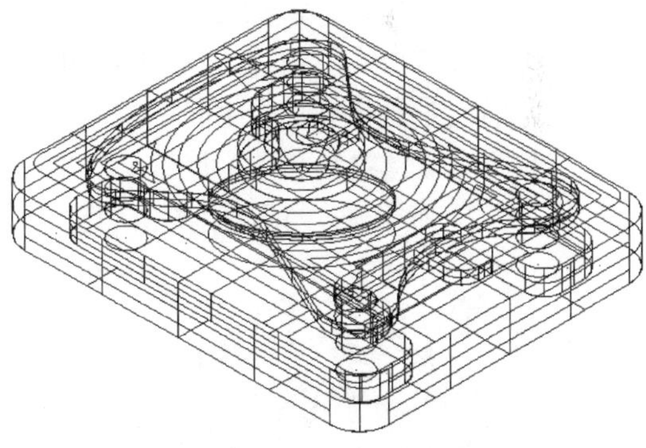

图 11-71　区域铣削精加工刀路

11.5.13　二维高速精加工（顶面凸台）

1）复制“第 10 步：2D 高速加工 - 中心除料铣削”刀路，在刚刚生成的“第 13 步：2D 高速刀具路径 - 中心除料铣削”刀路的目录下单击【参数】选项。

2）系统弹出【2D 高速刀具路径 - 中心除料铣削】对话框，打开【刀具】选项卡，选择直径 10mm 的立铣刀，设置【进给率】为 500mm/min，【主轴转速】为 3500r/min，【下刀速率】为 100mm/min，勾选【快速提刀】复选项。

3）打开【切削参数】选项卡，在【切削方式】下拉菜单中选择【顺铣】，【校刀位置】为【刀尖】。在【XY 步进量】选项中设置【最小距离】为 2.475mm，【最大距离】为 4.5mm。设置【壁边预留量】和【底面预留量】为 0.0mm，其他参数默认，如图 11-72 所示。

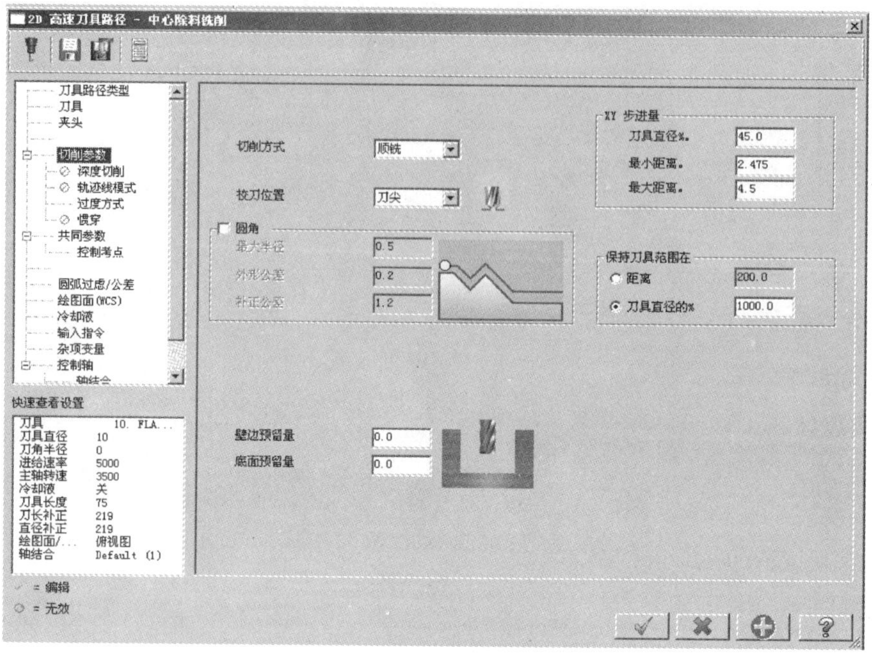

图 11-72　切削参数设置

4）打开【深度切削】选项卡，不勾选【深度切削】选项。

单击【2D 高速刀具路径 - 中心除料铣削】对话框中的确定按钮，单击重新计算刀路按钮，生成刀具路径，如图 11-73 所示。

单击插入箭头按钮下移至加工群组名为 2 - 8R0 的目录下。

11.5.14　曲面挖槽粗加工（中间凹球）

1）选择【刀具路径】/【曲面粗加工】/【粗加工挖槽加工】命令，选择中间凹球曲面，如图 11-74 所示，单击应用按钮。

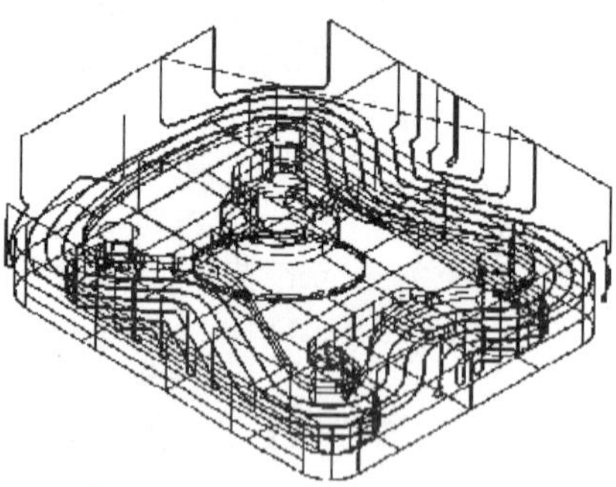

图 11-73　中心除料铣削精加工刀路

图 11-74　选择加工面

系统弹出【刀具路径的曲面选取】对话框，在【边界范围】选项卡处单击【选择】按钮，系统弹出【串连选项】对话框，单击【俯视图】单选按钮，在绘图区选取中间直径为 18mm 的整圆，如图 11-75 所示。单击【串连选项】对话框中的确定按钮，系统弹出【刀具路径的曲面选取】对话框，单击该对话框中的确定按钮。

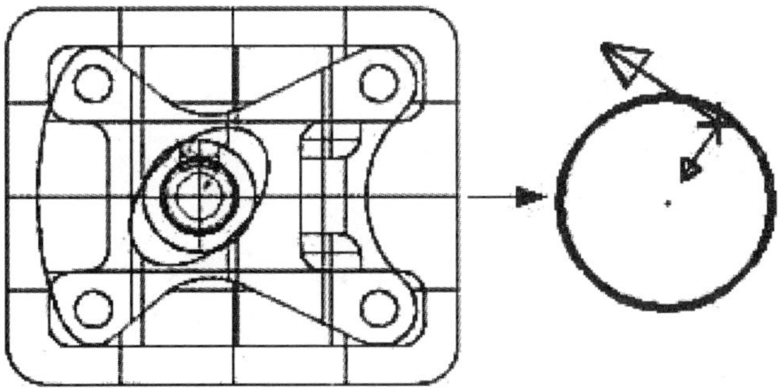

图 11-75　选择加工边界

2）系统弹出【曲面粗加工挖槽】对话框，选择直径为 10mm 的立铣刀，设置【进给率】为 500mm/min，【主轴转速】为 2500r/min，【下刀速率】为 100mm/min，【提刀速率】为 2500mm/min，勾选【快速提刀】选项，其他选项都不勾选。

3）打开【曲面加工参数】选项卡，勾选【参考高度】选项并设置为 10.0mm，【进给下刀位置】为 5.0mm，点选所有【绝对坐标】选项，设置【加工面预留量】为 0.25mm，如图 11-76 所示。

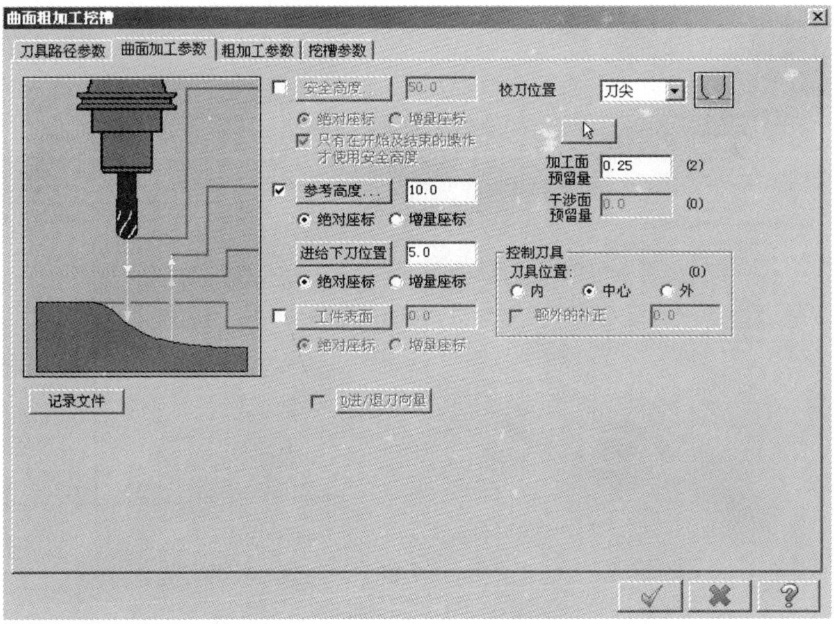

图 11-76　曲面加工参数设置

4）打开【粗加工参数】选项卡，设置【整体误差】为 0.025mm，设置【Z 轴最大进给量】为 0.5mm，勾选【螺旋式下刀】选项，如图 11-77 所示。

单击【螺旋式下刀】按钮，系统弹出【螺旋/斜插式下刀参数】对话框。设置【Z 方向开始螺旋】为 1.0mm，【XY 方向预留间隙】为 1.0mm。勾选【沿着边界渐降下刀】选项，设置【如果长度超过】为 10.0mm，如图 11-78 所示，单击确定按钮。

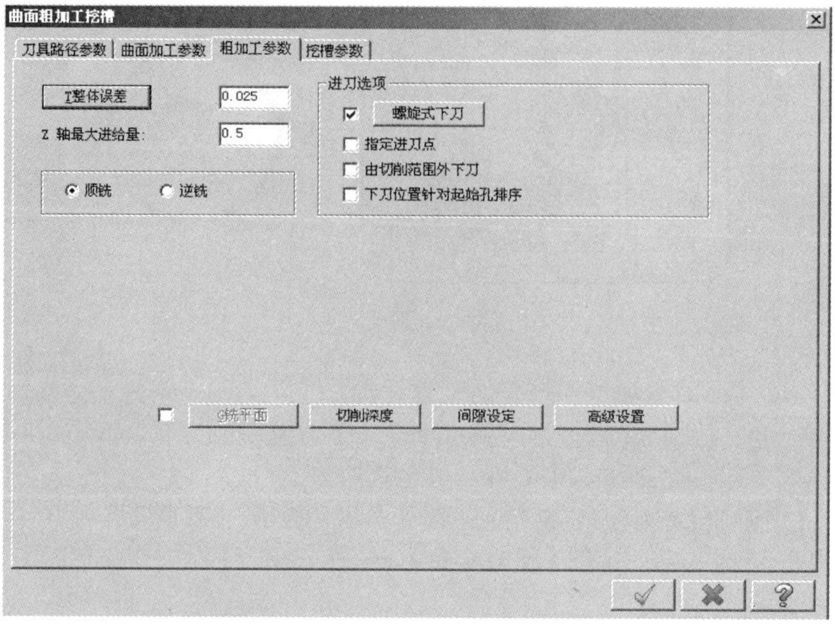

图 11-77　粗加工参数设置

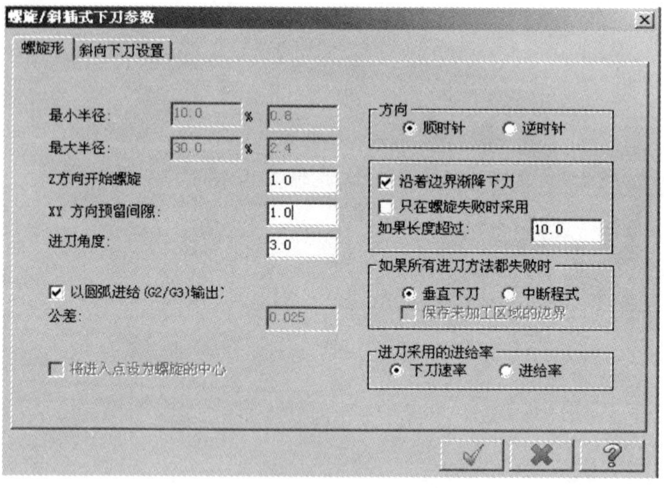

图 11-78　螺旋式下刀设置

5）打开【挖槽参数】选项卡，选择切削方式为【等距环切】，设置【切削间距（直径%）】为75%。勾选【精加工】选项，设置【次数】为 1，【间距】为 0.25mm，如图 11-79所示。

单击【曲面粗加工挖槽】对话框中的确定按钮，生成刀具路径，如图 11-80 所示。

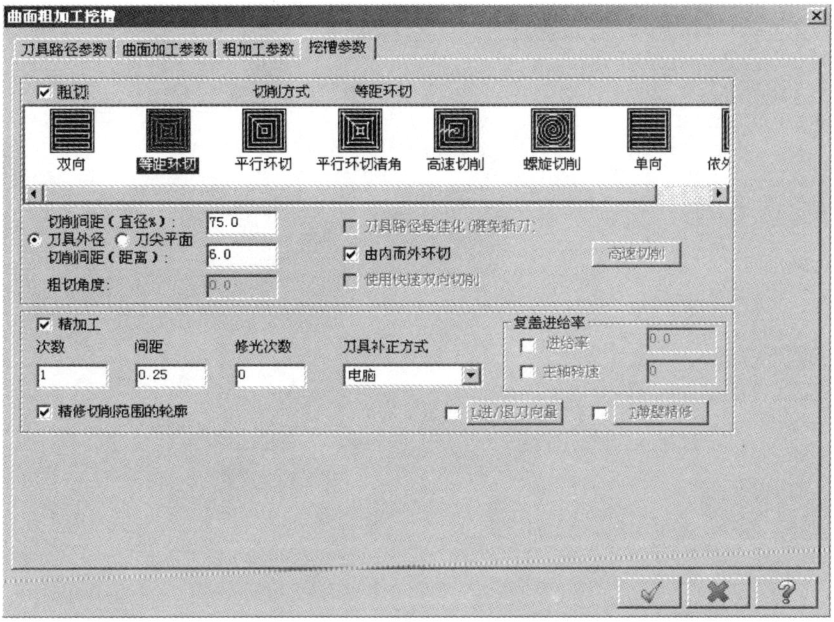

图 11-79　挖槽参数设置

11.5.15　二维轮廓粗加工

1）选择【刀具路径】/【外形铣削】命令，在绘图区选取如图 11-81 所示的 U 形线。根据箭头指向判断，此时刀具补偿为右补正，并执行确定操作。

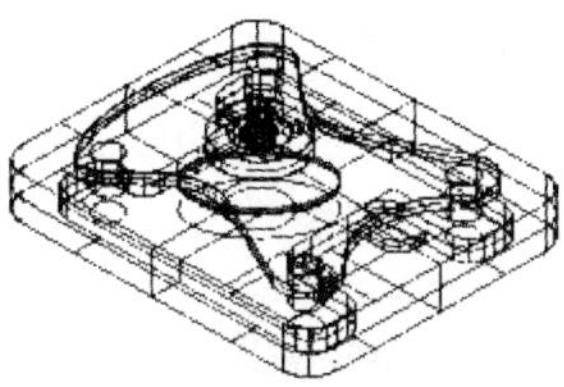

图 11-80　曲面挖槽粗加工刀路

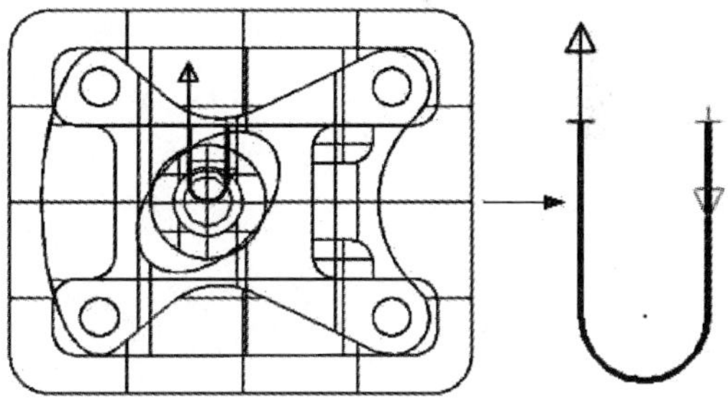

图 11-81　选择加工边界

2）系统弹出【外形铣削（2D）】对话框，选择直径为 8mm 的立铣刀。设置【进给率】为 500mm/min，【主轴转速】为 2500r/min，【下刀速率】为 200mm/min。勾选【快速提刀】选项，其他选项都不勾选。

3）打开【外形加工参数】选项卡，勾选【参考高度】并设置为 10.0mm，【进给下刀位置】为 5.0mm，【工件表面】为 0.0mm，【深度】为 -4.0mm，点选所有【绝对坐标】选项，设置【补正型式】为【电脑】，【补正方向】为【右补正】，【XY 预留量】和【Z 方向预留量】都为 0.0mm，勾选【进/退刀向量】和【Z 轴分层铣深】复选框，如图 11-82 所示。

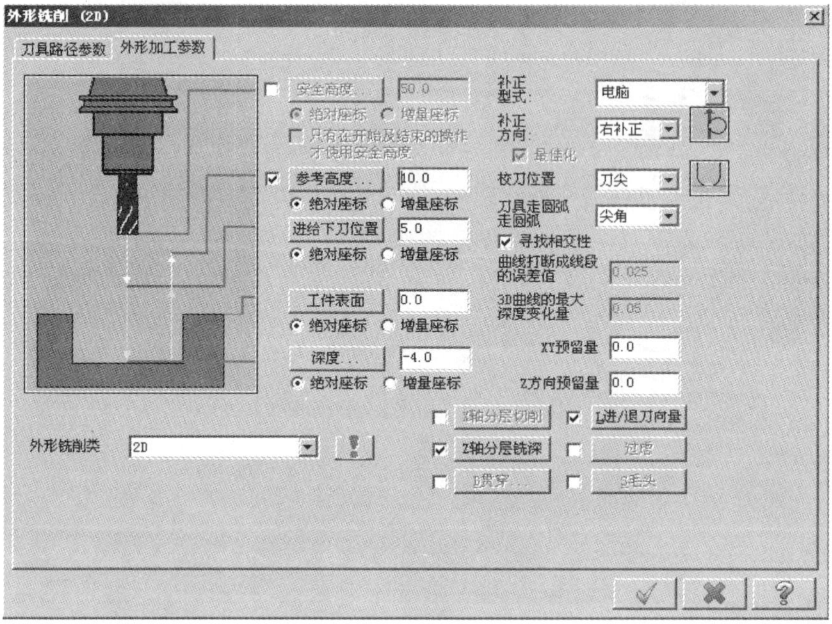

图 11-82　外形加工参数设置

单击【进/退刀向量】按钮，系统弹出【进/退刀设置】对话框。设置【进刀方式】为【相切】，在【直线】选项中设置【长度】为刀具直径的 50%，单击按钮，将设置完的进刀方式参数对应到退刀参数选项中，其余参数采用默认方式，单击确定按钮。

技术指导：由于刀具在轮廓线的延长线上进刀，因此只设直线相切长度。

单击【Z 轴分层铣深】按钮，系统弹出【深度切削】对话框，设置【最大粗切步进量】为 0.5mm，勾选【不提刀】复选项，如图 11-83 所示，单击确定按钮

单击【外形铣削（2D)】对话框中的确定按钮，生成刀具路径，如图 11-84 所示。

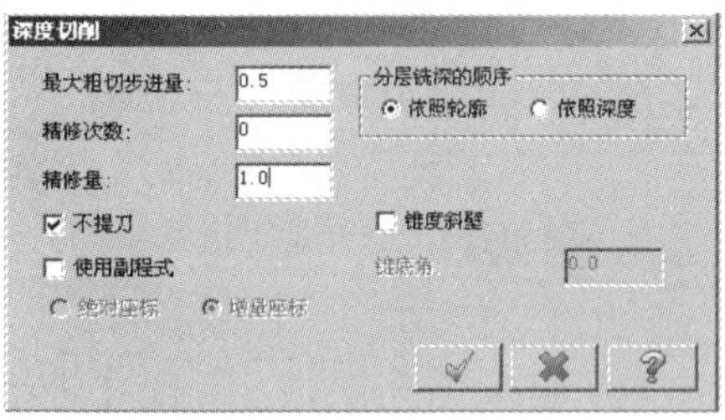

图 11-83　深度切削设置

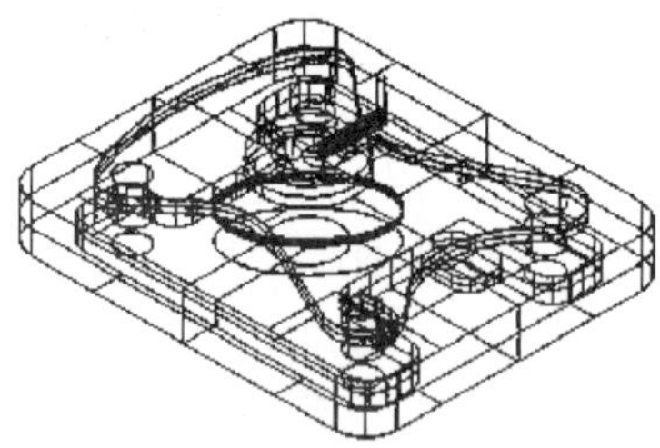

图 11-84　外形铣削刀路

单击插入箭头按钮下移至加工群组名为 2－12R6 的目录下。

11. 5. 16　环绕等距精加工

1）选择【刀具路径】/【曲面精加工】/【精加工环绕等距加工】命令，选择中间凹球曲面，如图 11-85 所示，单击应用按钮。

系统弹出【刀具路径的曲面选取】对话框，在【切削边界】选项卡处单击选择按钮，系统弹出【串连选项】对话框，单击【俯视图】单选按钮，在绘图区选取中间直

径为 18mm 的整圆，如图 11-86 所示。单击【串连选项】对话框中的确定按钮，系统弹出【刀具路径曲面选取】对话框，单击该对话框中的确定按钮。

图 11-85　选择加工面

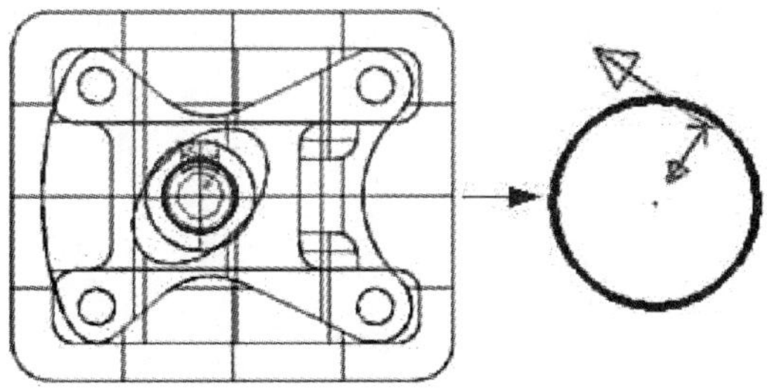

图 11-86　选择加工边界

2）系统弹出【曲面精加工环绕等距】对话框，选择直径为 12mm 的球头立铣刀，设置【进给率】为 600mm/min，【主轴转速】为 2800r/min，【下刀速率】为 100mm/min，【提刀速率】为 2500mm/min，勾选【快速提刀】选项，其他选项都不勾选。

3）打开【曲面加工参数】选项卡，勾选【参考高度】复选项并设置为 10. 0mm，【进给下刀位置】为 5. 0mm，点选所有【绝对坐标】选项，设置【加工面预留量】和【干涉面预留量】都为 0. 0mm，如图 11-87 所示。

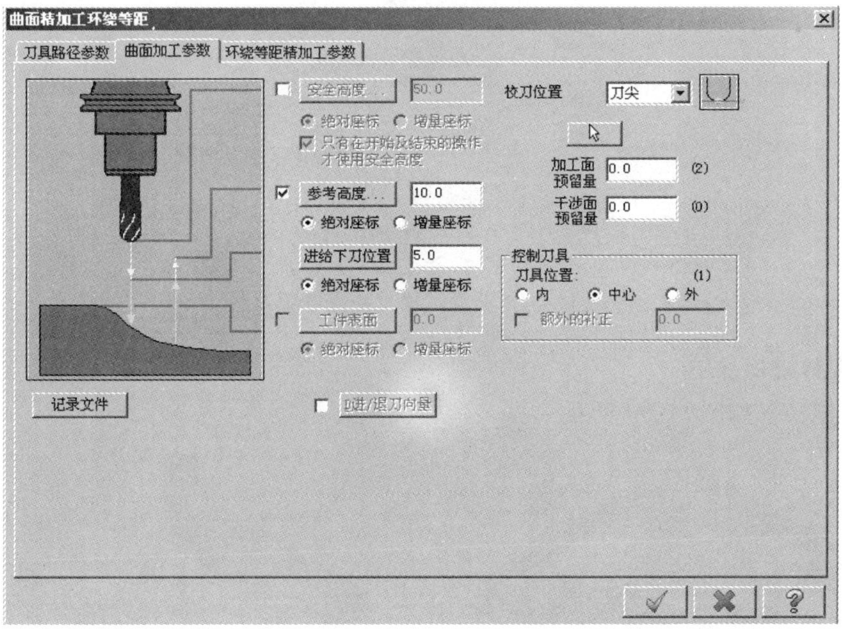

图 11-87　曲面加工参数设置

4）打开【环绕等距精加工参数】选项卡，设置【整体误差】为 0. 01mm，设置【最大切削间距】为 0. 2mm，【斜线角度】为 0°，如图 11-88 所示。

单击【曲面精加工环绕等距】对话框中的确定按钮，生成刀具路径，如图 11-89 所示。

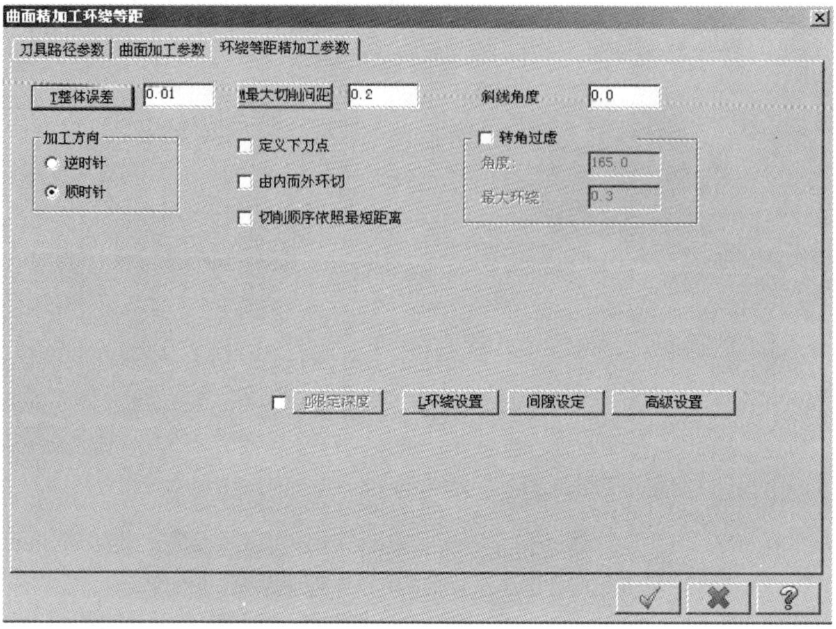

图 11-88　环绕等距精加工参数

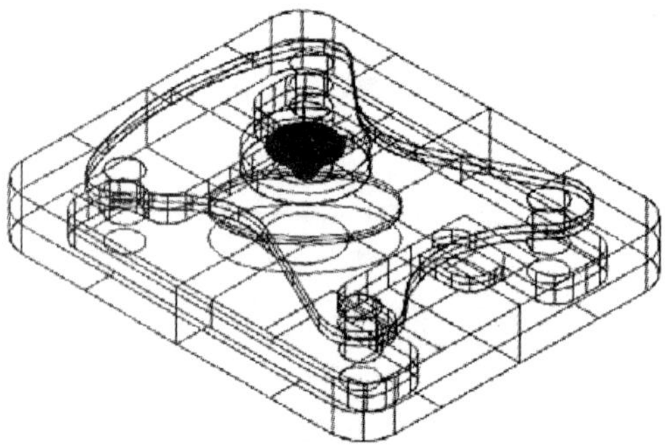

图 11-89　曲面精加工环绕等距刀路

11.5.17　实体模拟加工

最终模拟结果如图 11-90 所示。

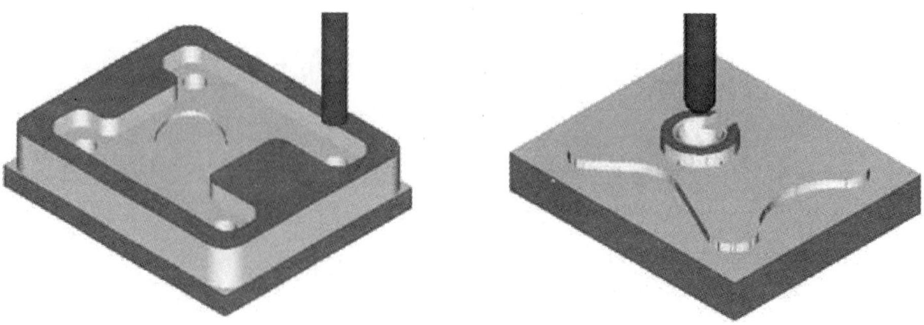

a)　　　　b)

图 11-90　模拟结果

a）底面　b）顶面

11.6　小结

本章主要介绍有关 CAM 软件编程中双面加工的有关方法，要特别注意当零件不对称且所提供的毛坯余量较大时，编程与实际加工应同时注意的一些细节。如零件反、正两面加工不能错位；充分考虑加工余量的大小；反面加工时，对刀基准的确定。对于这个问题，可以在加工底面的时候先将零件一侧面直接加工到尺寸，如对本例零件的左侧面直接加工到要求尺寸，在对刀时将这一面作为基准面。

11.7　提高练习

打开随书光盘“练习文件/cha11/11-2. mcx－5”，图形如图 11-91 所示。

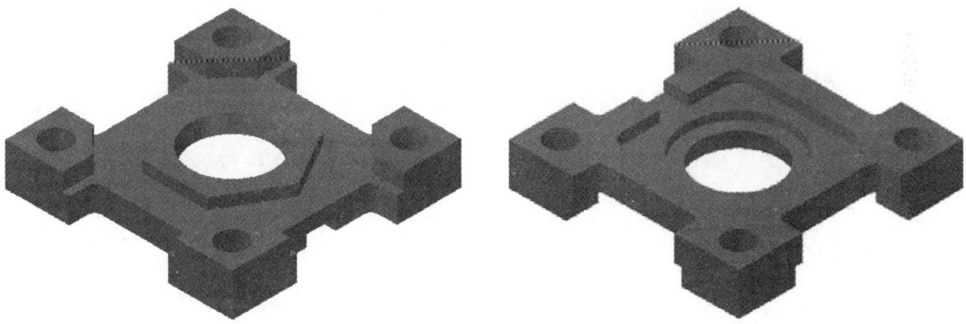

a)　b)

图 11-91　提高练习零件

a）顶面　b）底面

第十二章　凸凹模配合编程实例

12.1　任务目标

➢ 掌握如何根据零件加工要求计算公差。
➢ 掌握如何根据 Mastercam 二维刀路的编程特点设置负余量，以满足加工要求。
➢ 掌握直接利用二维线框加工复杂零件的方法。

12.2　任务导入

打开随书光盘“源文件/cha12/凸凹模 . mcx －5”，图形如图 12-1c、d 所示。

12.3　任务分析

12.3.1　图形分析

根据图 12-1 可知，该配合件为简单的方形体配合，四个通孔起连接固定作用。外形大小为 90mm×90mm，两配合件的厚度不同，凸模为 16mm，凹模为 10mm，其中起到防滑配合作用的长方形大小为 50mm×38mm×6mm，周边均布 4 个直径为 12mm 的通孔。

12.3.2　工艺分析

该配合件外形结构简单，属间隙配合，加工时可采用轮廓铣削刀路或二维标准挖槽刀路。为保证加工质量，应取零件的中间尺寸作为最终的加工尺寸。根据图 12-1，凸模长方形尺寸为 50mm×38mm，上极限偏差为 0mm，下极限偏差为 －0. 023mm，则编程尺寸的变化量为 0mm＋（－0. 023mm）＝－0. 0115mm，高度 6mm 的上极限偏差为 0mm，下极限偏差为 －0. 02mm，则编程尺寸的变化量为 0mm＋（－0. 02mm）＝－0. 01mm，即 XY 方向的单边加工余量为 －0. 0115mm，Z 方向加工余量为 －0. 01mm。根据凸模加工余量的计算方法，凹模 XY 方向单边加工余量为 －0. 0075mm，Z 方向加工余量为 －0. 01mm。凸凹模最大外形 YX 方向加工余量为 －0. 0125mm，Z 方向加工余量为 ＋0. 00mm。

12.3.3　刀路规划

凸模编程：

步骤 1：ϕ12mm 立铣刀对零件上表面采用平面铣精加工，加工余量为 －0. 01mm。

步骤 2：ϕ12mm 立铣刀对零件外形轮廓采用外形铣削粗加工，加工余量为 0. 25mm。

步骤 3：ϕ12mm 立铣刀对零件外形轮廓采用外形铣削精加工，XY 方向加工余量为 －0. 0125mm，Z 方向加工余量为 0. 00mm。

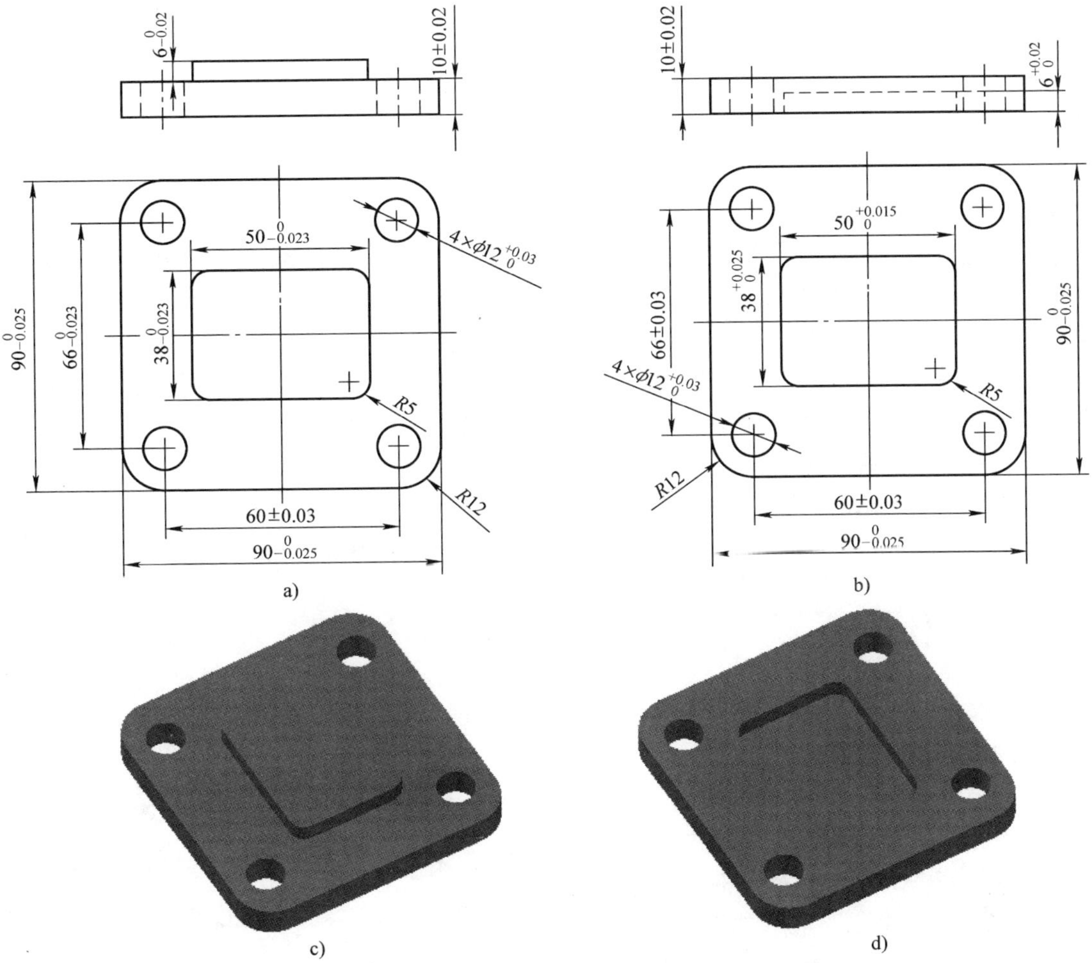

图 12-1　凸凹模

a）凸模工程图　b）凹模工程图　c）凸模三维图　d）凹模三维图

步骤 4：ϕ12mm 立铣刀对长方形凸台采用外形铣削粗加工，加工余量为 0. 25mm。

步骤 5：ϕ12mm 立铣刀对长方形凸台采用外形铣削精加工，XY 方向加工余量为 -0. 0115mm，Z 方向加工余量为 -0. 01mm。

步骤 6：ϕ12mm 钻头加工通孔。

凹模编程：

步骤 7：ϕ12mm 立铣刀对零件上表面采用平面铣精加工，加工余量为 -0. 01mm。

步骤 8：ϕ12mm 立铣刀对零件外形轮廓采用外形铣削粗加工，加工余量为 0. 25mm。

步骤 9：ϕ12mm 立铣刀对零件外形轮廓采用外形铣削精加工，XY 方向加工余量为 -0. 0125mm，Z 方向加工余量为 0. 00mm。

步骤 10：ϕ12mm 立铣刀对长方形凹槽采用标准挖槽粗加工，加工余量为 0. 25mm。

步骤 11：ϕ8mm 立铣刀对长方形凹槽采用标准挖槽粗加工，XY 方向加工余量为 -0. 0075mm，Z 方向加工余量为 -0. 01mm。

步骤 12：ϕ12mm 钻头加工通孔。

12.4 准备工作

12.4.1 选择机床

选择【机床类型】/【铣床】/【默认】命令。

12.4.2 模拟设置

调出【机器群组属性】对话框，设置【素材原点视角坐标】X0mm、Y0mm、Z0.2mm，材料大小为X91mm、Y91mm、Z16mm。

12.4.3 刀具设置

通过选择【刀具路径】/【刀具管理器】命令，调出【刀具管理】对话框，建立直径为12mm的立铣刀、直径为8mm的立铣刀和直径为12mm的钻头。

12.4.4 新建刀具路径群组

参照第三章介绍的方法，分别建立名称为1－12R0、1－DRILL12R0、2－12R0、2－8R0和2－DRILL12R0的刀具路径群组。将▶移到群组名为1－12R0的目录下。

12.5 刀路编制

12.5.1 平面加工（凸模上表面）

1）调出【层别管理】对话框，只显示第1图层（凸模轮廓），调出凸模轮廓线。

选择【刀具路径】/【平面铣】命令，系统弹出【输入新NC名称】对话框，接受默认的名称，单击确定按钮☑。系统弹出【串连选项】对话框，选择正方形轮廓线，如图12-2所示，单击确定按钮☑。

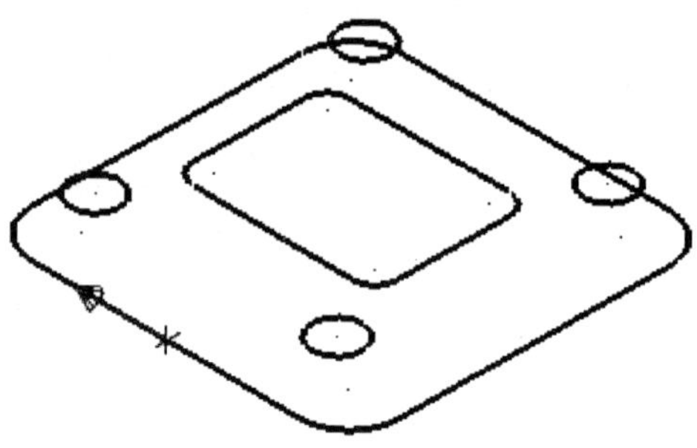

图12-2 选择正方形轮廓线

2）系统弹出【2D刀具路径－平面加工】对话框，打开【刀具】选项卡，选择直径为12mm的平底刀，设置【进给速率】为400.0mm/min，【下刀速率】为300.0mm/min，【主轴转速】为2500.0r/min，勾选【快速提刀】选项，如图12-3所示。

3）打开【切削参数】选项卡，在【类型】选项的下拉列表中选择【双向】选项，设置【底面预留量】为－0.1mm，设置【横向超出量】为6.0mm，【纵向超出量】为13.2mm，【进刀延伸长度】为6.0mm，【退刀延伸长度】为6.0mm，【最大步进量】为9.0mm，铣削方式为【顺铣】，【粗切角度】为0.0，在【切削之间位移】选项的下拉列表中选择【高速回圈】选项，如图12-4所示。

4）单击【共同参数】选项，勾选【参考高度】并设置为10.0mm，【进给下刀位置】为5.0mm，【工件表面】和【深度】都为0.0mm，点选所有【绝对坐标】选项，如图12-5所示。

单击确定按钮☑，生成刀具路径，如图12-6所示。

12 CHAPTER

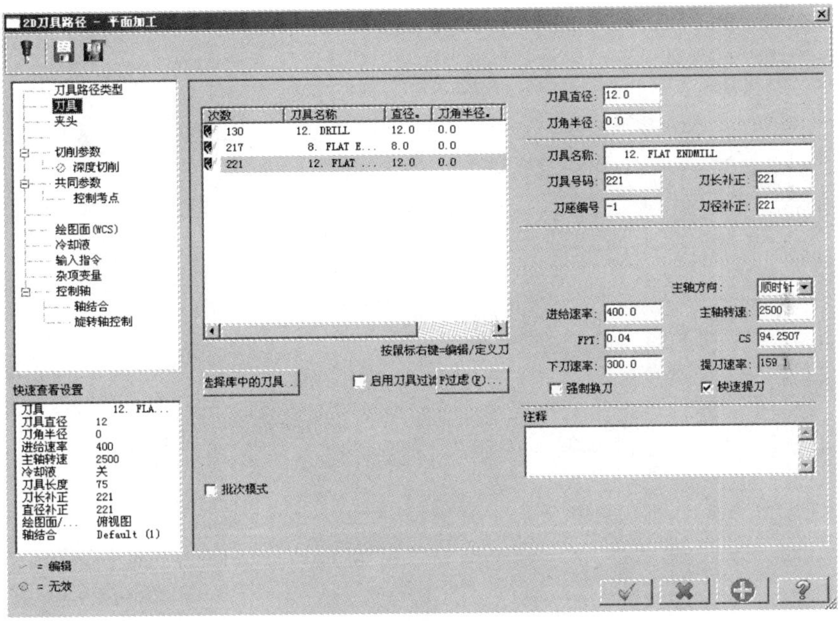

图 12-3　设置刀具参数

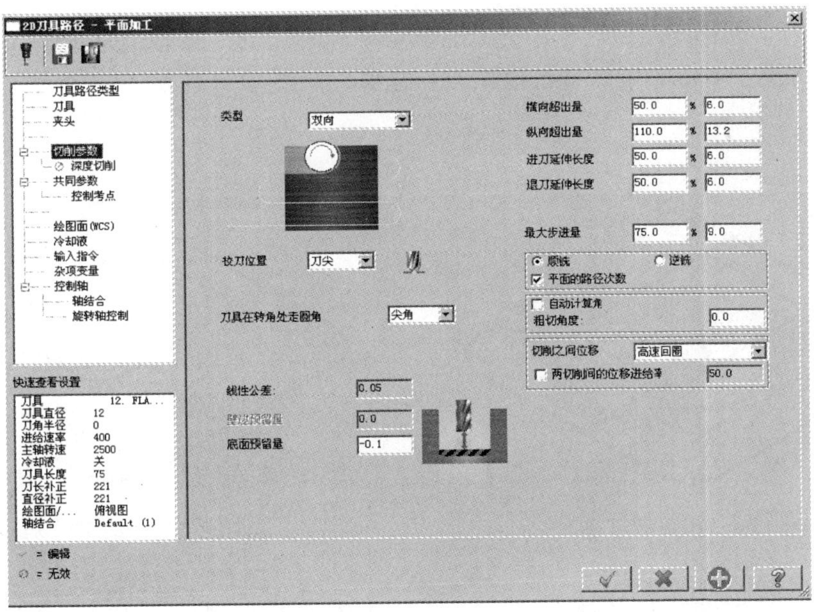

图 12-4　设置切削参数

12.5.2　外形铣削粗加工（凸模最大轮廓）

1）选择【刀具路径】/【外形铣削】命令，系统弹出【串连选项】对话框，在绘图区中如图 12-7 所示的位置选择正方形轮廓线。根据箭头指向判断，此时刀具补偿为左补正，单击确定按钮 ✓。

2）系统弹出【2D 刀具路径 - 等高外形】对话框，打开【刀具】选项卡，选择直径为

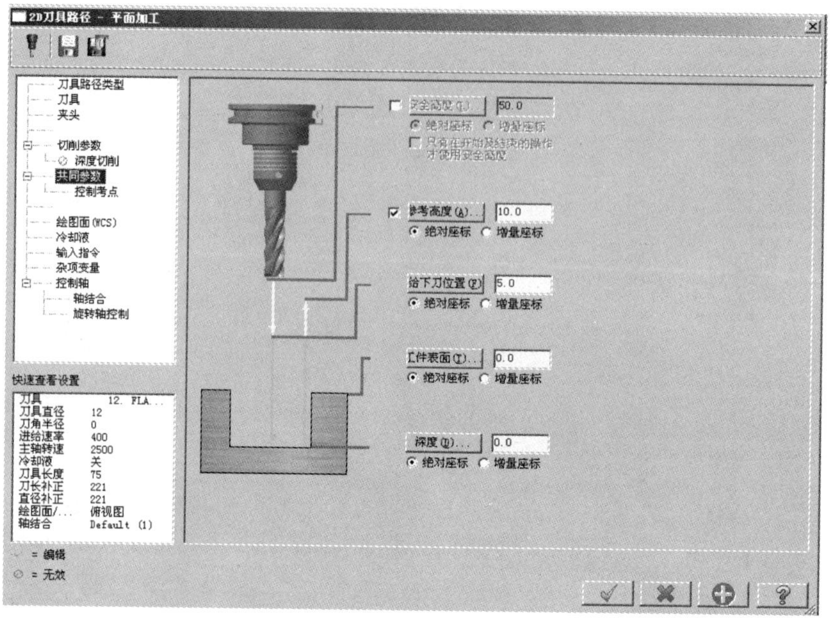

图 12-5　设置共同参数

12mm 的平底刀，设置【进给速率】为 1000. 0mm/min，【下刀速率】为 800. 0mm/min，【主轴转速】为 1800. 0r/min，勾选【快速提刀】选项，如图 12-8 所示。

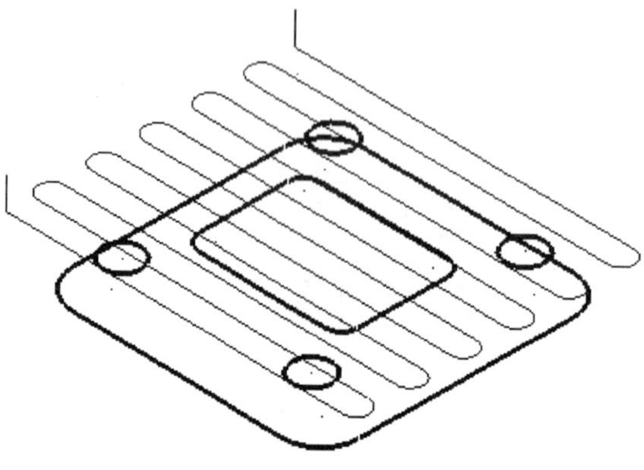

图 12-6　平面铣刀路

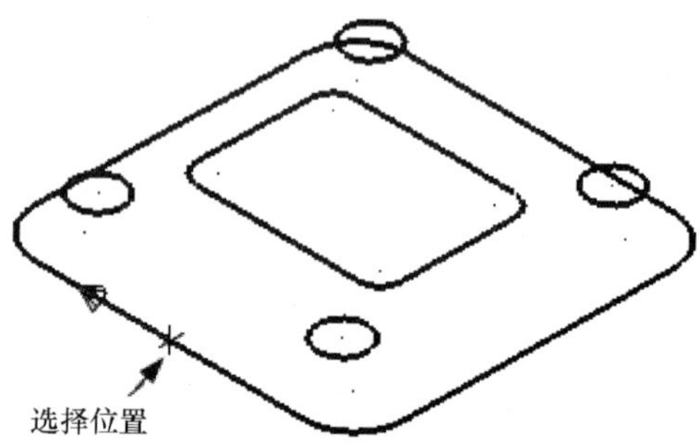

图 12-7　选择加工边界

3）打开【切削参数】选项卡，设置【补正方向】为【左补偿】，【外形铣类型】为【2D】，【壁边预留量】和【底面预留量】都为 0. 25mm，其他参数默认，如图 12-9 所示。

4）打开【深度切削】选项卡，勾选【深度切削】选项，设置【最大粗切步进量】为 0. 5mm，勾选【不提刀】选项，其他参数默认，如图 12-10 所示。

5）打开【进/退刀参数】选项卡，选择【相切】选项，设置【长度】为 30%，【圆弧】/【半径】为 30%，【扫描】（角度）为 45. 0°，单击按钮 ▸▸ ，即将进退刀参数设为一致，

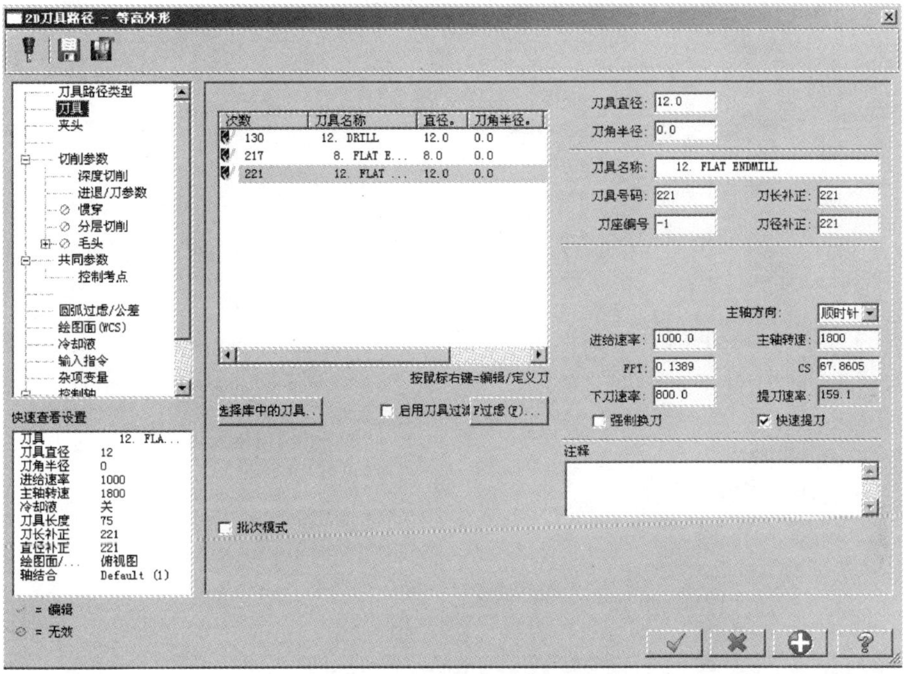

图 12-8　设置刀具参数

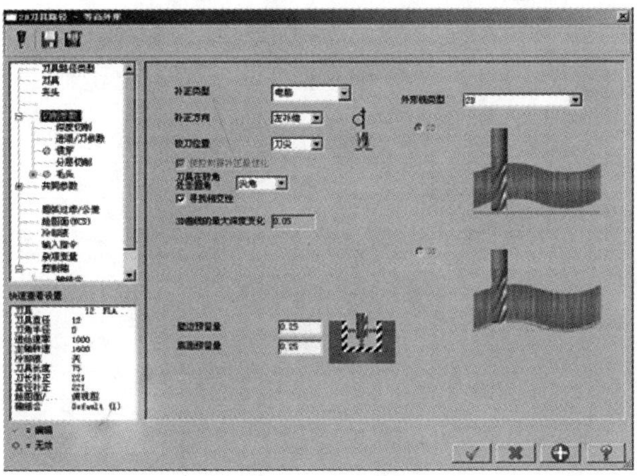

图 12-9　设置切削参数

如图 12-11 所示。

6）单击【共同参数】选项，设置【参考高度】为 10.0mm，【进给下刀位置】为 5.0mm，【工件表面】为 0.0mm，【深度】为 –16.0mm，点选所有【绝对坐标】选项，如图 12-12 所示。

单击确定按钮 ✓ ，生成刀具路径，如图 12-13 所示。

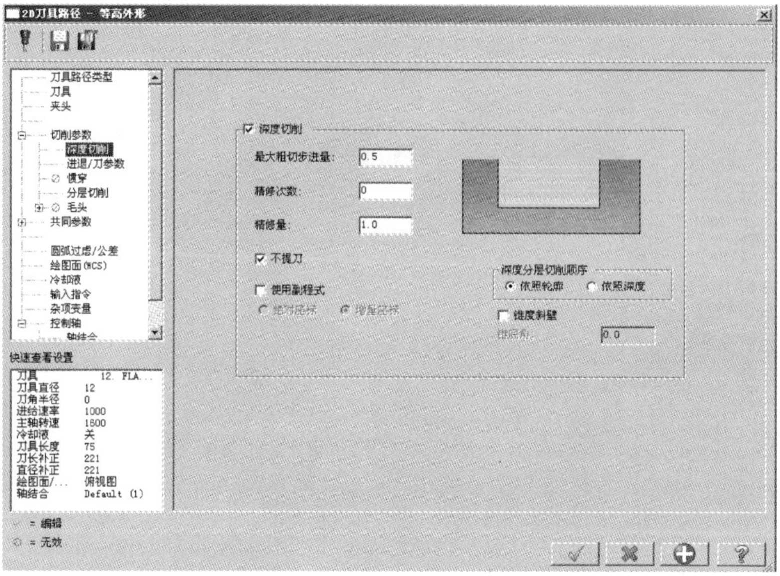

图 12-10　设置深度切削参数

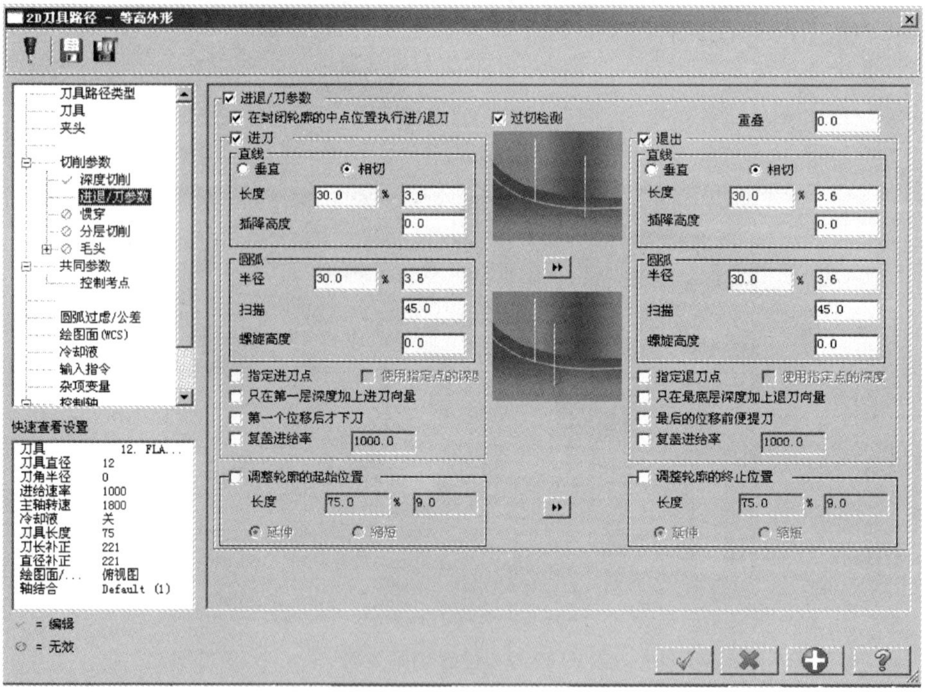

图 12-11　设置进退刀参数

12.5.3　外形铣削精加工（凸模最大轮廓）

1）复制“第 2 步：等高外形（2D）”刀路，在刚生成的“第 3 步：等高外形（2D）”刀路的目录下单击【参数】选项。

2）系统弹出【外形铣削（2D）】对话框，打开【刀具】选项卡，修改【进给率】为

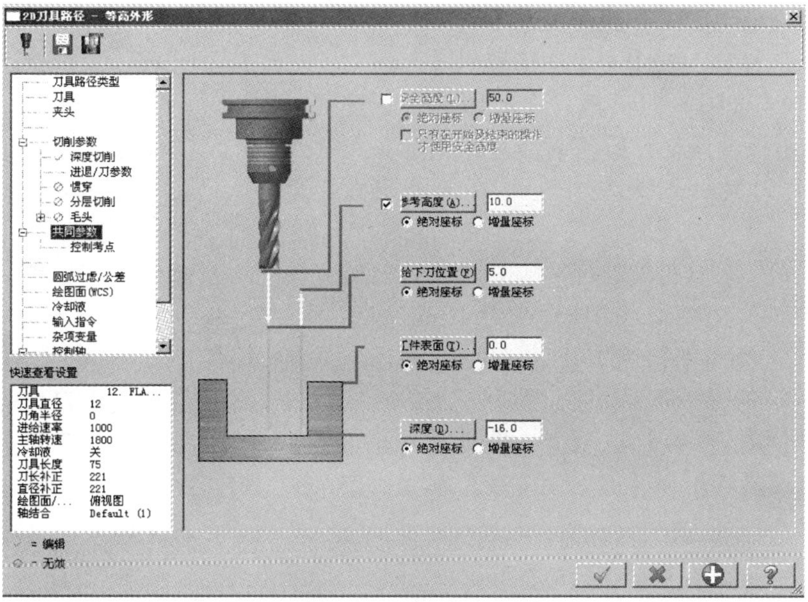

图 12-12　设置共同参数

400mm/min，【主轴转速】为 2500r/min，其他参数默认。

3）打开【切削参数】选项卡，修改【壁边预留量】为 -0.0125mm，【底面预留量】为 0.0mm，其他参数默认，如图 12-14 所示。

4）打开【深度切削】选项卡，不勾选【深度切削】选项。

单击【2D 刀具路径 - 等高外形】对话框中的确定按钮，单击重新计算刀路按钮，系统重新生成刀具路径，如图 12-15 所示。

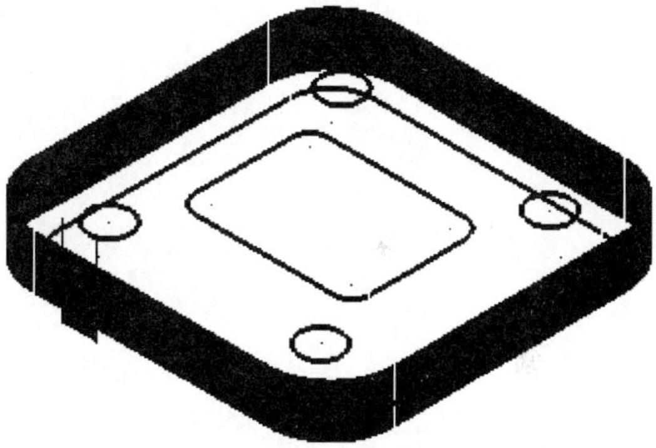

图 12-13　轮廓铣削精加工刀路

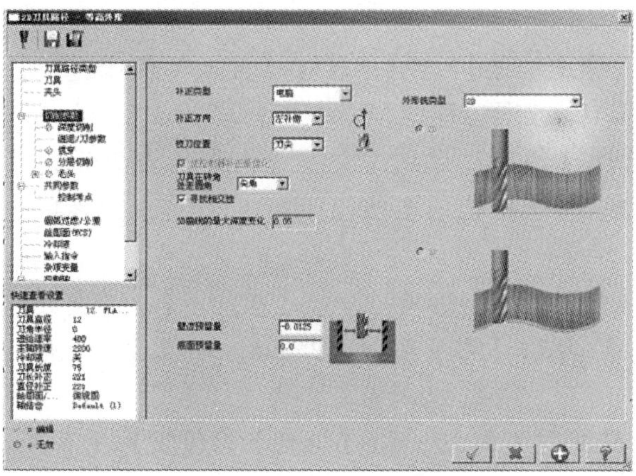

图 12-14　设置切削参数

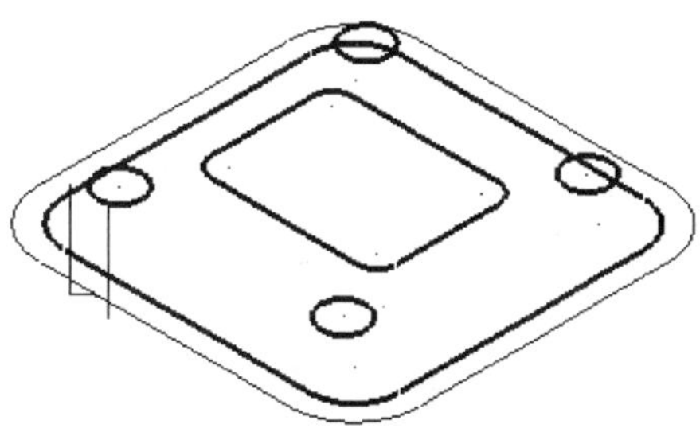

图 12-15　外形铣削精加工刀路

12.5.4 外形铣削粗加工（凸模长方形轮廓）

1）选择【刀具路径】/【外形铣削】命令，系统弹出【串连选项】对话框，在绘图区中如图 12-16 所示的位置选择长方形轮廓线。根据箭头指向判断，此时刀具补偿为左补正，单击确定按钮 ✓。

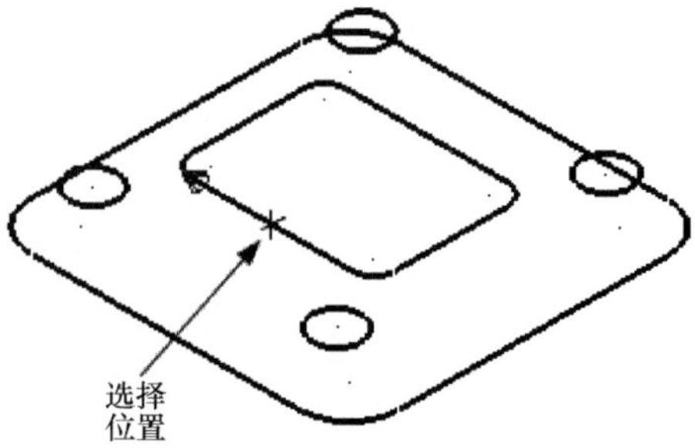

图 12-16 选择加工边界

2）系统弹出【2D 刀具路径－等高外形】对话框，打开【刀具】选项卡，选择直径为 12mm 的平底刀，设置【进给速率】为 1000.0mm/min，【下刀速率】为 800.0mm/min，【主轴转速】为 1800.0r/min，勾选【快速提刀】选项。

3）打开【切削参数】选项卡，设置【补正方向】为【左补偿】，【外形铣类型】为【2D】，【壁边预留量】和【底面预留量】都为 0.25mm，其他参数默认，如图 12-17 所示。

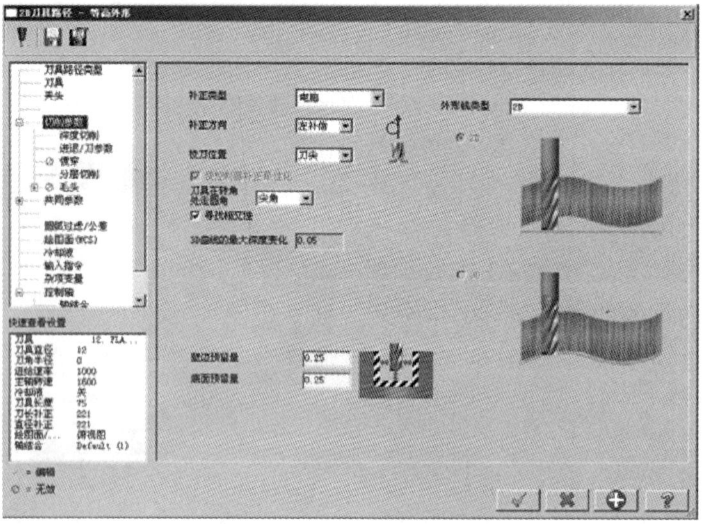

图 12-17 设置切削参数

4）打开【深度切削】选项卡，勾选【深度切削】选项，设置【最大粗切步进量】为 0.5mm，勾选【不提刀】选项，其他参数默认，如图 12-18 所示。

5）打开【进退/刀参数】选项卡，选择【相切】选项，设置【长度】为 30%，【圆弧】/【半径】为 30%，【扫描】（角度）为 45.0°，单击按钮 ▸▸，即将进退刀参数设为一致。

6）打开【分层切削】选项卡，勾选【分层切削】选项，设置【粗加工】/【次数】为 4，【间距】为 6.0mm，【精加工】/【次数】为 1，【间距】为 0.25mm，勾选【不提刀】选项，其他参数默认，如图 12-19 所示。

单击【共同参数】选项，设置【参考高度】为 10.0mm，【进给下刀位置】为 5.0mm，【工件表面】为 0.0mm，【深度】为 −6.0mm，点选所有【绝对坐标】选项。

单击确定按钮 ✓，生成刀具路径，如图 12-20 所示。

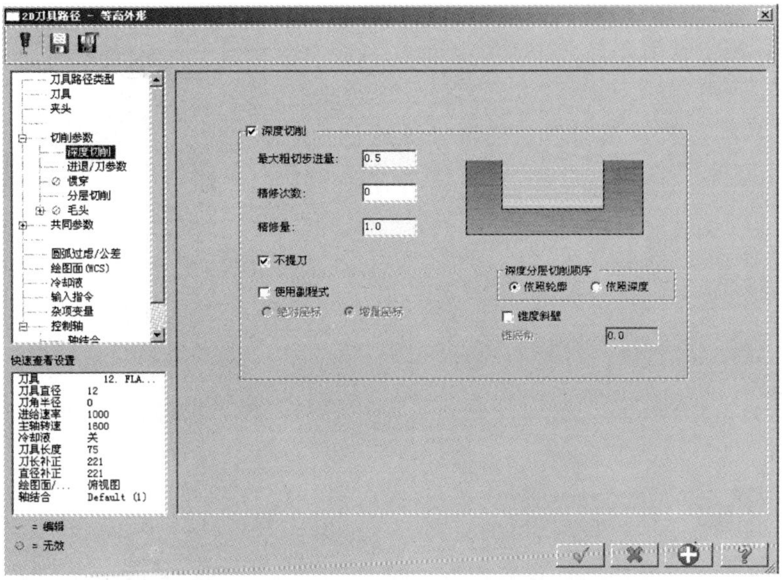

图 12-18　设置深度切削参数

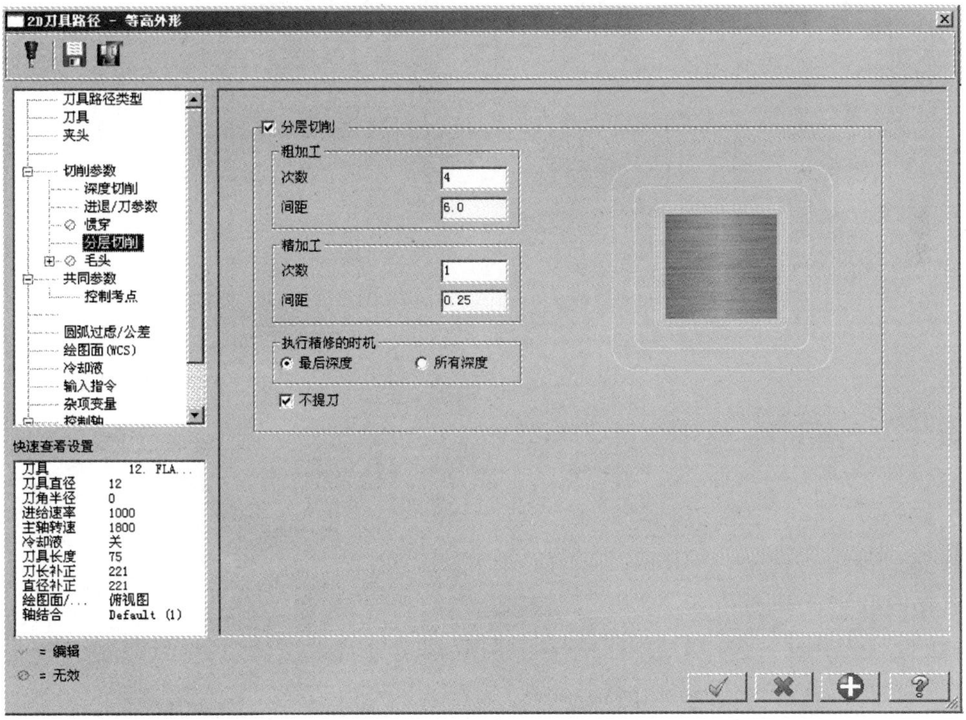

图 12-19　设置分层切削参数

12.5.5　外形铣削精加工（凸模长方形轮廓）

1）复制“第 4 步：等高外形（2D）”刀路，在刚生成的“第 5 步：等高外形（2D）”刀路的目录下单击【参数】选项。

2）系统弹出【外形铣削（2D）】对话框，打开【刀具】选项卡，修改【进给率】为 400mm/min，【主轴转速】为 2500r/min，其他参数默认。

3）打开【切削参数】选项卡，修改【壁边预留量】为 -0.0115mm，【底面预留量】为 0.0mm，其他参数默认，如图 12-21 所示。

4）打开【深度切削】选项卡，不勾选【深度切削】选项。

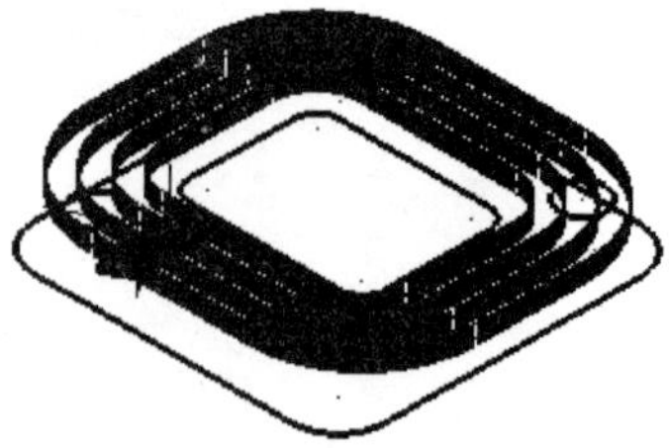

图 12-20　轮廓铣削精加工刀路

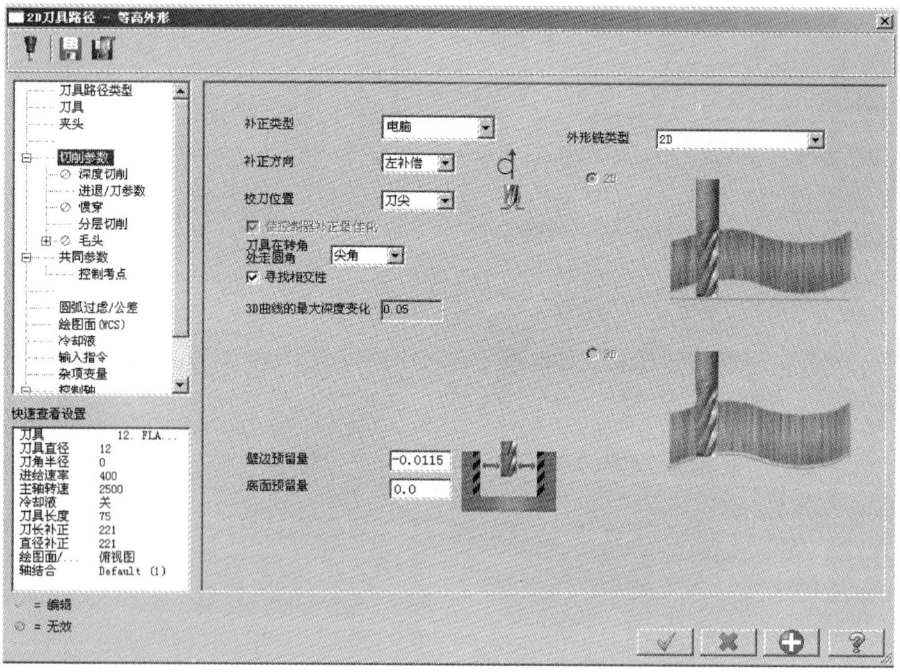

图 12-21　设置切削参数

单击【2D 刀具路径 - 等高外形】对话框中的确定按钮，单击重新计算刀路按钮，系统重新生成刀具路径，如图 12-22 所示。

将▶移到群组名为 1 - DRILL12R0 的目录下。

12.5.6　钻通孔（凸模通孔）

1）选择【刀具路径】/【钻孔】命令，系统弹出【选取钻孔的点】对话框，如图 12-23 所示。

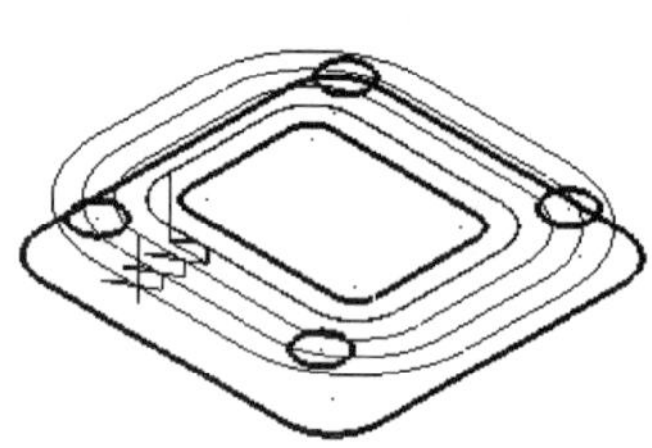

图 12-22　外形铣削精加工刀路

单击【俯视图】单选按钮，选中四个通孔圆心，如图 12-24 所示，单击确定按钮。

2）系统弹出【2D 刀具路径 - 钻孔/全圆铣削深孔钻 - 无啄孔】对话框，打开【刀具】选项卡，选取直径为 12mm 的钻头，设置【进给率】为 100.0mm/min，【主轴转速】为 900.0r/min，其他参数默认。

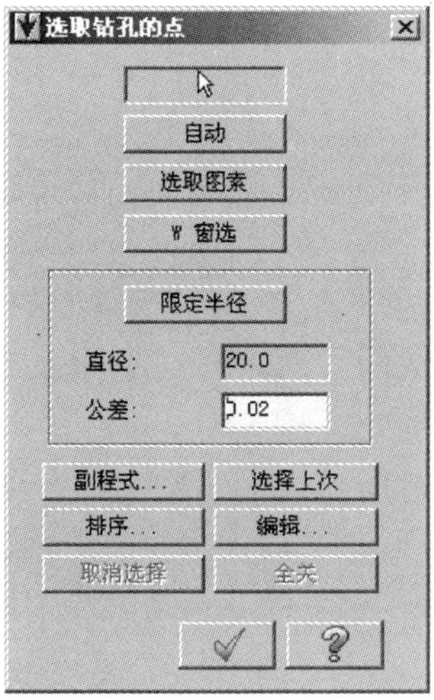

图 12-23　【选取钻孔的点】对话框

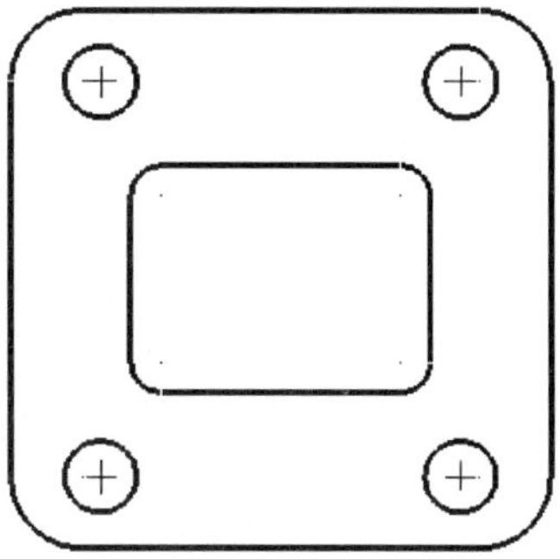

图 12-24　选中四个通孔圆心

3）在【2D 刀具路径 - 钻孔/全圆铣削深孔钻 - 无啄孔】对话框上单击【切削参数】选项，在【循环】选项的下拉列表中选择【深孔啄钻（G83）】选项，设置【Peck】为 3.0mm。

4）打开【共同参数】选项卡，设置【参考高度】为 10.0mm，【工件表面】为 -6.0mm，【深度】为 -18.0mm，点选所有【绝对坐标】选项，如图 12-25 所示。

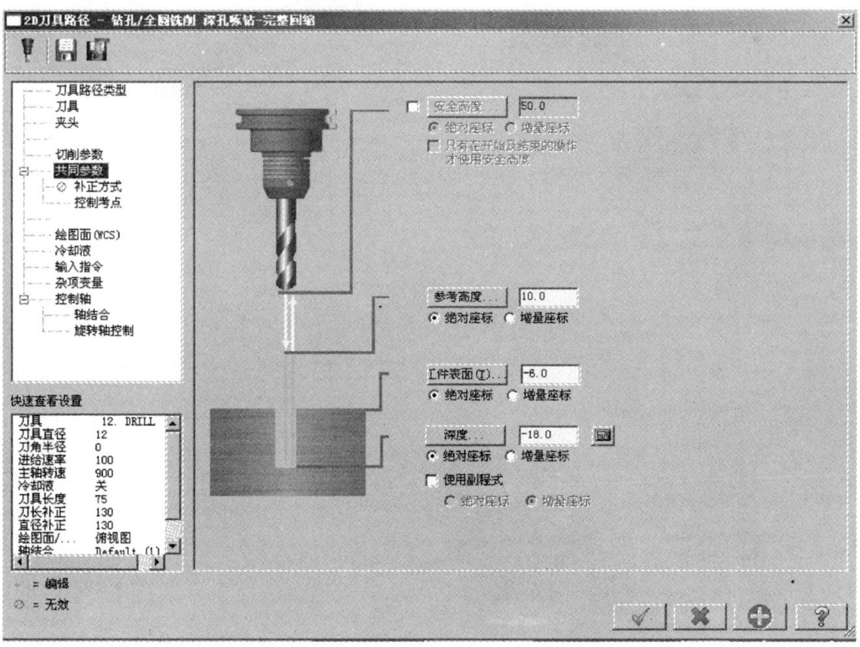

图 12-25　深孔啄钻 - 完整回缩参数设置

单击确定按钮，生成刀具路径，如图 12-26 所示。

12.5.7 平面加工（凹模上表面）

1）调出【层别管理】对话框，只显示第3图层（凹模轮廓），调出凹模轮廓线。

将移到群组名为2－12R0的目录下。

2）复制“第1步：平面加工”刀路，将刚生成的“第7步：平面加工”刀路拖动至群组名为2－12R0的目录下。

12.5.8 外形铣削粗加工（凹模最大轮廓）

1）复制“第2步：等高外形（2D）”刀路，将刚生成的“第7步：平面加工”刀路拖动至群组名为2－12R0的目录下，接着单击该刀路的【参数】选项。

2）系统弹出【2D刀具路径－等高外形】对话框，打开【共同参数】选项卡，修改【深度】为－10.0mm，其他参数默认。

单击【2D刀具路径－等高外形】对话框中的确定按钮，单击重新计算刀路按钮，系统重新生成刀具路径，如图12-27所示。

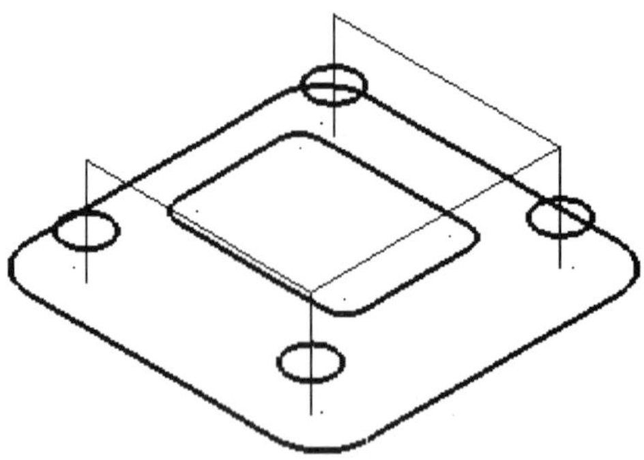

图12-26 钻孔刀路

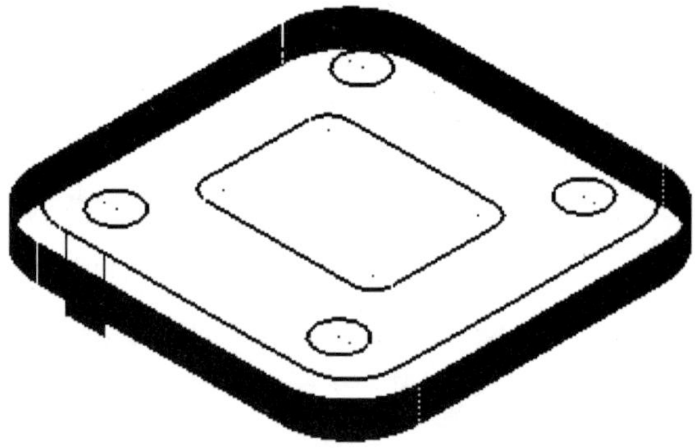

图12-27 凹模最大轮廓粗加工刀路

12.5.9 外形铣削精加工（凹模最大轮廓）

1）复制“第3步：等高外形（2D）”刀路，将刚生成的“第9步：平面加工”刀路拖动至群组名为2－12R0的目录下，接着单击该刀路的【参数】选项。

2）系统弹出【2D刀具路径－等高外形】对话框，打开【共同参数】选项卡，修改【深度】为－10.0mm，其他参数默认。

单击【2D刀具路径－等高外形】对话框中的确定按钮，单击重新计算刀路按钮，系统重新生成刀具路径，如图12-28所示。

12.5.10 标准挖槽粗加工（凹模最大轮廓）

1）选择【刀具路径】/【标准挖槽】命令，系统弹出【串连选项】对话框，单击【俯视图】单选按钮，在绘图区选取长方形，如图12-29所示，单击确定按钮。

2）系统弹出【2D刀具路径－标准挖槽】对话框，打开【刀具】选项卡，选择直径为12mm的立铣刀，设置【进给速率】为1200mm/min，【主轴转速】为500r/min，【下刀速率】为500mm/min。勾选【快速提刀】复选项，如图12-30所示。

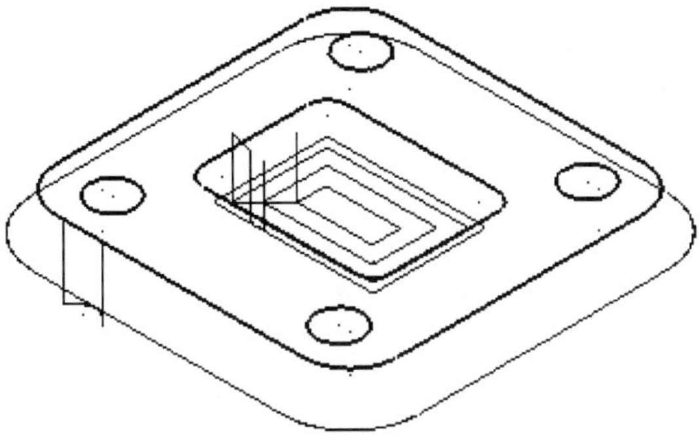

图 12-28　凹模最大轮廓精加工刀路

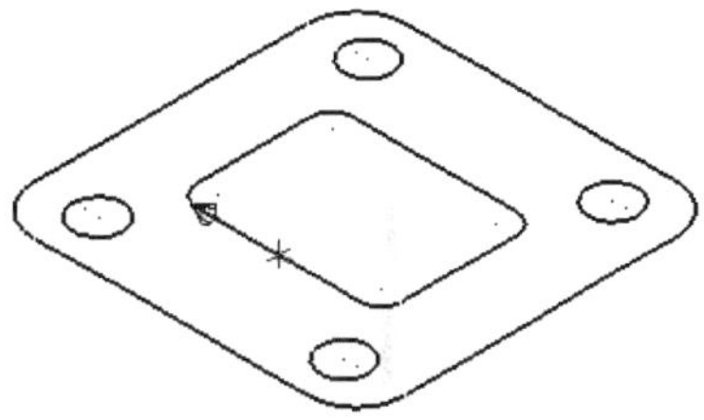

图 12-29　选择加工边界

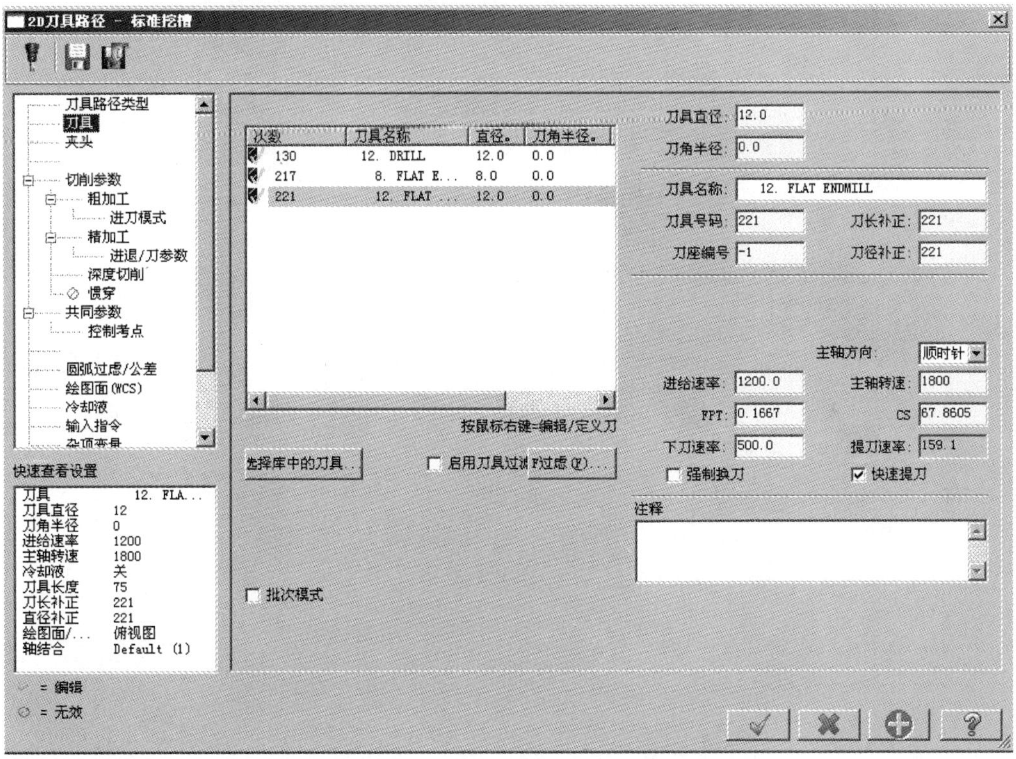

图 12-30　刀具选择与参数设置

3）打开【切削参数】选项卡，在【挖槽类型】选项的下拉列表中选择【标准】选项，设置【壁边预留量】与【底面预留量】为 0.25mm，其他参数默认，如图 12-31 所示。

4）打开【粗加工】选项卡，勾选【粗加工】选项，选择【切削方式】为【等距环切】，设置【切削间距（直径%）】为 60.0，其他参数默认，如图 12-32 所示。

5）打开【进刀模式】选项卡，点选【螺旋形】选项，接受默认参数，如图 12-33 所示。

6）打开【精加工】选项卡，勾选【精加工】选项，设置【次数】为 1，【间距】为 0.25mm，【修光次数】为 0，其他参数默认，如图 12-34 所示。

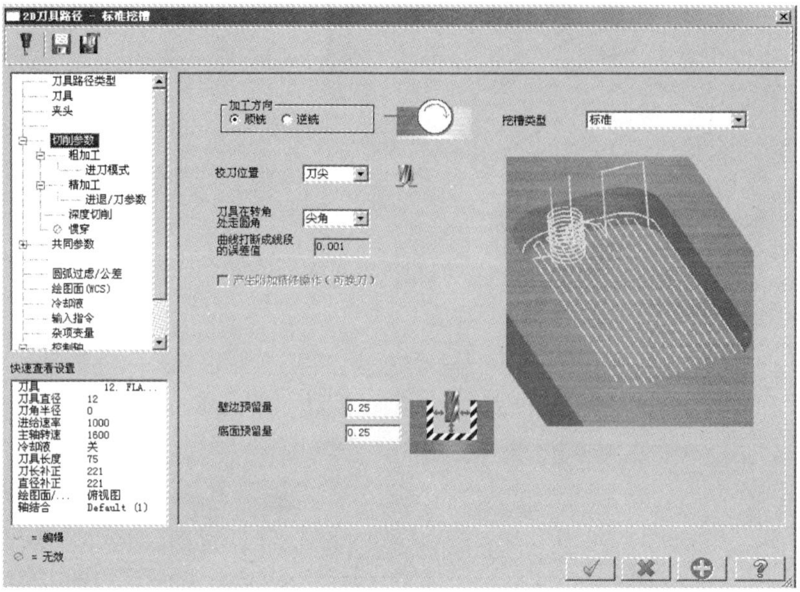

图 12-31　切削参数选项卡

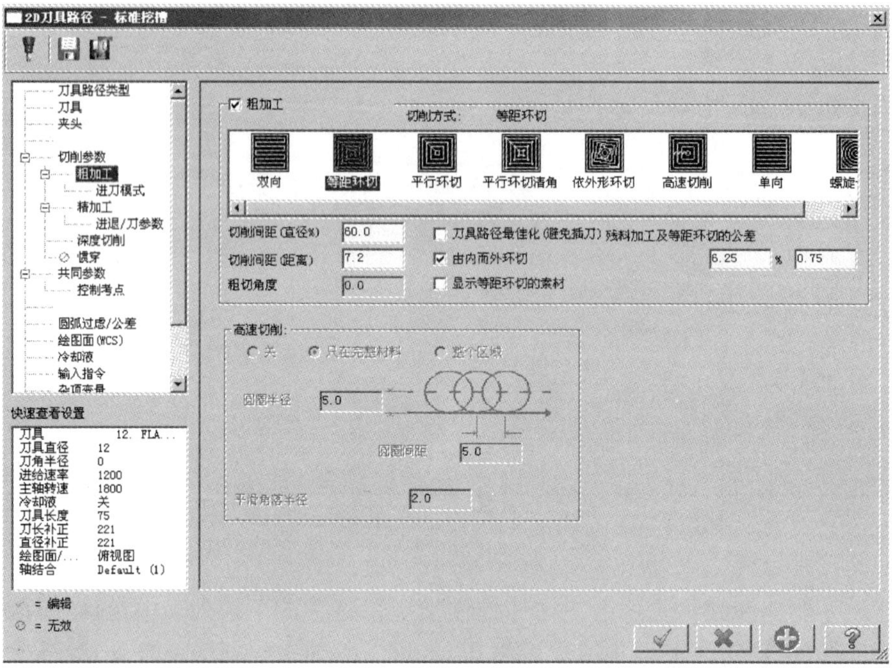

图 12-32　粗加工选项卡

7）打开【深度切削】选项卡，勾选【深度切削】选项，相关参数设置如图 12-35 所示。

8）单击【共同参数】选项，勾选【参考高度】并设置为 10.0mm，【进给下刀位置】为 5.0mm，【深度】为 -6.0mm，点选所有【绝对坐标】选项，其他参数默认。

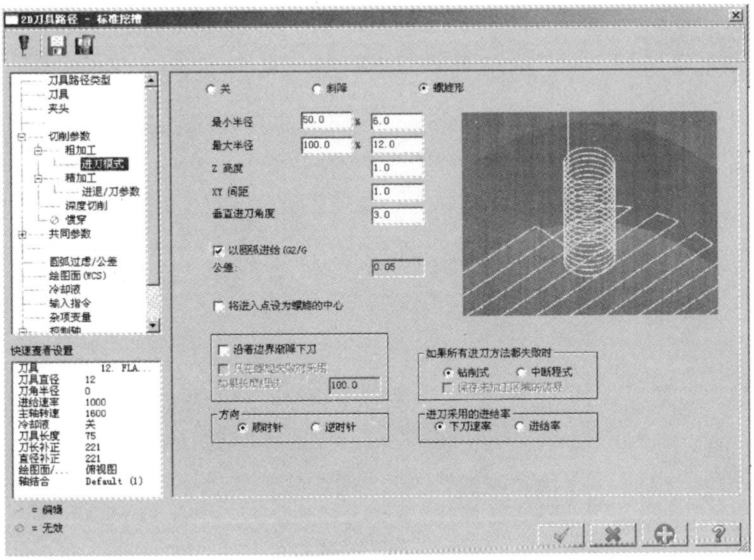

图 12-33　设置进刀方式

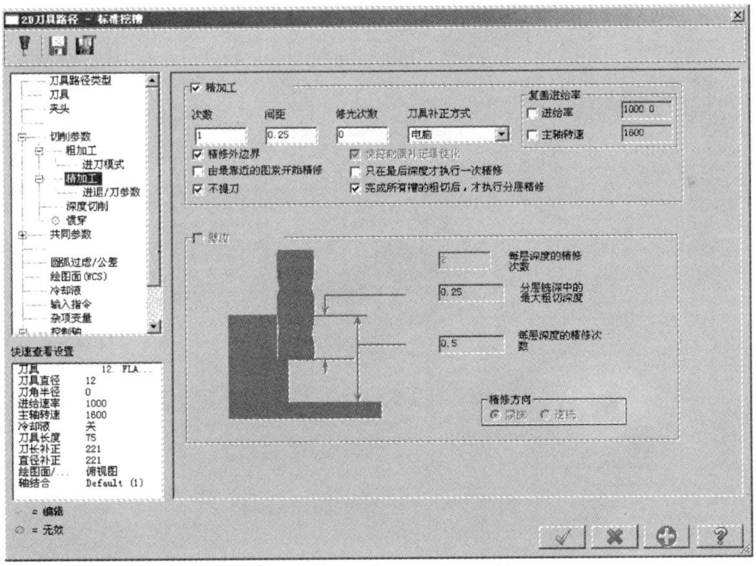

图 12-34　设置精加工参数

单击确定按钮，生成刀具路径，如图 12-36 所示。

将移到群组名为 2－8R0 的目录下。

12.5.11　标准挖槽精加工（凹模最大轮廓）

1）复制“第 10 步：标准挖槽（标准）”刀路，将刚生成的“第 11 步：标准挖槽（标准）”刀路拖动至群组名为 2－8R0 的目录下，接着单击该刀路的【参数】选项。

2）系统弹出【2D 刀具路径－标准挖槽】对话框，打开【刀具】选项卡，选择直径为 8mm 的立铣刀，设置【进给率】为 400mm/min，【主轴转速】为 2500r/min，【下刀速率】

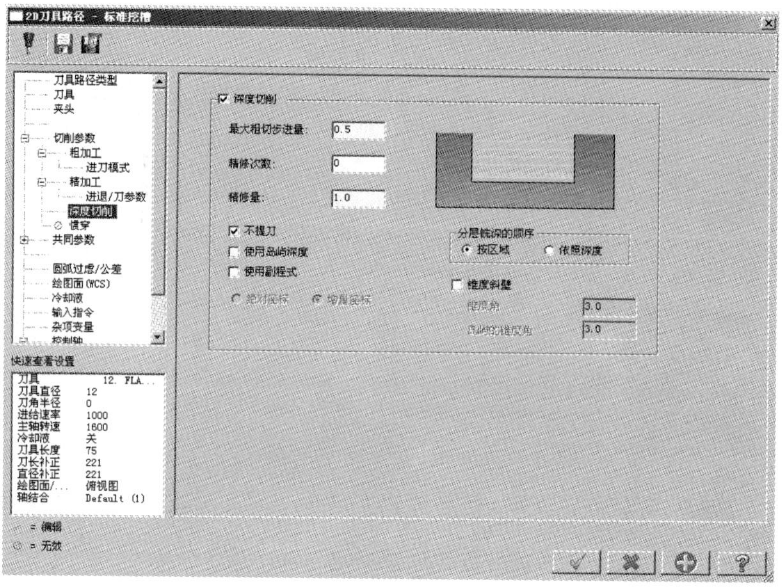

图 12-35　设置深度切削参数

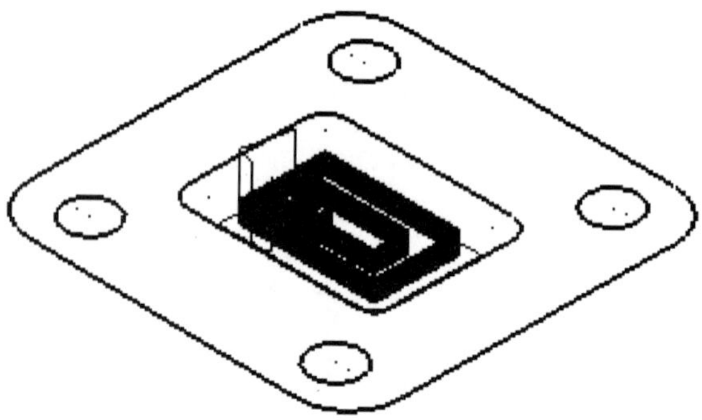

图 12-36　挖槽粗加工刀路

为 300mm/min，其他参数默认。

3）打开【切削参数】选项卡，设置【壁边预留量】为 -0.0075mm，【底面预留量】为 -0.01mm，其他参数默认，如图 12-37 所示。

4）打开【进刀模式】选项卡，点选【关】选项，接受默认参数。

5）打开【深度切削】选项卡，不勾选【深度切削】选项。

在【2D 刀具路径 - 标准挖槽】对话框单击确定按钮，单击重新计算刀路按钮，系统重新生成刀具路径，如图 12-38 所示。

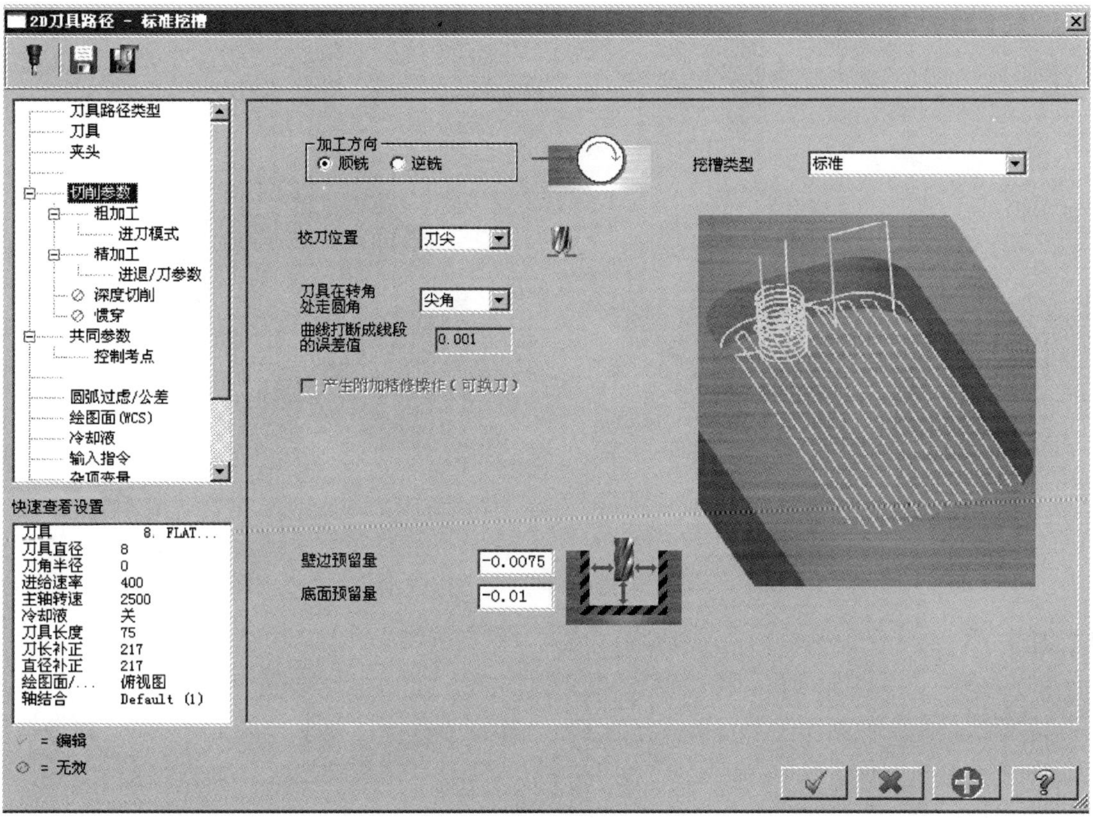

图 12-37　切削参数选项卡

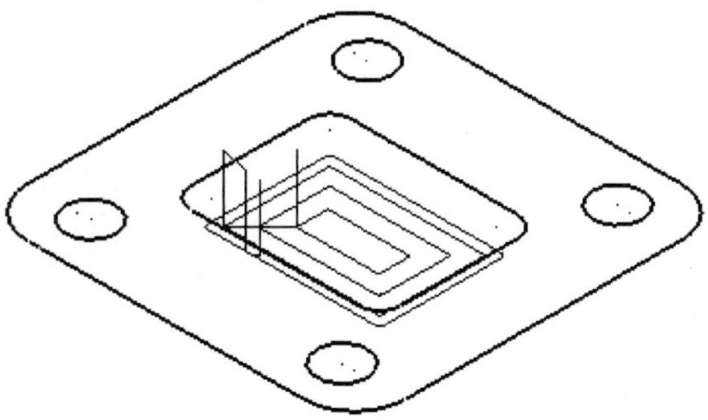

图 12-38　挖槽精加工刀路

12.5.12　钻通孔（凹模通孔）

复制“第 6 步：深孔琢钻”刀路，将刚生成的“第 12 步：深孔琢钻”刀路拖动至群组名为 2 – DRILL12R0 的目录下即可。

12.5.13　实体模拟加工

分别对凸凹模进行实体加工，模拟结果如图 12-39 所示。

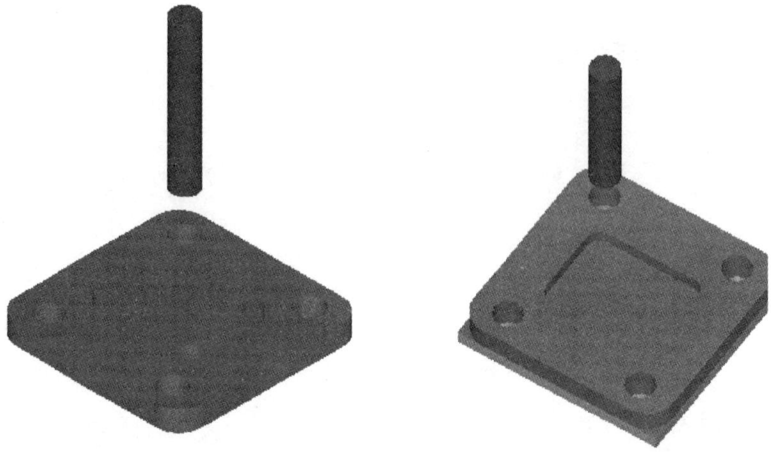

a)　　　　b)

图 12-39　模拟结果

a）凸模　b）凹模

12.6　小结

本章结合配合件图样技术要求，介绍了如何根据零件加工要求计算加工公差，以及在编程时如何设置加工负余量以保证配合要求的方法。直接利用二维线框可加工复杂的零件，免去造型设计环节。

12.7　提高练习

打开随书光盘“练习文件/cha11/12-2. mcx –5”，图形如图 12-40 所示。

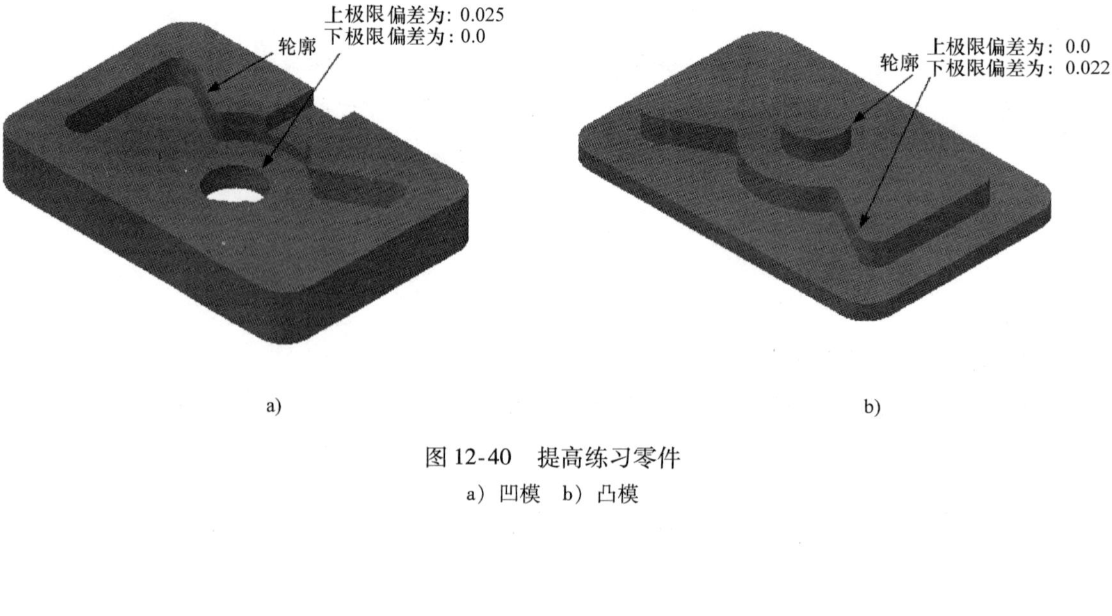

a)　　　　b)

图 12-40　提高练习零件

a）凹模　b）凸模

第十三章　刀具路径后处理方法

13.1　后处理

完成刀具路径的生成，也只是经过刀具轨迹计算生成刀位文件而已，而不是生成了数控程序，因此还需要将刀位文件转换为机床能识别并执行的数控程序，这一过程称为后处理，可以将其理解为一个“翻译”过程。

进行后处理操作时，系统是根据后处理器的配置来生成数控编程的，用户可根据数控加工机床的控制器来选择后处理器，系统默认的后处理器是法那克数控系统的后置处理器MPFAN. PST。用户可以根据数控机床和数控系统的具体情况，修改和编译 Mastercam 系统配置的通用后置处理中的数据库，从而定制出适应某一数控机床的专用后置处理程序。当要处理程序批量不大时，也可以采用手工修改的方法，实现后处理的操作。

Mastercam 后处理配置的技术已很成熟，这里举一个采用手工修改适合于华中世纪星数控系统后处理程序的操作，供读者参考。对于后处理器配置的设置方法，读者可查阅相关资料。

13.2　后处理操作实例

打开随书光盘“源文件/cha11/双面加工结果 . mcx－5”，查看相关的刀具路径情况，只选择刀具路径群组名为“1－50R0”目录下的平面铣削刀路，如图 13-1 所示。

技术指导：在选择刀具路径程序时，应特别注意有没有少选或多选其他不同的程序，以免造成工件报废。

在【操作管理器】中单击【后处理选择操作】按钮，系统弹出【后处理程式】对话框，勾选【NC 文件】和【编辑】复选框，如图 13-2 所示，单击确定按钮。

图 13-1　选择后处理刀路

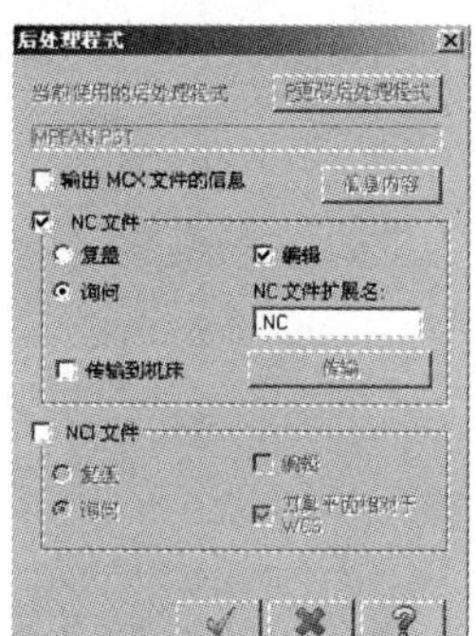

图 13-2　后处理程式设置

系统弹出【输出部分的 NCI 输出文件】对话框，询问“是否要全部执行后处理?”如图 13-3 所示，这里选择“否（N)”。

图 13-3 【输出部分的 NCI 输出文件】对话框

技术指导：这里要注意，如果选择了“是（Y)”选项，系统将输出所有的后处理程序。

系统弹出【另存为】对话框，输入文件名为“O5000”，如图 13-4 所示，单击确定按钮☑。

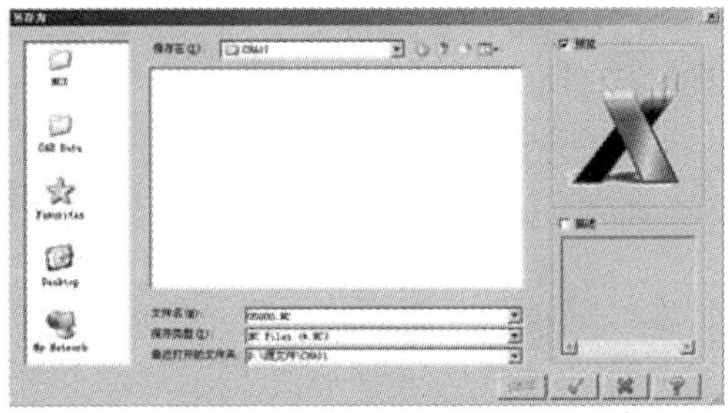

图 13-4 保存 NC 程序

实战经验：在对数控程序文件进行命名时，有些人的习惯是根据刀的形状与尺寸去命名，除字母“O”外，后面的 4 位阿拉伯数字，前两位为刀具直径的大小，后两位为刀具圆角半径的大小，例如，O1200 代表直径为 12mm、圆角半径为 0.0mm 的平底立铣刀。

系统弹出【编辑器】对话框，如图 13-5 所示，这个是没有经过修改的数控程序。

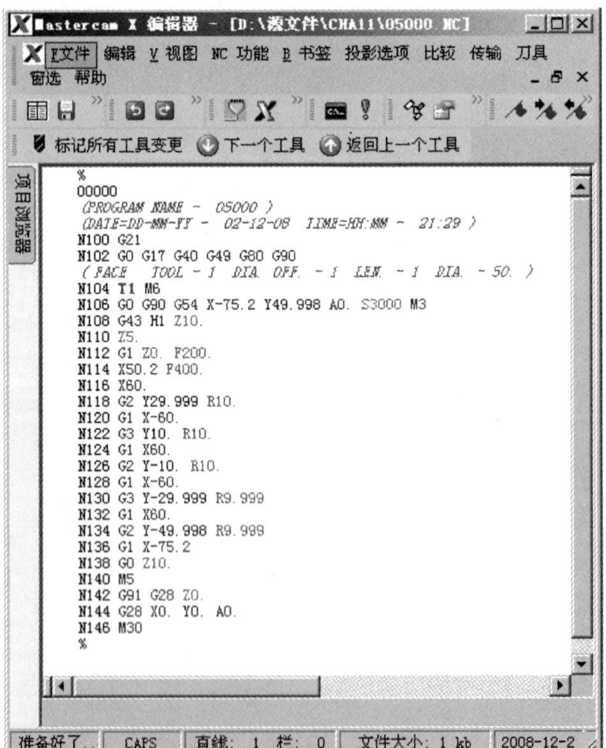

图 13-5 系统输出的 NC 程序

现通过下列方法对其进行编辑修改：

1）字母“O”后面添加四位数字的文件号，如本例为 O5000（注：华中数控系统不支持四位阿拉伯数字都为“0”的文件）。

2）删除所有带括号和“/”的程序段（包括括号）。

3）“G21”后面添加“G64”。

4）删除有“M6”的程序段（数控铣床不能实现自动换刀）。

5）删除“A0.”（数控铣床没有第四轴）。

6）删除有“G43H _”的程序段（这里对刀时不采用刀具长度补偿指令）。

7）找到程序的倒数第二、三行，删除有“G28”的程序段（取消加工完后返回零点指令）。

8）保存文件。

结果如图 13-6 所示。

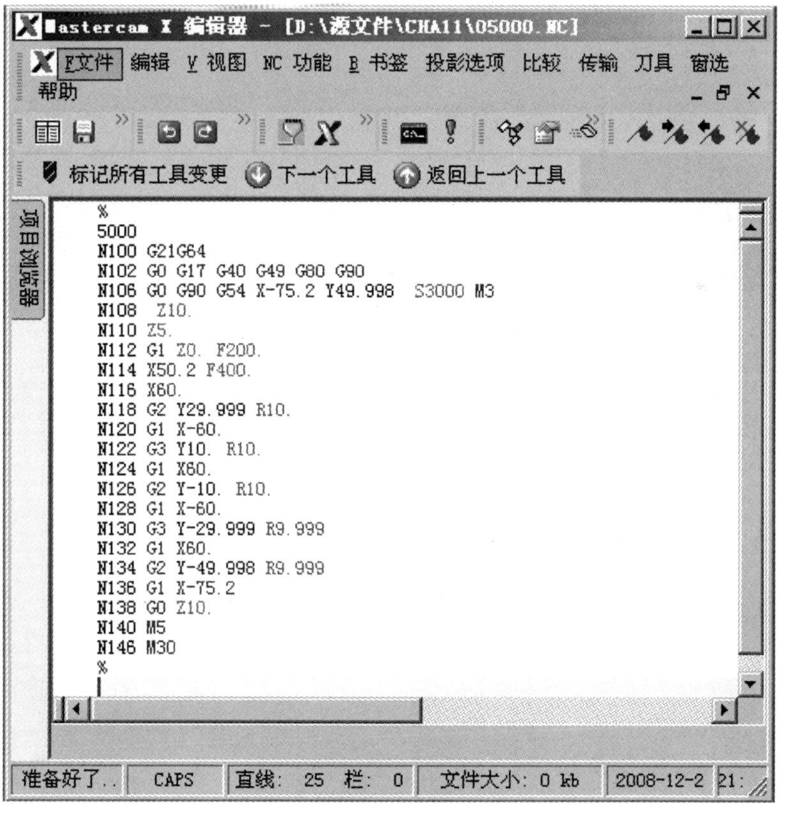

图 13-6 修改后的 NC 程序

13.3 小结

本章简单介绍了有关 Mastercam 数控程序后处理的方法，举例说明了华中数控系统后处理的修改方法。相信通过本章的学习，读者对手工修改后处理数控程序的方法有了一定的认识。

13.4 提高练习

打开随书光盘“源文件/cha11/双面加工结果 . mcx－5”，查看相关的刀具路径情况，只选择刀具路径群组名为“1－16R1”目录下的所有刀路进行后处理操作，采用手工修改适合于华中世纪星数控系统的后处理程序。

参 考 文 献

［1］王卫兵．Mastercam 数控编程实用教程［M］．北京：清华大学出版社，2004.
［2］王爱玲．数控编程技术［M］．北京：机械工业出版社，2007.
［3］杨志义．Mastercam 数控编程技巧［J］．模具制造，2008（5）：33～35.